建筑电气施工图标准化设计

陈杰甫　朱　文　陈众励　主　　编
陆振华　主　　审
上海建筑设计研究院有限公司　组织编写

中国建筑工业出版社

图书在版编目（CIP）数据

建筑电气施工图标准化设计 / 陈杰甫，朱文，陈众励主编 ；上海建筑设计研究院有限公司组织编写. 北京 ：中国建筑工业出版社，2025. 8. -- ISBN 978-7-112-31477-5

Ⅰ. TU85-65

中国国家版本馆 CIP 数据核字第 2025ZG6398 号

责任编辑：张文胜　于　莉　周志扬
责任校对：芦欣甜

建筑电气施工图标准化设计
陈杰甫　朱　文　陈众励　主　　编
陆振华　主　　审
上海建筑设计研究院有限公司　组织编写
*
中国建筑工业出版社出版、发行（北京海淀三里河路 9 号）
各地新华书店、建筑书店经销
北京红光制版公司制版
建工社（河北）印刷有限公司印刷
*
开本：787 毫米×1092 毫米　1/16　印张：23½　字数：587 千字
2025 年 8 月第一版　　2025 年 8 月第一次印刷
定价：**68.00** 元
ISBN 978-7-112-31477-5
（44718）

序　一

上海建筑设计研究院有限公司（隶属华东建筑集团股份有限公司，简称上海院），其前身是上海市民用建筑设计院，自1953年创立，至今已走过70多个年头。上海院作为一家集工程咨询、建筑工程设计、城市规划、建筑智能化及系统工程设计资质于一身的综合性建筑设计院。它凭借卓越的专业实力，荣获建筑设计行业“高新技术企业”称号，还顺利通过国际ISO 9001质量保证体系认证，在国内外建筑行业都树立了极高的声誉。

当下，建筑行业不断发展变化，高效工作流程、设计流程的标准化与数字化表达成为必然趋势。为了紧跟时代步伐，让设计人员在各部门间工作时设计格式统一，同时满足各级校审工作的标准化要求，上海院在2022年组织编写的《建筑给水排水施工图标准化设计》的基础上，决定把建筑电气专业的最新的标准化研究成果集结成册，推出《建筑电气施工图标准化设计》一书，为建筑电气领域的专业人士提供参考和应用指南。

本书的出版凝聚着上海院电气专业众多工程技术人员多年的汗水和心血。编写团队不辞辛劳，投入了大量的时间和精力。他们广泛查阅各类设计规范、标准、规程、设计手册和学术论文等资料，在此基础上大胆创新，完成了这部具有重要意义的著作。

全书的文字编排以模块化表格为核心，设计人员可以根据实际需求，灵活组合不同模块化表格，快速高效地完成设计说明和计算书的编辑。这些模块化表格分为固定设计元素和可变设计元素两大类，固定部分无需二次编辑，可变部分只需填写必要的设计信息，既保证了设计的规范性，又给设计人员留出了灵活发挥的空间。

对于图纸部分，书中也提供了相应的图示模板，尤其在配电系统部分，创新性地采用标准化的数据表格系统表达方式，让数据之间实现动态互动关联，大大提高了出图效率。这些创新性的标准化工作和成果，对于建筑电气工程技术人员意义重大。它能帮助技术人员更加深入地理解整个工程建设项目的设计内容、统一设计思想和设计文件制作格式，还能让年轻工程技术人员快速提升专业水平。

全书共6章，全面、系统地阐述了建筑电气专业在施工图阶段设计文件中能够实现标准化设计的关键内容。编写理念清晰明确、内容丰富详实、知识涵盖全面、实践指导性强，是一本非常实用的专业书籍。

如今，科技飞速发展，人工智能辅助设计已成为行业未来发展的关键方向，而标准化设计与数字化表达正是其发展的重要基础，能有力推动该领域的发展。本书的出版，就是希望助力建筑设计行业向人工智能辅助设计的新阶段迈进。它不仅对建筑电气专业有重要影响，对建筑设计行业中其他相关设计专业也具有重要的引领和示范作用。作为编写单位，上海院能成为标准化设计的先行者，我们深感荣幸与自豪。

在此，我们要向编写人员表示衷心的感谢，感谢他们在过去两年多时间里，不畏艰辛、坚持不懈地付出。同时，也要感谢上海院总工陈众励、陈杰甫和朱文等同志，他们以专业的态度和严谨的作风，对本书进行了细致的校审，为书稿质量提供了坚实保障。最后，特别感谢中国建筑工业出版社，他们的专业协作和大力支持，让本书顺利得以顺利出版。

希望这本书能为建筑电气领域的专业人士提供实实在在的帮助，为建筑设计行业的标准化发展贡献一份力量，推动整个行业朝着更智能、更高效的方向发展。

上海建筑设计研究院有限公司党委书记、董事长

序　二

在建筑行业蓬勃发展的今天，电气设计作为建筑功能实现的核心环节，其重要性日益凸显。而标准化设计则是提升设计质量、提高工作效率、推动行业进步的关键力量。《建筑电气施工图标准化设计》一书的出版，无疑是建筑电气领域的一件盛事，它不仅为设计人员提供了宝贵的参考，也为整个行业的标准化进程注入了新的动力。

作为一名长期从事建筑电气设计工作的从业者，本人深知标准化设计的重要性。它不仅是设计规范的体现，更是工程质量的保障。标准化设计能够有效减少设计错误，提高设计效率，确保设计成果的可靠性和一致性。《建筑电气施工图标准化设计》这本书正是基于这样的理念，将建筑电气设计的标准化成果系统地整理和呈现出来，为行业的标准化发展提供了有力支持。

本书由上海建筑设计研究院有限公司组织编写，汇聚了众多电气专业工程技术人员的智慧和心血。编写团队在广泛参考国内外设计规范、标准、规程、设计手册的基础上，进行了大量创新性的编写工作。书中以模块化表格为核心，通过不同模块的组合，能够迅速且高效地完成设计说明和计算书的编辑工作。这种模块化设计方法不仅提高了设计效率，还为设计人员提供了清晰的思路和规范的操作流程。同时，书中还提供了标准化的图示模板，特别是在配电系统部分，引入了数据表格系统表达方式，促进了数据间的动态互动关联，显著提升了出图效率。

本书的出版，对于建筑电气工程技术人员深入理解整个工程建设项目的设计内容、统一设计思想和设计文件制作格式具有极其重要的意义。它不仅有助于提升年轻工程技术人员的专业水平，还能为资深设计人员提供新的思路和方法。书中内容详实、知识丰富、实践性强，是一本极具实用价值的专业书籍。

随着科技的不断进步，人工智能辅助设计正逐渐成为未来发展的关键趋势。而标准化设计与数字化表达则是实现这一趋势的基础。本书的出版，不仅推动了建筑电气领域的标准化发展，也为建筑设计行业迈向人工智能辅助设计的新阶段提供了有力支持。

有幸提前阅读了这本书的部分内容，深感其价值和意义。在此，我衷心感谢上海建筑设计研究院有限公司的编写团队为本书付出的辛勤努力，也感谢中国建筑工业出版社对本书出版的大力支持。我相信《建筑电气施工图标准化设计》一书的出版，将为建筑电气领域的发展带来新的机遇和挑战，也将为建筑设计行业的标准化进程提供新的动力和方向。

最后，我衷心希望本书能够为广大建筑电气设计人员提供有益的参考和指导，助力他们在工作中实现更高的效率和更好的质量。

全国工程勘察设计大师

前　言

当前，我国建筑行业正处于转型升级的关键时期，数字化、智能化、绿色化发展成为主旋律。建筑电气作为现代建筑的重要组成部分，其设计理念和技术手段也面临着前所未有的变革。

近年来，国家和地方相继出台了一系列建筑电气设计规范和技术标准，对建筑电气设计提出了更高的要求。与此同时，数字化浪潮席卷全球，建筑行业也正经历着从传统模式向数字化、智能化方向的转型升级。设计流程标准化、设计文件数字化已成为行业发展的必然趋势，也为未来人工智能辅助设计奠定了重要基础。

为顺应行业发展趋势，推动建筑电气设计高质量发展，上海建筑设计研究院有限公司精心编撰了《建筑电气施工图标准化设计》一书，由中国建筑工业出版社正式出版。本书由上海建筑设计研究院有限公司电气专业技术委员会全体成员共同编写。本书依托国家及地方现行的规范标准，融合了上海院在电气领域多年的技术积累，通过持续的整合、创新与提炼，历时两年完成了编写。书中不仅融入了丰富的设计实践经验，还充分考虑了建筑行业转型发展的新趋势，对建筑电气施工图设计的各个环节进行了全面的梳理与总结。本书旨在为设计人员提供一套全面、实用、操作性强的标准化设计指南，并为未来人工智能辅助设计的数字化发展奠定基础。

在编写过程中，我们注重理论与实践的结合，力求内容详实、准确、易于理解。书中详细阐述了建筑电气施工图设计的基本内容、方法步骤、注意事项，以及常见问题的解决方案，并配以大量的实例和图表，使读者能够迅速掌握设计的精髓和技巧。同时，我们还特别关注了新技术、新材料、新设备的应用，以期为读者提供最新的设计理念和解决方案。

本书内容涵盖了建筑电气施工图设计的各个方面，包括概述、建筑电气施工图标准化设计内容、设计准备文件、建筑电气施工图标准化设计说明、计算书、建筑电气标准化设计图。书中对每个设计环节都进行了详细阐述，并提供了大量的图表和示例，方便设计人员理解和应用。

本书共6章，编审的主要人员及分工如下：

主编：陈杰甫、朱文、陈众励；

主审：陆振华；

校审：石磊、叶海东；

各章节主编及主要编写人员：

章节名称	主要编写人员	章节主编
序一	姚军	
序二	郭晓岩	
前言	陈众励	

续表

<table>
<tr><th>章节名称</th><th>主要编写人员</th><th>章节主编</th></tr>
<tr><td>1　概述</td><td colspan="2">陈杰甫</td></tr>
<tr><td>2　建筑电气施工图标准化设计内容</td><td>段广静</td><td>陈杰甫</td></tr>
<tr><td>3　设计准备文件</td><td>段广静</td><td>陈杰甫</td></tr>
<tr><td>4　建筑电气施工图标准化设计说明</td><td colspan="2"></td></tr>
<tr><td>4.1　工程概况</td><td rowspan="3">马立果</td><td rowspan="3">陆振华</td></tr>
<tr><td>4.2　设计依据</td></tr>
<tr><td>4.3　设计范围</td></tr>
<tr><td>4.4　设计总则</td><td rowspan="7">胡一峰</td><td rowspan="7">胡戎</td></tr>
<tr><td>4.5　变、配、发系统</td></tr>
<tr><td>4.6　供电方式</td></tr>
<tr><td>4.7　供电线路导体选择</td></tr>
<tr><td>4.8　供电线路敷设方式</td></tr>
<tr><td>4.9　配电设备选型及安装方式</td></tr>
<tr><td>4.10　电动机启动及控制方式的选择</td></tr>
<tr><td>4.11　照明系统</td><td rowspan="4">章剑文</td><td rowspan="4">徐杰</td></tr>
<tr><td>4.12　应急照明及疏散指示系统</td></tr>
<tr><td>4.13　防雷系统</td></tr>
<tr><td>4.14　接地及安全措施</td></tr>
<tr><td>4.15　电气消防</td><td>潘剑</td><td>李剑</td></tr>
<tr><td>4.16　电气综合管理系统</td><td rowspan="3">薛然文</td><td rowspan="3">万洪</td></tr>
<tr><td>4.17　建筑设备一体化监控系统</td></tr>
<tr><td>4.18　光伏系统</td></tr>
<tr><td>4.19　电气节能设计</td><td rowspan="2">袁成翔</td><td rowspan="2">叶谋杰</td></tr>
<tr><td>4.20　绿色建筑电气设计</td></tr>
<tr><td>4.21　环保篇</td><td rowspan="2">薛然文</td><td rowspan="2">万洪</td></tr>
<tr><td>4.22　抗震篇</td></tr>
<tr><td>4.23　预制装配式建筑电气设计专篇</td><td rowspan="3">朱浩楠</td><td rowspan="3">李军</td></tr>
<tr><td>4.24　施工安装篇</td></tr>
<tr><td>4.25　电气告知书</td></tr>
<tr><td>5　计算书</td><td colspan="2"></td></tr>
<tr><td>5.1　变电所负荷计算</td><td>朱文　刘兰</td><td>朱文</td></tr>
<tr><td>5.2　发电机容量计算</td><td rowspan="2">朱诗彧</td><td rowspan="2">朱文</td></tr>
<tr><td>5.3　UPS 系统容量计算</td></tr>
<tr><td>5.4　太阳能光伏电源系统容量计算</td><td>刘兰</td><td>朱文</td></tr>
<tr><td>5.5　短路电流计算</td><td rowspan="2">高晓明、王龚</td><td rowspan="2">叶海东</td></tr>
<tr><td>5.6　高低压电器选择</td></tr>
</table>

续表

章节名称	主要编写人员	章节主编
5.7　电力变压器保护的整定计算	邵之奇	朱文
5.8　导线及电缆截面选择	高晓明、彭俊凡	高晓明
5.9　用电设备计算	包振华	朱文
5.10　电气照明计算	孙瑜、马振	孙瑜
5.11　建筑物防雷与接地计算		
6　建筑电气标准化设计图		
6.1　图例	祁汉逸	叶谋杰
6.2　主要设备表		
6.3 高压系统图		
6.4　低压系统图		
6.5　配电箱系统图	李凯	汪海良
6.6　主要系统架构图		
6.7　通用详图	张军	祁汉逸

感谢上海院领导对本书编写工作的大力支持，感谢上海院电气专业全体编写组成员的辛勤努力和付出，感谢中国建筑工业出版社对本书出版的鼎力支持。

本书适用于从事建筑电气设计的工程技术人员、施工图审查人员，以及相关专业的学生参考使用。我们希望本书能够成为广大建筑电气设计人员的得力助手，为推动建筑电气设计行业的数字化、智能化、绿色化发展贡献力量。

由于编者水平有限，书中难免存在疏漏和不足之处，敬请广大读者批评指正。

目　录

1 概　　述

在数字化和智能化浪潮席卷的今天，建筑电气设计正遭遇前所未有的挑战与机遇。在遵守规范的前提下，如何深度整合数字化技术，以实现更高效、更稳定的设计文件输出，已经成为建筑电气设计领域共同研究的课题。

标准化设计，即在设计过程中采用规范化的流程、统一的技术标准和数字化的设计文件。通过标准化的设计说明、计算书和施工图纸，确保设计工作的连贯性和互操作性。

采用标准化设计模式，可以显著提高电气设计的工作效率。在传统模式中，每个项目都需要重复大量的设计工作，设计人员不得不反复解决相似的问题。然而，通过实施标准化设计，利用设计模板和通用范例，设计人员能够高效地处理重复性环节，从而将宝贵的时间投入到满足项目独特需求和创新设计上。这种高效的模式在大型规模和批量项目中尤为有效，大大缩短了设计周期，并保障设计质量。

电气设计包括供配电、照明、防雷、接地，以及电气消防等多个对建筑安全至关重要的系统。尽管各个项目在场地条件和需求上可能存在差异，但在基础设计原则方面却表现出高度的一致性。通过采用统一的规范和标准化的图纸模板，标准化设计确保了所有项目在相同质量和安全标准下运行，有效避免了由于个体差异导致的设计失误和安全风险。

建筑工程是多领域专业协作的成果，涵盖了建筑、结构、暖通、电气等多个专业领域。电气设计的标准化不仅推动了设计文件、图纸，以及计算书的统一化和易读性，还加强了设计团队之间的协作与沟通。此外，它为业主和管理机构提供了更为便捷的设计质量审查和管理手段，提高了设计文件在整个工程周期内的可追溯性以及管理的效率。

建筑电气正经历从传统供配电向“能源产消者”角色的转变，技术进步推动了智能化、绿色化、国际化的发展趋势。绿色建筑和智能建筑的概念已深入人心，建筑电气设计也在朝着更加安全、舒适、环保和智能化的方向发展。标准化设计不仅没有限制创新，反而为设计创新提供了坚实的基础。在遵循标准化框架的同时，设计师能够更灵活地根据项目的特定需求，融入新技术和新材料，设计出更加安全、高效和节能的电气解决方案。因此，编写一本关于建筑电气施工图的标准化设计书籍，以指导实际工程实践，变得尤为关键。

本书是一部结构完整、内容详尽的专业著作，旨在向建筑电气设计领域的专业人士传授标准化设计的方法和技术。全书通过精心策划的章节和系统化的内容安排，提供从设计准备到施工图绘制的全面指导，成为建筑电气设计领域中不可或缺的参考资料。

以下是本书的主要内容概览：

本书开篇深入探讨了建筑电气标准化设计的核心要义，涵盖了设计的基本理念、分类方式、适用领域，以及实践应用的策略和流程。这些内容有助于读者全面理解标准化设计的原则，确保在项目实施过程中能够灵活应对。

紧接着的章节专注于设计前期的准备工作，详细阐述了项目前期征询表、电气专业设计范围表及电气专业业主建设标准表等关键文件的编制与整理工作。这些文件的完善，为明确设计任务边界和业主需求提供了有力支持，为设计工作的顺利进行奠定了坚实基础。

在标准化设计说明部分，本书详尽描述了设计说明的构成要素，包括工程概况、设计依据、设计范围，以及各系统的配置方案。同时，还深入分析了照明系统、应急照明及疏散指示系统、防雷系统、接地及安全措施、电气消防、电气综合管理系统、强弱电一体化监控系统、光伏系统等具体内容的标准化设计方法。此外，电气节能设计、绿色建筑电气设计、环保管、抗震篇、预制装配式建筑电气设计专篇、施工安装篇、电气告知书的原则也在本书中得到了详尽阐述。通过深入解读标准化设计说明，读者能够更精确地掌握各项设计要求，确保项目设计符合相关规范。

作为设计过程中技术支撑的计算书，本书亦予以高度重视。书中详尽阐述了变电所负荷计算、发电机容量计算、UPS系统容量、太阳能光伏电源系统容量，以及短路电流的计算方法。此外，书中还涵盖了高低压电器选择、电力变压器保护的整定计算、导线及电缆截面选择、用电设备计算和电气照明计算的技巧。同时，书中也包括了建筑物防雷与接地的计算内容，确保电气系统设计在安全性和效率方面均能满足预期目标。详尽的计算过程和实例为读者提供了理论与实践相结合的宝贵参考。

本书的尾声部分呈现了标准化设计图的详实内容，涵盖了图例、主要设备表、高压系统图、低压系统图、配电箱系统图主要系统架构图，以及通用详图等。这些详尽的图纸实例不仅直观地展示了标准化设计在实际项目中的应用方式，还为读者在实际操作中提供了宝贵的参考和借鉴。

本书不仅面向建筑电气设计领域的工程师和技术人员，也广泛适用于那些希望深入理解建筑电气设计标准化流程的从业者。通过学习和掌握本书内容，读者将能够在建筑电气领域实现更安全、高效、规范的设计成果。

2 建筑电气施工图标准化设计内容

2.1 说明及分类

本书阐述的标准化设计内容指建筑电气施工图阶段中的可标准化设计内容，共分为设计准备文件、建筑电气施工图标准化设计说明、计算书，以及建筑电气标准化设计图 4 个部分。

设计准备文件分为三大类，分别为：项目前期征询表、电气专业设计范围表、电气专业业主建设标准表。项目前期征询表指在项目初期阶段，须通过建设方就项目电气专业所需的各类情况向当地政府相关职能部门做全面征询，征询结论对整个电气系统的设计方向和电气设备机房的设置有极大的影响；电气专业设计范围表指在项目合同范围内，主体设计承担的主要设计内容，以及与相关市政、分包专项部分的设计界面；电气专业业主建设标准表指甲方根据自身建筑定位制定的相关建设内容及交付标准。这 3 类设计准备文件必须包含政府各职能部门或建设方的正式回复，以此作为开展相关设计工作的依据。

建筑电气施工图标准化设计说明将建筑电气施工图设计说明拆解成若干个独立模块，每个独立模块均以表格形式呈现，可独立编辑修改。表格内容涵盖了常用公共建筑、居住建筑等民用建筑领域的各种建筑类型，设计人员可根据建筑类型的实际需求对上述拆解的若干个模块化表格进行调用及组合，供设计人员集成为适用于相应建筑类型的电气施工图设计说明。

计算书指将建筑电气施工图阶段涉及的主要常用计算公式编辑为若干个独立模块，每个独立模块均以表格形式呈现，可独立编辑修改。表格内容涵盖了常用公共建筑、居住建筑等民用建筑领域的各种建筑类型，设计人员可根据建筑类型的实际需求调用所需的模块化表格，供设计人员集成为适用于相应建筑类型的电气标准化计算书。

建筑电气标准化设计图纸指实际工程中可标准化设计的内容，主要包括图例、主要设备表、高压系统图、低压系统图、配电箱系统图、主要系统框架图，以及通用详图等模板。设计人员可结合工程实际情况，采用标准化设计图纸模板进行绘制调整。

2.2 适用范围及应用方法

2.2.1 适用范围

本书提供的标准化设计内容适用于民用建筑中各种类型的公共建筑和居住建筑的施工图设计，在施工图前期的设计阶段也可以借鉴或使用。

2.2.2 应用方法

1. 综合选用表

本书提供了4张综合选用表，即设计准备文件综合选用表、建筑电气施工图标准化设计说明综合选用表、计算书综合选用表和建筑电气标准化设计图综合选用表，并分别对应本书第3章、第4章、第5章、第6章的内容（表2.2.2-1～表2.2.2-4）。

2. 应用说明

本书按照施工图设计阶段的内容进行编写，如有其他设计阶段可以参照本书或部分节选相关内容。但本书不能覆盖所有建筑类型的工程设计内容，仅对主要的建筑类型进行表述，例如办公、酒店、医院、商业综合体和居住建筑等，对于不能编入的部分，可以根据自身特点进行自我完善。

设计准备文件综合选用表 **表2.2.2-1**

序号	说明表格编号	说明表格名称及内容	实施情况	备注
3.1～3.3 设计准备文件				
1	3.1.1	住宅项目电气专业前期征询表	□	可选项
2	3.1.2	公共建筑项目电气专业前期征询表	□	可选项
3	3.2.1	住宅项目电气专业设计范围表	□	可选项
4	3.2.2	公共建筑项目电气专业设计范围表	□	可选项
5	3.3.1	住宅项目电气专业业主建设标准表	□	可选项
6	3.3.2	公共建筑项目电气专业业主建设标准表	□	可选项

建筑电气施工图标准化设计说明综合选用表 **表2.2.2-2**

序号	说明表格编号	说明表格名称及内容	实施情况	备注
4.1～4.4 建筑电气施工图标准化设计说明				
1	4.1	工程概况选用表	□	必选项
2	4.2	设计依据汇总表	□	必选项
3	4.3	设计范围汇总表	□	必选项
4	4.4	设计总则表	□	必选项
4.5 变、配、发系统				
1	4.5.1	常用负荷等级表	□	必选项
2	4.5.2	供电电源及保障措施表	□	必选项
3	4.5.3	能耗计量表	□	必选项
4	4.5.4	功率因数及谐波治理表	□	必选项
4.6 供电方式				
1	4.6-1	通用建筑非消防负荷供电方式表	□	必选项
2	4.6-2	通用建筑消防负荷供电方式表	□	必选项
3	4.6-3	医疗建筑供电方式表	□	可选项
4	4.6-4	体育建筑供电方式表	□	可选项

续表

序号	说明表格编号	说明表格名称及内容	实施情况	备注
5	4.6-5	数据中心供电方式表	□	可选项
		4.7 供电线路导体选择		
1	4.7	供电线路导体选择表	□	必选项
		4.8 供电线路敷设方式		
1	4.8	供电线路敷设方式表	□	必选项
		4.9 配电设备选型及安装方式		
1	4.9	配电设备选型及安装方式表	□	必选项
		4.10 电动机启动及控制方式的选择		
1	4.10	电动机启动及控制方式选择表	□	必选项
		4.11 照明系统		
1	4.11.1-1	照明种类汇总表	□	必选项
2	4.11.1-2	主要场所照度标准汇总表	□	必选项
3	4.11.1-3	无电视转播体育建筑照度标准汇总表	□	可选项
4	4.11.1-4	有电视转播体育建筑照度标准汇总表	□	可选项
5	4.11.1-5	各类建筑照明功率密度限值汇总表	□	必选项
6	4.11.2-1	灯具光源分类汇总表	□	必选项
7	4.11.2-2	灯具安装方式汇总表	□	必选项
8	4.11.2-3	灯具附件汇总表	□	必选项
9	4.11.3	照明控制方式汇总表	□	必选项
10	4.11.4-1	室外照明的电压等级汇总表	□	可选项
11	4.11.4-2	室外照明的光源选择汇总表	□	可选项
12	4.11.4-3	室外照明照度要求汇总表	□	可选项
		4.12 应急照明及疏散指示系统		
1	4.12-1	消防应急照明地面水平最低照度要求汇总表	□	必选项
2	4.12-2	消防应急照明灯具选择汇总表	□	必选项
3	4.12-3	消防应急照明备用电源供电持续时间要求汇总表	□	必选项
4	4.12-4	消防应急照明和疏散指示系统控制要求汇总表	□	必选项
5	4.12-5	消防备用照明汇总表	□	必选项
		4.13 防雷系统		
1	4.13.1-1	民用建筑雷电防护分类表	□	必选项
2	4.13.1-2	建筑物电子信息系统雷电防护分类表	□	必选项
3	4.13.2	SPD 在线监测性能及功能配置表	□	必选项
4	4.13.3	雷电防护措施汇总表	□	必选项
5	4.13.4	防雷装置汇总表	□	必选项
6	4.13.5	防雷电电磁脉冲措施汇总表	□	必选项

续表

序号	说明表格编号	说明表格名称及内容	实施情况	备注
		4.14 接地及安全措施		
1	4.14.1	各系统接地电阻要求汇总表	□	必选项
2	4.14.2-1	等电位设置要求汇总表	□	必选项
3	4.14.2-2	等电位联结导体的截面积汇总表	□	必选项
4	4.14.3	接地装置要求汇总表	□	必选项
5	4.14.4	安全接地和特殊接地措施汇总表	□	必选项
		4.15 电气消防		
1	4.15.1-1	消防控制室	□	必选项
2	4.15.1-2	火灾自动报警系统	□	必选项
3	4.15.1-3	消防联动控制设计	□	必选项
4	4.15.1-4	可燃气体报警系统	□	可选项
5	4.15.1-5	高度大于12m的空间场所	□	可选项
6	4.15.1-6	消防物联网	□	可选项
7	4.15.1-7	气体灭火系统	□	可选项
8	4.15.1-8	电源及接地	□	必选项
9	4.15.2	消防应急广播	□	必选项
10	4.15.3	电气火灾监控系统	□	可选项
11	4.15.4	消防设备电源监控系统	□	可选项
12	4.15.5	防火门监控系统	□	可选项
13	4.15.6	余压监控系统	□	可选项
14	4.15.7-1	线路敷设（上海以外地区）	□	可选项
15	4.15.7-2	线路敷设（上海地区）	□	可选项
		4.16 电气综合管理系统		
1	4.16	电气综合管理系统	□	可选项
		4.17 建筑设备一体化监控系统		
1	4.17	建筑设备一体化监控系统	□	可选项
		4.18 光伏系统		
1	4.18	光伏系统	□	可选项
		4.19 电气节能设计		
1	4.19.2-1	电气专业节能设计技术说明汇总表	□	必选项
2	4.19.2-2	各类LED灯具的效能汇总表	□	必选项
3	4.19.2-3	开敞式或格栅式灯具的遮光角汇总表	□	可选项
4	4.19.2-4	带保护罩灯具的表面亮度	□	可选项
5	4.19.2-5	光源平均亮度限值（kcd/m^2）	□	可选项
		4.20 绿色建筑电气设计		
1	4.20.1	电气专业绿色建筑设计依据汇总表	□	可选项

续表

序号	说明表格编号	说明表格名称及内容	实施情况	备注
2	4.20.2-1	绿建工程概况一览表	□	可选项
3	4.20.2-2	绿色建筑评估表	□	可选项
4	4.20.3-1	绿色建筑电气自评分汇总表	□	可选项
5	4.20.3-2	绿色建筑电气技术说明汇总表	□	可选项
6	4.20.3-3	10/0.4kV 常用干式电力变压器节能参数汇总表	□	可选项
7	4.20.3-4	常用三相异步电动机节能参数汇总表	□	可选项
8	4.20.3-5	常用室内照明用 LED 灯具节能参数汇总表	□	可选项
9	4.20.3-6	常用接触器节能参数汇总表	□	可选项
4.21 环保篇				
1	4.21	环保表	□	必选项
4.22 抗震篇				
1	4.22	抗震表	□	必选项
4.23 预制装配式建筑电气设计专篇				
1	4.23.1	装配概况	□	可选项
2	4.23.2-1	国家规范	□	可选项
3	4.23.2-2	上海市规范	□	可选项
4	4.23.2-3	图集	□	可选项
5	4.23.3	预制构件区域设计与施工	□	可选项
6	4.23.4	其他	□	可选项
4.24 施工安装篇				
1	4.24.1-1	主要设备技术要求	□	可选项
2	4.24.1-2	设备安装	□	可选项
3	4.24.1-3	管线敷设	□	可选项
4	4.24.1-4	防雷、接地系统	□	可选项
5	4.24.1-5	抗震	□	可选项
6	4.24.1-6	其他	□	可选项
7	4.24.2-1	一般规定	□	可选项
8	4.24.2-2	通信网络与综合布线系统	□	可选项
9	4.24.2-3	移动通信室内中继系统和无线对讲室内中继系统	□	可选项
10	4.24.2-4	安防系统	□	可选项
11	4.24.2-5	火灾报警及联动控制系统	□	可选项
12	4.24.2-6	背景音乐、公共广播及紧急音响系统	□	可选项
13	4.24.2-7	楼宇自控系统	□	可选项
4.25 电气告知书				
1	4.25-1	总则	□	可选项
2	4.25-2	供配电系统	□	可选项

续表

序号	说明表格编号	说明表格名称及内容	实施情况	备注
3	4.25-3	线缆敷设	□	可选项
4	4.25-4	电气防火	□	可选项
5	4.25-5	电气设备及元器件	□	可选项
6	4.25-6	电气节能	□	可选项
7	4.25-7	防雷与接地	□	可选项
8	4.25-8	其他	□	可选项

计算书综合选用表 **表 2.2.2-3**

序号	说明表格编号	说明表格名称及内容	实施情况	备注
		5.1 变电所负荷计算		
1	5.1.1-1	用电设备功率计算表	□	可选项
2	5.1.1-2	大型医疗设备工作制类型表	□	可选项
3	5.1.2-1	单位面积功率法计算负荷表	□	可选项
4	5.1.2-2	各类建筑物的单位建筑面积用电指标	□	可选项
5	5.1.3-1	单位面积负荷法计算变压器容量表	□	可选项
6	5.1.3-2	各类建筑物的单位建筑面积负荷指标《全国民用建筑工程设计技术措施（2009）·电气》	□	可选项
7	5.1.3-3	各类建筑物的单位建筑面积负荷指标《国网上海市电力公司非居民电力用户业扩工程技术导则（2014 版）》	□	可选项
8	5.1.3-4	变压器容量指标	□	可选项
9	5.1.4	需要系数法计算变压器容量表	□	可选项
10	5.1.5	低压配电系统开关整定与电缆选型表	□	可选项
11	5.1.6	单相负荷计算表	□	可选项
12	5.1.7	尖峰电流计算表	□	可选项
13	5.1.8	并联电容无功功率补偿容量计算表	□	可选项
14	5.1.9	滤波电容-电抗器组补偿容量计算表	□	可选项
15	5.1.10	供电系统的功率损耗计算表	□	可选项
16	5.1.11	供电系统电能损耗计算表	□	可选项
17	5.1.12-1	谐波电流、谐波电压计算表	□	可选项
18	5.1.12-2	常用设备谐波含量表	□	可选项
		5.2 发电机容量计算		
1	5.2.1	发电机容量计算表（一）	□	可选项
2	5.2.2	发电机容量计算表（二）	□	可选项
		5.3 UPS 系统容量计算		
1	5.3	UPS 系统容量计算表	□	可选项
		5.4 太阳能光伏电源系统容量计算		
1	5.4-1	太阳能光伏电源系统安装面积计算表	□	可选项
2	5.4-2	屋顶安装太阳能光伏的面积比例表（上海市）	□	可选项
3	5.4-3	太阳能光伏电源系统容量计算表	□	可选项

续表

序号	说明表格编号	说明表格名称及内容	实施情况	备注
4	5.4-4	部分省（区、市）2022 年总辐照量平均值	□	可选项
5	5.4-5	晶体硅电池和薄膜电池特性比较	□	可选项
		5.5　短路电流计算		
1	5.5.1.2	高压系统短路电流计算表（标幺值法）	□	可选项
2	5.5.1.3	高压系统短路电流计算表（有名单位制法）	□	可选项
3	5.5.2.1	低压系统短路电流计算表	□	可选项
4	5.5.2.2	变压器 0.4kV 低压出口处短路电流速查表	□	可选项
5	5.5.3	发电机短路电流计算	□	可选项
		5.6　高低压电器选择		
1	5.6.1.3	高压电器、开关设备及导体选择与检验表	□	可选项
2	5.6.1.4-1	高压断路器选择表	□	可选项
3	5.6.1.4-2	高压电器最高电压选择表	□	可选项
4	5.6.1.5	高压负荷开关选择表	□	可选项
5	5.6.1.6	高压熔断器选择表	□	可选项
6	5.6.2.2-1	低压熔断器选择表	□	可选项
7	5.6.2.2-2	K_r数值表	□	可选项
8	5.6.2.2-3	K_m数值表	□	可选项
9	5.6.2.3-1	低压断路器选择表	□	可选项
10	5.6.2.3-2	交流低压断路器的短路接通能力和分断能力之前的比值 n	□	可选项
11	5.6.2.3-3	K_{set1}、K_{set3}可靠系数取值	□	可选项
12	5.6.2.3-4	断路器的最小故障电流计算表	□	可选项
13	5.6.3.2	小电阻接地计算表	□	可选项
14	5.6.4.2	电流互感器额定电压、额定电流计算表	□	可选项
15	5.6.4.3	电流互感器准确度选择表	□	可选项
16	5.6.4.4	保护用电流互感器（P 类）的稳态性能验算表	□	可选项
17	5.6.5.2	电压互感器额定电压选择表	□	可选项
18	5.6.5.3	电压互感器准确度选择表	□	可选项
		5.7　电力变压器保护的整定计算		
1	5.7.1	电力变压器过电流保护计算表	□	可选项
2	5.7.2	电力变压器电流速断保护计算表	□	可选项
3	5.7.3-1	电力变压器低压侧单相接地保护 （利用高压侧三相式过电流保护）计算表	□	可选项
4	5.7.3-2	电力变压器低压侧单相接地保护 （利用在低压侧中性线上装设专用的零序保护）计算表	□	可选项
5	5.7.4	电力变压器过负荷保护计算表	□	可选项

续表

序号	说明表格编号	说明表格名称及内容	实施情况	备注
		5.8 导线及电缆截面选择		
1	5.8.1.1	导体最小允许截面积表	□	可选项
2	5.8.1.2	导体截面选择条件表	□	可选项
3	5.8.3	根据允许温升载流量校正表	□	可选项
4	5.8.4-1	经济电流密度选择经济截面表	□	可选项
5	5.8.4-2	电线和电缆的经济电流密度（A/mm^2）	□	可选项
6	5.8.5.1	按电压损失校验电缆截面表	□	可选项
7	5.8.6.1	高压电缆按短路热稳定条件校验截面	□	可选项
8	5.8.6.2-1	低压电缆按短路热稳定条件校验截面	□	可选项
9	5.8.6.2-2	不同绝缘材料铜导体的热稳定系数表	□	可选项
		5.9 用电设备计算		
1	5.9.1-1	电动机设备功率计算表	□	可选项
2	5.9.1-2	电动机的电流计算表	□	可选项
3	5.9.1-3	无限容量电源系统中电动机启动时电压降计算表	□	可选项
4	5.9.2-1	电梯电流计算表	□	可选项
5	5.9.2-2	不同类型电梯主要技术指标	□	可选项
6	5.9.2-3	不同电梯台数的同时系数（K_x）	□	可选项
		5.10 电气照明计算		
1	5.10.1-1	利用系数法照明计算	□	可选项
2	5.10.1-2	灯具的维护系数	□	可选项
3	5.10.2-1	逐点计算法照明计算-水平面照度计算	□	可选项
4	5.10.2-2	逐点计算法照明计算-垂直面照度计算	□	可选项
5	5.10.2-3	逐点计算法照明计算-倾斜面照度计算	□	可选项
		5.11 建筑物防雷与接地计算		
1	5.11.1-1	建筑物的防雷分类表	□	可选项
2	5.11.1-2	建筑物年预计雷击次数	□	可选项
3	5.11.2	接闪杆的保护范围	□	可选项
4	5.11.3	接地电阻的计算	□	可选项

建筑电气标准化设计图综合选用表　　表 2.2.2-4

序号	说明表格编号	说明表格名称及内容	实施情况	备注
		6.1 图例		
1	6.1.1	强电主要图例表	□	必选项
2	6.1.2	应急照明及疏散指示主要图例表	□	可选项
3	6.1.3	火灾自动报警系统主要图例表	□	可选项
4	6.1.4	主要管材敷设方式图例表	□	可选项
5	6.1.5-1	高压柜编号规则表	□	可选项

续表

序号	说明表格编号	说明表格名称及内容	实施情况	备注
6	6.1.5-2	0.4kV低压柜编号规则表	□	可选项
7	6.1.5-3	PML柜编号规则表	□	可选项
8	6.1.5-4	0.4kV发电机低压柜编号规则表	□	可选项
9	6.1.5-5	变压器编号规则表	□	可选项
10	6.1.5-6	发电机编号规则表	□	可选项
11	6.1.5-7	0.4kV配电柜（箱）编号规则表	□	可选项
12	6.1.5-8	电缆编号规则表	□	可选项
6.2 主要设备表				
1	6.2.1	主要强电设备表	□	必选项
2	6.2.2-1	常用电缆示意表	□	可选项
3	6.2.2-2	常用电线示意表	□	可选项
4	6.2.3	常用桥架示意表	□	可选项
5	6.2.4	常用母线示意表	□	可选项
6	6.2.5-1	电线（WDZC-BYJ/WDZCN-BYJ）穿低压流体输送用焊接钢管最小管径表	□	可选项
7	6.2.5-2	电线（WDZC-BYJ/WDZCN-BYJ）穿普通碳素钢电线套管最小管径表	□	可选项
8	6.2.5-3	电力电缆（WDZA-YJY/WDZAN-YJY）穿低压流体输送用焊接钢管最小管径表	□	可选项
9	6.2.5-4	柔性矿物绝缘电缆穿低压流体输送用焊接钢管最小管径表	□	可选项

3 设计准备文件

在项目启动之初，务必事先通过建设方（甲方）对项目各类详细情况向当地政府相关职能部门进行全面征询。征询结果将直接决定电气系统的配置方案以及各类设备机房的布局设定。举例来说，市政电力进线电源是否具备两路独立电源的条件、是否需增设通信宏基站，以及充电桩设置的比例（包括快充与慢充的比例）等因素，均对整体项目的电气系统布局产生显著影响，因此必须在项目前期的征询阶段中明确并落实。此外，前期征询表应包含各职能部门或甲方的正式回复意见，这些意见将作为项目设计工作开展的重要依据。

除了征询工作外，还需要明确主体设计院所承担的设计范围。这有助于在设计界面上确保不产生分歧，提高设计工作的效率和质量。同时，还需要根据甲方提供的设计标准内容进行详尽的核对与统计，制定一份全面的建设标准表。这份表格将作为项目设计工作的核心依据，指导设计人员在整个设计过程中保持与建设方一致。

在项目实施过程中，设计人员还需要密切关注行业动态和技术发展趋势。随着科技不断进步和市场不断变化，新的技术和解决方案不断涌现。设计人员需要及时了解和掌握这些新技术和新方法，以便在设计中进行灵活应用和创新实践。

综上所述，项目启动之初的征询工作和设计范围明确是确保项目顺利进行的关键步骤。通过全面征询和明确设计范围，设计人员可以为项目的后续工作打下坚实基础，提高项目的成功率和效益。同时，设计人员还需要不断关注行业动态和技术发展趋势，以便在设计中保持与时俱进和创新精神。

3.1 项目前期征询表

3.1.1 住宅项目电气专业前期征询表

住宅项目电气专业前期征询表　　表 3.1.1

名称	序号	征询内容	征询内容列表	实施情况	备注
电力公司电源引入条件	1	电源电压及容量限制	位置（路名）____	□	
			□10kV（6.6kV）/□一路/□二路；每路最大____ kVA	□	
			□380V/220V；每路最大____ kVA	□	
			其他____	□	
	2	供电形式	□专路/□环网	□	
	3	进户方式	□架空/□埋地	□	
	4	高压侧功率因数	不小于□0.95/□0.9/□其他____	□	

续表

名称	序号	征询内容	征询内容列表	实施情况	备注
电力公司电源引入条件	5	高压系统接地方式	□小电阻接地/□消弧线圈接地/□不接地	□	
	6	低压系统接地方式	□TN-S/□TN-C-S/□TT/□其他____	□	
	7	是否设置电力公司开关站	□设置/□不设置/□其他____	□	
	8	计量方式	□高供高计，容量范围____	□	
			□高供低计，容量范围____		
			□低供低计，容量范围____		
	9	柴油发电机设置	□只有一路电源，需要用户自备发电机	□	
			□具备双重电源供电条件，不需要用户自备发电机		
			□具备双重电源，仍需要用户自备发电机		
	10	短路容量或短路电流	供电电源的短路容量（____ MVA）或短路电流（____ kA）	□	
电力公司变电所（公变）	1	电力公司变电所形式	□户外箱式变电所	□	
			□独立建设土建变电所		
			□附设式土建变电所		
	2	电力公司变电所土建要求	□只能设置在地上层	□	
			□设置在地上层或地下层均可		
			变电所与其他建筑距离____ m		
			□其他____		
	3	电力公司变电所数量	□设 KT 站，装机容量____ kVA，数量：____座	□	
			□设 PT 站，装机容量____ kVA，数量：____座		
			□其他____		
	4	电力公司变电所土建设置条件	变电所净高____ m； 变电所地面抬高____ m； 设备搬运通道尺寸：高____ m，宽____ m； 设备吊装孔尺寸：长____ m，宽____ m； 其他____	□	

续表

名称	序号	征询内容	征询内容列表	实施情况	备注
电力公司变电所（公变）	5	由电力公司变电所供电并设置计量的范围	□住户 □住宅单元公灯、电梯等 □配套商业 □小区配套用房 □生活（消防）水泵 □热交换站 □地下车库 □电动汽车充电装置 □其他____	□	
用户变电所	1	用户变电所土建要求	□只能设置在地上层 □设置在地上层或地下层均可 □其他____	□	
	2	用户变电所土建设置条件	变电所净高____ m； 变电所地面抬高____ m； 设备搬运通道尺寸：高____ m，宽____ m； 设备吊装孔尺寸：长____ m，宽____ m； 其他____	□	
	3	用户变电所供电范围	□住宅单元公灯、电梯等 □配套商业 □小区配套用房 □生活（消防）水泵 □热交换站 □地下车库 □电动汽车充电装置 □电动自行车充电装置 □其他____	□	（不能与电力公司变电所供电范围重复）
	4	10kV（6kV）配电系统母联设置情况	□允许 □不允许 □其他____	□	
电力公司计量用户容量配置标准及计量方式	1	住宅套内负荷标准	□按地方规范标准设置 建设方标准： 面积范围____ m^2，配置功率____ kW/户	□	

续表

名称	序号	征询内容	征询内容列表	实施情况	备注
电力公司计量用户容量配置标准及计量方式	2	配套用房及配套商业或沿街商业用电负荷标准	商铺____ W/m^2	□	
			办公楼____ W/m^2		
			社区活动中心____ W/m^2		
			学校（幼儿园）____ W/m^2		
			配套用房____ W/m^2		
			□其他____		
	3	电动汽车充电桩负荷标准	□慢速交流充电桩 7kW	□	须征询落实当地供电部门相关电动汽车充电基础设施建设技术要求
			□快速直流充电桩 60kW		
			快慢充设置比例____		
	4	高层住宅电能计量装置设置方式	□每层集中设置	□	
			□分若干层集中设置		
			□其他____		
	5	多层住宅电能计量装置设置方式	□每层集中设置	□	
			□集中在一层设置		
			□其他____		
	6	别墅电能计量装置设置方式	□别墅入口院墙或两侧外墙上设置	□	
			□公共区域集中设置落地式户外计量箱		
			□按楼栋集中装设多表位计量箱		
			□其他____		
	7	配套商业电能计量装置设置方式	□沿街采用相对集中的户外装表方式	□	
			□商铺外设置		
			□商铺内设置		
			□其他____		
	8	住宅单元地下室储藏室电能计量装置设置方式	□地下室集中设置电能计量装置	□	
			□地下室集中设置物业电能计量装置		
			□其他____		
	9	地下车库用电计量（分项：照明、风机、水泵、景观）	□地下室集中设置电力公司总计量柜		
			□地下室集中设置分项电力公司计量表		
			□其他____		
	10	电表设置要求	□8kW 单相表	□	
			□10kW 单相表		
			□12kW 单相表		
			□12kW 以上三相表		
			□其他____		

续表

名称	序号	征询内容	征询内容列表	实施情况	备注
电力公司计量用户容量配置标准及计量方式	11	电表箱规格	□单相一表位 □单相二表位 □单相三表位（横、竖） □单相四表位 □单相六表位（横、竖） □单相九表位 □单相十二表位 □户内一表位三相计量箱 □户内双表位三相计量箱 □户内四表位三相计量箱 □户外双表位三相计量箱 □其他____	□	
通信系统接入条件	1	通信接入	位置（路名）____	□	
			□光缆/□铜缆	□	
			□架空/□埋地	□	
	2	通信系统设计分界点	□本工程基地入口 □各建筑物入口 □各单元用户入口 □其他____	□	
	3	有线电视接入	位置（路名）____	□	
			□光缆/□同轴电缆	□	
			□架空/□埋地	□	
	4	有线电视系统设计分界点	□本工程基地入口 □各建筑物入口 □各单元用户入口 □其他____	□	
智能化机房设置	1	通信运营商接入机房	建筑面积____ m^2	□	每家运营商设置面积可按 $20m^2$ 考虑设置； 每家运营商供电容量可按 20kW 考虑
			设置位置：□地上/□地下	□	
			电源供电方式：□双电源/□单电源/□其他____	□	
			供电容量____ kW	□	
			接地要求：□TN-S/□TN-C-S/□TT/□其他____	□	

续表

名称	序号	征询内容	征询内容列表	实施情况	备注
智能化机房设置	2	有线电视接入机房	建筑面积____ m^2	□	一般可按 $20m^2$ 考虑设置
			设置位置：□地上/□地下		
			电源供电方式：□双电源/□单电源/□其他____		
			供电容量____ kW		
	3	消防及安保控制室	建筑面积____ m^2	□	一般为总建筑面积的 1‰
			设置位置：□地上/□地下		
			消防及安防：□合用/□分开		
			供电容量：消防____ kW/安防____ kW		
			接地要求：□TN-S/□TN-C-S/□TT/□其他____		
	4	智慧家园等其他弱电综合机房	建筑面积____ m^2	□	
			设置位置：□地上/□地下		
			电源供电方式：□双电源/□单电源/□其他____		
			供电容量____ kW		
			接地要求：□TN-S/□TN-C-S/□TT/□其他____		
	5	小区机房	建筑面积____ m^2	□	
			设置位置：□地上/□地下		
			电源供电方式：□双电源/□单电源/□其他____		
			供电容量____ kW		
			接地要求：□TN-S/□TN-C-S/□TT /□其他____		
	6	各单元电信间	建筑面积____ m^2	□	
			设置位置：□地上/□地下		
			电源供电方式：□双电源/□单电源/□其他____		
			供电容量____ kW		
			接地要求：□TN-S/□TN-C-S/□TT/□其他____		

续表

<table>
<tr><th>名称</th><th>序号</th><th>征询内容</th><th>征询内容列表</th><th>实施情况</th><th>备注</th></tr>
<tr><td rowspan="17">其他征询内容</td><td>1</td><td>航空障碍灯设置</td><td>□设置/□不设置/□其他要求____</td><td>□</td><td>须征询当地有关部门，确认本工程是否在航线上或机场起降区域及对航空障碍灯设置的要求</td></tr>
<tr><td>2</td><td>宏基站设置</td><td>□设置/□不设置/□其他要求____</td><td>□</td><td>须征询当地有关部门，确认本工程是否需要设置宏基站及设置要求</td></tr>
<tr><td rowspan="4">3</td><td rowspan="4">太阳能光伏系统</td><td>□设置/□不设置</td><td rowspan="4">□</td><td rowspan="4"></td></tr>
<tr><td>并网电压等级：
□低压 380V/□高压 10kV（6kV）</td></tr>
<tr><td>接入电网方案：
□不上网（自发自用）；
□上网（自发自用）；
□上网（自发不用）</td></tr>
<tr><td>□其他要求____</td></tr>
<tr><td rowspan="3">4</td><td rowspan="3">电动汽车充电桩</td><td>设置充电桩车位数占总车位数比例____</td><td rowspan="3">□</td><td rowspan="3">须征询当地有关部门或建设方，是否需要设置大巴车充电桩</td></tr>
<tr><td>充电桩快慢充设置比例 ____</td></tr>
<tr><td>□其他____</td></tr>
<tr><td rowspan="3">5</td><td rowspan="3">户内火灾报警探测器</td><td>□设置火灾探测器</td><td rowspan="3">□</td><td rowspan="3">须征询当地消防部门，落实户内报警探头的设置要求，如无特殊要求，则按现行国家规范确定</td></tr>
<tr><td>□设置可燃气体探测器</td></tr>
<tr><td>□其他____</td></tr>
<tr><td rowspan="5">6</td><td rowspan="5">绿建及节能设计标准</td><td>□绿色建筑____星级</td><td rowspan="5">□</td><td rowspan="5"></td></tr>
<tr><td>□超低能耗建筑</td></tr>
<tr><td>□近零能耗建筑</td></tr>
<tr><td>□零能耗建筑</td></tr>
<tr><td>□其他____</td></tr>
</table>

3.1.2 公共建筑项目电气专业前期征询表

公共建筑项目电气专业前期征询表 **表 3.1.2**

名称	序号	征询内容	征询内容列表	实施情况	备注
电力公司电源引入条件	1	电源电压及容量限制	位置（路名）____	□	
			□35kV，□一路/□二路； 每路最大____ kVA	□	
			□10kV（6.6kV），□一路/□二路； 每路最大____ kVA	□	
			□380V/220V；每路最大____ kVA	□	
			其他____	□	
	2	供电形式	□专路/□环网	□	
	3	进户方式	□架空/□埋地	□	
	4	高压侧功率因数	不小于□0.95/□0.9/□其他____	□	
	5	高压系统接地方式	□小电阻接地/□消弧线圈地/□不接地	□	
	6	低压系统接地方式	□TN-S/□TN-C-S/□TT/□其他____	□	
	7	是否设置电力公司开关站	□设置/□不设置/□其他____	□	
	8	计量方式	□高供高计，容量范围____	□	
			□高供低计，容量范围____		
			□低供低计，容量范围____		
	9	柴油发电机设置	□只有一路电源，需要用户自备发电机	□	
			□具备双重电源供电条件，不需要用户自备发电机		
			□具备双重电源，仍需要用户自备发电机		
	10	短路容量或短路电流	供电电源（____ kV）的短路容量（____ MVA）或短路电流（____ kA）	□	
用户变电所设置	1	用户变电所土建要求	□只能设置在地上层	□	
			□设置在地上层、地下层均可		
			□其他____		
	2	用户变电所土建设置条件	变电所净高____ m； 变电所地面抬高____ m； 设备搬运通道尺寸：高____ m，宽____ m； 设备吊装孔尺寸：长____ m，宽____ m； 其他____	□	

续表

名称	序号	征询内容	征询内容列表	实施情况	备注
用户变电所设置	3	高压配电系统母联设置	□允许/□不允许/□其他____	□	
通信系统接入条件	1	通信接入	位置（路名）____	□	
			□光缆/□铜缆	□	
			□架空/□埋地	□	
	2	通信系统设计分界点	□本工程基地入口	□	
			□各建筑物入口		
			□各单元用户入口		
			□其他____		
	3	有线电视接入	位置（路名）____	□	
			□光缆/□同轴电缆	□	
			□架空/□埋地	□	
	4	有线电视系统设计分界点	□本工程基地入口	□	
			□各建筑物入口		
			□各单元用户入口		
			□其他____		
智能化机房设置	1	运营商接入机房	建筑面积____ m^2	□	
			设置位置：□地上/□地下	□	
			电源供电方式：□双电源/□单电源/□其他____	□	
			供电容量____ kW	□	
			接地要求：□TN-S/□TN-C-S/□TT/□其他____	□	
	2	有线电视接入机房	建筑面积____ m^2	□	一般可按 $20m^2$ 考虑设置
			设置位置：□地上/□地下		
			电源供电方式：□双电源/□单电源/□其他____		
	3	消防及安保控制室	建筑面积____ m^2	□	一般为总建筑面积的1‰
			设置位置：□地上/□地下		
			消防及安防：□合用/□分开		
			供电容量：消防____/安防____		
			接地要求：□TN-S/□TN-C-S/□TT/□其他____		

续表

名称	序号	征询内容	征询内容列表	实施情况	备注
智能化机房设置	4	电话机房	建筑面积____ m^2	□	
			设置位置：□地上/□地下		
			电源供电方式：□双电源/□单电源/□其他____		
			供电容量____ kW		
			接地要求：□TN-S/□TN-C-S/□TT/□其他____		
	5	信息网络机房	建筑面积____ m^2	□	
			设置位置：□地上/□地下		
			电源供电方式：□双电源/□单电源/□其他____		
			供电容量____ kW		
			接地要求：□TN-S/□TN-C-S/□TT/□其他____		
	6	卫星通信机房	建筑面积____ m^2	□	
			设置位置：□地上/□地下		
			电源供电方式：□双电源/□单电源/□其他____		
			供电容量____ kW		
			接地要求：□TN-S/□TN-C-S/□TT/□其他____		
	7	各单栋建筑通信接入机房（汇聚机房）	建筑面积____ m^2	□	
			设置位置：□地上/□地下		
			电源供电方式：□双电源/□单电源/□其他____		
			供电容量____ kW		
			接地要求：□TN-S/□TN-C-S/□TT/□其他____		
其他征询内容	1	航空障碍灯设置	□设置/□不设置/□其他____	□	须征询当地有关部门，确认本工程是否在航线上或机场起降区域及对航空障碍灯设置的要求
	2	宏基站设置	□设置/□不设置/□其他____	□	须征询当地有关部门，确认本工程是否需要设置宏基站及设置要求

续表

<table>
<tr><th>名称</th><th>序号</th><th>征询内容</th><th>征询内容列表</th><th>实施情况</th><th>备注</th></tr>
<tr><td rowspan="18">其他征询内容</td><td rowspan="4">3</td><td rowspan="4">太阳能光伏系统</td><td>□设置/□不设置</td><td rowspan="4"></td><td rowspan="4"></td></tr>
<tr><td>并网电压等级：
□低压 380V/□高压 10kV（6kV）</td></tr>
<tr><td>接入电网方案：
□不上网（自发自用）/□上网（自发自用）/□上网（自发不用）</td></tr>
<tr><td>□其他____</td></tr>
<tr><td rowspan="3">4</td><td rowspan="3">电动汽车充电桩</td><td>设置充电桩车位数占总车位数比例____</td><td rowspan="3">□</td><td rowspan="3">须征询当地有关部门或建设方，是否需要设置大巴车用充电桩</td></tr>
<tr><td>充电桩快慢充设置比例 ____</td></tr>
<tr><td>□其他____</td></tr>
<tr><td rowspan="3">5</td><td rowspan="3">计量方式设置</td><td>□物业分表计量的业态</td><td rowspan="3">□</td><td rowspan="3">须要建设单位根据管理、销售等要求，落实确认整个项目的计量收费的方案</td></tr>
<tr><td>□电力公司抄表到户的业态</td></tr>
<tr><td>□其他____</td></tr>
<tr><td rowspan="6">6</td><td rowspan="6">绿建及节能设计标准</td><td>□绿色建筑____星级</td><td rowspan="6">□</td><td rowspan="6"></td></tr>
<tr><td>□超低能耗建筑</td></tr>
<tr><td>□近零能耗建筑</td></tr>
<tr><td>□零能耗建筑</td></tr>
<tr><td>□直流建筑</td></tr>
<tr><td>□其他____</td></tr>
</table>

3.2 电气专业设计范围表

3.2.1 住宅项目电气专业设计范围表

住宅项目电气专业设计范围表 **表 3.2.1**

<table>
<tr><th>设计主项</th><th>设计子项名称</th><th>设计子项具体内容</th><th>实施情况</th><th>备注</th></tr>
<tr><td rowspan="5">强电设计（变配电、照明、防雷、接地）</td><td rowspan="5">电力公司设计院完成部分</td><td>□电力公司变电所配电系统设计</td><td rowspan="5">□</td><td rowspan="5"></td></tr>
<tr><td>□低压配电间配电系统设计</td></tr>
<tr><td>□配套用房配电系统设计</td></tr>
<tr><td>□电力公司变电所及配套用房、低压配电间等有关的管线路由设计</td></tr>
<tr><td>□其他____</td></tr>
</table>

续表

设计主项	设计子项名称	设计子项具体内容	实施情况	备注
强电设计（变配电、照明、防雷、接地）	主体设计院完成部分	□用户低压供配电系统及管线路由	□	
		□住宅住户电表箱至住宅户内配电设备及管线路由		
		□住宅户内		
		□住宅单元公共区域		
		□商业配套		
		□其他配套区域		
		□其他____		
弱电设计	电气消防系统	主体设计院完成以下相关设计内容： □电气火灾监控系统； □消防设备电源监控系统； □防火门监控系统； □火灾自动报警系统； □消防应急广播	□	相关内容来自住房城乡建设部《建筑工程设计文件编制深度规定（2016版）》
	弱电系统（除消防相关系统以外）	□主体设计院预留机房并规划相关管线路由	□	
		由智能化专项设计完成相关设计内容： □住宅套内安防（入侵报警、视频安防监控、访客对讲）； □商铺安防（入侵报警、视频安防监控、访客对讲）； □住宅单元公共区域； □消防兼安防控制室； □其他____		
精装设计	设计界面	□有精装修要求的场所由室内装修设计负责照明平面及系统的设计	□	
		□一次电气设计将电源引至配电箱，预留装修照明容量，设计接口在末端配电箱进线开关上口，并在一次设计中明确照度标准和功率密度限值，同时审核装修施工图与电气预留接口条件的符合性		
		□与商业接口：商铺内预留配电箱安装位置，配电箱及以下部分均由商户负责，待招商引资后由商户进行二次装修设计		

续表

设计主项	设计子项名称	设计子项具体内容	实施情况	备注
室外景观及建筑物夜景照明设计	设计界面	□室外景观照明、立面照明由专业公司进行设计	□	
		□一次电气设计预留电源，设计接口在变电所低压柜或低压计量配电柜出线开关下口		
人防区电气设计	设计界面	人防设计院完成：□平时/□战时	□	
		主体设计院完成：□战时； 主体设计院完成：□平时		
室外电力工程	供电部门的高、低压电力管线部分	□电力外线由第三方设计完成	□	
		□主体设计院完成		
室外弱电工程	通信接入等	□智能化专项设计完成；□主体设计院完成； □其他____	□	
与其他专业的接口	与水专业的接口	□消防稳压泵、高压细水雾泵、生活水泵为自带电控箱（电气专业负责提供电源）	□	
		□其余水专业设备均由本专业配电到设备末端		
		□其他____		
	与暖通专业的接口	□制冷机房、换热站内设备由本专业配电到设备末端	□	
		□消防风机由本专业配电到设备末端		
		□带变频器的空调机、新风机均自带电控箱		

3.2.2 公共建筑项目电气专业设计范围表

公共建筑项目电气专业设计范围表 **表 3.2.2**

设计主项	设计子项名称	设计子项具体内容	实施情况	备注
强电设计（变配电、照明、防雷、接地）	电力设计院完成部分	□电力公司变电所所有电气系统设计	□	开关站电力系统属供电部门，由供电部门委托设计，开关站出线电缆由电力设计院负责设计
		用户变电所所有电气系统设计： □高、低压配电系统图（一次线路图）； □平、剖面图； □继电保护及信号原理图； □配电干线系统图； □相应图纸说明		
		□其他____		
	主体设计院完成部分（除电气设计院部分以外）	用户变电所所有电气系统设计： □高、低压配电系统图（一次线路图）； □平、剖面图； □配电干线系统图； □相应图纸说明	□	与电力公司的接口：电源分界点为变电所低压开关柜断路器下口

续表

设计主项	设计子项名称	设计子项具体内容	实施情况	备注
强电设计（变配电、照明、防雷、接地）	主体设计院完成部分（除电气设计院部分以外）	□配电系统 □发电系统 □照明系统 □防雷 □接地与安全措施 □其他____	□	与电力公司的接口：电源分界点为变电所低压开关柜断路器下口
弱电设计	电气消防系统	主体设计院完成以下相关设计内容： □电气火灾监控系统；□消防设备电源监控系统；□防火门监控系统；□火灾自动报警系统；□消防应急广播	□	相关内容来自住房城乡建设部《建筑工程设计文件编制深度规定（2016 版）》
	弱电系统（除消防相关系统以外）	□主体设计院完成智能化各系统的系统图 □主体设计院预留机房并规划相关管线路由 □由第三方完成智能化专项设计		
精装设计	设计界面	□有精装修要求的场所由室内装修设计负责照明平面及系统的设计 □一次电气设计将电源引至配电箱，预留装修照明容量，设计接口在末端配电箱进线开关上口，并明确照度标准和功率密度限值，审核精装施工图与电气预留接口条件的符合性 □与医疗专项接口：各专项区域内预留配电箱安装位置，配电箱及以下部分均由医疗专项负责 □与体育工艺接口：各体育工艺区域内预留配电箱安装位置，配电箱及以下部分均由体育工艺负责 □与商业接口：商铺内预留配电箱安装位置，配电箱及以下部分均由商户负责，待招商引资后由商户进行二次装修设计	□	
室外景观及建筑物夜景照明设计	设计界面	□室外景观照明、夜景照明由第三方设计 □主体设计预留电源，设计界面在变电所低压柜或低压计量配电柜出线开关下口	□	
人防区电气设计	设计界面	人防设计院完成：□平时/□战时 主体设计院完成：□战时； 主体设计院完成：□平时	□	

续表

设计主项	设计子项名称	设计子项具体内容	实施情况	备注
室外电力工程	供电部门的高、低压电力管线部分	□电力外线设计院完成；□主体设计院完成	□	
室外弱电工程	通信接入等	□智能化专项设计完成；□主体设计院完成； □其他____	□	

3.3 电气专业业主建设标准表

3.3.1 住宅项目电气专业业主建设标准表

住宅项目电气专业业主建设标准表　　表 3.3.1

序号	建设子项分类	建设子项具体内容	实施情况	备注
1	住宅户内部分	□毛坯验收 □精装验收 □智能化系统 □其他____	□	满足相关国家规范、地区标准和当地验收标准； 智能化系统由智能化专项设计深化完成
2	住宅公共区部分	□毛坯验收 □精装验收 □智能化系统 □其他____	□	需要甲方提供设计标准内容，且满足相关国家规范、地区标准和当地验收标准； 智能化系统由智能化专项设计深化完成
3	地库储藏室部分	□照明灯具和开关数量 □插座数量 □通风机及开关 □其他____	□	甲方提供设计标准内容
4	配套商业部分	□毛坯设计 □精装设计完成 □智能化系统 □其他____	□	甲方提供设计标准内容，且满足相关国家规范、地区标准和当地验收标准； 智能化系统由智能化专项设计深化完成
5	各业态交房标准（强电）	□配电箱（包括箱内开关） □照明灯具及开关 □电源插座 □通风（包括事故通风）设备配电 □空调（包括空调机组，风机盘管等） □其他____	□	甲方提供设计标准内容，以确定设计图纸的内容； 需要分不同业态（包括公共区域）分别提出具体要求。（包括点位数量要求）

续表

序号	建设子项分类	建设子项具体内容	实施情况	备注
6	各业态交房标准（弱电）	□信息箱	□	甲方提供设计标准内容，且满足相关国家规范、地区标准和当地验收标准； 智能化系统由智能化专项设计深化完成
		□电话通信插座		
		□网络插座		
		□电视插座		
		□入侵和紧急报警		
		□视频监控		
		□楼宇对讲		
		□其他____		

3.3.2 公共建筑项目电气专业业主建设标准表

公共建筑项目电气专业业主建设标准表　　表 3.3.2

序号	建设子项分类	建设子项具体内容	实施情况	备注
1	物业计量的各业态用电量配置标准	□业态 1 ____ W/m^2	□	甲方提供设计标准内容，根据不同业态（包括公共区域等），提出各业态负荷指标和最低预留用电
		□业态 2 ____ W/m^2		
		□业态 3 ____ W/m^2		
		□其他____		
2	电气计量并抄表到户的各业态用电量配置标准	□业态 1 ____ W/m^2	□	需征询落实当地供电部门提供非住宅用户单位面积电力接入容量基本配置区间指引，根据不同业态类型所需的最低配置标准
		□业态 2 ____ W/m^2		
		□业态 3 ____ W/m^2		
		□其他____		
3	物业计量并抄表到户的计量表设置标准	□三相表（> ____）kW	□	
		□单相表（≤ ____）kW		
		□其他____		
4	电气计量并抄表到户的计量表设置标准	□三相表（> ____）kW	□	
		□单相表（≤ ____）kW		
		□其他____		
5	各业态交房标准（强电）	□配电箱（包括箱内开关）	□	甲方提供设计标准内容，以确定设计图纸的内容。 需要分不同业态（包括公共区域）分别提出具体要求
		□照明灯具及开关		
		□电源插座		
		□通风（包括事故通风）设备配电		
		□空调（包括空调机组，风机盘管等）		
		□其他____		

续表

序号	建设子项分类	建设子项具体内容	实施情况	备注
6	各业态交房标准（弱电）	□信息箱 □电话通信插座 □网络插座 □电视插座 □入侵和紧急报警 □视频监控 □楼宇对讲 □其他____	□	甲方提供设计标准内容，且满足相关国家规范、地区标准和当地验收标准； 智能化系统由智能化专项设计深化完成，设计院仅预留相关路由

4 建筑电气施工图标准化设计说明

4.1 工程概况

本章共编辑了106个模块化表格，主要分为如下两大类：

第一类属于固定设计元素，其内容可直接调用，一般无需再编辑，见表4.4。这类表格内容完整，基本涵盖了大多数的民用建筑，但设置了“实施情况”“备注”两列。“实施情况”中设置了选用的方框，如果勾选则表示表格中的该序号行为选用行，未勾选则可以在调用时删除（或保留）；“备注”用于对该序号行的解释，正式出具图纸时不列出。

第二类属于可变设计元素，其内容在调用时应填写完整表格中的预留空白处，见表4.1。这类表格有较多内容需结合工程建设项目自身特点以及具体设计参数有针对性地填写，故必须预留空白填写的位置，也设置了“实施情况”“备注”两列，其功能与上述一致。

针对“实施情况”“备注”这两列的使用，仅在第一个模块化表格即表4.1的“注”中进行了详细的使用说明，后面各表中均省略了同样的内容。各模块化表格的最后一个序号行设置为“其他”，属于可编辑项，设计人员可根据项目实际情况增补内容，如无增补内容，可删除该序号行。

工程概况选用表 **表4.1**

序号	项目名称	内容	实施情况	备注
1	工程建设项目所在城市和周边道路分布	建设位置位于____； 基地北侧为____，东侧为____，南侧为____，西侧为____	□	工程建设位置指省市区县； 基地位置精确至道路，如无道路，应说明可供参考的对象
		共分为____地块（片区）； ____地块（片区）北侧为____，东侧为____，南侧为____，西侧为____； ____地块（片区）北侧为____，东侧为____，南侧为____，西侧为____	□	
2	工程建设项目分期建设情况	分为____期建设，其中本次设计仅针对____期设计； ____地块（片区）内设有____栋建筑物； ____地块（片区）内设有____栋建筑物	□	如有分期建设情况，应明确分期建设情况； 分期建设包括分地块（片区）及多栋建筑物等情况，应明确分期建设的具体地块（片区）及多栋建筑物情况
3	工程建设属性	属于□新建/□改建/□扩建/□修缮工程	□	应明确属性，如为复杂工程，有不同属性时，应分别详细列出
		____为新建工程	□	
		____为改建工程	□	
		____为扩建工程	□	
		____为修缮工程	□	

续表

序号	项目名称	内容	实施情况	备注
4	工程建设项目的建设指标	基地面积____ m^2，总建筑面积____ m^2，地上建筑面积____ m^2，地下建筑面积____ m^2	□	如仅指单独建筑物参照第1行即可； 如为分期建设，需填写第2行； 如分地块（片区），需填写第3行； 当为建筑群时，应根据实际需要确定是否要分栋单独撰写相关指标（见第4行），一般住宅可不用分栋写，而复杂公共建筑则有必要分栋写指标
		其中____期总建筑面积____ m^2，____期总建筑面积____ m^2； ……	□	
		各地块（片区）建设指标： ____地块（片区）总建筑面积____ m^2，地上建筑面积____ m^2，地下建筑面积____ m^2； ____地块（片区）总建筑面积____ m^2，地上建筑面积____ m^2，地下建筑面积____ m^2； ……	□	
		____地块（片区）内建有____栋建筑物。 其中____栋建筑物地上建筑面积____ m^2，地下建筑面积____ m^2；____栋建筑物地上建筑面积____ m^2，地下建筑面积____ m^2…… ____地块（片区）内建有____栋建筑物。 其中____栋建筑物地上建筑面积____ m^2，地下建筑面积____ m^2；____栋建筑物地上建筑面积____ m^2，地下建筑面积____ m^2…… ……	□	
5	本期工程建设项目的建筑设计楼层基本情况	建有单栋建筑物，为□超高/□高/□多层建筑物	□	应明确建筑物栋数及主要建筑物属性，并标识主体建筑高度； 多栋时，建筑高度是否分栋撰写应结合工程实际情况确定，一般超高层建筑必须分栋撰写； 同时有超高层、高层、多层时，也需要相应标出； 建议单体建筑不多时，每栋均需标明建筑属性（超高层/高层/多层）、建筑高度、楼层数量（包括地下室层数）
		建有多栋建筑物； 主体建筑为□超高/□高/□多层建筑物，建筑高度____ m； ____栋建筑物地上为____层，建筑高度____ m，地下有____层； ____栋建筑物地上为____层，建筑高度____ m，地下有____层； ……	□	
6	工程建筑项目的建筑功能	项目主要功能包括：____，____，…… 其中____楼层为____，____楼层为____…… ……	□	单体建筑物时参照第1行； 多栋建筑物时参照第2行
		各栋建筑物主要功能情况为： ____栋建筑物____楼层为____，____楼层为____，…… ____栋建筑物____楼层为____，____楼层为____，…… ……	□	
7	建筑的类别和耐火等级	项目建筑分类属____；项目耐火等级为____	□	说明建筑类别及防火情况
		为____类停车库	□	
		为____等医疗建筑	□	
		为____型体育建筑	□	
		为____星级旅游饭店建筑	□	
		为____班（班级数量）学校建筑	□	
		为____型博物馆建筑	□	
		为____型剧院建筑	□	
8	绿色建筑	绿色建筑按____星设计	□	应根据当地主管部门要求确定

续表

序号	项目名称	内容	实施情况	备注
9	装配式建筑	项目采用装配式建筑设计，装配率为____%	□	说明哪些建筑采用装配式设计
10	光伏系统情况	项目屋顶建筑面积____，其安装太阳能光伏的面积比例不低于____%，光伏的安装容量合计____ kWp	□	说明建筑光伏设计情况
11	充电桩设计情况	项目共有停车位数量____个，设置充电桩的比例为____%，合充电桩的数量为____个，其中交、直流充电桩（慢充、快充）的比为____，合快充桩的数量为____个，慢充桩的数量为____个	□	说明建筑充电桩设计情况
12	工程建设项目所在地气象及地质资料	项目海拔高度为____ m	□	说明建筑所在地环境影响情况
		项目最大冻土深度为____ m	□	
		项目环境温度（最热月平均最高温度）为____℃	□	
		项目防灾环境为____（白蚁、鼠等）	□	
13	其他	____	□	如有则简述

注：1. 表中第4列实施情况处有选用方框，如需要采用该序号行，则点击方框出现√，即“☑”，无此选项时则为空白方框，即“□”。正式出具设计图纸时，用“□”表示的序号行可以不列出；
2. 表中第5列（备注栏）为本表格序号行的编写说明及解释，正式出具设计图纸时，不列出；
3. 因各类新增的原因，本表中未表达的内容，可编入序号13及以后。

4.2 设计依据

设计依据汇总表 **表4.2**

序号	标准名称	编号及版本	实施情况
	4.2.1 通用规范		□
1	《建筑与市政工程抗震通用规范》	GB 55002—2021	□
2	《市容环卫工程项目规范》	GB 55013—2021	□
3	《燃气工程项目规范》	GB 55009—2021	□
4	《建筑节能与可再生能源利用通用规范》	GB 55015—2021	□
5	《建筑环境通用规范》	GB 55016—2021	□
6	《建筑与市政工程无障碍通用规范》	GB 55019—2021	□
7	《建筑给水排水与节水通用规范》	GB 55020—2021	□
8	《既有建筑维护与改造通用规范》	GB 55022—2021	□
9	《建筑电气与智能化通用规范》	GB 55024—2022	□
10	《宿舍、旅馆建筑项目规范》	GB 55025—2022	□
11	《安全防范工程通用规范》	GB 55029—2022	□
12	《民用建筑通用规范》	GB 55031—2022	□
13	《消防设施通用规范》	GB 55036—2022	□
14	《建筑防火通用规范》	GB 55037—2022	□
15	《住宅项目规范》	GB 55038—2025	□
	4.2.2 建筑电气专用设计规范		□
1	《博物馆照明设计规范》	GB/T 23863—2009	□
2	《居民住宅小区电力配置规范》	GB/T 36040—2018	□
3	《中小学校普通教室照明设计安装卫生要求》	GB/T 36876—2018	□

续表

序号	标准名称	编号及版本	实施情况
4	《建筑照明设计标准》	GB/T 50034—2024	□
5	《建筑物防雷设计规范》	GB 50057—2010	□
6	《建筑物电子信息系统防雷技术规范》	GB 50343—2012	□
7	《室外作业场地照明设计标准》	GB 50582—2010	□
8	《通信局（站）防雷与接地工程设计规范》	GB 50689—2011	□
9	《农村民居雷电防护工程技术规范》	GB 50952—2013	□
10	《古建筑防雷工程技术规范》	GB 51017—2014	□
11	《建筑电气工程电磁兼容技术规范》	GB 51204—2016	□
12	《民用建筑电气设计标准》	GB 51348—2019	□
13	《建筑照明术语标准》	JGJ/T 119—2008	□
14	《体育场馆照明设计及检测标准》	JGJ 153—2016	□
15	《城市夜景照明设计规范》	JGJ/T 163—2008	□
16	《住宅建筑电气设计规范》	JGJ 242—2011	□
17	《交通建筑电气设计规范》	JGJ 243—2011	□
18	《金融建筑电气设计规范》	JGJ 284—2012	□
19	《教育建筑电气设计规范》	JGJ 310—2013	□
20	《医疗建筑电气设计规范》	JGJ 312—2013	□
21	《会展建筑电气设计规范》	JGJ 333—2014	□
22	《体育建筑电气设计规范》	JGJ 354—2014	□
23	《商店建筑电气设计规范》	JGJ 392—2016	□
4.2.3 供配电设计规范			□
1	《外壳防护等级（IP 代码）》	GB/T 4208—2017	□
2	《电能质量 电压波动和闪变》	GB/T 12326—2008	□
3	《电流对人和家畜的效应 第 1 部分：通用部分》	GB/T 13870.1—2008	□
4	《电流对人和家畜的效应 第 2 部分：特殊情况》	GB/T 13870.2—2016	□
5	《剩余电流动作保护装置安装和运行》	GB 13955—2017	□
6	《继电保护和安全自动装置技术规程》	GB/T 14285—2023	□
7	《电能质量 公用电网谐波》	GB/T 14549—1993	□
8	《低压电气装置 第 7-702 部分：特殊装置或场所的要求 泳池和喷泉》	GB/T 16895.19—2017	□
9	《电力变压器选用导则》	GB/T 17468—2019	□
10	《供配电系统设计规范》	GB 50052—2009	□
11	《20kV 及以下变电所设计规范》	GB 50053—2013	□
12	《低压配电设计规范》	GB 50054—2011	□
13	《通用用电设备配电设计规范》	GB 50055—2011	□
14	《爆炸危险环境电力装置设计规范》	GB 50058—2014	□
15	《35kV～110kV 变电站设计规范》	GB 50059—2011	□
16	《3～110kV 高压配电装置设计规范》	GB 50060—2008	□
17	《66kV 及以下架空电力线路设计规范》	GB 50061—2010	□
18	《电力装置的继电保护和自动装置设计规范》	GB/T 50062—2008	□
19	《电力装置电测量仪表装置设计规范》	GB/T 50063—2017	□
20	《交流电气装置的过电压保护和绝缘配合设计规范》	GB/T 50064—2014	□

续表

序号	标准名称	编号及版本	实施情况
21	《交流电气装置的接地设计规范》	GB/T 50065—2011	□
22	《电力工程电缆设计标准》	GB 50217—2018	□
23	《并联电容器装置设计规范》	GB 50227—2017	□
24	《城市电力规划规范》	GB/T 50293—2014	□
25	《导（防）静电地面设计规范》	GB 50515—2010	□
26	《城市配电网规划设计规范》	GB/T 50613—2010	□
27	《电力系统安全自动装置设计规范》	GB/T 50703—2011	□
28	《电子工程节能设计规范》	GB 50710—2011	□
29	《架空绝缘配电线路设计标准》	GB 51302—2018	□
30	《矿物绝缘电缆敷设技术规程》	JGJ 232—2011	□
31	《电力工程直流电源系统设计技术规程》	DL/T 5044—2014	□
32	《35kV～220kV 城市地下变电站设计规定》	DL/T 5216—2017	□
33	《配电网规划设计技术导则》	DL/T 5729—2023	□
34	《交流电气装置的过电压保护和绝缘配合》	DL/T 620—1997	□
35	《航空障碍灯》	MH/T 6012—2015	□
36	《室内灯具光分布分类和照明设计参数标准》	T/CECS 56—2022	□
37	《铝合金电缆桥架技术规程》	CECS 106—2000	□
4.2.4 消防电气设计规范			□
1	《消防控制室通用技术要求》	GB 25506—2010	□
2	《消防设备电源监控系统》	GB 28184—2011	□
3	《建筑设计防火规范》	GB 50016—2014	□
4	《汽车库、修车库、停车场设计防火规范》	GB 50067—2014	□
5	《人民防空工程设计防火规范》	GB 50098—2009	□
6	《火灾自动报警系统设计规范》	GB 50116—2013	□
7	《建筑内部装修设计防火规范》	GB 50222—2017	□
8	《火力发电厂与变电站设计防火规范》	GB 50229—2019	□
9	《飞机库设计防火规范》	GB 50284—2008	□
10	《消防通信指挥系统设计规范》	GB 50313—2013	□
11	《城市消防远程监控系统技术规范》	GB 50440—2007	□
12	《消防应急照明和疏散指示系统技术标准》	GB 51309—2018	□
13	《广播电影电视建筑设计防火标准》	GY 5067—2017	□
4.2.5 与建筑专业相关电气设计规范			□
1	《人民防空地下室设计规范》（2023 年版）	GB 50038—2005	□
2	《冷库设计规范》	GB 50072—2021	□

续表

序号	标准名称	编号及版本	实施情况
3	《洁净厂房设计规范》	GB 50073—2013	□
4	《石油库设计规范》	GB 50074—2014	□
5	《住宅设计规范》	GB 50096—2011	□
6	《中小学校设计规范》	GB 50099—2011	□
7	《人民防空工程设计规范》	GB 50225—2005	□
8	《铁路旅客车站建筑设计规范》(2011年版)	GB 50226—2007	□
9	《医院洁净手术部建筑技术规范》	GB 50333—2013	□
10	《生物安全实验室建筑技术规范》	GB 50346—2011	□
11	《民用建筑设计统一标准》	GB 50352—2019	□
12	《实验动物设施建筑技术规范》	GB 50447—2008	□
13	《医药工业洁净厂房设计规范》	GB 50457—2019	□
14	《电子工业洁净厂房设计规范》	GB 50472—2008	□
15	《服装工厂设计规范》(2023年版)	GB 50705—2012	□
16	《无障碍设计规范》	GB 50763—2012	□
17	《光伏发电站设计规范》	GB 50797—2012	□
18	《疾病预防控制中心建筑技术规范》	GB 50881—2013	□
19	《急救中心建筑设计规范》	GB/T 50939—2013	□
20	《综合医院建筑设计标准》(局部修订)	GB 51039—2014	□
21	《医药工业总图运输设计规范》	GB 51047—2014	□
22	《城市消防站设计规范》	GB 51054—2014	□
23	《精神专科医院建筑设计规范》	GB 51058—2014	□
24	《物流建筑设计规范》	GB 51157—2016	□
25	《档案馆建筑设计规范》	JGJ 25—2010	□
26	《体育建筑设计规范》	JGJ 31—2003	□
27	《宿舍建筑设计规范》	JGJ 36—2016	□
28	《图书馆建筑设计规范》	JGJ 38—2015	□
29	《托儿所、幼儿园建筑设计规范》(2019年版)	JGJ 39—2016	□
30	《疗养院建筑设计标准》	JGJ/T 40—2019	□
31	《文化馆建筑设计规范》	JGJ/T 41—2014	□
32	《商店建筑设计规范》	JGJ 48—2014	□
33	《剧场建筑设计规范》	JGJ 57—2016	□
34	《电影院建筑设计规范》	JGJ 58—2008	□
35	《交通客运站建筑设计规范》	JGJ/T 60—2012	□
36	《旅馆建筑设计规范》	JGJ 62—2014	□
37	《饮食建筑设计标准》	JGJ 64—2017	□

续表

序号	标准名称	编号及版本	实施情况
38	《博物馆建筑设计规范》	JGJ 66—2015	□
39	《办公建筑设计标准》	JGJ/T 67—2019	□
40	《特殊教育学校建筑设计规范》	JGJ 76—2019	□
41	《科研建筑设计标准》	JGJ 91—2019	□
42	《看守所建筑设计规范》	JGJ 127—2000	□
43	《展览建筑设计规范》	JGJ 218—2010	□
44	《老年人照料设施建筑设计标准》	JGJ 450—2018	□
45	《人民防空医疗救护工程设计标准》	RFJ 005—2011	□
4.2.6 与设备专业相关电气设计规范			□
1	《建筑给水排水设计规范》	GB 50015—2019	□
2	《城镇燃气设计规范》	GB 50028—2006	□
3	《锅炉房设计规范》	GB 50041—2020	□
4	《自动喷水灭火系统设计规范》	GB 50084—2017	□
5	《泡沫灭火系统设计标准》	GB 50151—2021	□
6	《水喷雾灭火系统技术规范》	GB 50219—2014	□
7	《数据中心设计规范》	GB 50174—2017	□
8	《固定消防炮灭火系统设计规范》	GB 50338—2003	□
9	《干粉灭火系统设计规范》	GB 50347—2004	□
10	《空调通风系统运行管理标准》	GB 50365—2019	□
11	《气体灭火系统设计规范》	GB 50370—2005	□
12	《民用建筑供暖通风与空气调节设计规范》	GB 50736—2012	□
13	《石油化工安全仪表系统设计规范》	GB/T 50770—2013	□
14	《油气田及管道工程计算机控制系统设计规范》	GB/T 50823—2013	□
15	《有色金属冶炼厂自控设计规范》	GB 50891—2013	□
16	《油气田及管道工程仪表控制系统设计规范》	GB/T 50892—2013	□
17	《消防给水及消火栓系统技术规范》	GB 50974—2014	□
18	《建筑机电工程抗震设计规范》	GB 50981—2014	□
19	《建筑防烟排烟系统技术标准》	GB 51251—2017	□
20	《简易自动喷水灭火系统应用技术规程》	CECS 219—2007	□
21	《城市基础地理信息系统技术标准》	CJJ 100—2017	□
22	《游泳池给水排水工程技术规程》	CJJ 122—2017	□
23	《城市工程管线综合规划规范》	GB 50289—2016	□
24	《架空电力线路、变电站（所）对电视差转台、转播台无线电干扰防护间距标准》	GB 50143—2018	□

续表

序号	标准名称	编号及版本	实施情况
25	《辐射供暖供冷技术规程》	JGJ 142—2012	□
4.2.7 绿建节能设计规范			□
1	《电动机能效限定值及等效等级》	GB 18613—2020	□
2	《电力变压器能效限定值及能效等级》	GB 20052—2024	□
3	《公共建筑节能设计标准》	GB 50189—2015	□
4	《民用建筑太阳能热水系统应用技术标准》	GB 50364—2018	□
5	《绿色建筑评价标准》	GB/T 50378—2019	□
6	《太阳能供热采暖工程技术标准》	GB 50495—2019	□
7	《节能建筑评价标准》	GB/T 50668—2011	□
8	《民用建筑太阳能空调工程技术规范》	GB 50787—2012	□
9	《光伏发电站设计规范》	GB 50797—2012	□
10	《光伏发电接入配电网设计规范》	GB/T 50865—2013	□
11	《电化学储能电站设计规范》	GB 51048—2014	□
12	《建筑光伏系统应用技术标准》	GB/T 51368—2019	□
13	《燃气冷热电三联供工程技术规程》	CJJ 145—2010	□
14	《严寒和寒冷地区居住建筑节能设计标准》	JGJ 26—2010	□
15	《夏热冬暖地区居住建筑节能设计标准》	JGJ 75—2012	□
16	《夏热冬冷地区居住建筑节能设计标准》	JGJ 134—2010	□
17	《辐射供暖供冷技术规程》	JGJ 142—2012	□
18	《供热计量技术规程》	JGJ 173—2009	□
19	《公共建筑节能改造技术规范》	JGJ 176—2009	□
20	《民用建筑绿色设计规范》	JGJ/T 229—2010	□
21	《采光顶与金属屋面技术规程》	JGJ 255—2012	□
4.2.8 电气施工验收规范			□
1	《人民防空工程施工及验收规范》	GB 50134—2004	□
2	《电气装置安装工程　高压电器施工及验收规范》	GB 50147—2010	□
3	《电气装置安装工程　电力变压器、油浸电抗器、互感器施工及验收规范》	GB 50148—2010	□
4	《电气装置安装工程 母线装置施工及验收规范》	GB 50149—2010	□
5	《电气装置安装工程 电气设备交接试验标准》	GB 50150—2016	□
6	《电气装置安装工程 电缆线路施工及验收标准》	GB 50168—2018	□
7	《电气装置安装工程 接地装置施工及验收规范》	GB 50169—2016	□
8	《电气装置安装工程 旋转电机施工及验收标准》	GB 50170—2018	□
9	《电气装置安装工程 盘、柜及二次回路接线施工及验收规范》	GB 50171—2012	□
10	《电气装置安装工程 蓄电池施工及验收规范》	GB 50172—2012	□

续表

序号	标准名称	编号及版本	实施情况
11	《110kV～750kV架空输电线路施工及验收规范》	GB 50233—2014	□
12	《电气装置安装工程 低压电器施工及验收规范》	GB 50254—2014	□
13	《电气装置安装工程 电力变流设备施工及验收规范》	GB 50255—2014	□
14	《电气装置安装工程 起重机电气装置施工及验收规范》	GB 50256—2014	□
15	《电气装置安装工程 爆炸和火灾危险环境电气装置施工及验收规范》	GB 50257—2014	□
16	《建筑电气工程施工质量验收规范》	GB 50303—2015	□
17	《电梯工程施工质量验收规范》	GB 50310—2002	□
18	《住宅装饰装修工程施工规范》	GB 50327—2001	□
19	《建筑节能工程施工质量验收规范》	GB 50411—2014	□
20	《数据中心基础设施施工及验收标准》	GB 50462—2024	□
21	《1kV及以下配线工程施工与验收规范》	GB 50575—2010	□
22	《洁净室施工及验收规范》	GB 50591—2010	□
23	《建筑物防雷工程施工与质量验收规范》	GB 50601—2010	□
24	《智能建筑工程施工规范》	GB 50606—2010	□
25	《建筑电气照明装置施工与验收规范》	GB 50617—2010	□
26	《继电保护及二次回路安装及验收规范》	GB/T 50976—2014	□
27	《电气装置安装工程串联电容器补偿装置施工及验收规范》	GB 51049—2014	□
28	《套接紧定式钢导管电线管路施工及验收规程》	T/CECS 120—2021	□
29	《应急电源系统施工及验收规程》	CECS 455—2016	□

注：1. 表中列举的各类规范、标准、规程及各类用于设计的文件仅为部分常用的内容，尚有很多内容未列出，需由设计人员根据工程项目属性添加；
2. 表中4.2.5部分提及的其他专业标准很多，本表中仅列出常用部分，其余其他专业标准需由设计人员根据工程项目属性添加；
3. 本表及以下各表中，除设计依据中引用的国家标准的版本号注明年份以外，其余部分当为泛指时，可不列出标准的年份，如特指标准中的具体条文时，须列出所引用国家标准的年份。

4.3 设计范围

设计范围汇总表　　　表4.3

序号	项目名称	内容	实施情况	备注
1	主要设计范围及内容	设计范围专指工程建设项目用地红线范围内； 设计范围参考《建筑工程设计文件编制深度规定》； 图纸技术文件包含本表实施情况的范围	□	
2	供配电系统	变电系统	□	
		配电系统	□	
		发电系统	□	
		供电方式	□	
		供配电线路导体选择	□	

续表

序号	项目名称	内容	实施情况	备注
3	配电线路及保护	供配电线路敷设方式	□	
		配电设备选型及安装方式	□	
		电动机启动及控制方式的选择	□	
4	照明系统	照明与插座系统	□	
		照明控制系统	□	
		应急照明及疏散指示系统	□	
5	防雷与接地系统	防雷系统	□	
		接地及安全措施	□	
6	电气消防专篇	火灾自动报警系统	□	
		气体灭火系统	□	
		防火门监控系统	□	
		消防广播系统	□	
		可燃气体探测报警系统	□	
		余压监控系统	□	
		电气综合监控系统	□	
		电气火灾监控系统	□	
		消防设备电源监控系统	□	
		浪涌保护在线监测系统	□	
		消防物联网监控系统	□	
7	建筑设备管理系统	建筑设备监控系统	□	
		建筑设备一体化监控系统	□	
		建筑设备能效监管系统	□	
8	设计专篇	光伏篇	□	
		节能篇	□	
		绿建篇	□	
		环保篇	□	
		抗震篇	□	
		装配式建筑篇	□	
		施工安装篇	□	
9	设计文件告知书	项目用地红线范围内最后一个电力管井接出至市政电力检查井之间的电力电缆，由市政有关部门负责设计	□	
		项目用地红线范围内最后一个弱电管井接出至市政弱电检查井之间的通信电缆，由市政有关部门负责设计	□	
		办公室、大厅、公共走道等涉及二次装修深化设计场所的照明与插座系统，由装饰专业负责设计	□	

续表

序号	项目名称	内容	实施情况	备注
9	设计文件告知书	洗衣机房的洗衣工艺设计，厨房的厨房工艺设计，消控中心、智能化机房等涉及二次工艺设计场所的配电等专项内容，由工艺设计专业负责设计	□	
		泛光、标识、景观、光伏、抗震支架等涉及专项深化设计的场所，由业主委托专业设计公司负责深化设计	□	
		有洁净需求的实验室、手术室、中心供应、屏障区，体育场、剧院、舞台、展览馆区域照明等特殊功能区的设计，由业主委托专业设计公司负责深化设计	□	
		室内地下室战时人防设计、应急避难场所设计、防灾设计等，由业主委托专业设计公司设计	□	

注：1. 设计阶段如专业承包商未确定时，设计单位应能提供完整的设计招标文件供业主招标，并义务进行答疑，后期根据项目实际需要以及合约规定确定是否出具深化图纸（合约中如有独立分包除外）；
2. 序号 9 提及的市政电力设计部分，因国内不同地区电力部门的要求文件不同，需由设计人员根据工程项目实际情况添加；
3. 序号 9 需二次深化的系统设计及设计专篇的部分，表中仅列出了部分设计内容，尚有部分未列出，需由设计人员根据工程项目实际情况添加。

4.4 设计总则

设计总则表 **表 4.4**

序号	内容	实施情况	备注
1	根据《建设工程质量管理条例》： 本设计文件需报县级以上人民政府建设行政主管部门或其他有关部门、施工图送审部门审查批准后，方可使用。 建设方应提供电源等市政原始资料，原始资料必须真实、准确、齐全。 由各单位采购的设备、材料，应保证符合设计文件及合同的要求。 施工单位必须按照工程设计图纸和施工技术标准施工，不得擅自修改工程设计。施工单位在施工过程中发现设计文件和图纸有差错的，应当及时提出意见和建议。 建设工程竣工验收时，必须具备设计单位签署的质量合格文件	□	
2	设计文件，未经设计者书面批准，任何部分不得复印	□	
3	电气施工和安装除满足施工图设计要求外，尚应满足国家现行的施工验收标准、规范及强制性条文和标准	□	
4	施工前应及时与设计、监理等进行全面的施工设计技术交底，并作好交底纪要和必要的风险防范	□	
5	施工单位在施工过程中发现设计文件和图纸有差错的，应及时通知本设计院，提出的意见和建议应征得本设计院电气设计人员同意，由业主、设计、施工、监理等签署的技术核定单或以设计院的修改变更图纸为准； 涉及安全、节能和环保的修改变更应按照当地管理部门要求重新上报施工图审查机构审查，审查合格后方可施工	□	
6	承包商、产品供应商在原施工图设计的基础上可根据建设方要求进行必要的深化设计，深化设计内容不得改变原施工图设计的要求	□	

续表

序号	内容	实施情况	备注
7	所有施工图纸均需经审图公司审核同意后方可施工； 需由政府主管部门审核的系统，还需经政府主管部门审核同意后方可施工	□	
8	本工程所选设备、材料必须具有国家级检测中心的检测合格证书（3C认证及3CF认证），必须满足与产品相关的国家标准，供电产品消防产品应具有入网许可证	□	
9	为设计方便，所选设备型号仅供参考，招标所确定的设备规格、性能等技术指标，不应低于设计图纸的要求。所有设备确定厂家后均需建设、施工、设计、监理四方进行技术交底	□	
10	凡需要进行二次装修的建筑空间，二次装修设计时的电气容量不应大于本次设计预留的容量	□	
11	大型电气设备（变压器、柴油发电机、高低压配电柜等）的运输方案，由相关的机电总包负责确定并实施。地下室采用预留的吊装孔或车道运输； 上楼电气设备通过电梯或电梯井道运输	□	
12	配电间、控制室、电气竖井、消防和生活泵房、空调机房、锅炉房等设置配电柜和配电间的动力机房，均设置0.15m防水门槛/高于本层地面0.15m	□	
13	本设计图中各相关专业设备控制箱的控制要求，详见各专业的施工图纸，设备控制箱订货前需向各相关专业确认具体控制要求后方可订货。配电箱、控制箱等设备在供货前，供货商应将有关的电气元器件资料和二次接线图交业主、设计人员和监理认可后方可供货安装	□	
14	各用电设备电源接线口位置详见给水排水施工图、暖通空调施工图等有关图纸	□	
15	安装单位所承担的所有电气系统装置必须同时符合设计图纸及技术规格说明书的要求。若图纸与技术规格说明书所标注、要求有相互矛盾、不一致时，安装单位须以采用较高标准为原则	□	
16	电气装置的安装施工与验收，应严格按国家现行标准和国家系列电气装置安装工程施工及验收规范的有关规定执行，并满足当地质检部门的验收要求	□	
17	主要验收规范参考如下（不限于）： 《建筑电气工程施工质量验收规范》GB 50303—2015 《建筑节能与可再生能源利用通用规范》GB 55015—2021 《电气装置安装工程 低压电器施工及验收规范》GB 50254—2014 《建筑电气与智能化通用规范》GB 55024—2022 《建筑防火通用规范》GB 55037—2022 《电气装置安装工程电气设备交接试验标准》GB 50150—2016 《火灾自动报警系统施工及验收标准》GB 50166—2019 《电气装置安装工程电缆线路施工及验收标准》GB 50168—2018 《电气装置安装工程接地装置施工及验收规范》GB 50169—2016 《建筑节能工程施工质量验收标准》GB 50411—2019 《电气装置安装工程 低压电器施工及验收规范》GB 50254—2014 《建筑电气照明装置施工与验收规范》GB 50617—2010 《建筑物防雷工程施工与质量验收规范》GB 50601—2010 限于图纸篇幅和设计深度要求，设计院无可能、无必要列出上述规范的条款，对于未按照上述规范执行造成安全事故、经济损失的，设计院免于责任	□	

续表

序号	内容	实施情况	备注
18	机电总包/分包单位未遵守以下条款，造成编制的深化施工图有所偏差而产生额外费用，设计院免于责任： 确认我院图纸版本的有效性、完整性，分包界面是否清晰，并仔细读图，及时提供书面疑问； 我院设计图纸经过施工图审查并符合国家深度要求，能满足招标要求，但同时需要充分考虑深化设计对设备材料、管线等可能发生的变更； 需要充分考虑深化设计对预埋管、预留孔洞、运输、结构荷载等土建的影响	□	
19	* 专项设计单位未遵守以下条款造成损失的，设计院免于责任。 * 专项设计单位：特指电力设计院、人防设计院等不在我院设计范围的设计单位。 确认我院图纸版本的有效性、完整性，分包界面是否清晰，并仔细读图，及时提供书面疑问； 确保提供的图纸符合原设计系统的主要框架，对原设计图纸有影响的应及时沟通； 确保提供的图纸符合相关国家法律法规、规范标准，符合供电、消防、人防、节能等主管部门的审批验收要求。保证人身、财产安全、节能环保等要求。如果业主对上述图纸要求我院出具审图意见的，不应理解为专项设计单位可以免于设计责任	□	

4.5 变、配、发系统

4.5.1 负荷等级

常用负荷等级表 **表 4.5.1**

建筑功能	用电负荷名称	负荷级别	建筑性质	实施情况	备注
办公	消防用电； 安全设备用电； 重要电信机房设备用电； 航空障碍照明、走道照明、值班照明、警卫照明用电； 客梯用电	特级	高度 150m 及以上的一类高层公共建筑； 建筑面积大于 250000m^2 的高层公共建筑	□	
	主要业务和计算机系统用电； 安防系统用电； 电子信息设备机房用电； 排水泵； 生活水泵用电	一级	一类高层公共建筑； 每层建筑面积大于 3000m^2 的公共建筑； 单栋地上建筑面积大于 50000m^2 的公共建筑； 建筑面积大于 20000m^2 的地下或半地下商店	□	

续表

建筑功能	用电负荷名称	负荷级别	建筑性质	实施情况	备注
办公	主要通道、走道及楼梯间照明用电； 重要办公室用电	二级	一类高层公共建筑，二类高层公共建筑	□	
商业（商场，百货及超市）	消防用电； 安全设备用电； 重要电信机房设备用电； 值班照明、警卫照明用电	特级	建筑面积大于 250000m^2 的高层公共建筑； 建筑面积大于 40000m^2 的地下或半地下商店	□	
	大型百货商店、商场及超市的经营管理用计算机系统用电，安全防范系统、排水泵、生活给水泵用电等	一级	一类高层公共建筑； 每层建筑面积大于 3000m^2 的公共建筑； 单栋地上建筑面积大于 50000m^2 的公共建筑； 建筑面积大于 20000m^2 的地下或半地下商店	□	
	大中型百货商店、商场、超市营业厅、门厅、公共楼梯及主要通道的照明及乘客电梯、自动扶梯及空调用电	二级	一类高层公共建筑，二类高层公共建筑； 每层建筑面积大于 1500m^2 但不大于 3000m^2 的公共建筑	□	
旅游饭店	四星级及以上旅游饭店的经营及设备管理用计算机系统用电	特级	四星级及以上旅游饭店	□	
	四星级及以上旅游饭店的宴会厅、餐厅、厨房、康乐设施用房、门厅及高级客房、主要通道等场所的照明用电； 厨房、排污泵、生活水泵、主要客梯用电； 计算机、电话、电声和录像设备、新闻摄影用电	一级		□	
	三星级旅游饭店的宴会厅、餐厅、厨房、康乐设施用房、门厅及高级客房、主要通道等场所的照明用电； 厨房、排污泵、生活水泵、主要客梯用电； 计算机、电话、电声和录像设备、新闻摄影用电	二级	三星级旅游饭店	□	

续表

建筑功能	用电负荷名称	负荷级别	建筑性质	实施情况	备注
医院	急诊抢救室、血液病房的净化室、产房、烧伤病房、重症监护室、早产儿室、血液透析室、手术室、术前准备室、术后复苏室、麻醉室、心血管造影检查室等场所中涉及患者生命安全的设备及其照明用电； 大型生化仪器、重症呼吸道感染区的通风系统用电	特级	三级、二级医院	□	
	急诊抢救室、血液病房的净化室、产房、烧伤病房、重症监护室、早产儿室、血液透析室、手术室、术前准备室、术后复苏室、麻醉室、心血管造影检查室等场所中的除一级负荷中特别重要负荷外的其他用电； 下列场所的诊疗设备及照明用电：急诊诊室、急诊观察室及处置室、分娩室、婴儿室、内镜检查室、影像科 、放射治疗室、核医学室等，高压氧舱、血库及配血室、培养箱、恒温箱用电，病理科的取材室、制片室、镜检室设备用电，计算机网络系统用电，门诊部、医技部及住院部 30%的走道照明用电，配电室照明用电，医用气体供应系统中的真空泵、压缩机、制氧机及其控制与报警系统设备用电	一级		□	
	电子显微镜、影像科诊断设备用电； 肢体伤残康复病房照明用电； 中心（消毒）供应室、空气净化机组用电； 贵重药品冷库、太平柜用电； 客梯、生活水泵、采暖锅炉及换热站等的用电	二级	三级、二级、一级医院	□	
住宅	建筑高度大于 54m 的一类高层住宅的航空障碍照明、走道照明、值班照明、安防系统、电子信息设备机房、客梯、排污泵、生活水泵用电	一级	一类高层住宅	□	
	建筑高度大于 27m 但不大于 54m 的二类高层住宅的走道照明、值班照明、安防系统、客梯、排污泵、生活水泵用电	二级	二类高层住宅	□	

续表

建筑功能	用电负荷名称	负荷级别	建筑性质	实施情况	备注
体育	特级体育建筑的主席台、贵宾室及其接待室、新闻发布厅等照明用电，计时记分、现场影像采集及回放、升旗控制等系统及其机房用电，网络机房、固定通信机房、扩声及广播机房等的用电，电台和电视转播设备用电，应急照明用电（含TV应急照明），消防和安防设备等的用电	特级	特级体育建筑	□	
	特级体育建筑的临时医疗站、兴奋剂检查室、血样收集室等设备的用电，VIP办公室、奖牌储存室、运动员及裁判员用房、包厢、观众席等照明用电，场地照明用电，建筑设备管理系统、售检票系统等用电，生活水泵、污水泵等用电，直接影响比赛的空调系统、泳池水处理系统、冰场制冰系统等的用电； 甲级体育建筑的主席台、贵宾室及其接待室、新闻发布厅等照明用电，计时记分、现场影像采集及回放、升旗控制等系统及其机房用电，网络机房、固定通信机房、扩声及广播机房等的用电，电台和电视转播设备用电，场地照明用电，应急照明用电，消防和安防设备等的用电	一级	特级、甲级体育建筑	□	
	特级体育建筑的普通办公用房、广场照明等的用电； 甲级体育建筑的临时医疗站、兴奋剂检查室、血样收集室等设备的用电，VIP办公室、奖牌储存室、运动员及裁判员用房、包厢、观众席等照明用电，建筑设备管理系统、售检票系统等用电，生活水泵、污水泵等用电，直接影响比赛的空调系统、泳池水处理系统、冰场制冰系统等的用电； 乙级及丙级体育建筑（含相同级别的学校风雨操场）的主席台、贵宾室及其接待室、新闻发布厅等照明用电，计时记分、现场影像采集及回放、升旗控制等系统及其机房用电，网络机房、固定通信机房、扩声及广播机房等的用电，电台和电视转播设备用电，应急照明用电，消防和安防设备等的用电，临时医疗站、兴奋剂检查室、血样收集室等设备的用电，VIP办公室、奖牌储存室、运动员及裁判员用房、包厢、观众席等照明用电，场地照明用电，建筑设备管理系统、售检票系统等用电，生活水泵、污水泵等用电	二级	特级、甲级、乙级及丙级体育建筑	□	

续表

建筑功能	用电负荷名称	负荷级别	建筑性质	实施情况	备注
展览建筑	特大型会展建筑的应急响应系统用电； 珍贵展品展室照明及安全防范系统用电	特级	特大型、珍贵展厅	□	
	特大型会展建筑的客梯、排污泵、生活水泵用电； 大型会展建筑的客梯用电； 甲等、乙等展厅安全防范系统、备用照明一级用电	一级	特大型、大型展厅，甲等、乙等展厅	□	
	特大型会展建筑的展厅照明，主要展览、通风机、闸口机用电； 大型及中型会展建筑的展厅照明，主要展览、排污泵、生活水泵、通风机、闸口机用电； 中型会展建筑的客梯用电； 小型会展建筑的主要展览、客梯、排污泵、生活水泵用电； 丙等展厅备用照明及展览用电	二级	特大型、大型、中型、小型展厅，丙等展厅	□	
剧场	特大型、大型剧场的舞台照明、贵宾室、演员化妆室、舞台机械设备、电声设备、电视转播、显示屏和字幕系统用电	一级	特大型、大型剧场	□	
	特大型、大型剧场的观众厅照明、空调机房用电	二级	特大型、大型、中小型剧场	□	
电影院	特大型电影院的消防用电和放映用电	一级	特大型电影院	□	
	特大型电影院放映厅照明、大型电影院的消防用电负荷、放映用电	二级	特大、大型电影院	□	
科研院所及教育建筑	四级生物安全实验室用电； 对供电连续性要求很高的国家重点实验室用电	特级	国家重点实验室； 四级生物实验室	□	
	三级生物安全实验室用电； 对供电连续性要求较高的国家重点实验室用电； 学校特大型会堂主要通道照明用电	一级	国家重点实验室； 三级生物实验室； 学校特大型会堂	□	
	对供电连续性要求较高的其他实验室用电； 学校大型会堂主要通道照明、乙等会堂舞台照明及电声设备用电； 学校教学楼、学生宿舍等主要通道照明用电； 学校食堂冷库及厨房主要设备用电以及主要操作间、备餐间照明用电	二级	实验室； 学校会堂、教学楼、食堂等	□	

续表

建筑功能	用电负荷名称	负荷级别	建筑性质	实施情况	备注
民用机场	航空管制、导航、通信、气象、助航灯光系统设施和台站用电； 边防、海关的安全检查设备用电； 航班信息、显示及时钟系统用电； 航站楼、外航住机场办事处中不允许中断供电的重要场所的用电	特级	航站楼	□	
	Ⅲ类及以上民用机场航站楼中的公共区域照明、电梯、送排风系统设备、排污泵、生活水泵、行李处理系统用电； 航站楼、外航住机场航站楼办事处、机场宾馆内与机场航班信息相关的系统用电、综合监控系统及其他信息系统用电； 站坪照明、站坪机务，飞行区内雨水泵站等用电	一级		□	
	航站楼内除一级负荷以外的其他主要负荷，包括公共场所空调系统设备、自动扶梯、自动人行道用电； Ⅳ类及以下民用机场航站楼的公共区域照明、电梯、送排风系统设备、排水泵、生活水泵等用电	二级		□	
综合交通枢纽站	特大型铁路旅客车站、集大型铁路旅客车站及其他车站等为一体的大型综合交通枢纽站中不允许中断供电的重要场所的用电	特级	特大型、大型	□	
	特大型铁路旅客车站、国境站和集大型铁路旅客车站及其他车站等为一体的综合交通枢纽站的旅客站房、站台、天桥、地道用电、防灾报警设备用电； 特大型铁路旅客车站、国境站的公共区域照明用电； 售票系统设备、安防及安全检查设备、通信系统用电	一级	特大、大、中型	□	
	大、中型铁路旅客车站、集铁路旅客车站（中型）及其他车站等为一体的综合交通枢纽站的旅客站房、站台、天桥、地道、防灾报警设备用电； 特大和大型铁路旅客车站、国境站的列车到发预告显示系统、旅客用电梯、自动扶梯、国际换装设备、行包用电梯、皮带输送机、送排风机、排污水设备用电； 特大型铁路旅客车站的冷热源设备用电； 大、中型铁路旅客车站的公共区域照明、管理用房照明及设备用电； 铁路旅客车站的驻站警务室用电	二级	大、中型	□	

续表

建筑功能	用电负荷名称	负荷级别	建筑性质	实施情况	备注
车站	专用通信系统设备、信号系统设备、环境与设备监控系统设备、地铁变电所操作电源等车站内不允许中断供电的其他重要场所的用电	特级	城市轨道交通车站； 磁浮车站； 地铁车站	□	
	牵引设备用电负荷； 自动售票系统设备用电； 车站中作为事故疏散用的自动扶梯、电动屏蔽门（安全门）、防护门、防淹门、排水泵、雨水泵用电； 信息设备管理用房照明、公共区域照明用电； 地铁电力监控系统设备、综合监控系统设备、门禁系统设备、安防设施及自动售检票设备、站台门设备、地下站厅站台等公共区照明、地下区间照明、供暖区的锅炉房设备等用电	一级		□	
	非消防用电梯及自动扶梯和自动人行道、地上站厅站台等公共区照明、附属房间照明、普通风机、排污泵用电； 乘客信息系统、变电所检修电源用电	二级		□	
图书馆	藏书量超过 100 万册及重要图书馆的安防系统、图书检索用计算机系统用电	一级	藏书量超过 100 万册； 重要图书馆	□	
	藏书量超过 100 万册的图书馆阅览室及主要通道照明和珍本、善本书库照明及空调系统用电	二级	藏书量超过 100 万册	□	

注：消防用电负荷一般应按该建筑中供电负荷等级最高者确定。

4.5.2 供电电源及保障措施

供电电源及保障措施表 **表 4.5.2**

名称	序号	内容	实施情况	备注
供电电源及电压等级	1	在整个地块□地下/□地上设置一座电气开关站，面积____ m^2	□	
	2	供电线路电压等级：□10（20）kV /□35kV	□	
	3*	本项目采用 10（20）kV 单电源供电，10（20）kV 电源容量为____ kVA。电源从上级 10（20）kV 开闭所引来，以电缆埋地方式进入□地下一层/□一层建筑物变电所	□	
	4*	本项目采用两路 10（20）kV 双回路电源供电，两路电源同时使用，每路 10（20）kV 电源容量为____ kVA。共计____ kVA。电源从上级□10（20）kV 开闭所□110kV 区域开关站引来，以电缆埋地方式进入□地下一层/□一层建筑物变电所	□	

续表

名称	序号	内容	实施情况	备注
供电电源及电压等级	5＊	本项目采用两路 10（20）kV 双回路电源供电，两路电源一用一备，其中主供 10（20）kV 电源容量为____ kVA，备供 10（20）kV 电源容量为____ kVA，共计____ kVA。电源从上级□10（20）kV 开闭所/□110kV 区域开关站引来，以电缆埋地方式进入□地下一层/□一层建筑物变电所	□	
	6＊	本项目采用两路 10（20）kV 双重电源供电，每路 10（20）kV 电源容量为____ kVA，共计____ kVA。电源从上级□10（20）kV 开闭所/□ 110kV 区域开关站引来，两路电源同时使用，以电缆埋地方式进入 □地下一层/□ 一层建筑物变电所	□	
	7＊	本项目采用两路 35kV 双重电源供电，每路 35kV 电源容量为____ kVA，共计____ kVA。电源从上级 110kV 区域变电站专线引来，两路电源同时使用，以电缆埋地方式进入□地下一层/□ 一层建筑物变电所	□	
	8＊	本项目采用多路 10（20）kV 电源供电，两路 10（20）kV 电源一组，每组 10（20）kV 电源都为双重电源，并引自不同的上级 110kV 区域变电站，电源均采用专线引来，两路电源同时使用。第一组 10（20）kV 电源容量为____ kVA，第二组 10（20）kV 电源容量为____ kVA，......，共计____ kVA。以电缆埋地方式进入 □地下一层/□一层建筑物变电所	□	
供电保障措施	1	特级用电负荷由 3 个电源供电，3 个电源应由满足一级负荷要求的两个电源和一个应急电源组成	□	特级负荷
	2	应急电源的容量应满足同时工作最大特级用电负荷的供电要求； 应急电源的切换时间，应满足特级用电负荷允许最短中断供电时间的要求； 应急电源的供电时间，应满足特级用电负荷最长持续运行时间的要求	□	
	3	应急电源由独立于正常工作电源的发电机组/专用馈电线路输送的城市电网电源/蓄电池组成	□	
	4	发电机组可手、自动启动，在两路市电都正常运行的情况下，应急柴油发电组始终处于准备启动状态。当任意一组对应的两路 0.4kV 总电源均失电时，立即启动对应的发电机，在 15s 内可投入负荷正常运行。发电机组应急母排通过 ATS 开关与市电切换，不与市电并列运行。当市电恢复时，系统发出指令，机组根据预先设定的程序延时停机，ATS 开关自动切换至市电侧	□	
	5＊	要求中断供电时间小于或等于 0.5s 的特级负荷，应设不间断电源装置（UPS），且宜为在线式。□应急电源为柴油发电机组时，不间断电源装置（UPS）应急供电时间不应小于____ min	□	
	6	一级用电负荷应由两个电源供电，当一个电源发生故障时，另一个电源不应同时受到损坏； 每个电源的容量应满足全部一级、特级用电负荷的供电要求	□	

续表

名称	序号	内容	实施情况	备注
供电保障措施	7	一级负荷由两台变压器各引一路低压回路在负荷端配电箱处切换供电	□	一级负荷
	8	由双重电源供电，两台变压器低压侧设有母联开关时，二级负荷可由任一段低压母线单回路供电	□	二级负荷
	9	冷水机组（包括其附属设备）等季节性负荷为二级负荷时，由一台专用变压器供电	□	
	10	由双重电源供电，两台变压器低压侧设有母联开关时，二级负荷可由任一段低压母线单回路供电	□	
	11	照明系统为二级负荷时，由双重电源的两个低压回路交叉供电	□	
	12	三级负荷采用单电源单回路供电	□	三级负荷
发电机	1	柴油发电机房布置在□一层/□ 地下室/□ 裙房屋面。且机房设置位置靠近建筑物的变、配电室	□	
	2	柴油发电机房采用耐火等级为一级，控制室耐火等级为二级	□	
	3	柴油发电机房内应设置储油间，其燃料存储量应满足所有消防系统连续运行 3h，□总储油量不超过 8h 用油量，□日用油箱容量不超过 $1m^3$，并预留室外输油口。□在建筑物主体外设置____ m^3 储油罐。储油间应采用防火墙与发电机间隔开；当必须在防火墙上开门时，应设置能自行关闭的甲级防火门	□	
	4	供油管道在进入建筑前和储油间内，设置自动和手动切断阀。储油间的油箱应密闭且应设置通向室外的通气管，通气管应设置带阻火器的呼吸阀，油箱的下部设置防止油品流失的设施	□	
	5	柴油发电机房内应设置火灾自动报警系统和自动灭火系统	□	
	6	柴油发电机采用□机械进排风冷却/□自然进排风冷却/□冷却塔冷却/□外置水箱闭式循环水冷却方式	□	
	7	发电机房的接地宜采用共用接地。燃油系统的设备与管道应采取防静电接地措施	□	
	8*	发电机中性点□直接接地/□刀开关/□接触器接地。机组的接地形式与低压配电系统接地形式一致	□	
	9	机房设计时应采取机组消声及机房隔声综合治理措施，治理后环境噪声应符合现行国家标准《声环境质量标准》GB 3096 的相关规定	□	
	10	消防负荷和非消防负荷共用柴油发电机组，符合以下规定： 消防负荷设置专用的回路； 具备火灾时切除非消防负荷的功能； 具备储油量低位报警或显示的功能	□	
	11	甲级及以上等级的体育建筑预留临时柴油发电机组的接驳条件	□	

续表

<table>
<tr><th>名称</th><th>序号</th><th>内容</th><th>实施情况</th><th>备注</th></tr>
<tr><td rowspan="3">变电所</td><td>1</td><td>在建筑物□地下一层/□一层设置□10（20）kV/□35kV 高压室，站内设____台高压开关柜。在地下及地上设____个 10kV 变电所，变电所内设有高压开关柜、变压器柜和低压开关柜等。电缆进入高、低压开关柜采用□上进上出/□下进下出/□下进上出等方式</td><td>□</td><td rowspan="3"></td></tr>
<tr><td>2</td><td>变电所内设有机械进、排风设施，且电缆夹层、电缆沟和电缆室应采取防水、排水措施</td><td>□</td></tr>
<tr><td>3＊</td><td>变电所地面或门槛应高出本层楼地面，其标高差值不应小于□0.10/□0.15m</td><td>□</td></tr>
<tr><td rowspan="2">负荷及容量</td><td>1＊</td><td>各级负荷容量：特级负荷：____kW；一级负荷：____kW；二级负荷：____kW；三级负荷：____kW；消防负荷：____kW</td><td>□</td><td rowspan="2"></td></tr>
<tr><td>2＊</td><td><table>
<tr><th>变压器编号</th><th>装接容量（kW）</th><th>有功功率（kW）</th><th>功率因数</th><th>设在功率（kVA）</th><th>计算电流（A）</th><th>变压器容量（kVA）</th><th>负数率（%）</th></tr>
<tr><td>1T 变压器</td><td></td><td></td><td></td><td></td><td></td><td></td><td></td></tr>
<tr><td>2T 变压器</td><td></td><td></td><td></td><td></td><td></td><td></td><td></td></tr>
<tr><td>3T 变压器</td><td></td><td></td><td></td><td></td><td></td><td></td><td></td></tr>
<tr><td>4T 变压器</td><td></td><td></td><td></td><td></td><td></td><td></td><td></td></tr>
</table></td><td>□</td></tr>
<tr><td rowspan="6">高、低压配电系统接线型式及运行方式</td><td>1</td><td>35kV 电源侧采用单母线分段接线，10kV 电源侧采用单母线分段中间设联络断路器方式</td><td>□</td><td>35kV/10kV 侧</td></tr>
<tr><td>2</td><td>中性点□接地/□不接地系统</td><td>□</td><td rowspan="3">10(20)kV 侧</td></tr>
<tr><td>3</td><td>单电源单母线接线</td><td>□</td></tr>
<tr><td>4</td><td>双电源单母线分段接线，中间□设/□不设联络断路器（由当地供电部门决定是否允许高压侧做母联，最终以供电方案申请批复为准）</td><td>□</td></tr>
<tr><td>5</td><td>单电源单母线接线</td><td>□</td><td rowspan="2">0.4kV 侧</td></tr>
<tr><td>6</td><td>0.4kV 低压系统单母线分段接线，中间设联络断路器，□电气/□机械联锁，平时分列运行，当一路电源失电时，通过□手动/□自动方式联络，另一路电源可带全部的□特级/□一级/□二级负荷</td><td>□</td></tr>
</table>

续表

名称	序号	内容	实施情况	备注
继电保护	1*	35kV配电系统采用微机综合保护装置。 □断路器：□差动保护/□带时限三相过电流保护/□带时限三相过负荷保护/□电流速断保护/□零序保护； □电压互感器：□低电压保护/□绝缘监察（报警）/□零序电压保护（接地报警）； □干式变压器：□高温报警信号/□超高温跳闸/□变压器门联锁跳闸保护； □当地供电部门要求的其他保护	□	35kV
	2*	10（20）kV配电系统采用微机综合保护装置。 □断路器：□带时限三相过电流保护/□电流速断保护/□零序保护/□单相接地保护； □分段断路器：□带时限三相过电流保护/□电流速断保护/□单相接地保护； □电压互感器：□低电压保护/□绝缘监察（报警）/□零序电压保护（接地报警）； □电容器：□过电压（低电压）保护/□过流保护/□不平衡电压保护； □电抗器：□三相过电流保护/□三相过电压保护/□电流速断保护/□零序保护； □干式变压器：□高温报警信号/□超高温跳闸/□变压器门联锁跳闸保护； □接地变压器：□过电流保护/□电流速断保护； □当地供电部门要求的其他保护	□	10（20）kV
配电保护	1	低压配电柜主断路器选用高性能、智能型ACB，配三段保护（L过载长延时、S短路短延时、I短路瞬时保护、G接地故障保护）电子式控制单元（注：但仅设L和S：主进0.4s、母联0.3s保护）； 出线断路器中ACB配三段保护电子式控制单元，部分回路（消防负荷以外的回路）MCCB配两段保护电子式控制单元（设有L和I保护）及分励脱扣器，消防回路MCCB配单磁电子式（仅设I保护）。□所有回路均配置辅助触点	□	
	2	消防水泵、消防电梯和消防风机等的馈电回路断路器的过负荷保护应作用于信号报警，不切断电源	□	
	3	非消防出线回路设分励脱扣器，用于非消防负荷切除和减载操作	□	
	4	对于因过负荷引起断电而造成更大损失的供电回路，过负荷保护作用于信号报警，不切断电源	□	
	5	电气设备外露可导电部分和外界可导电部分，严禁用作保护接地中性导体（PEN）	□	

续表

名称	序号	内容	实施情况	备注
电气联锁	1	高压系统中隔离开关与相应的断路器、接地开关之间应采取电气/机械闭锁措施	□	
	2	低压系统两个主进断路器与母联断路器之间设电气/机械联锁，在任何情况下只能合其中的两个开关	□	
	3	应急电源与正常电源之间，采取电气/机械闭锁措施，防止并列运行	□	
操作电源和信号	1*	断路器一般采用弹簧操作机构，其控制、信号回路电源可采用□直流/□交流	□	
	2	交流操作：由各自10（20）kV母线上的电压互感器经100/220V变压器供给电源。采用不接地系统，并设绝缘检查装置	□	
	3*	直流操作：采用直流弹簧操作，操作和控制电源为直流□110V/□220V，____AH	□	
	4*	信号：运行信号装置具有高压主断路器及母联断路器的位置指示信号，全部高压开关柜的事故跳闸及预告信号，分设各自的音响及光字显示	□	
变配电系统主要设备技术条件和选型要求	1*	各变电所全部采用无油元件，变压器为节能型干式变压器；变压器容量详见负荷及容量章节	□	35kV
	2	35kV高压开关柜采用：□箱式气体绝缘金属封闭开关柜/□铠装移开式交流金属封闭开关柜	□	
	3	35/10kV变压器接线方式： □35kV三角接法，10kV星形接法（Yd11）； □35kV星形接法，10kV星形接法（Yy0）； □其他____	□	
	4	35/10kV变压器选用： 能效水平：□一级能效，□二级能效； 结构类型：□环氧树脂浇注干式变压器（SCB），□硅橡胶浇注干式（SJCB），□敞开式立体卷铁芯（SGB）； 铁芯材质：□非晶合金，□电工钢带； 变压器阻抗：□6%，□8%，□10%，□____； 导线材质：□铜，□铝； 有载调压：□是，□否； 安装环境：□户内型，□户外型； 型号规格____，其他____； 变压器带自动温度继电器控制的风机强制冷却	□	
	5	10（20）kV高压开关柜采用：□金属铠装中置式/□固定式开关柜	□	10（20）kV
	6	10（20）kV变压器接线方式：□Dyn11/□Yyn0/□其他____	□	
	7*	10（20）kV变压器选用： 能效水平：□一级能效，□二级能效； 结构类型：□环氧树脂浇注干式变压器（SCB），□硅橡胶浇注干式（SJCB），□敞开式立体卷铁芯（SGB）； 铁芯材质：□非晶合金，□电工钢带； 变压器阻抗：□4%，□6%，□8%，□____； 导线材质：□铜，□铝； 有载调压：□是，□否； 安装环境：□户内型，□户外型； 型号规格____，其他____； 变压器带自动温度继电器控制的风机强制冷却	□	
	8	低压配电柜选用：□固定式/□抽屉式/□固定分割式	□	0.4kV

续表

名称	序号	内容	实施情况	备注
变电站综合自动化系统	1	系统采用□集中式/□分层分布式网络架构，由□设备层/□传输层/□站控管理层构成。系统主要针对各变电所内的高低压设备，对高压回路配置微机保护装置及多功能仪表进行保护和监控，对0.4kV出线配置多功能计量仪表，用于测控出线回路电气参数和用能情况。同时对重要设备如□柴油发电机、无功补偿装置、□有源滤波装置、UPS、隔离电源系统状态进行监测。系统应用自动控制技术、计算机数字化技术和数字化信息传输技术，将变电站相互有关联的各部分总承为一个有机的整体，用以完成从变电站安全检测、远方监视控制到单个点的操作处理	□	
	2	系统能实现与上下级变电站监控系统、建筑设备监控（BA）系统等其他管理系统的数据交换和远方数据通信	□	
	3	变电站综合自动化系统的设计、配置和选型应满足当地供电部门对其系统技术标准及要求	□	
	4	本项目按智能配电系统设计，该系统在传统配电系统基础上，通过智能硬件、网络通信设备、监控管理软件和/或物联网（IOT）云平台，完成智能硬件设备的统一接入、统一存储，以及统一管理，实现配电系统的智能化升级	□	
	5	智能配电系统是基于云平台架构的远程监管系统，主要是对各变电所内高低压设备的状态量、电气量、故障信息、报警信息、设备信息等数据进行实时监测，在云端对数据进行存储、运算、分析，并对设备健康状况进行运算分析。通过移动设备（智能手机、平板电脑等）远程监管，实现移动运维	□	
	6	系统整体架构分为现场设备层、网络通信层、平台层和云端应用层。不同的层级最终功能应按照不同需求进行灵活配置来实现	□	
	7	智能配电系统的数据来源于高低压配电系统的智能断路器、多功能电表、智能传感器、计量设备等，通过标准化接口实现运行、预警、报警、故障、资产运行信息、设备故障信息等的追踪和分析，实现配电系统的运行和运维、电气设备资产，以及电能质量和能源效率的持续监测、追踪	□	
	8	智能配电系统的设计、配置和选型应满足当地供电部门对其系统技术标准及要求	□	

注：1. 供电电源及电压等级

1）用电设备容量在250kW以上时，应以高压10（20）kV供电，用电设备容量在250kW以下时，一般应以低压方式供电．低压配电电压应采用220/380V。当线路电流不超过30A时，可用220V单相供电。

2）当用电设备容量大于8000kVA或12000kVA时，宜采用多路10（20）kV供电，或采用更高电压等级的35kV/110kV电源供电，具体以当地供电实施条件及供电公司的批文为准。

2. 供电保障措施

1）数据中心A级机房在使用柴油发电机作为后备电源时，UPS电池组的最小后备时间15min。B级机房UPS电池组的最小后备时间7min。

2）综合医院的应急电源为柴油发电机组时，设置UPS应急供电时间不应小于15min。

3）医疗场所安全设施分级及供电方案配置详见表注1、表注2。

3. 发电机

1）当地下室为三层及以上时，不宜设置在最底层。

2）当发电机单机容量不大于1000kW或总容量不大于1200kW时，发电机、控制室及配电室可合并设置。

3）当发电机房内台数较多或容量较大时，可在建筑物主体外设置不大于15m^{3}的储油罐。

4）对于柴油发电机组的供油时间，三级医院应大于24h，二级医院宜大于12h，二级以下医院宜大于3h。A级数据中心机房大于12h（当外部供油时间有保障时，燃料存储量仅需大于外部供油时间）。

5）当只有单台机组时，发电机中性点直接接地，当多台机组并列运行时，每台机组的中性点均应经刀开关或接触器接地。

6）建筑高度150m及以上的建筑应设置自备柴油发电机组。

4. 负荷及容量

由计算书导入。

5. 继电保护

1）进线断路器电流速断保护是否装设，可根据当地供电局的要求决定；

2）分段断路器的电流速断保护仅在分段断路器合闸瞬间投入，合闸后自动解除；

3）零序保护用于电源中性点直接接地系统，单相接地保护用于电源中性点不接地系统。

6. 操作电源和信号

1）变电站控制、信号、保护及自动装置，以及其他二次回路的工作电源称为操作电源；

2）交流操作适用于接线简单且断路器台数不多时选用；

3）当采用电磁操动机构的断路器时，宜配220V直流电源，当采用弹簧储能操动机构的断路器时，宜配110V直流电源；

4）2台断路器选用40AH，6台断路器选用65AH，8～10台断路器选用100AH，12台以上150AH～200AH；（都不计入事故照明，按无人值守110V电压设计，有人值守时，电源容量为无人值守时的0.7）

5）设置变电站综合自动化系统可取代常规的中央信号装置和光字牌。

8. 变配电系统主要设备技术条件和选型要求

1）根据能评的不同要求选用不同能效等级的节能变压器；

2）除了电工钢带（硅钢片）外，还可选用非晶合金SC（B）H15、硅橡胶绝缘变压器SJC（B）18或上述的组合等节能型变压器。

9. 医疗场所安全设施分级及供电方案配置（表注1、表注2）

医疗场所安全设施分级及供电方案配置表 **表注1**

医疗场所安全设施分级	供电电源自动切换时间要求	供电方案配置
0级	不间断	双重市电＋UPS＋应急柴油发电机组
0.15s	0.15s内	双重市电＋UPS＋应急柴油发电机组
0.5级	0.5s内	双重市电＋UPS＋应急柴油发电机组
15级	15s内	双重市电＋应急柴油发电机组
大于15级	超过15s	—

医疗场所的负荷分类、分级表 **表注 2**

科室名称	医疗场所	场所分类	要求自动恢复供电时间分级
门诊	门诊诊室	0 类	15 级
	门诊治疗	1 类	大于 15 级
急诊急救	急诊诊室	0 类	15 级
	急诊抢救室、急诊重症监护病房 EICU 内涉及生命安全的电气设备及照明	2 类	0.5 级
	急诊观察室、处置室	1 类	15 级
住院	标准护理单元病房	1 类	大于 15 级
	血液病房的净化室、产房、产科（LDR）（待产-分娩-产后休养为一体的单人房间）、烧伤病房内涉及生命安全的电气设备及照明	1 类	0.5 级
	重症监护病房（ICU）、危症监护病房（CCU）、儿科重症监护病房（PICU）、新生儿病房、新生儿重症监护病房（NICU）、早产儿室内涉及生命安全的电气设备及照明	2 类	0.5 级
手术	手术室内涉及生命安全的电气设备及照明	2 类	0.5 级
	术前准备室、术后复苏室、麻醉准备室、麻醉复苏室（PACU）内涉及生命安全的电气设备及照明	1 类	0.5 级
	护士站、麻醉师办公室、石膏室、冰冻切片室、敷料制作室、消毒敷料室	0 类	15 级
	内镜检查室兼作手术室［如：经内镜逆行性胰胆管造影检查室（ERCP）］	2 类	0.5 级
内镜	内镜检查室不作手术室	1 类	15 级
影像	MRI 主机及辅助电源、DR、CR、CT、导管介入室	1 类	15 级
	心血管造影（DSA）检查室内涉及生命安全的电气设备及照明	2 类	0.5 级
放射	直线加速器主机及辅助电源、后装机、模拟定位	1 类	15 级

4.5.3 能耗计量

能耗计量表 **表 4.5.3**

能耗计量	1	高压计量：在10（20）kV侧采用高压集中计量，在每路10（20）kV进线处设置专用计量柜，设分时计费有功电度表和无功电度表，并安装电量远程采集装置、失压计时仪和无线电负荷管理装置	□	
	2*	低压计量：在建筑内部配电设置电能计量系统，系统满足分区、分项电能计量的要求。大型设备在机房独立设置计量表计。计量表均采用智能数字表，并具有实时数据采集及上传功能。 1. 动力用电：主要包括电梯用电、水泵用电、通风机（除空调供暖系统和消防系统）的用电。 2. 照明插座用电：为建筑物主要功能区域的照明、插座等室内设备用电，如照明和插座用电、走廊和应急照明用电、室外景观照明、专用插座等用电。 3. 空调及供暖用电：主要指冷热源系统、空调水系统和空调风系统的用电。 4. 特殊用电：□信息中心/□洗衣房/□厨房/□泳池/□健身房或者其他（包括□医疗设备/□舞台灯光/□机械/□音响设备/□体育场馆LED及音响/□大型商业广告等）特殊用电。 5. 以下回路应设置分项计量表计： □变压器低压侧出线回路； □单独计量的外供电回路； □特殊区供电回路； □制冷机组/热泵机组主供电回路； □冷热源系统附泵回路； □集中供电的分体空调回路； □照明插座主回路； □电梯回路等。 6. 通过将这些采集数据上传至能源管理系统，并对建筑的能耗进行分析及节能管理	□	
	3	新能源发电系统计量： 在用户发电侧与电网侧之间需要进行电能结算的产权分界点处设置计量点； 计量点设置在上网线路出线侧和不同上网电价集电线路侧	□	
	4	储能系统计量： 根据用户需要，在储能系统并网侧设置能耗计量点； 计量点设置双向电能表	□	
	5	充电桩计量： 在充电桩进线处设置能耗计量点； 计量点设置的电能表应支持多种费率，并根据需求随时段切换	□	

注：电能计量装置

甲类公共建筑应根据各功能分区进行分项计量，此处甲类公共建筑指的是单栋建筑面积大于300m^2，或单栋建筑面积小于或等于300m^2，但总建筑面积大于1000m^2的建筑群。

4.5.4 功率因数及谐波治理

功率因数及谐波治理表 **表 4.5.4**

<table>
<tr><td rowspan="4">功率因数补偿</td><td>1</td><td colspan="2">35kV 高压供电的电力用户，在考虑无功补偿后，在负荷高峰时，其变压器一次侧功率因数不应低于 0.95；在负荷低谷时，功率因数不应高于 0.95</td><td>☐</td><td>35kV</td></tr>
<tr><td>2</td><td colspan="2">10（20）kV 供电的电力用户，要求补偿后的功率因数不低于 0.95。在 10（20）kV 变电所内每路低压系统中均设无功功率集中自动补偿装置，低压补偿电容器选用干式电容器，分步投切，并装设过电压可自动切除的保护装置</td><td>☐</td><td>10（20）kV</td></tr>
<tr><td>3</td><td colspan="2">0.4kV 供电的电力用户，要求补偿后的功率因数不低于 0.85</td><td>☐</td><td>0.4kV</td></tr>
<tr><td>4</td><td colspan="2">功率因数取值还应满足用户与供电部门签订供用电协议中有关功率因数的具体规定要求</td><td>☐</td><td></td></tr>
<tr><td rowspan="10">谐波治理</td><td colspan="4">本项目如存在大量非线性负载，如计算机、IT 设备、电子照明、气体放电灯、照明调光系统，变频控制器、UPS 设备、变频设备等，将产生大量高次谐波，为改善电能质量和确保电力系统安全经济运行，应采取以下措施</td><td rowspan="10"></td></tr>
<tr><td rowspan="8">1*</td><td>在电力电容器补偿柜中串接☐7%/☐14%的电抗器，并采取三相共补与分补混合补偿方式，以满足系统三相不平衡的补偿要求</td><td>☐</td><td rowspan="8">☐</td></tr>
<tr><td>采用 SVG 一体化技术，消除特定频次谐波，快速连续且平滑无功补偿</td><td>☐</td></tr>
<tr><td>采用 SVC+SVG/SVC+APF 混补方案，利用电容器补偿主要的无功，利用 SVG 补偿电容分级补偿欠补的无功，利用 APF 消除系统内的谐波，以实现低成本大容量快速连续无功补偿和谐波抑制</td><td>☐</td></tr>
<tr><td>采用 SVG+APF 混补方案，实现高精度、快速无功补偿和谐波抑制</td><td>☐</td></tr>
<tr><td>采用 DYn-11 接线绕组的配电变压器，以阻断 3n 次谐波对上级电网的影响</td><td>☐</td></tr>
<tr><td>谐波含量较高且功率较大的低压用电设备的配电回路，采用专路供电</td><td>☐</td></tr>
<tr><td>对非线性设备配电回路加大中性线截面，等同于相线截面。如有必要，中性线截面积可为相线截面的两倍</td><td>☐</td></tr>
<tr><td>变电所预留安装有源滤波器的位置，项目开业后由用户根据运行情况确定是否采购安装</td><td>☐</td></tr>
<tr><td>2</td><td colspan="2">电压暂降治理措施：根据《建筑电气工程电磁兼容技术规范》GB 51204—2016 相关规定，当重要负载功率较小，且对电压暂降和电压突升敏感时，采用动态电压调节器（DVR）等串接型电压自动补偿装置</td><td>☐</td></tr>
</table>

续表

ATS、EPS、UPS动作时间选择	1	ATS切换时间选用原则：所有与客户体验相关的如电梯、照明选用时间不大于0.15s；其余设备选用不大于1.5s。当ATS后面设置了UPS作为第三电源，ATS的切换时间可适当放宽至1.5s	□	
	2*	EPS切换时间：不大于□1.5/□1/□0.25/□0.1s	□	
	3	UPS切换换时间：不大于0.01s	□	

注1. 谐波治理

应用选型中需要考虑的因素：

1）谐波含量和分布：配电系统可能产生的电流谐波次数与幅值，根据谐波含量来确定补偿方案；

2）负荷类型：配电系统线性负荷和非线性负荷占总负荷的比例，根据比例确定补偿方案；

3）负荷变化情况：配电系统中若静态负荷多，则采用静态补偿，若负荷变化多则采用动态跟踪补偿较合适；

4）三相平衡：配电系统中若三相平衡则采用三相共补，若三相负荷不平衡则采用分相补偿或混合补偿；

5）当非线性负荷占配电变压器容量比例较大，设备的自然功率因数较高时，在变压器低压配电母线侧集中装设有源电力滤波器；

6）当非线性负荷占配电变压器容量比例较低，在每台谐波源的电气设备上选用带有谐波抑制功能的装置或就地装设有源滤波器。

2. ATS、EPS、UPS动作时间选择：

EPS切换时间选择：紧急广播不大于1s，安全及疏散照明不大于0.25s；备用照明不大于1.5s（现金交易柜台、保险库、自动柜员机等场所不大于0.1s）。

4.6 供电方式

通用建筑非消防负荷供电方式表 **表4.6-1**

名称	序号	内容	实施情况	备注
非消防	1	低压配电系统的接线应做到简单可靠，并具有一定的灵活性，保证操作安全及检修方便	□	多层高层
	2*	照明、电力、消防以及其他防灾用电负荷，分别自成配电系统或回路	□	
	3	室内低压配电干线的总长度，不宜超过250m。电力干线的最大工作压降不应大于2%，分支线路的最大工作压降不应大于3%	□	
	4	由建筑物外引入的低压电源线路，应在总配电箱（柜）的受电端装设具有隔离功能的电器	□	
	5	特级负荷，除双重电源供电外，应增设应急电源供电，并在最末端箱采用自动互投切换	□	
	6	一级负荷，由双重电源的两个低压回路在末端配电箱处切换供电，另有规定者除外	□	

续表

名称	序号	内容	实施情况	备注
非消防	7 *	二级负荷，□由两台变压器各引一路低压回路在负荷端配电箱处切换供电；□由任一段低压母线单回路供电；□由一台专用变压器供电	□	多层高层
	8	对于冷水机组（包括其附属设备）等季节性负荷为二级负荷时，由一台专用变压器供电	□	
	9	二级负荷的照明系统，由双重电源的两个低压回路交叉供电	□	
	10	三级负荷采用单电源单回路供电	□	
	11	应急电源与非应急电源之间，应采取□电气/□机械联锁等防止并列运行的措施	□	
	12	对于因过负荷引起断电而造成更大损失的供电回路，过负荷保护应作用于信号报警，不切断电源	□	
	13	避难区域的用电设备应采用专用的供电回路	□	
	14 *	□冷冻机组采用低压配电，自变电所低压配电柜放射方式供电； □冷冻机组采用高压供电； □冷机控制柜安装在控制室（控制柜不可分离除外）	□	
	15	低压配电室至各用电点的配电方式根据不同情况分别以□树干式/□放射式/□混合式配电/□根据防火分区等采用分区配电	□	
	16 *	当用电负荷较大或用电负荷较重要时应采用放射式配电；一般负荷或中小容量负荷可采用母线槽、电缆T接或预分支电缆树干式或链式配电。 □干线回路电流值在400A及以上时，采用母线槽配电；□在400A及以下时，采用预制分支电缆或T接箱等配电	□	
	17	各幢建筑的电源引入处应设置电源总切断装置和可靠的接地装置，各楼层应分别设置电源切断装置	□	
	18	消防系统配电装置，设置在□建筑物的电源进线处/□配变电所处	□	
	19	当每个单体的低压配电总进线消防与非消防合用时，配电柜中间设置防火隔板，耐火时间大于等于2h	□	
	20	配电系统支路的划分应符合以下原则： □教学用房和非教学用房的照明线路应分设不同支路； □门厅、走道、楼梯照明线路应设置单独支路； □教室内电源插座与照明用电应分设不同支路； □空调用电应设专用线路	□	
	21	书库照明宜分区分架控制，每层电源总开关应设于库外	□	
	22	库区电源总开关应设于库区外，档案库的电源开关应设于库房外，应设有防止漏电、过载的安全保护装置	□	
	23	舞台用电设备的供电系统，采用与舞台照明设备、音响系统设备负荷分开的变压器供电	□	
	24	乐池内谱架灯、化妆室台灯照明、观众厅座位排号灯等的电源电压，采用特低电压供电	□	

续表

名称	序号	内容	实施情况	备注
非消防	25	超高层民用建筑的低压配电系统除满足上述要求外，尚应符合下列规定： □长距离敷设的刚性供电干线，避免预期的位移引起的损伤； □固定敷设的线路与所有重要设备、供配电装置之间的连接应选用可靠的柔性连接； □设置在避难层的变电所，其低压配电回路不应跨越上下避难层； □超高层建筑的垂直干线采用电缆转接封闭式母线槽方式供电； □供避难场所使用的用电设备，应采用专用的供电回路； □周期性使用的公共建筑，其内部邻近变电所的低压配电系统之间，宜设置联络线	□	超高层

注：非消防

1. 高层民用建筑低压配电系统照明、电力、消防，以及其他防灾用电负荷应分别自成系统。
2. 干线回路电流值在 400A 及以上时，宜采用母线槽配电。
3. 当每台冷冻机组容量大于等于 700kW 及以上时，宜采用高压供电。
4. 二级负荷，建筑物由一路 35kV、20kV 或 10kV 电源供电时，二级负荷由两台变压器各引一路低压回路在负荷端配电箱处切换供电，另有特殊规定者除外；建筑物双重电源供电，且两台变压器低压侧设有母联开关时，二级负荷可由任一段低压母线单回路供电。
5. 另有规定者除外，规范中没有明确说明，建议不考虑特殊例外。
6. 应急电源配电装置宜与主电源配电装置分开设置。当分开设置有困难，需要与主电源并列布置时，其分界处应设防火隔断。消防系统配电装置设明显标志。
7. 第 20 和 21 条主要是中小学校的供、配电设计及支路的划分原则。
8. 第 22 和 23 条主要是图书馆、档案馆的供、配电设计原则。
9. 第 24 和 25 条主要是剧场的供、配电设计原则。

通用建筑消防负荷供电方式表 **表 4.6-2**

消防负荷	1	消防用电负荷等级为特级负荷时，由□一段/□两段消防配电干线与自备应急电源的□一个/□两个低压回路切换，再由两段消防配电干线各引一路在最末一级配电箱自动转换供电	□	
	2	消防用电负荷等级为一级负荷时，由□双重电源的两个低压回路/□一路市电和一路自备应急电源的两个低压回路在最末一级配电箱自动转换供电	□	
	3	消防用电负荷等级为二级负荷时，由一路 10kV 电源的两台变压器的两个低压回路或一路 10kV 电源的一台变压器与主电源不同变电系统的两个低压回路在最末一级配电箱自动切换供电	□	
	4＊	消防用电负荷等级为三级负荷时，消防设备电源□由一台变压器的一路低压回路供电或一路低压进线的一个专用分支回路供电/□从变压器至消防设备的双回路供电	□	

续表

消防配电	1	建筑内的消防用电设备采用专用的供电回路，消防用电设备的备用消防电源的供电时间和容量，应能满足该建筑火灾延续时间内消防用电设备的持续用电要求（三级消防负荷除外）	□
	2	超高层建筑：供电电源干线有两个路由向消防用电设备供电	□
	3 *	消防末端配电箱设置在消防水泵房、消防电梯机房、消防控制室和各防火分区的配电小间内； 各防火分区内的防排烟风机、消防排水泵、防火卷帘等可分别由配电小间内的双电源切换箱放射式、树干式供电	□
	4 *	消防水泵、消防电梯、消防控制室等的两个供电回路，由变电所或总配电室放射式供电，并在其配电线路的最末一级配电箱处设置自动切换装置	□
	5	消防系统配电装置，设置在建筑物的电源进线处或配变电所处，其应急电源配电装置应与主电源配电装置分开设置。消防系统配电装置应有明显标志	□
	6	消防用电设备配电系统的分支干线按防火分区划分，分支线路不应跨越防火分区	□
	7	除消防水泵、消防电梯、消防控制室的消防设备外，各防火分区的消防用电设备，由消防电源中的双电源或双回线路电源供电，并应满足下列要求： □末端配电箱应安装于防火分区的配电小间或电气竖井内； □由末端配电箱配出引至相应设备或其控制箱，应采用放射式供电。对于作用相同、性质相同且容量较小的消防设备，可视为一组设备并采用一个分支回路供电。每个分支回路所供设备不应超过 5 台，总计容量不宜超过 10kW	□
	8	疏散照明应由主电源和蓄电池组供电，主电源由双电源自动转换箱供给	□
	9	在各防火分区配电间设置疏散照明配电箱，电源由双电源配电箱供给，疏散照明配电箱配出的分支回路不应跨越防火分区	□
	10	疏散照明除按负荷分级供电外，尚应□在灯具内/□集中设置蓄电池组供电	□

注：消防

1. 三级负荷中，在设置有两台变压器的情况下，从变压器至消防设备宜采用双回路供电；
2. 用于防火分隔且按一、二级消防负荷供电的多个防火卷帘，当涉及多个防火分区时，应采用放射式供电；
3. 防烟和排烟风机房的消防用电设备以及其他消防用电设备的供电，自动切换装置应设置在所在防火分区的配电小间内或其配电线路的最末一级配电箱处。

医疗建筑供电方式表 **表 4.6-3**

名称	序号	内容	实施情况	备注
医疗建筑低压配电	1	低压配电室至各用电点的配电方式根据不同情况分别以□树干式/□放射式/□混合式配电/□根据防火分区等采用分区配电	□	
	2	照明、电力、大型诊疗设备，由不同的配电回路供电	□	
	3	负荷容量较大或重要用电设备，由配电室放射式配电	□	
	4	手术部的供电电源由配变电所或总配电间专用回路配电	□	
	5	总配电柜设在非洁净区。在每个手术室设有一个独立的专用配电箱，配电箱设在该手术室的清洁走道	□	
	6	大型诊疗设备的主机设备与其辅助设备应分别供电	□	
	7	多功能医用线槽上的照明回路设剩余电流保护装置	□	
	8	多功能医用线槽上的电源与病房照明分回路供电	□	
	9	2类医疗场所除手术台驱动机构、X射线设备、额定容量超过5kVA的设备、非生命支持系统的电气设备外，用于维持生命、外科手术、重症患者的实时监控和其他位于患者区域的医疗电气设备及系统的回路，均应采用医疗场所局部IT系统供电	□	
常用诊疗设备配电	1	大型诊疗设备采用专用回路供电，□当诊疗设备容量较大或数量较多时，采用专用变压器配电。诊疗设备的电源系统应满足设备对电源内阻或线路允许压降的要求	□	
	2	诊疗设备的配电应根据医疗工艺要求进行设计	□	
	3	诊疗设备采用净化电源设备时，采用单元净化系统	□	
	4	临床检验分析设备集中配置不间断电源装置	□	
	5	医用磁共振成像设备的主机、冷水机组分别从配变电所引出专用回路供电，□主机采用两路供电，□冷水机组采用两路供电	□	
	6	□医用X射线设备/□医用高能射线设备/□医用核素设备按其分类、用途、工作制式，由不同的供电回路供电	□	
	7	□电子直线加速器/□回旋加速器/□中子治疗机/□质子治疗机等诊疗设备的主机及冷水机组，□伽马刀（γ刀）/□PET-CT设备采用专用的两路供电	□	
	8	医用磁共振成像设备的扫描室应符合下列规定： □室内的电气管线、器具及其支持构件不得使用铁磁物质或铁磁制品； □进入室内的电源线路应进行滤波； □扫描室屏蔽体可靠接地	□	
	9	医用X射线设备的供电回路应符合下列规定： □X射线设备不与其他设备共用同一供电回路； □当X射线设备额定球管电流大于等于400mA时，应从配变电所引出专用回路供电； □治疗用CT设备、数字减影血管造影设备应从配变电所引出专用的两路供电； □多台单相、两相的X射线设备，应接在电源不同的相序上	□	

续表

名称	序号	内容	实施情况	备注
常用诊疗设备配电	10	医用X射线设备供电回路导体截面应符合下列规定： □单台设备专用回路，应满足设备对电源内阻或电压降的要求； □多台设备树干式供电时，其干线导体截面应按供电条件要求的内阻最小值或电压降最小值加大一级确定	□	
	11	在□直线加速器/□回旋加速器/□中子治疗机/□质子治疗机等需射线防护安全的治疗室、机房，□钴60治疗室及其他远距离放射性核素治疗室应设置门、机联锁控制装置	□	

体育建筑供电方式表 **表4.6-4**

名称	序号	内容	实施情况	备注
体育建筑供配电	1	照明、电力、消防及其他防灾用电负荷、体育工艺负荷、临时性负荷等分别自成配电系统。□当体育建筑兼有文艺演出功能时，在场地四周预留配电箱或配电间	□	
	2	场地照明、显示屏、计时记分机房、现场成绩处理机房、扩声机房、消防控制室、安防监控中心、中央监控室、信息网络机房、通信机房、电视转播机房等重要用电负荷，从配电室以放射式配电	□	
	3	冷冻机组、水泵房、制冰机房等容量较大的用电负荷，从配电室以放射式配电。机房的空调用电与其他设备用电分开配电	□	
	4	配电干线根据负荷重要程度、负荷大小及分布情况等选择配电方式，并应符合下列规定： □配电干线采用封闭式母线或电缆以树干式配电； □发生较大位移的钢结构体内，采用电缆配电； □采用分区树干式配电	□	
	5	体育工艺负荷的配电系统应符合下列规定： □竞赛场地用电点设置电源井或配电箱，数量及位置根据体育工艺要求确定。 □电源井的配电方式采用放射式与树干式相结合的配电系统，电源井内不同用途的电气线路宜分管敷设，井内设有防水排水措施。 □体育场竞赛场地的电气线路采用防水型电力电缆或采取防水措施。 □体育馆比赛场地四周墙壁上预留配电箱和安全型插座。 □游泳、跳水、水球及花样游泳用的计时记分装置的电源配电箱设在计时记分装置控制室内；当泳池周围设有电源箱、电源插座箱、专用信号箱时，应采用防水防潮型；游泳池周边、水处理机房等潮温场所的管线及用电设施应采取防腐措施	□	

续表

名称	序号	内容	实施情况	备注
体育建筑供配电	6	场地照明的配电系统应符合下列规定： □大型、特大型体育建筑的场地照明采用多回路供电。 □特级体育建筑在举行国际重大赛事时50%的场地照明由发电机供电，另外50%的场地照明由市电电源供电；其他赛事可由双重电源各带50%的场地照明。 □甲级体育建筑由双重电源同时供电，每个电源各供50%的场地照明灯具。 □乙级和丙级体育建筑由两回线路电源同时供电，每个电源宜各供50%的场地照明。 □其他等级的体育建筑可只有一个电源为场地照明供电	□	

数据中心供电方式表 **表 4.6-5**

名称	序号	内容	实施情况	备注
配电	1＊	数据中心由□专用配电变压器/□专用回路供电	□	
	2＊	数据中心内采用不间断电源系统供电的空调设备和电子信息设备由不同组不间断电源系统供电；测试电子信息设备的电源和电子信息设备的正常工作电源采用不同的不间断电源系统	□	
	3＊	□ARB级数据中心由□双重电源/□一路电源供电，并应设置备用电源。备用电源采用□独立于正常电源的柴油发电机组/□供电网络中独立于正常电源的专用馈电线路。当正常电源发生故障时，备用电源应能承担数据中心正常运行所需要的用电负荷	□	
	4	配电线路的中性线截面积与相线同截面积； 单相负荷均匀地分配在三相线路上	□	
	5	变配电系统采用□2N架构/□DR架构/□RR架构	□	
	6	自备电源系统采用□0.4kV柴油发电机系统/□10kV柴油发电机系统	□	
	7	高压自备电源或备用设备的自动投入装置，应符合下列规定： □应保证在工作电源断开后投入备用电源； □工作电源故障或断路器被错误断开时，自动投入装置应延时动作； □手动断开工作电源、电压互感器回路断线和备用电源无电压情况下，不应启动自动投入装置； □应保证自动投入装置只动作一次； □自动投入装置动作后，如果自备电源或设备投到故障上，应使保护加速动作并跳闸	□	
	8	低压单母线接线分段断路器自动投入应符合下列规定： □电源中断不是故障或人为操作造成； □自动投入侧电源正常； □应保证在工作电源断开后延时自动投入； □应保证自动投入只动作一次	□	

续表

名称	序号	内容	实施情况	备注
配电	9	柴油发电机组选用□COP/□PRP/□ESP/□DCP 功率	□	
	10	蓄电池组选用□免维护铅酸电池/□DCP 锂电池	□	
	11	蓄电池备用时间满足□双侧 15min/□单侧 15min/□双侧 7min	□	
	12	机房末端配电采用□精密列头柜/□智能小母线	□	

注：数据中心电气分级要求（表注 1）。

数据中心电气分级要求表 **表注 1**

分级	A 级	B 级	C 级
供电网络中独立于正常电源的专用馈电线路	作为备用电源	无	无
供电电源	双重电源	双重电源	两回路电源
变压器	2N 冗余	N+1 冗余	N
UPS 及最少备用时间	2N，15min（柴油发电作为后备电源）	N+1，7min（柴油发电作为后备电源）	无
柴油发电机及储油量	N+X 冗余（X=1～N），12 h	无	无
变配电所物理隔离	变配电设备分别布置在不同的物理隔间内	无	无
机房专用空调	双路电源（其中至少一路为应急电源），末端切换。采用放射式配电	双路电源，末端切换。采用放射式配电	采用放射式配电

4.7 供电线路导体选择

供电线路导体选择表 **表 4.7**

名称	序号	内容	实施情况	备注
非消防	1	进线高压电缆型号、规格均由供电部门负责决定	□	
	2	采用 10kV～35kV 高压电缆供电时，后端带有消防负荷且敷设在地下空间、垂直井道内时，采用阻燃耐火电缆	□	
	3 *	低压配电电线、电缆及母线的材质选用□铜/□铝合金	□	
	4	低温高海拔地区电缆选型应结合地区的运行经验提出相应的特殊需求，选用的电缆应具有良好的耐寒性和抗裂性	□	
	5	除图中已标注外，室内电线的绝缘强度不应低于 0.45kV/0.75kV，电力电缆的绝缘强度不应低于 0.6kV/1kV	□	
	6	低压配电导体的选择应满足《民用建筑电气设计标准》GB 51348—2019 7.4 的相关要求	□	
	7	电气装置外可导电部分，严禁用作保护接地导体（PEN）	□	

续表

名称	序号	内容	实施情况	备注
非消防	8 *	除室外直埋或穿管敷设的电线、电缆外，还应根据建筑物的使用性质，发生火灾时的扑救难度，选择相应燃烧性能等级的电力电缆，并满足下列规定： □建筑高度超过100m的公共建筑，选择燃烧性能B1级及以上、产烟毒性为t0级、燃烧滴落物/微粒等级为d0级的电线和电缆； □避难层（间）明敷的电线和电缆应选择燃烧性能不低于B1级、产烟毒性为t0级、燃烧滴落物/微粒等级为d0级的电线和A级电缆； □一类高层建筑中的金融建筑/□省级电力调度建筑/□省（市）级广播电视/□电信建筑/□人员密集的公共场所，电线电缆燃烧性能应选用燃烧性能B1级、产烟毒性为t1级、燃烧滴落物/微粒等级为d1级； □其他一类公共建筑应选择燃烧性能不低于B2级、产烟毒性为t2级、燃烧滴落物/微粒等级为d2级的电线和电缆； □长期有人滞留的地下建筑应选择烟气毒性为t0级、燃烧滴落物/微粒等级为d0级的电线和电缆； □建筑物内水平布线和垂直布线选择的电线和电缆燃烧性能一致	□	
	9	当配电线路在桥架内或竖井内成束敷设受非金属含量限制不能满足阻燃要求时，应选择敷设不受非金属含量限制的电缆，并应符合现行国家标准《电缆和光缆在火焰条件下的燃烧试验》GB/T 18380.33～18380.36的有关规定	□	
	10	至潜污泵出线选用防水电缆	□	
消防	1	所有消防线路，应采用铜芯电线或电缆	□	
	2 *	耐火电缆和矿物绝缘电缆应具有不低于B1级的难燃性能	□	
	3 *	消防配电线路的选择与敷设，应满足在建筑的设计火灾延续时间内为消防用电设备连续供电的需要，并应符合下列规定： □在人员密集场所疏散通道采用的火灾自动报警系统的报警总线、消防应急广播和消防专用电话等传输线路，应选择燃烧性能B1级的铜芯电线电缆；其他场所的报警总线、消防应急广播和消防专用电话等传输线路应选择燃烧性能不低于B2级的铜芯电线电缆。消防联动总线及联动控制线应选择耐火铜芯电线、电缆。电线、电缆的燃烧性能应符合现行国家标准《电缆及光缆燃烧性能分级》GB 31247的规定。 □消防控制室/□消防电梯/□消防水泵/□水幕泵/□建筑高度超过100m民用建筑的疏散照明系统和防排烟系统的供电干线，其电能传输质量在火灾延续时间内应保证消防设备可靠运行。 □高层建筑的消防垂直配电干线计算电流在400A及以上时，采用耐火母线槽供电。 □消防用电设备火灾时持续运行的时间应符合国家现行有关标准的规定。 □为多台防火卷帘、疏散照明配电箱等消防负荷采用树干式供电时，选择□预分支耐火电缆/□预分支矿物绝缘电缆	□	

续表

名称	序号	内容	实施情况	备注
消防	3 *	□超高层建筑避难层（间）与消控中心的通信线路、消防广播线路、监控摄像的视频和音频线路应采用耐火电线或耐火电缆； □消防负荷的应急电源采用 10kV 柴油发电机组时，其输出的配电线路采用耐压不低于 10kV 的耐火电缆和矿物绝缘电缆	□	

注：1. 非消防电线、电缆

1）一般情况下选用铜芯，当选用铝合金电缆时，应注意消防负荷、截面积在 $10mm^2$ 以下的线路、火灾时需要维持正常工作的场所、移动式用电设备或有剧烈振动的场所、对铝有腐蚀的场所、易燃易爆场所和其他有特殊规定场所需选择铜导体；

2）电缆选用时应按使用场所和敷设条件选择阻燃级别，但同一建筑物内选用的阻燃和阻燃耐火电缆，其阻燃级别宜相同；

3）当非消防负荷与消防负荷的配电线路共井敷设时，应提高消防负荷配电线路的耐火等级或非消防负荷的配电线路阻燃等级。

2. 消防电线、电缆

1）当非消防负荷与消防负荷的配电线路共井敷设时，应提高消防负荷配电线路的耐火等级或非消防负荷的配电线路阻燃等级；

2）火灾时连续供电的时间应满足各类消防用电设备在火灾发生期间需持续工作时间的要求，最少持续供电时间应符合《民用建筑电气设计标准》GB 51348—2019 表 13.7.16 的规定；

3）对比上海《民用建筑电气防火设计标准》DG/TJ 08-2048—2024 8.3.3 的规定：

（1）消防电源的主干线和支干线，消防水泵、消防控制室及消防电梯的电源线路采用耐火温度 950℃，持续供电时间 180min 的耐火电缆；

（2）消防联动控制线路、火灾自动报警系统的报警总线以及消防疏散应急照明、防火卷帘等其他消防用电设备的电源线路应采用耐火温度不低于 750℃、持续供电时间不低于 90min 的耐火电线电缆。

4.8 供电线路敷设方式

供电线路敷设方式表　　表 4.8

名称	序号	内容	实施情况	备注
非消防	1	不同电压等级的电力线缆不应共用同一导管或电缆桥架布线	□	
	2	电力线缆和智能化线缆不应共用同一导管或电缆桥架布线	□	
	3	在有可燃物闷顶和吊顶内敷设电力线缆时，应采用不燃材料的导管或电缆槽盒保护	□	
	4	除有特殊规定外，相同电压等级的双电源回路可在同一专用电缆桥架内敷设，当采用槽盒布线时，应采用金属隔板分隔	□	
	5	导管和电缆槽盒内配电电线的总截面面积不应超过导管或电缆槽盒内截面面积的 40%； 电缆槽盒内控制线缆的总截面面积不应超过电缆槽盒内截面面积的 50%	□	
	6	民用建筑红线内的室外供配电线路采用埋地敷设方式	□	
	7	在电缆隧道、管廊、竖井、夹层等封闭式电缆通道中，不得布置热力管道和输送可燃气体或可燃液体管道	□	

续表

名称	序号	内容	实施情况	备注
非消防	8	室外埋地敷设的电力线缆、控制线缆和智能化线缆不应平行布置在地下管道的正上方或正下方	□	
	9	采用电缆排管布线时，在线路转角、分支处以及变更敷设方式处，设电缆人（手）孔井。电缆人（手）孔井不应设置在建筑物散水内	□	
	10	所有塑料导管或金属导管的管壁壁厚需满足《建筑电气与智能化通用规范》GB 55024—2022 6.2 标准	□	
	11	室内干燥场所布线应选用壁厚不小于 1.5mm 的金属导管或塑料中型的暗敷导管	□	
	12	室内潮湿场所线缆明敷时应采用防潮防腐材料制造的导管或电缆桥架；且金属导管壁厚不小于 2mm。采用可弯曲金属导管时，选用防水重型导管	□	
	13	建筑物底层及地面层以下采用金属导管布线时，其壁厚不应小于 2.0mm，采用可弯曲金属导管布线时，选用防水重型的导管，采用塑料导管布线时，选用重型的导管	□	
	14	线缆采用导管暗敷布线时，不应穿过设备基础； 当穿过建筑外墙时，应采取止水措施	□	
	15	布线用各种电缆、导管、电缆桥架及母线槽在穿越防火分区楼板、隔墙及防火卷帘上方的防火隔板时，其空隙应采用相当于建筑构件耐火极限的不燃烧材料填塞密实	□	
	16	除塑料护套电线外，其他电线不应采用直敷布线方式	□	
	17	电缆采用 T 接箱分支方式连接至配电箱，当分支电缆型号及截面未作标注时，表示与主干电缆相同，若改变截面时，长度应小于 3m	□	
	18	电缆穿管时保护管管径应大于电缆外径外径的 1.6 倍	□	
	19	电力线缆、控制线缆和智能化线缆敷设应符合下列规定： 不采用裸露带电导体布线； 除塑料护套电线外，其他电线不采用直敷布线方式； 明敷的导管、电缆桥架，应选择燃烧性能不低于 B1 级的难燃材料制品或不燃材料制品	□	
	20 *	与 2 类医疗场所无关的电气线路，不应穿越 2 类医疗场所	□	
	21 *	对于需进行射线防护的房间，其供电、通信的电缆沟或电气管线严禁造成射线泄漏；其他电气管线不得进入和穿过射线防护房间	□	
	22 *	设有射线防护的房间采用地面非直通电缆沟槽的布线方式，避免直接通向射线防护房间	□	
消防	1	火灾自动报警系统的电源和联动线路应采用金属导管或金属槽盒保护	□	
	2	消防线路明敷时（包括敷设在吊顶内），应穿金属导管或金属槽盒保护。金属导管或金属槽盒应采取防火保护措施；当采用阻燃耐火电缆并敷设在电缆井、沟内时，可不穿金属导管或金属槽盒保护；当采用矿物绝缘类不燃性电缆时，可直接明敷	□	

续表

名称	序号	内容	实施情况	备注
消防	3	消防线路暗敷时，应穿金属导管并应敷设在不燃性结构内且保护层厚度不应小于 30mm	□	
	4 *	消防配电线路宜与其他配电线路分开敷设在不同的电缆井、沟内； 确有困难需敷设在同一电缆井、沟内时，应分别布置在电缆井、沟的两侧，且消防配电线路应采用矿物绝缘类不燃性电缆	□	
	5	对于综合管廊大型布线场所，当消防配电线路与非消防配电线路布置在同侧时，消防配电线路应敷设在非消防配电线路的下方，并应保持 300mm 及以上的净间距	□	
	6	当水平敷设的火灾自动报警系统传输线路采用穿导管布线时，不同防火分区的线路不应穿入同一根导管内	□	
	7	电压等级超过交流 50V 以上的消防配电线路在吊顶内或室内接驳时，采用防火防水接线盒	□	
	8 *	消防线路布线设专用竖井	□	

注：1. 非消防

第 20 条、第 21 条和第 22 条主要是医疗建筑的线路敷设原则。

2. 消防

1）在变电所内电缆沟敷设的消防配电线路和其他配电线路可不分设在两侧；

2）建筑高度超过 250m 的公共建筑，消防线路布线宜设专用竖井。

4.9 配电设备选型及安装方式

配电设备选型及安装方式表 **表 4.9**

名称	序号	内容	实施情况	备注
通用	1	变电所内高低压配电柜、变压器均为落地安装	□	一般规定
	2 *	多电源 TN-C-S 系统中，变压器低压器母联及进线断路器应选用 3P	□	
	3	各层照明、动力、空调配电（柜）箱，除强电间、设备机房隔墙上明装外，其他均为暗装，配电柜采用 10＃槽钢落地安装，配电箱采用挂墙式安装，集水泵等现场控制箱就近安装在不易触及的位置，挂墙或落地安装，有装修要求的场所，配电箱采用嵌墙式安装。（柜）箱体规格具体规格由订货厂家提供。箱体高度 600mm 以下，底边距地 1.5m；600～800mm 高，底边距地 1.2m；800～1000mm 高，底边距地 1.0m；1000～1200mm 高，底边距地 0.8m；1200mm 以上，为落地式安装，下设 100mm 槽钢基座	□	

续表

名称	序号	内容	实施情况	备注
通用	4	照明开关、插座暗装，除注明者外，均为250V，10A；除注明者外，插座均为单相两孔＋三孔安全型插座。烘手器电源插座底边距地1.5m；无特别注明外，插座下口距地0.3m，照明开关底边距地1.3m，距门框0.2m。有淋浴的卫生间内开关、插座选用防潮防溅型面板，且设备及管线应设在Ⅱ区以外。风机盘管电源均预留在吊顶内，风机盘管至调速开关间均预留ϕ25保护管，管中穿线规格由设备供应商提供，由施工单位负责实施。调速开关底边距地1.3m，距门框0.2m。无障碍卫生间内的照明开关应选用搬把式，底边距完成地面1.0m，离门框边不小于0.2m	□	
	5	配电柜（箱）内断路器选用三极（三相回路）和单极（单相回路），漏电开关除不需引出N线的三相回路（如电开水器）选用三极外，其余选用四极（三相回路）和两极（单相回路），ATS选用四极。所有断路器满足其所在处短路分断能力的要求（注：对个别场所的微型断路器回路，增设高分断、快速熔断器以配合满足要求）	□	
	6	母线槽应满足下列要求： □插接母线选用五芯密集型铜制/铝合金母线，在竖井内明敷，插接箱内开关均设分励脱扣和辅助干接点，利用分励脱扣器，由消防控制室控制切断相关区域非消防电源。地下层的母线应满足IP54防护等级。 □母线槽的金属外壳、支架等外露可导电部分，应可靠接地。 □母线槽的外壳表面应覆盖阻燃、无炫目反光的涂层；母线槽内导体支撑件应选用阻燃的绝缘材料，同时应具有足够的机械性能，绝缘材料的表面温度升值不应超过55K	□	
	7	非消防电缆桥架为托盘桥架（无吊顶）和电缆槽盒（吊顶内），材质为□静电喷塑/□热镀锌钢制。 消防电缆桥架经防火处理的封闭金属槽盒（耐火电缆敷设用）及经防火处理的梯架（矿物绝缘电缆敷及在电缆竖井内电缆敷设用），材质为钢制	□	
	8	安全特低电压（AC36V及AC12V）系统中的变压器选用一次绕组和二次绕组之间采用加强绝缘层或接地屏蔽层隔离开的安全隔离变压器	□	
	9	电气管井安装后，用防火隔板和防火堵料封堵墙上、地坪上预留安装孔洞及桥架内部的空隙。保护钢管的两端管口应采用防火材料封堵。封堵材料应采用不低于楼板耐火极限的不燃材料封堵或防火封堵材料	□	
	10	室外灯具防护等级不应低于IP54，埋地灯具防护等级不应低于IP67，水下灯具的防护等级不应低于IP68	□	
	11 *	一般设备机房配电控制柜（箱）防护等级不低于IP30； 潮湿场所现场安装的防护等级不低于IP45； 室外露天场所现场安装的照明配电箱、电力配电箱、控制箱、隔离开关箱，防护等级不小于IP65	□	

续表

名称	序号	内容	实施情况	备注
通用	12*	在高海拔环境下，各类电气设备参数的确定，应考虑高海拔地区特殊环境对电气设备可靠性的要求。 □所有电气设备均选用高海拔型设备；高低压元器件等均选用通用产品，降容使用；成套高低压配电柜应加强绝缘及采用加大间距等措施。 □对设备的外绝缘的绝缘强度进行海拔修正。 □断路器接电缆处加设绝缘隔板，提高绝缘效果。 □对UPS、柴油发电机组降容使用	□	高海拔环境
消防	1	消防应急灯具在室外或地面上设置时，防护等级不应低于IP67；在潮湿场所内设置时，防护等级不应低于IP65。 B型灯具的防护等级不应低于IP34	□	一般规定
	2	消防水泵控制柜设置在独立的控制室时，其防护等级不应低于IP30； 与消防水泵设置在同一空间时，其防护等级不应低于IP55	□	
	3	应急照明配电箱在潮湿场所，应选择防护等级不低于IP65的产品；在电气竖井内，应选择防护等级不低于IP33的产品	□	
	4	消防设备配电箱箱体，应有明显标志，应采取隔热保护措施，耐火时间不小于45min。消防双电源配电箱的进线处应设置耐火极限不低于2h的耐火隔板	□	
	5	应急照明开关应带电源指示灯		
防爆	1	爆炸性环境内设置的防爆电气设备应符合现行国家标准《爆炸性环境　第1部分：设备通用要求》GB/T 3836.1的有关规定	□	爆炸性环境
	2	爆炸性气体混合物（天然气）的级别为ⅡA级、引燃温度组别T1；燃气表间、锅炉房等场所为爆炸性气体危险2区	□	
	3*	爆炸环境场所内（如：锅炉间、煤气表间等）采用防爆型设备，进出管线做好防爆封堵。场所内的电气设备采用□GaRGbRGc型	□	
	4	柴油的级别为ⅡA级，引燃温度组别为T3，储油间的灯具和开关选用防爆密闭型，如采用普通开关，应安装在储油间门外	□	

注：1. 由于存在断零风险，除非有避免杂散电流等特殊情况外，应全部采用3P；
2. 相对湿度大于80%的场所为潮湿场所，一般来说是指厨房、卫生间（带淋浴）、水泵房等房间。
3. 防爆级别
1）Ga：爆炸性气体环境用设备，具有“很高”的保护级别，在正常运行、出现的预期故障或罕见故障下不是点燃源；
2）Gb：爆炸性气体环境用设备，具有“高”的保护级别，在正常运行或出现的预期故障条件下不是点燃源；
3）Gc：爆炸性气体环境用设备，具有“一般”的保护级别，在正常运行中不是点燃源，也可采取一些附加保护措施，保证在点燃源预期经常出现的情况下（例如灯具的故障）不会形成有效点燃。
4. 电气设备在高海拔地区选型时需要考虑来自温升和绝缘对电气设备的影响
1）变压器，应对其耐受电压、温升限值等参数进行高海拔校验修正。对海拔超过3000m处运行时，其绝缘水平应由供、需双方协商确定；
2）低压设备在高原地区使用时，需对绝缘耐压、短路电流分断能力等进行校验修正。低压设备常规以空气为绝缘介质，海拔升高，外绝缘强度降低；
3）高原地区的空气中氧气含量低，对于自然吸气式柴油发电机组的内燃机吸入的有效助燃的氧气量相对减少，导致燃烧不充分，内燃机的输出功率降低，同时发电机的输出功率也会降低，发电机无法达到标称的功率容量，因此高海拔地区应对柴油发电机组降容使用。

4.10 电动机启动及控制方式的选择

电动机启动及控制方式选择表　　表 4.10

名称	序号	内容	实施	备注
非消防	1*	交流电动机启动时，其端子上的计算电压应符合下列要求： □电动机频繁启动时，不低于额定电压的 90%，电动机不频繁启动时，不低于额定电压 85%； □电动机不频繁启动且不与照明或其他对电压波动敏感的负荷合用变压器时，不低于额定电压 80%； □当电动机由单独变压器供电时，其允许值应按机械要求的启动转矩确定	□	电动机启动方式
	2*	15kW 及以下的风机和 45kW 及以下容量的水泵一般采用直接启动方式； 18.5kW 及以上的风机设备和 55kW 及以上较大功率水泵等设备一般采用□星三角/□软启动/□变频启动方式	□	
消防	1*	消防设备在不满足全压启动的条件下应采用星三角启动方式	□	
	2*	消防设备在满足全压启动的条件下均应采用直接启动方式	□	
非消防	1	低压交流电动机的主回路要求具有隔离功能、控制功能、短路保护功能、过载保护功能、断相保护功能，主要接线方式为： □普通断路器＋接触器＋热继电器：普通断路器提供隔离功能和短路保护功能，接触器提供控制功能，热继电器提供过载保护功能和断相保护功能； □电动机保护型断路器＋接触器：电动机保护型断路器提供隔离功能、短路保护功能、过载保护功能和断相保护功能，接触器提供控制功能； □一体化型电动机保护控制器：集隔离功能、控制功能、短路保护功能、过载保护功能、断相保护功能于一体	□	电动机控制方式
	2	风机、水泵等配电控制柜（箱）采用 BA 和 FA 同时控制时，FA 火灾信号优先于 BA 控制信号。同时在其配电控制柜（箱）处具有手自动控制功能	□	
	3	风机、水泵等配电控制柜（箱）与设备异地设置时，设备旁增加就地控制按钮箱或隔离检修控制按钮箱。配电控制柜（箱）内设手动/自动转换开关	□	
	4	水泵房中的生活水泵电动机应加装灵敏度为 300mA 的剩余电流动作保护器做接地故障保护	□	
	5	屋顶水箱液位控制阀有超高、低水位报警及高水位停泵，低水位启泵信号至水泵控制柜； 生活水泵、潜水泵等采用液位自控、超水位报警	□	

续表

名称	序号	内容	实施	备注
非消防	6 *	生活变频给水泵配套控制箱，潜水泵、隔油池泵（油脂分离器）配套控制箱应与设备同时配套订货。卷帘门、电梯等控制箱均由设备成套提供；变频风机的变频控制箱、空调箱的变频控制箱由风机设备供应商配套提供，变频冷冻水泵/变频冷却水泵的变频控制箱，均由设备厂商自带变频控制柜，电气专业只需提供电源，BA 接入各设备厂商自带变频控制柜；风冷热泵配电控制箱由设备成套提供；加湿器、电动阀控制箱由设备成套提供	□	
	7	非消防电源的切除通过空气断路器的分励脱扣器或接触器与消防联动来实现	□	
	8	事故风机的控制除了采用 BA 系统自动启停外，还应该在事故现场的出入口外侧设置就地启停控制按钮，按钮安装高度距地 1.5m	□	
	9	对于厨房排油烟机、洗碗机、洗衣房、冷却塔等需要远程控制的设备，在设备旁就地设置防水控制箱，内设启停双按钮和主令开关，并用控制线缆接至主控箱	□	
	10 *	自动控制或联锁控制的电动机，应设置手动控制和解除自动控制或联锁控制装置，远方控制的电动机，应设置就地控制和解除远方控制装置。当突然启动可能危及周围人身安全时，应在机械旁装设启动预告信号和应急断电开关或自锁按钮	□	电动机控制方式
	11	各设备的具体控制要求参考建筑设备自控原理图及相关专业的控制要求说明	□	
消防	1	消火栓泵、喷淋泵、大空间水炮泵的控制柜，火灾时通过火灾报警及联动控制系统自动控制	□	
	2	消防稳压泵通过设在水泵出水干管上的压力开关直接自动启动消防水泵、喷淋泵	□	
	3 *	消防专用设备等均能在消防控制室直接手自动控制	□	
	4	消防专用设备的过载保护只报警，不跳闸，用于该回路的断路器只设短路保护	□	
	5	有固定备用泵的消防泵，其工作泵的过负荷保护应动作于跳闸，备用泵过负荷保护时应仅动作于信号，且声光警示信号送至消防控制室。此时固定备用泵也可不装设过负荷保护	□	
	6	对于消防与平时兼用的单速风机，按消防负荷设置保护； 对于消防与平时兼用的双速风机，平时按普通风机设置保护，消防时按消防类风机设置保护	□	

续表

名称	序号	内容	实施	备注
消防	7	消火栓稳压泵、自动喷淋稳压泵、消防水箱控制箱由消防水泵设备成套提供	□	电动机控制方式
	8	消防稳压泵采用压力控制	□	

注：1. 电动机启动方式

1）计算依据：《工厂配电设计手册四》481～483 页。也可根据经验公式进行估算

$$U\% = 100/(1+1.732\mathrm{V}*\mathrm{Ig}*U_{\mathrm{k}}\%/\mathrm{Sed})$$

式中 $U\%$——电动机自启动时，母线剩余电压降的百分数；

V——额定电压，kV；

Ig——启动时的最大电流，包括本台电机的启动电流和其余电动机额定电流的总和，A；

$U_{\mathrm{k}}\%$——变压器阻抗电压百分数，%；

Sed——变压器的额定容量，kVA。

2）当民用与一般工业建筑中的风机、水泵功率较小且全压启动时的冲击转矩不至于使风机遭到损坏，启动风机、水泵时电压波动也较小，不会影响其他负荷的正常运行时，应优先考虑采用全压启动；

3）当风机为中载负荷时可选用 20 类别热继电器（脱扣时间为 6～20s），以保证各种类型风机的正常启动和正常运行；

4）当电源容量不满足电机直接启动需求时，应采用降压启动。

2. 电动机控制方式

1）当采用变频控制时，配电箱内需预留 220V 变频器风扇散热电源；

2）此条需引起重视，在检修电动机设备或机械时，远方误启动而致维修人员伤亡的事故时有发生；

3）消防稳压泵不需要在消防控制室设置手动直接控制装置。

4.11 照明系统

4.11.1 照明种类及主要场所照度标准、照明功率密度值等指标

照明种类汇总表 **表 4.11.1-1**

序号	项目		内容	备注
1	正常照明		室内工作及相关辅助场所应设置	
2	应急照明	备用照明	需确保正常工作或活动继续进行的场所设置	
		安全照明	需确保处于潜在危险之中的人员安全的场所设置	
		疏散照明	需确保人员安全疏散的出口和通道设置	
3	值班照明		需在夜间非工作时间值守或巡视的场所应设置	
4	警卫照明		需警戒的场所，根据警戒范围的要求设置	
5	障碍照明		在危及航行安全的建筑物、构筑物上，根据相关部门规定设置	
6	城市道路照明		城市道路应设置	
7	夜景照明		除功能性照明外，所有室外公共活动空间或景物的夜间景观的照明	也称景观照明
8	标识照明		地下空间或有夜间使用需求的室内、外公共建筑标识宜采用	

主要场所照度标准汇总表 **表 4.11.1-2**

序号	建筑类型	房间或场所		参考平面及其高度	照度标准值	统一眩光值	照度均匀度	显色指数	备注
1	住宅	起居室	一般活动	0.75m 水平面	100	—	—	80	
			书写、阅读		300				混合照度
		卧室	一般活动	0.75m 水平面	75	—	—	80	
			床头、阅读		200				混合照度
		餐厅		0.75m 餐桌面	150	—	—	80	
		厨房	一般活动	0.75m 水平面	100	—	—	80	
			操作台	台面	300				混合照度
		卫生间	一般活动	0.75m 水平面	100			80	
			化妆台	台面	300			90	混合照度
		走廊、楼梯间		地面	100	—	—	60	
		电梯前厅		地面	75	—	—	60	
2	其他居住建筑	职工宿舍		地面	100	—	—	80	
		老年人卧室	一般活动	0.75m 水平面	150	—	—	80	
			床头、阅读		300	—	—	80	混合照度
		老年人起居室	一般活动	0.75m 水平面	200	—	—	80	
			书写、阅读		500			80	混合照度
		酒店式公寓		地面	150			80	
3	图书馆建筑	普通阅览室、开放式阅览室		0.75m 水平面	300	19	0.6	80	
		多媒体阅览室		0.75m 水平面	300	19	0.6	80	
		老年阅览室		0.75m 水平面	500	19	0.7	80	
		珍善本、舆图阅览室		0.75m 水平面	500	19	0.6	80	
		陈列室、目录厅（室）、出纳厅		0.75m 水平面	300	19	0.6	80	
		档案库		0.75m 水平面	200	19	0.6	80	
		书库、书架		0.25m 水平面	50	—	0.4	80	
		工作间		0.75m 水平面	300	19	0.6	80	
		采编、修复工作间		0.75m 水平面	500	19	0.6	80	
4	办公建筑	普通办公室		0.75m 水平面	300	19	0.6	80	
		高档办公室		0.75m 水平面	500	19	0.6	80	
		会议室		0.75m 水平面	300	19	0.6	80	
		视频会议室		0.75m 水平面	750	19	0.6	80	
		接待室、前台		0.75m 水平面	200	—	0.4	80	
		服务大厅、营业厅		0.75m 水平面	300	22	0.4	80	
		设计室		实际工作面	500	19	0.6	80	
		文件整理、复印、发行室		0.75m 水平面	300	—	0.4	80	
		资料、档案存放室		0.75m 水平面	200	—	0.4	80	

续表

序号	建筑类型	房间或场所		参考平面及其高度	照度标准值	统一眩光值	照度均匀度	显色指数	备注
5	商店建筑	一般商店营业厅		0.75m 水平面	300	22	0.6	80	
		一般室内商业街		地面	200	22	0.6	80	
		高档商店营业厅		0.75m 水平面	500	22	0.6	80	
		高档室内商业街		地面	300	22	0.6	80	
		一般超市营业厅		0.75m 水平面	300	22	0.6	80	
		高档超市营业厅		0.75m 水平面	500	22	0.6	80	
		仓储式超市		0.75m 水平面	300	22	0.6	80	
		专卖店营业厅		0.75m 水平面	300	22	0.6	80	
		农贸市场		0.75m 水平面	200	25	0.4	80	
		收款台		台面	500	—	0.6	80	混合照度
		营业区	一般区域	垂直面	≥50	—	0.6	80	
			柜台区		100～150	—	0.6	80	
			商品展示区域		≥150	—	0.6	>85	
		室内菜市场	肉类分割操作台	台面	≥200	—	0.6	80	
			其他操作台	台面	≥100	—	0.6	80	
			通道	地面	≥75	—	0.6	80	
		试衣间	试衣位置	1.5m 高处垂直面	150～300	—	—	80	
			服装修改间	台面	≥500	—	0.6	80	
		仓储区	大件商品	地面	50	—	—	—	
				垂直面	30	—	—	—	
			一般商品	地面	100	—	—	—	
				垂直面	30	—	—	—	
			精细商品	地面	300	—	—	—	
				垂直面	50	—	—	—	
			卸货区	地面	200	—	—	—	
6	观演建筑	门厅		地面	200	22	0.4	80	
		观众厅	影院	0.75m 水平面	100	22	0.4	80	
			剧场、音乐厅	0.75m 水平面	150	22	0.4	80	
		观众休息厅	影院	地面	150	22	0.4	80	
			剧场、音乐厅	地面	200	22	0.4	80	
		排演厅		地面	300	22	0.6	80	
		化妆室	一般活动区	0.75m 水平面	150	22	0.6	80	
			化妆台	1.1m 高处垂直面	500	—	—	90	混合照度

续表

序号	建筑类型	房间或场所		参考平面及其高度	照度标准值	统一眩光值	照度均匀度	显色指数	备注
7	剧院建筑	楼梯走廊		地面	50	—	—	80	
		前厅、休息厅		地面	200	—	—	80	
		存衣间		地面	200	—	—	80	
		卫生间		0.75m 水平面	100	—	—	80	
		接待室		0.75m 水平面	300	—	—	80	
		行政管理房间		0.75m 水平面	300	19	—	80	
		观众厅		0.75m 水平面	200	22	—	80	
		化妆室		0.75m 水平面	150	22	—	80	
				1.1m 高度垂直面	500	—	—	80	
		道具室		0.75m 水平面	200	—	—	80	
		候场室		地面	200	—	—	80	
		抢妆室		0.75m 水平面	300	22	—	80	
		理发室（头部化妆）		0.75m 水平面	500	22	—	80	
		排练室		地面	300	22	—	80	
		布景仓库		地面	50	—	—	80	
		服装室		0.75m 水平面	200	—	—	80	
		布景道具服装制作间		0.75m 水平面	300	19	—	80	
		绘景间		0.75m 水平面	500	19	—	80	
		灯控室、调光柜室		0.75m 水平面	300	22	—	80	
		声控室、功放室		0.75m 水平面	300	22	—	80	
		电视转播室		0.75m 水平面	300	22	—	80	
		舞台机械控制室、舞台机械电气柜室		0.75m 水平面	300	22	—	80	
		棚顶工作照明		地面	150	—	—	80	
		同声传译室		0.75m 水平面	300	22	—	80	
		主舞台，抢妆台		地面	300	—	—	80	
8	旅馆建筑	客房	一般活动区	0.75m 水平面	75	—	—	80	
			床头	0.75m 水平面	150	—	—	80	
			写字台	台面	300	—	—	80	混合照明
			卫生间	0.75m 水平面	150	—	—	80	
		中餐厅		0.75m 水平面	200	22	0.6	80	
		西餐厅		0.75m 水平面	150	—	0.6	80	
		酒吧间、咖啡厅		0.75m 水平面	75	—	0.4	80	
		多功能厅、宴会厅		0.75m 水平面	300	22	0.6	80	

续表

序号	建筑类型	房间或场所	参考平面及其高度	照度标准值	统一眩光值	照度均匀度	显色指数	备注
8	旅馆建筑	会议室	0.75m 水平面	300	19	0.6	80	
		大堂	地面	200	—	0.4	80	
		总服务台	台面	300	—	—	80	混合照明
		休息厅	地面	200	22	0.4	80	
		客房层走廊	地面	50	—	0.4	80	
		厨房	台面	500	—	0.7	80	混合照明
		游泳池	水面	200	—	0.6	80	
		健身房	0.75m 水平面	200	22	0.6	80	
		洗衣房	0.75m 水平面	200	—	0.4	80	
9	医疗建筑	治疗室	0.75m 水平面	300	19	0.7	80	
		检查室	0.75m 水平面	300	19	0.7	80	
		化验室	0.75m 水平面	500	19	0.7	80	
		手术室	0.75m 水平面	750	19	0.7	90	
		诊室	0.75m 水平面	300	19	0.6	80	
		候诊室、挂号厅	地面	200	22	0.4	80	
		病房	0.75m 水平面	200	19	0.6	80	
		走廊	地面	100	22	0.6	80	
		护士站	0.75m 水平面	300	—	0.6	80	
		药房	0.75m 水平面	500	19	0.6	80	
		重症监护室	0.75m 水平面	300	19	0.6	90	
		门厅、候诊区、家属等候区	地面	200	22	0.7	80	
		服务台、X射线诊断等诊疗设备主机室、婴儿护理房、血库、药库、洗衣房	0.75m 水平面	200	19	0.7	80	
		挂号室、收费室、磁共振室、加速器室、功能检查室（脑电、心电、超声波、视力等）监护室、会议室、办公室	0.75m 水平面	300	19	0.7	80	
		病理实验室及检验室、仪器室、专用诊疗设备的控制室、计算机网络机房	0.75m 水平面	500	19	0.7	80	
		急诊观察室	0.75m 水平面	100	19	0.7	80	
		医护人员休息室、患者活动室、电梯厅、厕所、浴室、走道	地面	100	19	0.7	80	

续表

序号	建筑类型	房间或场所		参考平面及其高度	照度标准值	统一眩光值	照度均匀度	显色指数	备注
10	教育建筑	教室、阅览室		课桌面	300	19	0.6	80	
		实验室		实验桌面	300	19	0.6	80	
		美术教室		桌面	500	19	0.6	90	
		多媒体教室		0.75m 水平面	300	19	0.6	80	
		电子信息机房		0.75m 水平面	500	19	0.6	80	
		计算机教室、电子阅览室		0.75m 水平面	500	19	0.6	80	
		楼梯间		地面	100	22	0.4	80	
		教室黑板		黑板面	500	—	0.8	80	混合照度
		学生宿舍		地面	150	22	0.4	80	
		美术教室		桌面	500	19	0.6	90	
		健身教室		地面	300	22	—	80	
		工程制图教室		桌面	500	19	0.7	80	
		会堂观众厅		0.75m 水平面	200	22	—	80	
		学生活动室		0.75m 水平面	200	22	—	80	
		盲学校	普通教室、手工教室、地理教室及其他教学用房	课桌面	500	19	0.7	80	
		聋学校	普通教室、语言教室及其他教学用房	课桌面	300	19	0.7	80	
		智障学校	普通教室、语言教室及其他教学用房	课桌面	300	19	0.7	80	
		—	保健室	0.75m 水平面	300	19	—	80	
11	中小学校	普通教室、史地教室、书法教室、音乐教室、语言教室、合班教室、阅览室		课桌面	300	19	0.6	80	
		科学教室、实验室		实验桌面	300	19	0.6	80	
		计算机教室		0.75m 水平面	500	19	0.6	80	
		舞蹈教室		地面	300	19	0.7	80	
		美术教室		课桌面	500	19	0.6	90	
		风雨操场		地面	300	—	0.7	65	
		办公室、保健室		桌面	300	19	0.7	80	
		走道、楼梯间		地面	100	22	0.4	80	
12	美术馆建筑	会议报告厅		0.75m 水平面	300	22	0.6	80	
		休息厅		0.75m 水平面	150	22	0.4	80	

续表

序号	建筑类型	房间或场所	参考平面及其高度	照度标准值	统一眩光值	照度均匀度	显色指数	备注
12	美术馆建筑	美术品售卖	0.75m 水平面	300	19	0.6	80	
		公共大厅	地面	200	22	0.4	80	
		绘画展厅	地面	100	19	0.6	80	
		雕塑展厅	地面	150	19	0.6	80	
		藏画库	地面	150	22	0.6	80	
		藏画修理	0.75m 水平面	500	19	0.7	90	
13	科技馆建筑	科普教室、实验区	0.75m 水平面	300	19	0.6	80	
		会议报告厅	0.75m 水平面	300	22	0.6	80	
		纪念品售卖区	0.75m 水平面	300	22	0.6	80	
		儿童乐园	地面	300	22	0.6	80	
		公共大厅	地面	200	22	0.4	80	
		球幕、巨幕、3D、4D影院	地面	100	19	0.4	80	
		常设展厅	地面	200	22	0.6	80	
		临时展厅	地面	200	22	0.6	80	
14	博物馆建筑	门厅	地面	200	22	0.4	80	
		序厅	地面	100	22	0.4	80	
		会议报告厅	0.75m 水平面	300	22	0.6	80	
		美术制作室	0.75m 水平面	500	22	0.6	90	
		编目室	0.75m 水平面	300	22	0.6	80	
		摄影室	0.75m 水平面	100	22	0.6	80	
		熏蒸室	实际工作面	150	22	0.6	80	
		实验室	实际工作面	300	22	0.6	80	
		保护修复室	实际工作面	750	19	0.7	90	混合照度
		文物复制室	实际工作面	750	19	0.7	90	混合照度
		标本制作室	实际工作面	750	19	0.7	90	混合照度
		周转库房	地面	50	22	0.4	80	
		藏品库房	地面	75	22	0.4	80	
		藏品提看室	0.75m 水平面	150	22	0.6	80	
		综合大厅	地面	100	22	0.4	80	
		寄物处	地面	150	22	0.6	80	
		接待室	0.75m 水平面	300	22	0.6	80	
		报告厅、教室	0.75m 水平面	300	22	0.6	80	
		美工室	0.75m 水平面	500	22	0.6	90	
		书画装裱室	实际工作面	500	22	0.7	90	
		一般库房	地面	100	22	0.4	80	

续表

序号	建筑类型	房间或场所	参考平面及其高度	照度标准值	统一眩光值	照度均匀度	显色指数	备注
14	博物馆建筑	鉴赏室	0.75m 水平面	150	22	0.6	80	
		阅览室	0.75m 水平面	300	19	0.6	80	
		绘画展厅	地面	100	19	0.6	80	
		雕塑展厅	地面	150	19	0.6	80	
		科技馆展厅	地面	200	22	0.6	80	
15	会展建筑	会议室、洽谈室	0.75m 水平面	300	19	0.6	80	
		宴会厅	0.75m 水平面	300	22	0.6	80	
		多功能厅	0.75m 水平面	300	22	0.6	80	
		公共大厅	地面	200	22	0.4	80	
		一般展厅	地面	200	22	0.6	80	
		高档展厅	地面	300	22	0.6	80	
		视频会议室	0.75m 水平面	750	19	—	80	
		问讯处	0.75m 水平面	200	—	—	80	
16	交通建筑	售票台	台面	500	—	—	80	混合照度
		问讯处	0.75m 水平面	200	—	0.6	80	
		候车（机、船）室 普通	地面	150	22	0.4	80	
		候车（机、船）室 高档	地面	200	22	0.6	80	
		贵宾室休息室	0.75m 水平面	300	22	0.6	80	
		中央大厅、售票大厅	地面	200	22	0.4	80	
		海关、护照检查	工作面	500	—	0.7	80	
		安全检查	地面	300	—	0.6	80	
		换票、行李托运	0.75m 水平面	300	19	0.6	80	
		行李认领、到达大厅、出发大厅	地面	200	22	0.4	80	
		通道、连接区、扶梯、换乘厅	地面	150	—	0.4	80	
		有棚站台	地面	75	—	0.6	60	
		特大型铁路旅客车站中的有棚站台	地面	100	28	0.5	60	
		无棚站台	地面	50	—	0.4	20	
		走廊、楼梯、平台、流动区域 普通	地面	75	25	0.4	60	
		走廊、楼梯、平台、流动区域 高档	地面	150	25	0.6	80	
		地铁站厅 普通	地面	100	25	0.6	80	
		地铁站厅 高档	地面	200	22	0.6	80	

续表

序号	建筑类型	房间或场所		参考平面及其高度	照度标准值	统一眩光值	照度均匀度	显色指数	备注
16	交通建筑	地铁进出站门厅	普通	地面	150	25	0.6	80	
			高档	地面	200	22	0.6	80	
		行包存放库房、小件寄存		地面	100	25	—	80	
		自动售票机/自动检票口		地面	300	19	—	80	
		VIP 休息		0.75m 水平面	300	22	—	80	
17	金融建筑	营业大厅		地面	200	22	0.6	80	
		营业柜台		台面	500	—	0.6	80	
		客户服务中心	普通	0.75m 水平面	200	22	0.6	60	
			贵宾室	0.75m 水平面	300	22	0.6	80	
		交易大厅		0.75m 水平面	300	22	0.6	80	
		数据中心主机房		0.75m 水平面	500	19	0.6	80	
		保管库		地面	300	22	0.4	80	
		信用卡作业区		0.75m 水平面	300	19	0.6	80	
		自助银行		地面	200	19	0.6	80	
		培训部		0.75m 水平面	300	22	0.5	80	
18	通用房间或场所	门厅	普通	地面	100	—	0.4	60	
			高档	地面	200	—	0..6	80	
		走廊、流动区域、楼梯间	普通	地面	50	25	0.4	60	
			高档	地面	100	25	0.6	80	
		自动扶梯		地面	150	—	0.6	60	
		厕所、盥洗室、浴室	普通	地面	75	—	0.4	60	
			高档	地面	150	—	0.6	80	
		电梯前厅	普通	地面	100	—	0.4	60	
			高档	地面	150	—	0.6	80	
		休息室		地面	100	22	0.4	80	
		更衣室		地面	150	22	0.4	80	
		储藏室		地面	100	—	0.4	60	
		餐厅		0.75m 水平面	200	22	0.6	80	
		公共车库		地面	50	—	0.6	60	
		公共车库检修间		地面	200	25	0.6	80	
		试验室	一般	0.75m 水平面	300	22	0.6	80	
			精细	0.75m 水平面	500	19	0.6	80	

续表

序号	建筑类型	房间或场所		参考平面及其高度	照度标准值	统一眩光值	照度均匀度	显色指数	备注
18	通用房间或场所	检验	一般	0.75m 水平面	300	22	0.6	80	
			精细、有颜色要求	0.75m 水平面	750	19	0.6	80	
		计量室、测量室		0.75m 水平面	500	19	0.7	80	
		电话站、网络中心		0.75m 水平面	500	19	0.6	80	
		计算机站		0.75m 水平面	500	19	0.6	80	
		变、配电站	配电装置室	0.75m 水平面	200	—	0.6	80	
			变压器室	地面	100	—	0.6	60	
		电源设备室、发电机室		地面	200	25	0.6	80	
		电梯机房		地面	200	25	0.6	80	
		控制室	一般控制室	0.75m 水平面	300	22	0.6	80	
			主控制室	0.75m 水平面	500	19	0.6	80	
		动力站	风机房、空调机房	地面	100	—	0.6	60	
			泵房	地面	100	—	0.6	60	
			冷冻站	地面	150	—	0.6	60	
			压缩空气站	地面	150	—	0.6	60	
			锅炉房、煤气站的操作层	地面	100	—	0.6	60	
		仓库	大件库	1.0m 水平面	50	—	0.4	20	
			一般件库	1.0m 水平面	100	—	0.6	60	
			半成品库	1.0m 水平面	150	—	0.6	80	
			精细件库	1.0m 水平面	200	—	0.6	80	货架垂直照度≥50lx
		车辆加油站		地面	100	—	0.6	60	油表表面照度≥50lx

无电视转播体育建筑照度标准汇总表 **表 4.11.1-3**

序号	运动项目	参考平面及其高度	照度标准值			一般显色指数		眩光指数		备注
			训练和娱乐	业余比赛	专业比赛	训练	比赛	训练	比赛	
1	篮球、排球、手球、室内足球	地面								
2	体操、艺术体操、技巧、蹦床、举重	台面	300	500	750	65	65	35	30	
3	速度滑冰	冰面								

续表

序号	运动项目	参考平面及其高度	照度标准值			一般显色指数		眩光指数		备注
			训练和娱乐	业余比赛	专业比赛	训练	比赛	训练	比赛	
4	羽毛球	地面	300	750/ 500	1000/500	65	65	35	30	
5	乒乓球、柔道、摔跤、跆拳道、武术	台面	300	500	1000	65	65	35	30	
6	冰球、花样滑冰、冰上舞蹈、短道速滑	冰面								
7	拳击	台面	500	1000	2000	65	65	35	30	
8	游泳、跳水、水球、花样游泳	水面	200	300	500	65	65	—	—	
9	马术	地面								
10	射击、射箭 射击区、弹（箭）道区	地面	200	300	300	65	65	—	—	
11	射击、射箭 靶心	靶心垂直面	1000	1000	1000					
12	击剑	地面	300	500	750	65	65	—	—	
13		垂直面	200	300	500					
14	网球 室外	地面	300	500/ 300	750/ 500	65	65	55	50	
15	网球 室内	地面						35	30	
16	场地自行车 室外	地面	200	500	750	65	65	55	50	
17	场地自行车 室内	地面						35	30	
18	足球、田径	地面	200	300	500	20	65	55	50	
19	曲棍球	地面	300	500	750	20	65	55	50	
20	棒球、垒球	地面	300/ 200	500/ 300	750/ 500	20	65	55	50	

注：1. 当表中同一格有两个值时，“/”前为内场的值，“/”后为外场的值；

2. 表中规定的照度应为比赛场地参考平面上的使用照度。

有电视转播体育建筑照度标准汇总表　　表 4.11.1-4

序号	运动项目	参考平面及其高度	照度标准值			一般显色指数		相关色温		眩光指数
			国家、国际比赛	重大国际比赛	HDTV	国家、国际比赛，重大国际比赛	HDTV	国家、国际比赛，重大国际比赛	HDTV	
1	篮球、排球、手球、室内足球、乒乓球	地面 1.5m	1000	1400	2000	≥80	>80	≥4000	≥5500	30
2	体操、艺术体操、技巧、蹦床、举重、柔道、摔跤、跆拳道、武术	台面 1.5m								

续表

序号	运动项目		参考平面及其高度	照度标准值			一般显色指数		相关色温		眩光指数
				国家、国际比赛	重大国际比赛	HDTV	国家、国际比赛，重大国际比赛	HDTV	国家、国际比赛，重大国际比赛	HDTV	
3	击剑		台面 1.5m	1000	1400	2000	≥80	>80	≥4000	≥5500	—
4	游泳、跳水、水球、花样游泳		水面 0.2m								—
5	冰球、花样滑冰、冰上舞蹈、短道速滑		冰面 1.5m								30
6	羽毛球		地面 1.5m	1000/750	1400/1000	2000/1400					30
7	拳击		台面 1.5m	1000	2000	2500					30
8	射箭	射击区、箭道区	地面 1.0m	500	500	750					—
9		靶心	靶心垂直面	1500	1500	2000					—
10	场地自行车	室内	地面 1.5m	1000	1400	2000	≥80	>80	≥4000	≥5500	30
11		室外									50
12	足球、田径、曲棍球		地面 1.5m								50
13	马术		地面 1.5m								—
14	网球	室内	地面 1.5m	1000/750	1400/1000	2000/1400					30
15		室外									50
16	棒球、垒球		地面 1.5m								50
17	射击	射击区、弹道区	地面 1.0m	500	500	600	≥80		≥3000	≥4000	—
18		靶心	靶心垂直面	1500	1500	2000					

注：1. HDTV 指高清晰度电视；其特殊显色指数 R_9 应大于零；
2. 表中同一格有两个值时，“/” 前为内场的值，“/” 后为外场的值；
3. 表中规定的照度除射击、射箭外，其他均应为比赛场地主摄像机方向的使用照度值。

各类建筑照明功率密度限值汇总表　　表 4.11.1-5

序号	建筑类别	房间或场所	照度标准值	照明功率密度限值		备注
				现行值	目标值	
1	住宅建筑	起居室	100	≤5.0	≤4.0	
		卧室	75			
		餐厅	150			
		厨房	100			
		卫生间	100			
		职工宿舍	100	≤3.5.0	≤3.5	
		车库	30	≤1.8.0	≤1.4	

续表

序号	建筑类别	房间或场所	照度标准值	照明功率密度限值		备注
				现行值	目标值	
2	图书馆建筑	普通阅览室、开放式阅览室	300	≤8.0	≤6.5	
		目录厅（室）、出纳厅	300	≤10.0	≤8.0	
		多媒体阅览室	300	≤8.0	≤6.5	
		老年阅览室	500	≤13.5	≤9.5	
3	办公建筑、办公用途场所	普通办公室	300	≤8.0	≤6.5	
		高档办公室、设计室	500	≤13.5	≤9.5	
		会议室	300	≤8.0	≤6.5	
		服务大厅	300	≤10.0	≤8.0	
4	商店建筑	一般商店营业厅	300	≤9.0	≤7.0	
		高档商店营业厅	500	≤14.5	≤11.0	
		一般超市营业厅	300	≤10.0	≤8.0	
		高档超市营业厅	500	≤15.5	≤12.0	
		专卖店营业厅	300	≤10.0	≤8.0	
		仓储超市	300	≤10.0	≤8.0	
5	旅馆建筑	客房	—	≤6.0	≤4.5	
		中餐厅	200	≤8.0	≤6.0	
		西餐厅	150	≤5.5	≤4.0	
		多功能厅	300	≤12.5	≤9.5	
		客房层走廊	50	≤3.5	≤2.5	
		大堂	200	≤8.0	≤6.0	
		会议室	300	≤8.0	≤6.5	
6	医疗建筑	治疗室、诊室	300	≤8.0	≤6.5	
		化验室	500	≤13.5	≤9.5	
		候诊室、挂号厅	200	≤5.5	≤4.0	
		病房	200	≤4.5	≤4.0	
		护士站	300	≤8.0	≤6.5	
		药房	500	≤13.5	≤9.5	
		走廊	100	≤4.0	≤3.0	
7	教育建筑	教室、阅览室	300	≤8.0	≤6.5	
		实验室	300	≤8.0	≤6.5	
		美术教室	500	≤13.5	≤9.5	
		多媒体教室	300	≤8.0	≤6.5	
		计算机教室、电子阅览室	500	≤13.5	≤9.5	
		学生宿舍	150	≤4.5	≤3.5	

续表

序号	建筑类别	房间或场所	照度标准值	照明功率密度限值		备注
				现行值	目标值	
8	美术馆建筑	会议报告厅	300	≤8.0	≤6.5	
		美术品售卖区	300	≤8.0	≤6.5	
		公共大厅	200	≤8.0	≤6.0	
		绘画展厅	100	≤4.5	≤3.5	
		雕塑展厅	150	≤5.5	≤4.0	
9	科技馆建筑	科普教室	300	≤8.0	≤6.5	
		会议报告厅	300	≤8.0	≤6.5	
		纪念品售卖区	300	≤8.0	≤6.5	
		儿童乐园	300	≤8.0	≤6.5	
		公共大厅	200	≤8.0	≤6.0	
		常设展厅	200	≤8.0	≤6.0	
10	博物馆建筑	会议报告厅	300	≤8.0	≤6.5	
		美术制作室	500	≤13.5	≤9.5	
		编目室	300	≤8.0	≤6.5	
		藏品库房	75	≤3.5	≤2.5	
		藏品提看室	150	≤4.5	≤3.5	
11	会展建筑	会议室、洽谈室	300	≤8.0	≤6.5	
		宴会厅、多功能厅	300	≤12.0	≤9.5	
		一般展厅	200	≤8.0	≤6.0	
		高档展厅	300	≤12.0	≤9.5	

注：1. 当房间或场所的室形指数值等于或小于 1 时，其照明功率密度限值应增加，但增加值不应超过限值的 20%；
2. 当房间或场所的照度标准值提高或降低一级时，其照明功率密度限值应按比例提高或折减；
3. 设装饰性灯具场所，可将实际采用的装饰性灯具总功率的 50%计入照明功率密度值的计算。

4.11.2 光源、灯具及附件的选择、照明灯具的安装

灯具光源分类汇总表 **表 4.11.2-1**

序号	光源分类	名称	应用场所	实施情况	备注
1	热辐射光源	白炽灯	除严格要求防止电磁干扰的场所外，一般场所不得使用	□	
		卤钨灯	常用于装饰性照明、重点照明、轨道照明	□	
2	固态光源	场致发光灯（EL）	应用于室内各个场所，需要瞬时点亮的应急照明、一般照明、装饰性照明、有调光要求的场所的照明、高大空间照明、室外景观照明等	□	
		半导体发光二极管（LED）			
		有机半导体发光二极管(OLED)			

续表

序号	光源分类	名称	应用场所	实施情况	备注
3	弧光放电（低压）	荧光灯	室内空间较低的一般照明	□	
		低压钠灯	公路、隧道、港口、货场和矿区等	□	
		紫外线灯	消毒杀菌场所、验钞机等	□	
4	弧光放电（高压）	高压钠灯	室外道路照明	□	
		金属卤化物灯	室内高大空间的照明、室外道路照明、泛光照明、场地照明	□	
5	辉光放电	氙灯	汽车、印刷（调色评价）、涂装（调色评价、烘干）、商业设施、美容美发、生物领域以及半导体领域、检测光学等	□	
		霓虹灯	门面、招牌、字幕广告、标识、建筑物轮廓、台阶、展台、桥梁、大型舞台布景、装饰照明等	□	

灯具安装方式汇总表 **表 4.11.2-2**

序号	安装方式	特征	适用场合	实施情况	备注
1	吸顶式灯具	顶棚较亮；房间明亮；眩光可控制；光利用率高；易于安装和维护；费用低	适用于低顶棚照明场所	□	
2	嵌入式灯具	与吊顶系统组合在一起；眩光可控制；光利用率比吸顶式低；顶棚与灯具的亮度对比大；顶棚暗；费用高	适用于低顶棚但要求眩光小的照明场所	□	
3	悬吊式灯具	光利用率高；易于安装和维护；费用低；顶棚有时出现暗区	适用于顶棚较高的照明场所	□	
4	壁式灯具	照亮壁面；易于安装和维护；安装高度低；易形成眩光	适用于装饰照明兼作加强照明和辅助照明用	□	

灯具附件汇总表 **表 4.11.2-3**

序号	附件		内容	应用	实施情况	备注
1	镇流器	电感	优点：节能；可靠；谐波含量较小；使用寿命长；价格低。 缺点：使用工频点灯，存在频闪效应；自然功率因数低；消耗金属材料多，质量大	气体放电灯	□	
		电子	优点：节能；频闪小，发光稳定，起点可靠；功率因数高；噪声低，质量轻，节省金属材料。 缺点：谐波含量高，产品质量和水平影响大	气体放电灯	□	

续表

序号	附件	内容	应用	实施情况	备注
2	触发器	内触发：灯内有辅助启动电极或双金属片的； 外触发：利用灯外触发器产生高电压脉冲来击穿灯管内的气体使其启动，但不提供电极预热	高强气体放电灯	□	
3	补偿电容器	在镇流器的输入端接入适当容量的电容器，将单灯功率提高	气体放电灯	□	
4	超级电容器	介于传统电容与电池之间的新型储能器件	光伏路灯	□	

4.11.3 照明控制方式

照明控制方式汇总表 **表 4.11.3**

序号	照明控制形式		内容	实施情况	备注
1	跷板开关或拉线开关		开关设置在门口，开关触点为机械式；简单可靠	□	
2	定时开关或声控开关		为节能考虑，对楼梯间照明设置； 对地下车库照明，采用感应技术可实现高低功率转换； 对室外泛光、园林景观照明设自动控制	□	
3	断路器控制		适用于大空间照明；简单易行，有安全隐患	□	
4	智能控制	BA 系统控制	设有 BA 系统的建筑可采用； 有局限性，灵活性较差	□	
		总线回路控制	基于回路控制；场景丰富	□	
		数字可寻址照明接口（DALI 控制）	采用主从结构，可做到精确控制，不要求单独回路，与强电回路无关	□	
		DMX 控制协议	数字灯光系统，主要用于室内舞台灯光控制及户外景观控制	□	
		基于 TCP/IP 网络控制	基于 TCP/IP 协议的局域网实现，设备稳定性好集成度高，扩展性好，控制软件灵活；兼容各类标准控制协议	□	
		无线控制	GPRS 控制；Zigbee 控制协议；WiFi	□	

4.11.4 室外照明的电压等级、光源选择及照度标准

室外照明的电压等级汇总表 **表 4.11.4-1**

序号	场景	电压选择	实施情况	备注
1	一般情况	220V	□	
2	单灯功率 1500W 及以上	380V	□	
3	戏水池	零区内 12V 及以下	□	
4	喷泉	50V 或 220V	□	

室外照明的光源选择汇总表 **表 4.11.4-2**

序号	分类	内容	实施情况	备注
1	一般情况	高压钠灯、金属卤化物灯、荧光灯和 LED 灯	□	
2	泛光照明	金属卤化物灯或高压钠灯	□	
3	内透光照明	三基色直管荧光灯、LED、紧凑型荧光灯	□	
4	轮廓照明	紧凑型荧光灯、冷阴极荧光灯、LED	□	
5	颜色识别较高的场所	金属卤化物灯、三基色荧光灯或其他高显色性灯具	□	
6	草坪灯	紧凑型荧光灯、LED、小功率的金属卤化物灯	□	
7	自发光广告、标识	LED、场致发光膜或其他低耗能光源	□	

室外照明照度要求汇总表 **表 4.11.4-3**

序号	场地类型	场地名称		参考平面及其高度	照度标准值		水平照度均匀度	眩光值	一般显色指数	备注
					水平	垂直				
1	机场	飞机机位[1]		地面	20	20	0.25	—	20	
		专机机位[2]		地面	30	30	0.3	50	60	
		机坪工作区[3]		地面	10	—	0.25	—	20	
		飞机维修处[4]		工作面	200	—	0.5	45	60	
2	铁路站	站前广场		地面	10	—	0.25	—	—	
		客运	特大型车站和位于省会及以上城市的大型车站的基本站台	地面	150	—	0.4	45	80	
			其他有棚站台、有棚天桥	地面	75	—	0.4	45	60	
			无棚站台、无棚天桥	地面	50	—	0.4	45	20	
		货运	有棚货物站台、货棚、装卸作业区、货物洗刷台	地面	20	—	0.25	45	20	
			无棚货物站台	地面	10	—	0.25	50	20	
			集装箱堆场	地面	20	—	0.25	55	20	
			货物露天堆放区	地面	5	—	—	55	20	
			衡器计量处、机械化上冰台	距地面 0.75m	50	—	0.4	45	60	
			国际换装台	地面	50	—	0.4	45	20	
		到发线、道岔咽喉区、牵出线		轨面	3	—	—	—	20	
		编组区、编发场道岔区（尾端）		轨面	5	—	—	—	20	

续表

序号	场地类型	场地名称		参考平面及其高度	照度标准值		水平照度均匀度	眩光值	一般显色指数	备注
					水平	垂直				
2	铁路站	编发场驼峰顶（50～60m顶部范围）		轨面	30	50	0.25	50	20	
		编组区、编发场道岔区（首端）		轨面	10	—	0.25	50	20	
		有人看守道口，站、段、场（厂）主要道路、露天油罐区		地面	10	—	0.25	45	20	
		客车整备线、机车整备台位、列检作业场地		地面	20	—	0.25	45	60	
		存轮场、转车盘		地面	20	—	0.25	45	20	
3	港口码头	码头	件杂货	地面	15	—	0.25	50	20	
			大宗干散货	地面	10	—	0.25	50	20	
			液体散货	地面	15	—	0.25	50	20	
			集装箱	地面	20	—	0.25	50	20	
			滚装	地面	50	—	0.25	50	20	
		堆场	件杂货	地面	15	—	0.25	55	20	
			大宗干散货	地面	3	—	—	—	20	
			集装箱	地面	20	—	0.25	55	20	
			油罐区	地面	5	—	—	—	20	
			集装箱区大门	地面	100	—	0.4	45	20	
			滚装	地面	30	—	0.25	55	20	
		港区道路	主要道路	地面	15	—	0.4	—	20	
			次要道路	地面	10	—	0.25	—	20	
			铁路作业线	地面	10	—	0.25	—	20	

续表

序号	场地类型	场地名称	参考平面及其高度	照度标准值		水平照度均匀度	眩光值	一般显色指数	备注
				水平	垂直				
4	建筑工地	施工作业区	地面	50	—	0.4	50	20	
		清理、挖掘、装卸区	地面	20	—	0.25	55	20	
		排水管道安装区	地面	50	—	0.4	50	20	
		存储区	地面	30	—	0.25	50	20	
		结构构件的拼装区	操作面	100	—	0.25	45	20	可采用局部照明
		电线、电缆安装区	操作面	100	—	0.4	45	20	
		建筑构件的连接区	操作面	200	—	0.4	45	20	
		要求严格的电力、机械、管道安装区	操作面	200	—	0.4	45	20	
		场地道路	地面	20	—	0.4	—	20	
5	室外停车场	Ⅰ类停车场：大于400辆	地面	30	—	0.25	50	20	
		Ⅱ类停车场：251～400辆	地面	20	—	0.25	50	20	
		Ⅲ类停车场：101～250辆	地面	10	—	0.25	50	20	
		Ⅳ类停车场：小于等于100辆	地面	5	—	0.25	50	20	
		入口及收费处	地面	50	—	0.25	50	20	

注：1. 机坪上用以停放飞机的一块特定场地；
2. 专机机位上迎送人员、车辆交会区的照明；
3. 机坪上供飞机停泊、进行地面作业的区域及其邻近的区域；
4. 飞机维修处照度用增加移动照明达到。

4.12 应急照明及疏散指示系统

消防应急照明地面水平最低照度要求汇总表　　表4.12-1

序号	设置部位或场所	地面水平最低照度(lx)	实施情况	备注
1	疏散楼梯间、疏散楼梯间的前室或合用前室、避难走道及其前室、避难层、避难间、消防专用通道	10	☐	通用
2	老年人照料设施	10	☐	老年人照料设施
3	逃生辅助装置存放处等特殊区域	10	☐	通用
4	屋顶直升机停机坪	10	☐	通用
5	寄宿制幼儿园和小学的寝室	5	☐	幼儿园、小学

续表

序号	设置部位或场所	地面水平最低照度（lx）	实施情况	备注
6	医院手术室及重症监护室等病人行动不便的病房等需要救援人员协助疏散的区域	5	□	医院
7	剧场建筑用于观众疏散的应急照明	5	□	剧院建筑
8	疏散走道、人员密集的场所	3	□	通用
9	观众厅	3	□	剧院建筑
10	展览厅	3	□	展览建筑
11	电影院	3	□	电影院建筑
12	多功能厅	3	□	通用
13	建筑面积大于 $200m^2$ 的营业厅	3	□	商业建筑
14	餐厅	3	□	饮食建筑
15	演播厅	3	□	通用
16	售票厅	3	□	交通建筑
17	候车（机、船）厅	3	□	交通建筑
18	建筑面积超过 $400m^2$ 的办公大厅	3	□	通用
19	室内步行街两侧的商铺	3	□	商业建筑
20	建筑面积大于 $100m^2$ 的地下或半地下公共活动场所	3	□	地下室
21	城市综合管廊的人行道及人员出入口	1	□	城市综合管廊
22	室内步行街	1	□	通用
23	宾馆、酒店的客房	1	□	酒店建筑
24	自动扶梯上方或侧上方；安全出口外面反附近区域、连廊的连接处两端	1	□	通用
25	进入屋顶直升机停机坪的途径	1	□	直升机停机坪
26	配电室 消防控制室、消防水泵房、自备发电机房等发生火灾时仍需工作、值守的区域	1	□	通用

消防应急照明灯具选择汇总表 **表 4.12-2**

序号	内容	实施情况	备注
1	设置在距地面 8m 及以下时应选择 A 型灯具	□	电压等级
2	地面上设置的标志灯应选择集中电源 A 型灯具	□	
3	未设置消防控制室的住宅建筑，疏散走道、楼梯间等场所可选择自带电源 B 型灯具	□	
4	A 型灯具配电回路的额定电流不大于 6A，A 型应急照明配电箱输出路不超过 8 路	□	
5	B 型灯具配电回路的额定电流不大于 10A，B 型应急照明配电箱输出路不超过 12 路	□	
6	集中电源的额定输出功率不大于 5kW，设置在电缆竖井中时额定输出功率不大于 1kW	□	

续表

序号	内容	实施情况	备注
7	地面上设置的标志灯的面板可以采用厚度 4mm 及以上的钢化玻璃	□	面板灯罩
8	设置在距地面 1m 及以下的标志灯的面板或灯罩不应采用易碎材料或玻璃材质	□	
9	在顶棚、疏散路径上方设置的灯具的面板或灯罩不应采用玻璃材质	□	
10	室内高度大于 4.5m 的场所，应选择特大型或大型标志灯	□	规格
11	室内高度为 3.5～4.5m 的场所，应选择大型或中型标志灯	□	
12	室内高度小于 3.5m 的场所，应选择中型或小型标志灯	□	
13	在室外或地面上设置时，防护等级不应低于 IP67	□	防护等级
14	在隧道场所、潮湿场所内设置时，防护等级不应低于 IP65	□	
15	B 型灯具的防护等级不应低于 IP34	□	
16	高危险场所灯具光源应急点亮的响应时间不应大于 0.25s	□	点亮时间
17	其他场所灯具光源应急点亮的响应时间不应大于 5s	□	
18	具有两种及以上疏散指示方案的场所，标志灯光源点亮、熄灭的响应时间不应大于 5s	□	

消防应急照明备用电源供电持续时间要求汇总表　　表 4.12-3

序号	场所	备用电源供电持续时间	实施情况	备注
1	建筑高度大于 100m 的民用建筑	不应小于 1.5h	□	超高层建筑
2	医疗建筑、老年人照料设施、总建筑面积大于 100000m^2 的公共建筑和总建筑面积大于 20000m^2 的地下、半地下建筑	不应小于 1.0h	□	医疗建筑、老年人照料设施，公共建筑，地下室
3	一、二类城市交通隧道	不应小于 1.5h，隧道端口外接的站房不应小于 2.0h	□	交通隧道
4	三、四类城市交通隧道	不应小于 1.0h，隧道端口外接的站房不应小于 1.5h	□	交通隧道
5	城市轨交地下车站	不应小于 1.0h	□	轨道交通
6	城市轨道交通车辆基地	不应小于 0.5h	□	轨道交通
7	平时使用的人民防控工程，除上述规定外的其他建筑	不应小于 0.5h	□	人防

注：1. 以上场所中，非火灾状态下的集中控制的系统，持续工作时间应分别增加系统主电源断电后灯具持续应急点亮时间；

2. 集中电源的蓄电池组和灯具自带蓄电池达到使用寿命周期后标称的剩余容量应保证放电时间满足规定的持续工作时间。

消防应急照明和疏散指示系统控制要求汇总表 **表 4.12-4**

序号	分类	内容	实施情况	备注
1	一般情况	系统设置多台应急照明控制器时，应设置一台起集中控制功能的应急照明控制器； 应急照明控制器应通过集中电源或应急照明配电箱连接灯具，并控制灯具的应急启动、蓄电池电源的转换； 具有一种疏散指示方案的场所，系统不应设置可变疏散指示方向功能； 集中电源或应急照明配电箱与灯具的通信中断时，非持续型灯具的光源应急点亮、持续型灯具的光源由节电点亮模式转入应急点亮模式； 应急照明控制器与集中电源或应急照明配电箱的通信中断时，集中电源或应急照明配电箱连锁控制其配接的非持续型照明灯的光源应急点亮、持续型灯具的光源由节电点亮模式转入应急点亮模式	□	集中控制系统
2	非火灾状态	非火灾状态时保持主电源为灯具供电； 系统内所有非持续型照明灯应保持熄灭状态，持续型照明灯的光源应保持节电点亮模式。 具有一种疏散指示方案的区域，区域内所有标志灯的光源应按该区域疏散指示方案保持节电点亮模式。 需要借用相邻防火分区疏散的防火分区，区域内相关标志灯的光源按该区域可借用相邻防火分区疏散工况条件对应的疏散指示方案保持节电点亮模式。 需要采用不同疏散预案的交通隧道、地铁隧道、地铁站台和站厅等场所，区域内相关标志灯的光源按该区域默认疏散指示方案保持节电点亮模式。 系统主电源断电后，集中电源或应急照明配电箱应连锁控制其配接的非持续型照明灯的光源应急点亮、持续型灯具的光源由节电点亮模式转入应急点亮模式，灯具持续不超过 0.5h。 系统主电源恢复后，集中电源或应急照明配电箱应连锁其配接灯具的光源恢复原工作状态，且系统主电源仍未恢复供电时，集中电源或应急照明配电箱应连锁其配接灯具的光源熄灭。 在非火灾状态下，任一防火分区楼层隧道区间、地铁站台和站厅的正常照明电源断电后，为该区域内设置灯具供配电的集中电源或应急照明配电箱应在主电源供电状态下，连锁控制其配接的非持续型照明灯的光源应急点亮、持续型灯具的光源由节电点亮模式转入应急点亮模式；该区域正常照明电源恢复供电后，集中电源或应急照明配电箱连锁控制其配接的灯具的光源恢复原工作状态	□	集中控制系统
3	火灾状态	火灾确认后，应急照明控制器按预设逻辑手动、自动控制系统的应急启动，具有两种及以上疏散指示方案的区域应作为独立的控制单元，且需要同时改变指示状态的灯具应作为一个灯具组，由应急照明控制器的一个信号统一控制。 系统自动应急启动由火灾报警控制器或火灾报警控制器（联动型）的火灾报警输出信号作为系统自动应急启动的触发信号。 应急照明控制器接收到火灾报警控制器的火灾报警输出信号后： 1. 自动控制系统所有非持续型照明灯的光源应急点亮，持续型灯具的光源由节电点亮模式转入应急点亮模式	□	集中控制系统

续表

序号	分类	内容	实施情况	备注
3	火灾状态	2. 自动控制B型集中电源转入蓄电池电源输出、B型应急照明配电箱切断主电源输出。 3. A型集中电源应保持主电源输出，待接收到其主电源断电信号后，自动转入蓄电池电源输出；A型应急照明配电箱应保持主电源输出，待接收到其主电源断电信号后，自动切断主电源输出。 应急照明控制器控制系统应能手动操作启动，且： 1. 控制系统所有非持续型照明灯的光源应急点亮，持续型灯具的光源由节电点亮模式转入应急点亮模式； 2. 控制集中电源转入蓄电池电源输出、应急照明配电箱切断主电源输出。 需要借用相邻防火分区疏散的防火分区，由消防联动控制器发送的被借用防火分区的火灾报警区域信号作为控制改变该区域相应标志灯具指示状态的触发信号； 应急照明控制器接收到被借用防火分区的火灾报警区域，信号后按对应的疏散指示方案，控制该区域内需要变换指示方向的方向标志灯改变箭头指示方向，控制被借用防火分区人口处设置的出口标志灯的“出口指示标志”的光源熄灭、“禁止入内”指示标志的光源应急点亮，且该区域内其他标志灯的工作状态不应被改变	□	集中控制系统
4	非火灾状态	非火灾状态时，保持主电源为灯具供电； 系统内非持续型照明灯的光源保持熄灭状态； 系统内持续型灯具的光源保持节电点亮状态； 非持续型照明灯在主电供电时可由人体感应、声控感应等方式感应点亮	□	非集中控制系统
5	火灾状态	火灾确认后，能手动控制系统的应急启动；设置区域火灾报警系统的场所，能自动控制启动。 系统的手动应急启动设计，在灯具采用集中电源供电时，能手动操作集中电源，控制集中电源转入蓄电池电源输出，同时控制其配接的所有非持续型照明灯的光源应急点亮、持续型灯具的光源由节电点亮模式转入应急点亮模式； 灯具采用自带蓄电池供电时，能手动操作切断应急照明配电箱的主电源输出，同时控制其配接的所有非持续型照明灯的光源应急点亮、持续型灯具的光源由节电点亮模式转入应急点亮模式； 系统的自动启动设计，灯具采用集中电源供电时，集中电源接收到火灾报警控制器的火灾报警输出信号后，可自动转入蓄电池电源输出，并控制其配接的所有非持续型照明灯的光源应急点亮、持续型灯具的光源由节电点亮模式转入应急点亮模式； 灯具采用自带蓄电池供电时，应急照明配电箱接收到火灾报警控制器的火灾报警输出信号后，自动切断主电源输出，并控制其配接的所有非持续型照明灯的光源应急点亮、持续型灯具的光源由节电点亮模式转入应急点亮模式	□	非集中控制系统

消防备用照明汇总表　　表 4.12-5

序号	内容	实施情况	备注
1	备用照明设置： 在消防控制室、消防水泵房、自备发电机房、配电室、防排烟机房以及发生火灾时仍需正常工作的消防设备房应设置备用照明，其作业面的最低照度不应低于正常照明的照度，其持续供电时间不少于____；其他场所备用照明工作面上的照度，为正常照明照度的10%	□	消防备用照明
2	安全照明设置： ____设置安全照明，且照度为正常照明的照度值，持续供电时间不小于____	□	安全照明

4.13　防雷系统

4.13.1　民用建筑雷电防护分类

民用建筑雷电防护分类表　　表 4.13.1-1

序号	分类	条件	实施情况	备注
1	第三类防雷建筑物	符合下列条件之一的： 高度超过 20m，且不高于 100m 的建筑物； 预计雷击次数大于或等于 0.05 次/a，且小于或等于 0.25 次/a 的建筑物； 在平均雷暴日大于 15d/a 的地区，高度在 15m 及以上的烟囱、水塔等孤立的高耸建筑物； 在平均雷暴日小于或等于 15d/a 的地区，高度在 20m 及以上的烟囱、水塔等孤立的高耸建筑物	□	
2	第二类防雷建筑物	符合下列条件之一的： 高度超过 100m 的建筑物； 预计雷击次数大于 0.25 次/a 的建筑物	□	

建筑物电子信息系统雷电防护分类表　　表 4.13.1-2

序号	雷电防护等级	建筑物电子信息系统	实施情况	备注
1	A	1. 国家级计算中心，国家级通信枢纽，特级和一级金融设施，大、中型机场，国家级和省级广播电视中心，枢纽港口，火车枢纽站，省级城市水、电、气、热等城市重要公用设施的电子信息系统； 2. 一级安全防范单位，如国家文物、档案库的闭路电视监控和报警系统； 3. 三级医院电子医疗设备	□	
2	B	1. 中型计算中心、二级金融设施、中型通信枢纽、移动通信基站、大型体育场（馆）、小型机场、大型港口、大型火车站的电子信息系统； 2. 二级安全防范单位，如省级文物、私库的闭路电视监控和报警系统； 3. 雷达站、微波站电子信息系统，高速公路监控和收费系统； 4. 二级医院电子医疗设备； 5. 五星及更高星级宾馆电子信息系统	□	

续表

序号	雷电防护等级	建筑物电子信息系统	实施情况	备注
3	C	1. 三级金融设施、小型通信枢纽电子信息系统； 2. 大中型有线电视系统； 3. 四星及以下级宾馆电子信息系统	□	
4	D	除上述A、B、C级以外的一般用途的需防护电子信息设备	□	

4.13.2 SPD在线监测

SPD在线监测性能及功能配置表 **表4.13.2**

序号	性能及功能要求		配置要求	实施情况	备注
1	性能	电涌电流峰值监测	必备	□	
2		电涌电流波形监测	可选	□	
3		电涌电流单位能量监测	可选	□	
4		SPD动作次数监测	必备	□	
5		全电流监测	可选	□	
6		温度监测	可选	□	
7	功能	SPD内部脱离器的通断状态监测	必备	□	
8		SPD专用保护装置的通断状态监测	必备	□	
9		SPD性能劣化趋势监测	必备	□	
10		本地存储	必备	□	
11		数据传输	必备	□	

4.13.3 雷电防护措施

雷电防护措施汇总表 **表4.13.3**

序号	分类	措施	实施情况	备注
1	第三类防雷建筑物	1. 当采用接闪网格法保护时，接闪网格不应大于20m×20m或24m×16m；当采用滚球法保护时，滚球法保护半径不应大于60m。 2. 专用引下线和专设引下线的平均间距不应大于25m。 3. 建筑物外墙内侧和外侧垂直敷设的金属管道及类似金属物应在顶端和底端与防雷装置连接。 4. 建筑物地下一层或地面层、顶端的结构圈架钢筋应连成闭合环路，中间层应在每间隔不超过20m的楼层连成闭合环路。闭合环路应与本楼层结构钢筋和所有专用引下线连接。 5. 应将高度60m及以上外墙上的栏杆、门窗等较大金属物直接或通过顶埋件与防雷装置相连，高度60m及以上水平突出的墙体应设置接闪器并与防雷装置相连	□	

续表

序号	分类	措施	实施情况	备注
2	第二类防雷建筑物	1. 当采用接闪网格法保护时，接闪网格不应大于 10m×10m 或 12m×8m，当采用滚球法保护时，滚球法保护半径不应大于 45m。 2. 专用引下线的平均间距不应大于 18m。 3. 建筑物外墙内侧和外侧垂直敷设的金属管道及类似金属物应在顶端和底端与防雷装置连接，并应在高度 100～250m 区域内每间隔不超过 50m 与防雷装置连接一处，高度 0～100m 区域内在 100m 附近楼层与防雷装置连接。 4. 建筑物地下一层或地面层、顶端的结构圈架钢筋应连成闭合环路，中间层应在每间隔不超过 20m 的楼层连成闭合环路。闭合环路应与本楼层结构钢筋和所有专用引下线连接。 5. 应将高度 45m 及以上外墙上的栏杆、门窗等较大金属物直接或通过预埋件与防雷装置相连，高度 45m 及以上水平突出的墙体应设置接闪器并与防雷装置相连	□	
3	高度超过 250m 或雷击次数大于 0.42 次/a 的第二类防雷建筑物	1. 当采用接闪网格法保护时，接闪网格不应大于 5m×5m 或 6m ×4m；当采用滚球法保护时，滚球法保护半径不应大于 30m。 2. 专用引下线的间距不应大于 12m。 3. 建筑物外墙内侧和外侧垂直敷设的金属管道及类似金属物应在顶端和底端与防雷装置连接，并应在高度 250m 以上区域每间隔不超过 20m 与防雷装置连接一处，在高度 100～250m 区域内每间隔不超过 50m 连接一处，高度 0～100m 区域内在 100m 附近楼层与防雷装置连接。 4. 在高度 250m 及以上区域应每层连成闭合环路，闭合环路应与本楼层结构钢筋和所有专用引下线连接，高度 250m 以下区域建筑物地下一层或地面层、顶端的结构圈架钢筋应连成闭合环路，中间层应在每间隔不超过 20m 的楼层连成闭合环路。闭合环路应与本楼层结构钢筋和所有专用引下线连接。 5. 应将高度 30m 及以上外墙上的栏杆、门窗等较大金属物直接或通过顶埋件与防雷装置相连，高度 30m 及以上水平突出的墙体应设置接闪器并与防雷装置相连	□	

4.13.4 防雷装置

防雷装置汇总表 **表 4.13.4**

序号	防雷装置	内容	实施情况	备注
1	接闪器	1. 当建筑物采用接闪带保护时，接闪带装设在建筑物易受雷击的屋角、屋脊、女儿墙及屋檐等部位。 2. 当接闪带采用热镀锌圆钢或扁钢制成时，其截面面积不小于 $50mm^2$。 3. 当接闪杆采用热镀锌圆钢或钢管制成时，热镀锌圆钢的直径不小于 20mm，热镀锌钢管的直径不小于 40mm。 4. 当采用金属屋面作为接闪器时，金属板应无绝缘层覆盖。 5. 当双层彩钢板屋面作为接闪器时，其夹层中的保温材料必须为不燃或难燃材料。 6. 易燃材料构成的屋顶上不得直接安装接闪器。可燃材料构成的屋顶上安装接闪器时，接闪器的支撑架应采用隔热层与可燃材料之间隔离。 7. 接闪杆、接闪线或接闪网的支柱、接闪带、接闪网上，严禁悬挂电源线、通信线、广播线、电视接收天线等	□	

续表

序号	防雷装置		内容	实施情况	备注
2	引下线	一般规定	1. 建筑物易受雷击的部位应设专用引下线或专设引下线，且不应少于2根。专用引下线或专设引下线应沿建筑物外轮廓均匀设置。 2. 建筑物应利用其结构钢筋或钢结构柱作为专用引下线，当无结构钢筋或钢结构可利用时，设置专设引下线。 3. 单根钢筋或圆钢作专用引下线或专设引下线时，其直径不小于10mm。 4. 专用引下线和专设引下线上端应与接闪器可靠连接，下端应与防雷接地装置可靠连接。 5. 建筑物外的引下线敷设在人员可停留或经过的区域时，采用下列一种或两种方法，防止跨步电压、接触电压和旁侧闪络电压对人员造成伤害： 1）外露引下线在高2.7m以下部分应穿能耐受100kV冲击电压（1.2/50us波形）的绝缘保护管； 2）设立阻止人员进入的带暂示牌的护栏，护栏与引下线水平距离不应小于3m	□	
		装配式建筑	1. 优先利用装配式建筑结构构件内金属体做防雷引下线。作为专用防雷引下线的钢筋应上端与接闪器下端与防雷接地装置可靠连接，结构施工时做明显标记。 2. 装配式混凝土结构建筑的预制梁、板、柱、墙内的钢筋通过现浇带内的钢筋互相连接。 3. 当利用预制柱内的部分钢筋作为防雷专用引下线时预制构件内作为引下线的钢筋。在构件接缝处作可靠的电气连接其连接处应预留施工空间及连接条件，连接部位有明显标记	□	
3	接地装置		1. 当利用敷设在混凝土中的单根钢筋或圆钢作为防雷接地装置时，钢筋或圆钢的直径不应小于10mm； 2. 当基础材料及周围土壤达到泄放雷电流要求时，利用基础内钢筋网作为防雷接地装置	□	

4.13.5 防雷电电磁脉冲措施

防雷电电磁脉冲措施汇总表 **表4.13.5**

序号	类别	内容	实施情况	备注
1	建筑屏蔽	1. 建筑物金属屋顶、立面金属表面、钢柱、钢梁、混凝土内钢筋和金属门窗框架等大尺寸金属件做好防雷等电位联结并与防雷装置相连； 2. 在需要保护的空间内，当采用屏蔽电缆时，其屏蔽层在两端及在防雷区交界处做好防雷等电位联结，当系统要求只在一端做防雷等电位联结时采用两层屏蔽，外层屏蔽按前述要求处理； 3. 两个建筑物之间的非屏蔽电缆敷设在金属导管内，导管两端应电气连通，并连接到各自建筑物的防雷等电位联结带上； 4. 当建筑物或房间的大屏蔽空间由金属框架或钢筋混凝土的钢筋等自然构件组成时，穿入该屏蔽空间的各种金属管道及导电金属物就近做好防雷等电位联结； 5. 每幢建筑物本身采用共用接地网，当互相邻近的建筑物之间有电力和通信电缆连通时，宜将其接地网互相连接	□	

续表

序号	类别	内容	实施情况	备注
2	机房屏蔽	1. 当建筑物自然金属部件构成的大空间屏蔽不能满足机房内电子信息系统电磁环境要求时增加机房屏蔽措施； 2. 电子信息系统设备主机房宜选择在建筑物低层中心部位，其设备应配置在 LPZ1 区之后的后续防雷区内，并与相应的雷电防护区屏蔽体及结构柱留有一定的安全距离； 3. 屏蔽效果及安全距离可按《建筑物电子信息系统防雷技术规范》GB 50343—2012 附录 D 规定的计算方法确定	□	
3	线缆屏蔽	1. 与电子信息系统连接的金属信号线缆采用屏蔽电缆时，在屏蔽层两端并宜在雷电防护区交界处做等电位连接并接地，当系统要求单端接地时，宜采用两层屏蔽或穿钢管敷设，外层屏蔽或钢管按前述要求处理。 2. 当户外采用非屏蔽电缆时，从人孔井或手孔井到机房的引入线需穿钢管埋地引入，埋地长度 l 可按《建筑物电子信息系统防雷技术规范》GB 50343—2012 公式（5.3.3）计算，但不宜小于 15m；电缆屏蔽槽或金属管道在入户处进行等电位连接。 3. 当相邻建筑物的电子信息系统之间采用电缆互联时，宜采用屏蔽电缆，非屏蔽电缆应敷设在金属电缆管道内；屏蔽电缆屏蔽层两端或金属管道两端分别连接到独立建筑物各自的等电位连接带上。采用屏蔽电缆互联时，电缆屏蔽层应能承载可预见的雷电流。 4. 光缆的所有金属接头、金属护层、金属挡潮层、金属加强芯等，在进入建筑物处直接接地	□	
4	布线	1. 电子信息系统线缆敷设在金属线槽或金属管道内。电子信息系统线路靠近等电位连接网络的金属部件敷设，不宜贴近雷电防护区的屏蔽层； 2. 布置电子信息系统线缆路由走向时，尽量减小由线缆自身形成的电磁感应环路面积； 3. 电子信息系统线缆与其他管线的间距应符合《建筑物电子信息系统防雷技术规范》GB 50343—2012 表 5.3.4-1 的规定，与电力电缆的间距应符合《建筑物电子信息系统防雷技术规范》GB 50343—2012 表 5.3.4-2 的规定	□	
5	接地	特殊重要的建筑物电子信息系统可设专用垂直接地干线。垂直接地干线由总等电位接地端子板引出，同时与建筑物各层钢筋或均压带连通。各楼层设置的接地端子板与垂直接地干线连接。垂直接地干线宜在竖井内敷设，通过连接导体引入设备机房与机房局部等电位接地端子板连接。音、视频等专用设备工艺接地干线通过专用等电位接地端子板独立引至设备机房。 防雷接地与交流工作接地、直流工作接地、安全保护接地共用一组接地装置时，接地装置的接地电阻值必须按接入设备中要求的最小值确定。 接地装置优先利用建筑物的自然接地体，当自然接地体的接地电阻达不到要求时增加人工接地体。 机房设备接地线不应从接闪带、铁塔、防雷引下线直接引入。 进入建筑物的金属管线（含金属管、电力线、信号线）在入口处就近连接到等电位连接端子板上。在 LPZ1 入口处分别设置适配的电源和信号浪涌保护器，使电子信息系统的带电导体实现等电位连接。 电子信息系统涉及多个相邻建筑物时，宜采用两根水平接地体将各建筑物的接地装置相互连通	□	

续表

序号	类别	内容	实施情况	备注
6	等电位连接	穿过各防雷区界面的金属物和系统，以及在一个防雷区内部的金属物和系统均在界面处做防雷等电位联结，并且在各防雷区界面处做防雷等电位联结； 当由于工艺要求或其他原因，被保护设备位置不在界面处，且线路能承受所发生的浪涌电压时电涌保护器可安装在被保护设备处，线路的金属保护层或屏蔽层，宜在界面处做防雷等电位结； 当外来可导电体、电力线、通信线在不同地点进入防雷区界面时，宜分别设置等电位联结端子箱，并将其就近连接到接地网； 建筑物金属立面、钢筋等屏蔽构件宜每隔 5m 与环形接地体或内部环形导体连接一次； 电子信息系统的各种箱体、壳体等金属组件做好防雷等电位联结	□	
7	浪涌保护器	进入建筑物的交流供电线路，在线路的总配电箱等 LPZ0A 或 LPZ0B。与 LPZ1 区交界处，设置Ⅰ类试验的浪涌保护器或Ⅱ类试验的浪涌保护器作为第一级保护；在配电线路分配电箱、电子设备机房配电箱等后续防护区交界处，可设置Ⅰ类或Ⅱ类试验的浪涌保护器作为后级保护：特殊重要的电子信息设备电源端口可安装Ⅱ类或Ⅲ类试验的浪涌保护器作为精细保护。使用直流电源的信息设备，视其工作电压要求，宜安装适配的直流电源线路浪涌保护器。 浪涌保护器设置级数综合考虑保护距离、浪涌保护器连接导线长度、被保护设备耐冲击电压额定值 U_w等因素。各级浪涌保护器能承受在安装点上预计的放电电流，其有效保护水平 U_p/f 小于相应类别设备的 U_w。 LPZ0 和 LPZ1 界面处每条电源线路的浪涌保护器的冲击电流 I_{imp}，当采用非屏蔽线缆时按《建筑物电子信息系统防雷技术规范》GB 50343—2012 公式（5.4.3-1）估算确定；当采用屏蔽线缆时按公式（5.4.3-2）估算确定；当无法计算确定时取 I_{imp}大于或等于 12.5kA。 电子信息系统信号线路浪涌保护器根据线路的工作频率、传输速率、传输带宽、工作电压、接口形式和特性阻抗等参数，选择插入损耗小，分布电容小、并与纵向平衡、近端串扰指标适配的浪涌保护器。U_c大于线路上的最大工作电压 1.2 倍，U_p低于被保护设备的耐冲击电压额定值 U_w。 电子信息系统信号线路浪涌保护器宜设置在雷电防护区界面处。根据雷电过电压、过电流幅值和设备端口耐冲击电压额定值，可设单级浪涌保护器，也可设能量配合的多级浪涌保护器	□	

4.14 接地及安全措施

4.14.1 各系统要求接地的种类及接地电阻要求

各系统接地电阻要求汇总表 **表 4.14.1**

序号	系统形式	接地电阻要求	实施情况	备注
1	高压系统为直接接地或经低电阻接地，低压系统接地形式为 TN 系统，且高压与低压接地装置共用时	满足 $R_E \leqslant U_f/I_E$ 4-2 式中 R_E——变电所接地装置的接地电阻，Ω； U_f——低压系统在故障持续时间内工频故障电压的允许值，V； I_E——高压系统流经变电所接地装置的接地故障电流，A	□	

续表

序号	系统形式	接地电阻要求	实施情况	备注
2	高压系统为直接接地或经低电阻接地，低压系统接地形式为TT系统时	满足 $R_E \leqslant 1200/I_E$	□	
3	当高压系统为不接地系统，低压系统接地形式为TN系统时	满足 $R_E \leqslant 50/I_E$	□	
4	当高压系统为不接地系统，低压系统接地形式为TT系统时	满足 $R_E \leqslant 250/I_E$	□	
5	保护配电柱上断路器、负荷开关和电容器组等的避雷器的接地导体（线），与设备外壳相连时	接地装置的接地电阻不应大于10Ω	□	
6	配电变压器设置在建筑物外其低压采用TN系统时，低压线路在引入建筑物处，PE或PEN重复接地时	接地电阻不宜超过10Ω	□	
7	中性点不接地IT系统的低压线路钢筋混凝土杆塔接地时	金属杆塔接地电阻不宜超过30Ω	□	
8	架空低压线路入户处的绝缘子铁脚的接地电阻	不宜超过30Ω	□	
9	建筑物内各系统共用接地装置时	不大于1Ω	□	
10	低压架空线和电缆线	每处重复接地网的接地电阻不应大于10Ω，在电气设备的接地电阻允许达到10Ω的电网中，每处重复接地的接地电阻值不应超过30Ω，且重复接地不应少于3处	□	
11	在非沥青地面的居民区内，35kV以下高压架空配电线路的钢筋混凝土电杆宜接地，金属杆塔的接地电阻	不宜超过30Ω	□	
12	防静电接地	共用接地不大于1Ω，单独接地时不大于10Ω	□	
13	屏蔽接地	不宜大于4Ω	□	

4.14.2 等电位设置要求

等电位设置要求汇总表 **表 4.14.2-1**

序号	类别	内容	实施情况	备注
1	总等电位联结	1. 每个建筑物中的下列可导电部分做总等电位联结： 1）总保护导体（保护导体、保护接地中性导体）； 2）电气装置总接地导体或总接地端子排； 3）建筑物内的水管、燃气管、采暖和空调管道等各种金属干管； 4）可接用的建筑物金属结构部分。 2. 来自外部的上述可导电部分，在建筑物内距离引入点最近的地方做总等电位联结。 3. 总等电位联结导体，应满足相关规定。 4. 通信电缆的金属外护层在做等电位联结时，应征得相关部门的同意	□	

续表

序号	类别	内容	实施情况	备注
2	辅助等电位联结	1. 在局部区域，当自动切断供电的时间不能满足防电击要求； 2. 在特定场所，需要有更低接触电压要求的防电击措施； 3. 具有防雷和电子信息系统抗干扰要求	□	

等电位联结导体的截面积汇总表　　表 4.14.2-2

序号	类别	取值			实施情况	备注
		一般值	最小值	最大值		
1	总等电位联结线	不小于配电线路最大保护接地导体（PE）的 1/2	$6mm^2$铜导体； $16mm^2$铝导体； $50mm^2$钢导体	$25mm^2$ 铜导体或按载流量与其相同的铝或钢导体	□	
2	辅助等电位联结线	两个外露可导电部分之间：其电导不应小于接到外露可导电部分的较小的保护接地导体（PE）的电导； 外露可导电部分和装置外可导电部分间：其电导不应小于相应保护接地导体（PE）截面积 1/2 的导体所具有的电导	单独敷设有机械防护时：铜导体不小于 $2.5mm^2$，铝导体不小于 $16mm^2$； 单独敷设无机械防护时：铜导体不小于 $4mm^2$	—	□	

注：下列金属部分不允许当作联结导体，金属水管、含有可能引燃的气体、液体、粉末等物质的金属管道、正常使用中承受机械应力的结构部分、柔性或可弯曲的金属导管（用于保护联结导体目的而特别设计的除外）、柔性的金属部件。

4.14.3 接地装置要求

接地装置要求汇总表　　表 4.14.3

序号	类别	内容	实施情况	备注
1	自然接地体	接地装置应优先利用建筑物的自然接体，当利用自然接地体和外设接地装置连接时，应采用不少于两根导体在不同地点与接地装置连接。 自然接地体包括建筑物的钢筋混凝土基础（外部包有塑料或橡胶类防水层的除外）、金属管道（可燃液体或气体、供暖管道禁用）、电缆金属外皮、深井井管等。利用钢筋混凝土基础做接地体时，采用直径不小于 Φ16 的钢筋 2 根。当自然接地极不满足接地电阻要求时，应补设人工接地极。 对发电厂、变电所的接地装置除利用自然接地极外，还应敷设人工接地极。但对于 3～10kV 变电所、配电所，当采用建筑物基础作接地极且接地电阻又满足规定值时，可不另设人工接地极。 自然接地极应满足热稳定的要求	□	

续表

<table>
<tr><th>序号</th><th>类别</th><th>内容</th><th>实施情况</th><th>备注</th></tr>
<tr><td>2</td><td>人工接地体</td><td>人工接地极一般采用水平敷设的圆钢、扁钢，垂直敷设的角钢、圆钢、钢管，也可采用金属板。一般优先采用水平敷设方式的接地体。
接地体的材料结构和最小截面应满足《民用建筑电气设计标准》GB 51348—2019 11.10.4 的规定。
接地极及其连接导体应热浸镀锌，焊接处应涂防腐漆。接地装置根据当地情况可采取如下防腐措施：
1. 加大接地体截面；
2. 表面热镀锌；
3. 接地体间的焊接点，涂防腐材料；
4. 腐蚀严重地区埋入地下的接地极采取阴极保护、牺牲阳极（保护器）保护等适合当地条件的防腐蚀措施。
接地极埋设深度不小于 0.6m，并敷设在当地冻土层以下，其距墙或基础不宜小于 1m。接地极应远离由于高温影响使土壤电阻率升高的地方。
人工防雷接地网距建筑物入口处及人行道不小于 3m，当小于 3m 时，应采取下列措施之一：
1. 水平接地极局部深埋不小于 1m；
2. 水平接地极局部包以绝缘物；
3. 采用沥青碎石地面或在接地网上面敷设 50～80mm 沥青层，其宽度不小于接地网两侧各 2m。
在高土壤电阻率地区，采用下列方法降低防雷接地网的接地电阻：
1. 采用多支线外引接地网，外引长度不大于有效长度 $2\sqrt{\rho}$（m）；
2. 将接地体埋于较深的低电阻率土壤中，也可采用井式或深钻式接地极；
3. 采用降阻剂，降阻剂应符合环保要求；
4. 换土；
5. 敷设水下接地网</td><td>□</td><td></td></tr>
<tr><td>3</td><td>接地导体</td><td>接地导体的连接应牢固可靠，保证其电气连续性符合要求，并应符合下列要求：
1. 钢接地导体连接处应焊接。架空线路 PEN 导体的连接，可采用与相导体相同的连接方法。潮湿的和有腐蚀性蒸汽或气体的房间内，接地系统的所有连接焊接。如不能焊接可采用螺栓连接，但应采取可靠的防锈措施。
2. 接地导体与接地体的连接应牢固，且有良好的导电性能。这种连接应采用放热焊接、压接器、夹具或其他机械连接器。
3. 接地导体与管道等伸长接地极的连接处焊接。如焊接有困难，可用管卡，但应保证电气连续性符合要求。连接处应选择在人员便于接近处；当管道等因检修而可能断开时，应使接地系统的接地电阻值仍能符合要求。管道上的表计和阀门等连接处均设置符合要求的跨接线。
4. 带金属外壳的插座，其接地触头和金属外壳应有可靠的电气连接。
5. 电力设备每个保护按地部分应以单独的接地线与接地干线相连接。严禁在一条接地线上串接几个需要接地的部分。
6. 当利用钢筋混凝土体中的钢筋作为按地系统时，各钢筋混凝土体之间必须连按成电气通路并保证其电气连续性符合要求。
7. 利用穿线钢管作接地线时，引向电气设备的钢管与电气设备间，应有可靠的电气连接。
8. 当利用串联的金属构件作为接地线时，金属构件之间应以截面不小于 $100mm^2$ 的钢材焊接。
9. 在土壤中，避免使用裸铜线作为接地极引入线，宜用钢材与基础钢筋连接，避免引起电化学腐蚀</td><td>□</td><td></td></tr>
</table>

4.14.4 安全接地及特殊接地的措施

安全接地和特殊接地措施汇总表 表 4.14.4

序号	场所	内容	实施情况	备注
1	变配电所	采用热浸镀锌扁钢，两处，下端与基础接地干线可靠焊接，上端在变电站地面0.3m处，与总等电位箱可靠连接（两处与接地干线可靠焊接），在变电站内由总等电位箱引出后用40×4热浸镀锌扁钢在室内地坪上0.3m处作一圈接地线。变压器中性点（如需）、配电柜金属外壳、低压侧的PE导体、金属桥架、母线槽、进户金属管等需要接地的金属部件均与总等电位可靠连接	□	
2	消控室、各类控制室	采用40×4热浸镀锌扁钢，下端与基础接地干线可靠焊接，在距底板0.2m处引出作盒，然后用1×50mm^{2}截面铜导线穿硬质塑料管引上与控制室的辅助等电位连接，辅助等电位端子安装高度距室内地坪0.3m。室内辅助等电位引出40×4热浸镀锌扁钢在室内地坪上0.3m处作一圈接地线。控制室内需接地的设备均用铜导体与辅助等电位连接	□	
3	信息机房	采用40×4热浸镀锌扁钢，下端与基础接地干线可靠焊接，在距底板0.2m处引出作盒，然后用1×50mm^{2}铜导线穿塑料管引上与信息机房的辅助等电位箱连接，辅助等电位箱安装高度距信息机房地坪0.3m。机房内设置等电位联结网格（或等电位联结带）与辅助等电位端子联结。机柜采用两根不同长度的铜导线与等电位联结网格（或等电位联结带）联结，机房内各类金属管道、金属槽盒、配电柜金属外壳、防静电地板金属支架就近与等电位联结网格（或等电位联结带）连接	□	
4	电梯井道	采用40×4热浸镀锌扁钢，下端与基础接地干线可靠焊接，向上与电梯基坑内辅助等电位端子可靠连接。采用25×4热浸镀锌扁钢联结电梯井道内的金属导轨，并实现电梯轿厢、轿厢内电气设备和金属件的等电位联结。在金属导轨的上端，采用40×4热浸镀锌扁钢与电梯机房内的辅助等电位端子联结，机房内所有电气设备均用铜导线与辅助等电位可靠连接	□	
5	水泵房	采用40×4热浸镀锌扁钢，下端与基础接地干线焊接，在水泵房地面上0.3m处引出接辅助等电位箱。由辅助等电位箱引出，距泵房地坪上0.3m处明装敷设一圈接地线。泵房内各类金属管道、金属槽盒、配电柜金属外壳就近与接地线可靠连接	□	
6	强电井	采用40×4扁铜，下端与基础接地干线焊接，进竖井后垂直引上每层与辅助等电位连接。在机房内由辅助等电位端子引出后用40×4热浸镀锌扁钢在室内地坪上0.3m处作一圈接地线；竖井内所有电气设备均与辅助等电位可靠连接	□	
7	弱电井	采用40×4扁铜，下端与基础接地干线焊接，进竖井后垂直引上每层与辅助等电位连接。在机房内由辅助等电位端子引出后用40×4热浸镀锌扁钢在室内地坪上0.3m处作一圈接地线；竖井内所有电气设备均与辅助等电位可靠连接	□	

续表

序号	场所	内容	实施情况	备注
8	集水坑	采用40×4热浸镀锌扁钢，下端与基础接地干线或楼层接地干线可靠焊接，距底板0.3m引出做接地端子箱与其控制箱可靠相连，做为集水坑辅助等电位接地。集水坑内的排水泵、金属管线、水管均用1×10mm^{2}铜导线与辅助等电位端子箱可靠连接	□	
9	卫生间、淋浴	采用40×4热浸镀锌扁钢，下端与楼层接地干线可靠焊接，在地面上0.3m处引出接辅助等电位箱将浴室内的外露可导电部分和可接近的外界可导电部分做等电位联结。 外裸可导电部分包括给水、排水系统的金属部分，金属浴盆，加热系统的金属部分，空调系统的金属部分、燃气系统的金属部分，以及可接触的建筑物的金属部分。不包括金属扶手、浴巾架、肥皂盒等孤立金属物。 地面内钢筋网应做等电位联结，墙内如有钢筋网也宜与等电位联结线连通。 浴室内的等电位联结不得与浴室外的PE线相连。 装有固定的浴盆或淋浴场所，各区内所选用的电气设备的防护等级应满足：在0区内应至少为IPX7；在1区内应至少为IPX4；在2区内应至少为IPX4（在公共浴池内应为IPX5）。 装有浴盆或淋浴器的房间，除下列回路外，对电气配电回路采用额定剩余动作电流不超过30mA的剩余电流保护器进行保护： 1. 采用电气分隔的保护措施，且一个回路只供给一个用电设备； 2. 采用SELV或PELV保护措施的回路。 在装有浴盆或淋浴器的房间，0区用电设备应满足下列全部要求： 1. 采用固定永久性的连接用电设备； 2. 采用额定电压不超过交流12V或直流30V的SELV保护措施； 3. 符合相关的产品标准，而且采用生产厂商使用安装说明中所适用的用电设备。 在装有浴盆或淋浴器的房间，在1区只能采用固定永久性的连接用电设备，并且采用生产厂商使用安装说明中所适用的用电设备。0区内不得装设开关设备、控制设备和附件；在1区和2区装设的开关设备、控制设备和附件应符合相关规定。在0区、1区和2区的布线应符合相关规定	□	
10	医疗场所	在每个1类和2类医疗场所内，采用40×4热浸镀锌扁钢，下端与楼层接地干线可靠焊接，在地面上0.3m处引出接辅助等电位箱，并将其连接到位于“患者区域”内的等电位联结母线上，以实现下列部分之同等电位：保护接地导体。外界可导电部分。抗电磁干扰的屏蔽物（如有）、导电地板网格（如有），隔离变压器的金属外壳（如有）。其中固定安装的可导电的患者非电支撑物，诸如手术台、理疗椅和牙科治疗椅，宜与等电位联结导体连接，除非这些部分要求与地绝缘。 在2类医疗场所内，电源插座的保护接地导体端子、固体电气设备的保护接地导体端子和任何外界可导电部分，这些部分和等电位联结母线之间的导体的电阻（包括接头的电阻在内）不应超过0.2Ω。 大型医疗设备直接设接地端子箱并与接地干线联结	□	

续表

序号	场所	内容	实施情况	备注
11	人防密闭门	采用 40×4 热浸镀锌扁钢，下端与基础接地干线可靠焊接，然后引上接至人防密闭门金属边框	□	
12	游泳池	采用—40×4 热镀锌扁钢，下端与基础接地干线焊接，在泳池区域地面上 0.3m 处引出接辅助等电位箱。在泳池 0 区、1 区、2 区内的所有装置外可导电部分和这些区域内外露可导电部分，采用铜导线与辅助等电位箱可靠连接；装置外可导电部分包括：淡水、废水、气体、加热、温控用的金属管；建筑物结构的金属构件；水池结构的金属构件；非绝缘地面内的钢筋；混凝土水池的钢筋。在泳池下方敷设电位均衡线或铁丝网。 游泳池各区的电气设备防护等级应符合相关规定；游泳池 0 区内不安装接线盒，在 1 区内只允许为 SELV 回路安装接线盒。 在 0 区内和 1 区内的固定连接的游泳池清洗设备，采用不超过交流 12V 或直流 30V 的 SELV 供电，其安全电源应设在 0 区内和 1 区以外的地方，当在 2 区内装设 SELV 的电源时，电源设备前的供电回路采用额定剩余动作电流不超过 30mA 的剩余电流保护器。游泳池专用的供水泵或其他特殊电气设备的保护措施、电气隔离措施应符合相关规定；以低压供电的专用于游泳池的固定设备允许安装在 1 区内，且满足相关规定；游泳池的 2 区电气设备采取的保护措施应满足相关要求；照明设备、埋设在地面下和安装在顶棚上的电气加热单元应满足相关规定； 游泳池水下或与水接触的灯具应符合现行国家标准《灯具 第 2-18 部分：特殊要求游泳池和类似场所用灯具》GB 7000.218 的规定。 在 0 区内不应安装开关设备或控制设备以及电源插座。在 1 区内只允许为 SELV 回路安装开关设备或控制设备以及电源插座，其供电电源安装在 0 区和 1 区之外，当在 2 区安装 SELV 的电源时，电源设备前的供电回路采用额定剩余动作电流不超过 30mA 的剩余电流保护器。在 2 区内安装开关设备、控制设备和电源插座，须采取满足相关规定保护措施。 在 0 区及 1 区内，非本区的配电线路不得通过，也不得在该区内装设接线盒。 安装在 2 区内或在界定 0 区、1 区或 2 区的墙、顶棚或地面内且向这些区域外的设备供电的回路，应满足： 1）埋设的深度至少为 5cm； 2）采用额定剩余动作电流不大于 30mA 的剩余电流保护器； 3）采用 SELV 安全特低电压供电； 4）采用电气分隔保护。 在 0 区、1 区及 2 区内选用加强绝缘的铜芯电线或电缆	□	
13	喷水池	喷水池内不考虑人体有意地进入池内，人可能进入的喷水池按游泳池考虑。 喷水池在 0 区、1 区内的所有装置外可导电部分应与这些区域内的设备外露可导电部分的保护接地导体做等电位联结，参见游泳池的相关做法。 不让人进入的喷水池在 0 区和 1 区内，由 SELV 供电，其供电电源安装在 0 区和 1 区之外；采用额定剩余动作电流不大于 30mA 的剩余电流保护器自动切断电源；电气分隔的分隔电源仅向一台设备供电，其供电电源装在 0 区和 1 区之外。 0 区和 1 区的电气设备应是不可能被触及的。电动泵应符合现行国家标准《家用和类似用途电器的安全泵的特殊要求》GB 4706.66 的规定。 喷水池应采用符合现行国家标准规定的 66 型电缆，并且其保护导管应符合现行国家标准规定的防撞击性能。不允许人进入的喷水池，0 区内电气设备的敷设，在非金属导管内的电缆或绝缘导体，尽量远离水池的外边缘，在水池内的线路尽量以最短路径接至设备；0 区和 1 区内敷设在非金属导管内的电缆或绝缘导体采取适当的机械防护	□	

续表

序号	场所	内容	实施情况	备注
14	实验室	采用40×4热镀锌扁钢，下端与楼层接地干线可靠焊接，上端在机房内地面上0.3m处，与辅助等电位可靠连接。场所内需接地的实验设备、金属管道、屏蔽网格、电源箱PE排、可能带电的金属外壳等均用铜导线与辅助等电位端子连接	□	
15	可燃气体、易燃液体的金属工艺设备、容器和管道	1. 设防静电接地，设接地端子，下端与楼层接地干线连接。 2. 移动时可能产生静电危害的器具应接地。 3. 防静电接地的接地线采用绝缘铜芯导线，对移动设备采用绝缘铜芯软导线；导线截面积应按机械强度选择，最小截面积为6mm²。 4. 固定设备防静电接地的接地线连接采用焊接，对于移动设备防静电接地的接道线与接地体可靠连接，并防止松动或断线。 5. 防静电接地一般选择共用接地方式，当选择单独接地方式时，接地电阻不宜大于10Ω，并应与防雷接地装置保持20m以上间距	□	
16	屏蔽室	屏蔽室按其作用可分为防电场屏蔽室、防磁场屏蔽室和防电磁场屏蔽室三种，例如电磁屏蔽室、核磁共振屏蔽室、高压测试屏蔽室和电镜屏蔽室等。屏蔽室一般由专业厂家成套供应 由屏蔽壳体、屏蔽门、电源滤波器、信号滤波器、通风波导管和截止波导管等组成，是一个全封闭的六面体。屏蔽体的结构型式有焊接式、拼装式、铜网式、钢板直贴式等。 屏蔽室的接地一般包括屏蔽体接地、设备保护接地和计算机系统信号地（直流地）等。除屏蔽体接地外其余接地线均应通过专用滤波器引出屏蔽室。 进入屏蔽室的每根电源线均配置电源滤波器，所有电源滤波器集中安装，滤波器的接地必须良好。对于金属外壳的滤波器．其外壳必须与屏蔽体做低阻抗连接（即与屏蔽体进行大面积导电性连接）。 屏蔽室的接地线采用扁铜排或铜编织线接至等电位联结端子箱、再由等电位联结端子箱引至接地装置	□	
17	电阻测试点	在室外地坪0.5m与−0.8m处设接地电阻测量点和备用接地极引出点，如实测接地电阻超出1Ω可在此连接板处外引人工接地体，即距室外地坪下−1.0m处焊出一根−40×4热镀锌扁钢，伸出建筑物散水坡1.0m作补打接地极用	□	

4.15 电气消防

4.15.1 火灾自动报警

消防控制室　　表4.15.1-1

序号	内容	实施情况	备注
1	本工程采用□区域报警/□集中报警/□控制中心报警系统	□	
2	消防控制室设置在____层，疏散门直通室外或安全出口	□	

续表

序号	内容	实施情况	备注
3	主消防控制室设置在____层，覆盖范围____，分消控室设置于____层，覆盖范围____。疏散门直通室外或安全出口。主消防控制室能显示火灾报警信号和联动控制状态信号，并能控制重要的消防设备	□	
4	消防控制室应能显示所有火灾报警信号和联动控制状态信号，并能控制消防设备；消防控制室内设置火灾报警控制器、□消防联动控制器、□消防控制室图形显示装置、□消防专用电话总机、□消防应急广播主机及控制装置、□消防应急照明和疏散指示系统控制装置、□消防设备电源监控器、□电气火灾监控系统、□可燃气体探测报警系统、□气体灭火控制器等	□	
5	消防控制室图形显示装置： 1. 消防控制室图形显示装置设置在消防控制室内，并符合火灾报警控制器的安装要求； 2. 消防控制室图形显示装置与火灾报警控制器、□消防联动控制器、□电气火灾监控器、□可燃气体报警控制器等消防设备之间，采用专用线路连接	□	
6	消防控制室内设置可直拨外线的电话，并与上级火灾信息中心联网	□	
7	消防控制室严禁穿过与消防设施无关的线路及管道	□	
8	消防控制室有相应的竣工图纸、各分系统控制逻辑关系说明、设备使用说明书、系统操作规程、应急预案、值班制度、维护保养制度及值班记录等文件资料	□	

注：1. 仅需要报警，不需要联动，采用区域报警系统。不仅需要报警，同时需要联动，且只设置一台具有集中控制功能的火灾报警控制器和消防联动控制器的保护对象，采用集中报警系统。设置两个及以上消防控制室，或已设置两个及以上集中报警系统的保护对象，采用控制中心报警系统。
2. 消防控制室设置于首层或地下一层：
1）附设在建筑内的消防控制室，宜设置在建筑内首层或地下一层，疏散门应直通室外或安全出口；
2）建筑群的消防控制室宜设置在消防车能够到达且靠近主要出入口、靠近市政路附近，便于火灾施救及管理；
3）不应设置在变配电所等电磁场干扰较强的设备用房附近，当不能避免时，应采取有效的电磁屏蔽措施；
4）远离强振动源和强噪声源等可能影响消防控制室设备正常工作的场所，当不能避免时，应采取有效的隔振、消声和隔声措施；
5）不应设在厕所、浴室、卫生间、厨房、空调机房、泵房或其他潮湿、易积水场所的正下方或贴邻；
6）应远离粉尘、油烟、有害气体，以及生产（厨房等）或储存具有腐蚀性、易燃、易爆物品的场所；
7）宜与防火监控、广播、通信设施等用房相邻近。

火灾自动报警系统 **表 4.15.1-2**

序号	内容	实施情况	备注
1	设置自动和手动触发报警装置，系统具有火灾自动探测报警或人工辅助报警、控制相关系统设备应急启动并接收其动作反馈信号的功能。火灾自动报警系统各设备之间具有兼容的通信接口和通信协议	□	
2	火灾报警控制器所连接的火灾探测器、手动报警按钮和模块等设备总数和地址总数，均不应超过 3200 点，其中每一总线回路连接设备的总数不宜超过 200 点，且留有不少于额定容量 10% 的余量； 任一台消防联动控制器地址总数或火灾报警控制、手动报警按钮和模块等设备总数和地址总数，均不超过 3200 点，其中每一总线回路连接设备的总数不超过 200 点，且留有不少于额定容量____（不低于 10%）的余量	□	

续表

序号	内容	实施情况	备注
3	任意一台消防联动控制器地址总数或火灾报警控制器（联动型）所控制的各类模块总数不超过 1600 点，每一联动总线回路连接设备的总数不超过 100 点，且留有不少于额定容量____（不低于 10%）的余量	□	
4	总线上设置总线短路隔离器，总线穿越防火分区时，在穿越处设置总线短路隔离器。每只总线短路隔离器保护的火灾探测器、手动报警按钮和模块等消防设备的总数不超过 32 点。总线短路隔离器可放置于模块箱内或沿路由就近挂墙安装，底边距地 2.2m。当安装于吊顶内时，底边宜距吊顶 0.2m，附近应有检修吊顶并做明显标识。树形结构的总线短路隔离器也可集中放置于弱电竖井内	□	
5	模块设置： 1. 每个报警区域内的模块相对集中设置在本报警区域内的金属模块箱中； 2. 模块严禁设置在配电（控制）柜内； 3. 本报警区域内的模块不应控制其他报警区域的设备； 4. 未集中设置的模块附近有尺寸不小于 100mm×100mm 的标识	□	
6	除消防控制室内设置的控制器外，每台控制器直接控制的火灾探测器、手动报警按钮和模块等设备不跨越避难层	□	
7	探测区域内的每个房间至少设置一个探测器	□	
8	对火灾初期有阴燃阶段，产生大量的烟和少量的热，很少或没有火焰辐射的场所，□饭店、□旅馆、□教学楼、□办公楼的厅堂、□卧室、□办公室、□商场、□计算机房、□通信机房、□楼梯、□走道、□电梯机房、□车库、□书库、□档案库、□电影或电视放映室、□列车载客车厢等，选择感烟火灾探测器	□	
9	相对湿度经常大于 95%、可能发生无烟火灾、有大量粉尘、在正常情况下有烟或蒸气滞留、无人滞留且不适合安装感烟火灾探测器（发生火灾时需要及时报警）的场所，□厨房、□锅炉房、□发电机房、□烘干车间、□吸烟室等，选择点型感温火灾探测器，且应根据使用场所的典型应用温度和最高应用温度选择适当类别的感温火灾探测器	□	
10	□燃气站、□燃气表房、□燃气锅炉房、□厨房等使用可燃气体或可燃蒸气的场所，设置可燃气体探测器	□	
11	电缆隧道、电缆竖井、电缆夹层、电缆桥架、不易安装点型探测器的夹层、闷顶及其他环境恶劣不适合点型探测器安装的场所，选择缆式线型感温火灾探测器	□	
12	高度大于 12m 的空间场所同时选择两种及以上火灾参数的火灾探测器。 □火灾初期产生大量烟的场所，选择线型光束感烟火灾探测器、管路吸气式感烟火灾探测器或图像型感烟火灾探测器。 □火灾初期产生少量烟并产生明显火焰的场所，选择 1 级灵敏度的点型红外火焰探测器或图像型火焰探测器，并降低探测器设置高度。 □电气线路设置电气火灾监控探测器，照明线路上设置具有探测故障电弧功能的电气火灾监控探测器	□	

续表

序号	内容	实施情况	备注
13	探测器与灯具的水平净距大于 0.2m，与送风口边的水平净距大于 1.5m，与多孔送风顶棚孔口或条形送风口的水平净距大于 0.5m，与嵌入式扬声器的净距大于 0.1m，与自动喷水头的净距大于 0.3m，与墙或其他遮挡物的距离大于 0.5m	□	
14	每个防火分区或楼层至少设置一个手动报警按钮，并且设置在疏散通道或出入口处。从一个防火分区内的任何位置到最邻近的手动火灾报警按钮的步行距离不大于 30m。手动报警按钮设置在明显和便于操作的部位，底边距地高度为 1.3m	□	
15	每个防火分区设置一台区域显示器（火灾显示盘）。区域显示器设置在明显和便于操作的部位，底边距地高度为 1.3m	□	
16	在每个楼层的楼梯口、建筑内部拐角等处的明显部位设置火灾声光报警器，且不与安全出口指示标志灯设置在同一面墙上。每个报警区域内均匀设置火灾声光报警器，其声压级高于背景噪声 15dB，且不低于 60dB，声光报警器的底边距地高度大于 2.2m	□	
17	在确认火灾后，系统能启动所有火灾声、光警报器。系统同时启动、停止所有火灾声警报器工作	□	
18	消防专用电话： 1. 消防专用电话网络为独立的消防通信系统。 2. 多线制消防专用电话系统中的每个电话分机于总机单独连接。 3. 电话分机或电话插孔的设置，符合下列规定： 1）□消防水泵房、□发电机房、□配变电室、□计算机网络机房、□主要通风和空调机房、□防排烟机房、□企业消防站、□消防值班室、□总调度室、□消防电梯机房、□____、灭火控制系统操作装置处或控制室及其他与消防联动控制有关的且经常有人值班的机房设置消防专用电话分机。消防专用电话分机固定安装在明显部位，并有区别于普通电话的标识。 2）设有手动火灾报警按钮或消火栓按钮等处，设置带电话插孔的手动火灾报警按钮。 3）消防专用电话分机或电话插孔的底边离地高度为 1.3m	□	

注：高度超过 100m 的建筑，设置有避难层时。需勾选第 6 栏。

消防联动控制设计 **表 4.15.1-3**

序号	内容	实施情况	备注
1	消防联动控制器能按设定的逻辑控制向各相关的受控设备发出联动控制信号，并接受相关设备的联动反馈信号	□	
2	消防联动控制器的电压控制输出采用直流 24V，其电源容量满足受控消防设备同时启动且维持工作的控制容量要求	□	
3	各受控消防设备接口的特性参数与消防联动控制器发出的联动控制信号相匹配	□	
4	消防类水泵的控制设备，除采用联动、连锁控制方式外，还在消防控制室设置手动直接控制装置	□	

续表

序号	内容	实施情况	备注
5	加压送风机、排烟风机、补风机具有现场手动启动，火灾自动报警系统具有联动启动和在消防控制室手动启动的功能	□	
6	启动电流较大的消防设备分时启动	□	
7	需要火灾自动报警系统联动控制的消防设备，其联动触发信号采用两个独立的报警触发装置报警信号“与”逻辑组合	□	
8	湿式系统和干式自动喷水系统的联动控制设计，符合下列规定： 1. 联动控制方式，由消防水泵出水干管上设置的压力开关、高位消防水箱出水管上的流量开关和报警阀组压力开关的动作信号作为触发信号，直接自动启动消防水泵，联动控制不受消防联动控制器处于自动或手动状态影响； 2. 手动控制方式，将喷淋消防泵控制箱（柜）的启动、停止按钮用专用线路直接连接至设置在消防控制室内的消防联动控制器的手动控制盘，直接手动控制喷淋消防泵的启动、停止； 3. 水流指示器、信号阀、压力开关、喷淋消防泵的启动和停止的动作信号反馈至消防联动控制器； 4. 湿式系统、干式系统由消防水泵出水干管上设置的压力开关、高位消防水箱出水管上的流量开关和报警阀组压力开关直接自动启动消防水泵	□	
9	雨淋系统的联动控制设计，符合下列规定： 1. 联动控制方式，由同一报警区域内两只及以上独立的感温火灾探测器或一只感温火灾探测器与一只手动火灾报警按钮的报警信号，作为雨淋阀组开启的联动触发信号。由消防联动控制器控制雨淋阀组的开启。 2. 手动控制方式，将雨淋消防泵控制箱（柜）的启动和停止按钮、雨淋阀组的启动和停止按钮，用专用线路直接连接至设置在消防控制室内的消防联动控制器的手动控制盘，直接手动控制雨淋消防泵的启动、停止及雨淋阀组的开启。 3. 水流指示器，压力开关，雨淋阀组、雨淋消防泵的启动和停止的动作信号反馈至消防联动控制器	□	
10	自动控制的水幕系统的联动控制设计，符合下列规定： 1. 联动控制方式，当自动控制的水幕系统用于防火卷帘的保护时，由防火卷帘下落到楼板面的动作信号与本报警区域内任一火灾探测器或手动火灾报警按钮的报警信号作为水幕阀组启动的联动触发信号，并由消防联动控制器联动控制水幕系统相关控制阀组的启动；仅用水幕系统作为防火分隔时，由该报警区域内两只独立的感温火灾探测器的火灾报警信号作为水幕阀组启动的联动触发信号，并由消防联动控制器联动控制水幕系统相关控制阀组的启动。 2. 手动控制方式，将水幕系统相关控制阀组和消防泵控制箱（柜）的启动、停止按钮用专用线路直接连接至设置在消防控制室内的消防联动控制器的手动控制盘，并直接手动控制消防泵的启动、停止及水幕系统相关控制阀组的开启。 3. 压力开关、水幕系统相关控制阀组和消防泵的启动、停止的动作信号，反馈至消防联动控制器	□	
11	固定消防炮、自动跟踪定位射流灭火系统的联动控制设计，符合下列规定： 1. 系统具有自动控制、消防控制室手动控制和现场手动控制的启动方式。消防控制室手动控制和现场手动控制相对于自动控制具有优先权。 2. □自动消防炮灭火系统和喷射型自动射流灭火系统在自动控制状态下，当探测到火源后，至少有两台灭火装置对火源扫描定位和至少一台且最多两台灭火装置自动开启射流，且射流应能到达火源。 3. □喷洒型自动射流灭火系统在自动控制状态下，当探测到火源后，对应火源探测装置的灭火装置自动开启射流，且其中至少有一组灭火装置的射流能到达火源	□	

续表

序号	内容	实施情况	备注
11	4. 系统在自动控制状态下，控制主机在接到火警信号，确认火灾发生后，能自动启动消防水泵、打开自动控制阀、启动系统射流灭火，并同时启动声光警报器和其他联动设备。系统在手动控制状态下，人工确认火灾后手动启动系统射流灭火。 5. 系统自动启动后能连续射流灭火。当系统探测不到火源时，对于自动消防炮灭火系统和喷射型自动射流灭火系统连续射流不小于 5min 后停止喷射，对于喷洒型自动射流灭火系统连续喷射不小于 10min 后停止喷射。系统停止射流后再次探测到火源时，能再次启动射流灭火	□	
12	消火栓系统的联动控制设计，符合下列规定： 1. 联动控制方式，由消火栓系统出水干管上设置的低压压力开关、高位消防水箱出水管上设置的流量开关或报警阀压力开关等信号作为触发信号，直接控制启动消火栓泵，联动控制不受消防联动控制器处于自动或手动状态影响。当设置消火栓按钮时，消火栓按钮的动作信号作为报警信号及启动消火栓泵的联动触发信号，由消防联动控制器联动控制消火栓泵的启动。串联水泵启动的控制要求详见给水排水施工图。 2. 手动控制方式，将消火栓泵控制箱（柜）的启动、停止按钮用专用线路直接连接至设置在消防控制室内的消防联动控制器的手动控制盘，并直接手动控制消火栓的启动、停止。 3. 消火栓泵的动作信号反馈至消防联动控制器	□	
13	防烟系统的联动控制设计，符合下列规定： 1. 由加压送风口所在防火分区内的两只独立的火灾探测器或一只火灾探测器与一只手动火灾报警按钮的报警信号，作为送风口开启和加压送风机启动的联动触发信号，并由消防联动控制器联动控制相关层前室等需要加压送风场所的加压送风口开启和加压送风机启动。 2. 由同一防烟分区内且位于电动挡烟垂壁附近的两只独立的烟感火灾探测器的报警信号，作为电动挡烟垂壁的联动触发信号，并由消防联动控制器联动控制电动挡烟垂壁的降落。 3. 当防火分区内火灾确认后，能在 15s 内联动开启常闭加压送风口和加压送风机，并开启该防火分区楼梯间的全部加压送风机，开启该防火分区所在着火层及其相邻上下各层疏散楼梯间及其前室或合用前室的常闭加压送风口和加压送风机。消防控制设备显示防烟系统的送风机、阀门等设施启闭状态。 4. 当系统中任意常闭加压送风口开启时，相应的加压风机均能联动启动	□	
14	排烟系统的联动控制设计，符合下列规定： 1. 由同一防烟分区内的两只独立的火灾探测器的报警信号，作为排烟口、排烟窗或排烟阀开启的联动触发信号，并由消防联动控制器联动控制排烟口、排烟窗或排烟阀的开启，同时停止该防烟分区的空气调节系统； 2. 由排烟口、排烟窗或排烟阀的动作信号，作为排烟风机的联动触发信号，并由消防联动控制器联动控制排烟风机的启动； 3. 机械排烟系统中的常闭排烟阀或排烟口具有火灾自动报警系统自动开启、消防控制室手动开启和现场手动开启功能。当任意一排烟阀或排烟口开启时，相应的排烟风机、补风机均能联动启动。 当火灾确认后，火灾自动报警系统在 15s 内联动开启相应防烟分区的全部排烟阀、排烟口、排烟风机和补风设施，并在 30s 内自动关闭与排烟无关的通风、空调系统	□	
15	活动挡烟垂壁具有火灾自动报警系统自动启动和现场手动启动功能，当火灾确认后，火灾自动报警系统在 15s 内联动相应防烟分区的全部活动挡烟垂壁，60s 以内挡烟垂壁开启到位	□	

续表

序号	内容	实施情况	备注
16	自动排烟窗可采用与火灾自动报警系统联动和温度释放装置联动的控制方式。当采用与火灾自动报警系统自动启动时，自动排烟窗在60s内或小于烟气充满储烟仓时间内开启完毕。有温控功能自动排烟窗，其温控释放温度应大于环境温度30℃且小于100℃	□	
17	防烟系统、排烟系统能在消防控制室内的消防联动控制器上手动控制送风口、电动挡烟垂壁、排烟口、排烟窗、排烟阀的开启或关闭，以及防烟风机、排烟风机等设备的启动或停止，防烟、排烟风机的启动或停止。 防烟、排烟风机的启动、停止按钮采用专用线路直接连接至设置在消防控制室内消防联动控制器和手动联动控制盘，并直接手动控制防烟、排烟风机的启动、停止。送风口、排烟口、排烟窗或排烟阀的开启和关闭的动作信号，防烟、排烟风机启动和停止及电动防火阀关闭的动作信号，均反馈至消防联动控制器。 排烟防火阀具有在280℃时自行关闭和联锁关闭相应排烟风机、补风机的功能，排烟风机入口处的总管上设置的280℃排烟防火阀在关闭后直接联锁控制风机停止，排烟防火阀及风机的动作信号反馈至消防联动控制器	□	
18	防火卷帘系统的联动控制设计，符合下列规定： 1. 防火卷帘的升降由防火卷帘控制器控制。 2. 疏散通道上的防火卷帘，联动控制方式为防火分区内任两只独立的感烟火灾探测器或一只专门用于联动防火卷帘的感烟火灾探测器的报警信号联动控制防火卷帘下降至距楼板面1.8m处；任意一只专门用于联动防火卷帘的感温探测器的报警信号联动控制防火卷帘下降到楼板面；在卷帘的任意一侧距卷帘纵深0.5～5m内设置不少于2只专门用于联动防火卷帘的感温火灾探测器，手动方式为由防火卷帘两侧设置的手动控制按钮控制防火卷帘的升降。 3. 非疏散通道上的防火卷帘，联动控制方式为防火分区内任两只独立的火灾探测器的报警信号，作为防火卷帘的联动触发信号，并联动卷帘直接下降到楼板面。 4. 防火卷帘下降至距楼板面1.8m处、下降到楼板处的动作信号和防火卷帘控制器直接连接的感烟、感温火灾探测器的报警信号，反馈至消防联动控制器	□	
19	防火门系统的联动控制设计，符合下列规定： 1. 由常开防火门所在防火分区内的两只独立的火灾探测器或一只火灾探测器与一只手动火灾报警按钮的报警信号，作为常开防火门关闭的联动触发信号，联动触发信号由火灾报警控制器或消防联动控制器发出，并由消防联动控制器或防火门监控器联动控制防火门关闭； 2. 疏散通道上各防火门的开启、关闭及故障状态信号反馈至防火门监控器	□	
20	电梯的联动控制设计，符合下列规定： 1. 消防联动控制器具有发出联动控制信号，强制所有的电梯停于首层的功能，并由消防控制室联动切断非消防电梯电源； 2. 电梯运行状态信息和停于首层或转换层的反馈信号，传送给消防控制室显示，轿厢内设置能直接与消防控制室通话的专用电话	□	
21	火灾报警系统和消防广播系统的联动控制设计，符合下列规定： 1. 确认火灾后启动建筑内所有的声光报警器。 2. 火灾声光报警器由消防联动控制器控制。火灾声报警器设置带有语音提示功能时，同时设置语音同步器。 3. 火灾自动报警系统能同时启动和停止所有火灾声光报警器工作。 4. 火灾声报警器与消防应急广播交替循环播放。 5. 消防应急广播系统的联动控制信号由消防联动控制器发出。当确认火灾后，同时向全楼广播。 6. 消防控制室能手动或按预定控制逻辑联动控制选择广播分区、启动或停止消防应急广播，并能监控消防应急广播。在通过传声器返馈至消防联动控制器。 7. 消防控制室内能显示消防应急广播的广播分区的工作状态	□	

续表

序号	内容	实施情况	备注
22	消防应急照明和疏散指示系统的联动控制设计，符合下列规定： 1. 本工程采用□集中控制集中电源供电/□灯具自带蓄电池供电型应急照明和疏散指示系统，由火灾报警控制器或消防联动控制器启动应急照明控制器； 2. 当确认火灾后，由发生火灾的报警区域开始，顺序启动全楼疏散通道的消防应照明和疏散指示照明，系统全部投入应急状态启动时间不大于5s	□	
23	消防联动控制器具有切断火灾区域及相关区域的非消防电源，自动打开疏散通道上由门禁系统控制的门的功能。当需要切断正常照明时，宜在自动喷淋系统、消火栓系统动作前切断	□	
24	当确认火灾后火灾报警联动系统联动打开停车场出入口挡杆。宜开启相关区域安全技术防范系统的摄像机监视火灾现场	□	
25	会议讨论系统和会议同声传译系统必须具备火灾自动报警联动功能	□	
26	体育建筑的场地扩声系统设置音频接口。发生火灾或其他紧急突发事件时，消防控制室和公安应急处理中心具有强制切换扩声系统广播的功能	□	体育建筑

可燃气体报警系统 **表 4.15.1-4**

序号	内容	实施情况	备注
1	可燃气体报警系统由可燃气体报警控制器，探测器和火灾声光警报器组成	□	
2	报警主机设置在消防控制室。可燃气体探测报警系统独立组成，可燃气体探测器不得直接接入火灾报警控制器的报警总线	□	
3	建筑内可能散发可燃气体、可燃蒸气的场所，□燃气表间、□锅炉房、□燃气厨房、□瓶装液化石油气瓶组用房、□丁（戊）类厂房内采用封闭喷漆工艺的□油漆工段等设置可燃气体探测器、报警按钮、切断阀及警报装置，可燃气体探测器报警后，联动启动保护区域的火灾声光警报器，切断供气电磁阀，启动事故排风机，并有反馈信号（风机的启、停信号）反馈至消防控制室的燃气报警系统主机	□	
4	可燃气体探测器的安装符合下列规定： 1. 安装位置根据探测气体密度确定，若其密度小于空气密度，探测器位于可能出现泄漏点的上方或探测气体的最高可能聚集点上方，若其密度大于或等于空气密度，探测器位于可能出现泄漏点的下方； 2. 在探测器周围适当留出更换和标定的空间； 3. 线型可燃气体探测器在安装时，使发射器和接收器的窗口避免日光直射，且在发射器与接收器之间不应有遮挡物，发射器和接收器的距离不宜大于60m，两组探测器之间的轴线距离不大于14m	□	
5	室内燃气管道沿线安装可燃气体探测器，具体由燃气公司负责设计及实施	□	

注：安装位置应当根据待探测的可燃气体性质确定。若被探测气体为天然气、煤气等，较空气轻，极易飘浮上升，应将可燃气体探测器安装在设备上方或天花板附近。若被探测气体为液化石油气等，比空气重，则应安装在距地面不超过50cm的低处。

高度大于 12m 的空间场所 **表 4.15.1-5**

序号	内容	实施情况	备注
1	高度大于 12m 的空间场所同时选择两种及以上火灾参数的火灾探测器	□	
2	火灾初期产生大量烟的场所，选择□线型光束感烟火灾探测器、□管路吸气式感烟火灾探测器、□图像型感烟火灾探测器	□	
3	线型光束感烟火灾探测器的设置符合下列要求： 探测器设置在建筑顶部，采用分层组网的探测方式； 建筑高度不超过 16m 时，在 6～7m 增设一层探测器	□	
4	建筑高度超过 16m 但不超过 26m 时，在 6～7m 和 11～12m 处各增设一层探测器	□	
5	由开窗或通风空调形成的对流层为 7～13m 时，可将增设的一层探测器设置在对流层下面 1m 处	□	
6	分层设置的探测器保护面积可按常规计算，并宜与下层探测器交错布置	□	
7	管路吸气式感烟火灾探测器的设置符合下列要求： 探测器的采样管宜采用水平和垂直结合的布管方式，并保证至少有两个采样孔在 16m 以下，并宜有 2 个采样孔设置在开窗或通风空调对流层下面 1m 处； 可在回风口处设置起辅助报警作用的采样孔	□	
8	火灾初期产生少量烟并产生明显火焰的场所，选择 1 级灵敏度的点型红外火焰探测器或图像型火焰探测器，并降低探测器设置高度	□	

消防物联网 **表 4.15.1-6**

序号	内容	实施情况	备注
1	本工程设一套消防设施物联网系统	□	
2	系统实时采集建筑物内报警主机内信息，对于消防盲区部位进行实时监测管理，通过有线或无线通信方式传送到消防物联网监控中心。中心对所监测的各个部位的数据进行实时监控，及时发现系统发生故障或报警的原因，并将设备维护信息纳入大数据管理，实现建筑物全面的物联网大数据管理	□	
3	消防给水及消火栓系统、自动喷水灭火系统、机械防烟、排烟系统、火灾自动报警系统、可燃气体报警系统、防火门监控系统、应急照明及疏散指示系统、消防广播系统、气体灭火系统等接入消防设施物联网	□	
4	平面管线由招标确认的设备承包商深化设计	□	

气体灭火系统 **表 4.15.1-7**

序号	内容	实施情况	备注
1	本工程□变配电室、□珍贵藏品的库房、□一级纸（绢）质文物的展厅、□数据中心的主机房、□纸币和票据类库房、□贵重设备用房、□病案室、□信息中心（网络）机房、□____设置气体灭火系统，共 ____ 套	□	
2	联动控制设计，符合下列规定： 1. 用于扑救可燃、助燃气体火灾的气体灭火系统，在其启动前能联动和手动切断可燃、助燃气体的气源； 2. 管网式气体灭火系统具有自动控制、手动控制和机械应急操作的启动方式； 3. 预制式气体灭火系统具有自动控制和手动控制的启动方式	□	

续表

序号	内容	实施情况	备注
3	联动符合现行国家标准《火灾自动报警系统设计规范》GB 50116 的要求	□	
4	选择有消防认证和3C认证的产品	□	
5	气体灭火系统由业主招标确认的消防工程公司深化设计	□	

电源及接地 **表 4.15.1-8**

序号	内容	实施情况	备注
1	为保证消防电源的可靠性，本工程按□特级/□一级/□二级/□三级负荷供电，火灾自动报警系统设置交流电源和蓄电池备用电源	□	
2	消防设备应急电源输出功率大于火灾自动报警及联动控制系统全负荷功率的120%，蓄电池组的容量保证火灾自动报警及联动控制系统在火灾状态同时工作负荷条件下连续工作3h以上	□	
3	火灾自动报警系统设专用接地干线，并在消防控制室设置专用接地板。专用接地干线从消防控制室专用接地板引至接地体。 专用接地干线采用铜芯绝缘导线，其线芯截面不小于25mm²。专用接地干线穿硬质塑料管埋设至接地体。 由消防控制室接地板引至各消防电子设备的专用接地线选用铜芯绝缘导线，其线芯截面不小于4mm²。 消防电子设备采用交流供电时，设备金属外壳和金属支架等作保护接地，接地线与电气保护接地干线（PE线）相连接。 利用共用接地装置作为其接地极，要求接地电阻小于1Ω	□	

4.15.2 消防应急广播

消防应急广播 **表 4.15.2**

序号	内容	实施情况	备注
1	本工程设置消防应急广播系统。系统设置于消防控制室，主要由传声器、广播音源设备、广播分区控制器、广播功率放大器、消防联动控制接口模块等组成	□	
2	消防应急广播与普通广播或背景音乐广播合用 消防应急广播具有最高级别的优先权，具有强制切入消防应急广播的功能。广播系统能在手动或警报信号触发的10s内，向相关广播区播放警示信号、警报语声文件或实时指挥语声	□	
3	消防应急广播为消防专用	□	
4	紧急广播系统备用电源的连续供电时间与消防疏散指示标志照明备用电源的连续供电时间一致	□	
5	全部紧急广播功率放大器的功率总容量，满足所有广播分区同时发布紧急广播的要求。用于紧急广播的广播功率放大器，标称额定输出功率不小于其所驱动的广播扬声器额定功率总和的1.5倍	□	
6	火灾确认后，启动建筑内所有火灾声光警报器、启动消防应急广播	□	

续表

序号	内容	实施情况	备注
7	消防应急广播的单次语音播放时间宜为10～30s，与火灾声警报器分时交替工作，可采取1次火灾声警报器播放、1次或2次消防应急广播播放的交替工作方式循环播放	□	
8	在环境噪声大于60dB的场所设置的扬声器，其播放范围内最远点的播放声压级高于背景噪声15dB。以现场环境噪声为基准，紧急广播的信噪比等于或大于12dB	□	
9	在消防控制室能手动或按预设控制逻辑联动控制选择广播分区、启动或停止应急广播系统，并能监听消防应急广播。在通过传声器进行应急广播时，自动对广播内容进行录音	□	
10	挂壁安装的广播扬声器的底边距地高度大于2.2m，有吊顶处采用嵌入式扬声器箱，无吊顶处采用吸顶安装。地库采用号筒扬声器，机房及车库扬声器功率为5W，走道、大厅等公共场所的扬声器功率为3W	□	
11	客房设置专用扬声器时，其功率不宜小于1W	□	旅馆建筑
12	紧急广播扬声器符合下列规定： 1. 广播扬声器使用阻燃材料，或具有阻燃外壳结构。 2. 广播扬声器的外壳防护等级符合现行国家标准《外壳防护等级（IP代码）》GB 4208的有关规定	□	

注：1. 当为合用系统时，需要勾选第2栏；
2. 当为专用系统时，需要勾选第3栏。

4.15.3 电气火灾监控系统

电气火灾监控系统 **表4.15.3**

序号	内容	实施情况	备注
1	本工程采用电气火灾监控系统，电气火灾监控设备设置于消防控制室	□	
2	本工程采用电气火灾监控系统，电气火灾监控设备设置于 ____	□	
3	主机可存储各种故障和操作试验信号	□	
4	电气火灾监控系统由下列部分组成：电气火灾监控器、接口模块、□剩余电流式电气火灾探测器、□测温式电气火灾探测器、□故障电弧探测器	□	
5	系统独立组成，电气火灾监控探测器的设置不能影响所在场所供配电系统的正常工作，不宜自动切断供电电源	□	
6	监控设备能接收来自电气火灾监控探测器的监控报报警信号，并在10s内发出声、光报警信号，指示报警部位，显示报警时间，并予以保持，直至监控设备手动复位	□	
7	监控设备能实时接收来自探测器的剩余电流值和温度值，剩余电流值和温度值可查询	□	
8	当监控设备接收到能指示报警部位的线型感温火灾探测器的火灾报警信号时，应在10s内发出声、光报警信号显示相应的火灾报警部位	□	

续表

序号	内容	实施情况	备注
9	剩余电流式电气火灾监控探测器以设置在低压配电系统首端为基本原则，宜设置在第一级配电柜（箱）的出线端。在供电线路泄漏电流大于 500mA 时，宜在其下一级配电柜（箱）设置	□	
10	测温式电气火灾监控探测点设置在电缆接头、端子、重点发热部件等部位	□	
11	测温式火灾探测器的动作报警值宜按所选电缆最高耐温的 70％～80％设定	□	
12	具有探测线路故障电弧功能的电气火灾监控探测器，其保护线路的长度不宜大于 100m	□	
13	档口式家电商场、批发市场等场所的末端配电箱设置电弧故障火灾探测器或限流式电气防火保护器	□	
14	储备仓库、电动车充电等场所的末端回路设置限流式电气防火保护器	□	
15	系统满足现行国家标准《电气火灾监控系统》GB 14287.1、《剩余电流式电气火灾监控探测器》GB 14287.2、《测温式电气火灾监控探测器》GB 14287.3 中相关规定	□	

注：1. 宜设置的场所

建筑高度大于 50m 的乙、丙类厂房和丙类仓库，室外消防用水量大于 30L/s 的厂房（仓库）；

一类高层民用建筑；

座位数超过 1500 个的电影院、剧场，座位数超过 3000 个的体育馆，任一层建筑面积大于 $3000m^2$ 的商店和展览建筑，省（市）级及以上的广播电视、电信和财贸金融建筑，室外消防用水量大于 25L/s 的其他公共建筑；

国家级文物保护单位的重点砖木或木结构的古建筑。

2. 应设置的场所

老年人照料设施的非消防用电负荷应设置电气火灾监控系统；

高度大于 12m 的空间场所，电气线路应设置电气火灾监控探测器，照明线路上应设置具有探测故障电弧功能的电气火灾监控探测器；

每幢住宅的总电源进线应设剩余电流动作保护或剩余电流动作报警。

3. 序号 2，未设消防控制室时，电气火灾监控系统应设置在有人值班的场所。
4. 序号 4，电气火灾监控系统由 1）电气火灾监控器、接口模块；2）剩余电流式电气火灾探测器；3）测温式电气火灾探测器；4）电弧故障探测器等部分或全部设备组成。工程中，1）是必选项，1）＋2）＋3）可组合成一种测剩余电流＋测温式电气火灾监控系统。也可由 1）＋3）＋4）组合成一种测电弧故障＋测温式电气火灾监控系统。还可根据配电线路火灾危险性分别设置不同的电气火灾探测器，例如大型商场的照明配电线路可采用电弧故障探测器＋测温式探测器，动力负荷的配电线路可采用剩余电流式探测器＋测温式探测器组合混合式电气火灾监控系统。
5. 序号 9，剩余电流式电气火灾监控探测器不宜设置在 IT 系统的配电线路和消防配电线路中。
6. 序号 10，对于低压供电系统，宜采用接触式设置。对于高压供电系统，宜采用光纤测温式或红外测温式电气火灾监控探测器。若采用线型感温火灾探测器，为便于统一管理，宜将其报警信号接入电气火灾监控器。

4.15.4 消防设备电源监控系统

消防设备电源监控系统 **表 4.15.4**

序号	内容	实施情况	备注
1	本工程采用消防设备电源监控系统，消防设备电源监控器设置于消防控制室	□	
2	系统由消防设备电源监控器、电压传感器、电流传感器、□区域分机、系统监控专用软件、系统 CAN 总线等设备组成，对消防设备电源进行 24h 监测	□	

续表

序号	内容	实施情况	备注
3	当各类为消防设备供电的交流或直流电源（包括主、备电）发生过压、欠压、缺相、过流、中断供电等故障时，消防电源监控器实时显示电压、电流值及故障点位置，同时发出声光报警信号并记录故障信息	□	
4	监控器配置备用电源，并有主电源工作状态指示	□	
5	主、备电源的转换不影响监控器的正常工作。监控器的备用电源在放电至终止电压条件下充电 24 h 所得的容量能提供监控器在正常监视状态下至少工作 8h	□	
6	监控器能接收并显示其监控的所有消防设备的主电源和备用电源的实时工作状态信息	□	
7	在被监控设备电源发生过压、欠压、过流、缺相等故障时，监控器能在 100s 内发出故障声光信号，显示并记录故障的部位类型和时间	□	
8	监控器至少能记录 999 条相关故障信息，并且在监控器断电后保持 14d。记录的相关故障信息可通过监控器或其他辅助设备查询	□	
9	电压、电流信号传感器能按制造商的规定要求将采集的信号传输至监控器，其输出信号不大于 12V	□	
10	传感器设置在消防控制室配电箱、应急照明配电箱、消防类水泵配电箱、消防类风机配电箱、消防电梯配电箱等处双电源切换装置电源进线侧与出线侧	□	
11	变电所内消防电源配电回路设置消防设备电源电压信号传感器或消防设备电源电压/电流信号传感器	□	
12	现场传感器采用不影响被监测电源回路的方式采集电压和电流信号及开关状态。传感器自带总线短路隔离器，采用标准导轨安装于配电箱内	□	
13	系统满足现行国家标准《消防设备电源监控系统》GB 28184、《消防控制室通用技术要求》GB 25506 中相关规定	□	

4.15.5 防火门监控系统

防火门监控系统 **表 4.15.5**

序号	内容	实施情况	备注
1	本工程设置防火门监控系统，系统由防火门监控器、监控模块、防火门定位与释放装置等组成	□	
2	主要功能是接收火灾报警控制器的火警信息，控制常开防火门的关闭，接收常开、常闭防火门关闭状态的反馈信号	□	
3	防火门监控器设置在消防控制室内	□	
4	防火门监控器设置在 ____	□	
5	防火门监控系统的联动控制功能符合下列规定： 1. 使报警区域内符合联动控制触发条件的两只火灾探测器，或一只火灾探测器和一只手动火灾报警按钮发出火灾报警信号； 2. 消防联动控制器发出控制防火门闭合的启动信号，点亮启动指示灯； 3. 防火门监控器控制报警区域内所有常开防火门关闭； 4. 防火门监控器接收并显示每一樘常开防火门完全闭合的反馈信号； 5. 消防控制器图形显示装置显示火灾报警控制器的火灾报警信号、消防联动控制器的启动信号、受控设备的动作反馈信号，且显示的信息与控制器的显示一致	□	

续表

序号	内容	实施情况	备注
6	电动开门器的手动控制按钮设置在防火门内侧墙面上，距门不超过 0.5m，底边距地面高度为 0.9～1.3m	□	
7	防火门监控器的功能符合现行国家标准《防火门监控器》GB 29364 的规定		

注：第 3 栏，未设置消防控制室时，防火门监控器设置在有人值班的场所。

4.15.6 余压监控系统

余压监控系统　　表 4.15.6

序号	内容	实施情况	备注
1	本工程设置余压监控系统，系统由余压监控器、余压控制器和余压传感器、风阀执行器组成	□	
2	余压监控器安装与消防控制室，能显示防烟系统的送风机、阀门等设施的启闭状态	□	
3	机械加压送风量满足走廊至前室至楼梯间的压力呈递增分布，余压值符合下列规定： 1. 前室、封闭避难层（间）与走道之间的压差为 25～30Pa； 2. 楼梯间与走道之间的压差为 40～50Pa	□	
4	当系统余压值超过最大允许压力差，余压控制器接收到超压报警，控制泄压阀执行器来连续调节泄压阀进行泄压，调节余压在安全范围内。余压控制器能显示与其连接的余压传感器监测区域的余压	□	
5	余压传感器，安装与疏散门侧距顶 0.2～0.5m 壁挂安装	□	
6	传感器设置在合用前室时，在每层前室，传感器的探测点一侧设于前室，另一侧设于走廊	□	
7	传感器设置在楼梯间时，在整个建筑楼梯间高度的 1/3、2/3 处安装一只，余压传感器的探测点一侧设于楼梯间，另一侧设于前室	□	
8	系统满足现行国家标准《建筑防烟排烟系统技术标准》GB 51251 中相关规定	□	

4.15.7 线路敷设

线路敷设（上海以外地区）　　表 4.15.7-1

序号	内容	实施情况	备注
1	火灾自动报警系统的供电线路、消防联动总线及控制线路、消防广播线路和消防电话线路采用燃烧性能不低于 B1 级的耐火铜芯电线、电缆； 火灾自动报警控制器（联动型）的总线、□在人员密集场所疏散通道采用的火灾自动报警系统的报警总线，选择燃烧性能 B1 级的电线、电缆； 其他场所的报警总线选择燃烧性能不低于 B2 级的电线、电缆	□	

续表

序号	内容	实施情况	备注
2	火灾自动报警系统的供电线路采用燃烧性能不低于 B1 级的耐火铜芯电线、电缆。 在人员密集场所疏散通道采用的火灾自动报警系统的报警总线，选择燃烧性能 B1 级的电线、电缆；其他场所的报警总线选择燃烧性能不低于 B2 级的电线、电缆	□	
3	消防联动总线及联动控制线、消防广播线路和消防电话线路采用耐火温度不低于 750℃、持续供电时间不少于 90min，且满足毒性指标不低于 t1 的电线或电缆	□	
4	□电气火灾监控系统、□消防设备电源监控系统、□防火门监控系统、□余压监控系统采用燃烧性能不低于 B1 级，耐火温度不低于 750℃、持续供电时间不少于 90min，且满足毒性指标不低于 t1 的耐火铜芯电线或电缆		
5	火灾自动报警系统单独布线，相同用途的导线颜色一致。系统内不同电压等级、不同电流类别的线路须敷设在不同的线管内或同一线槽的不同槽孔内	□	
6	管线暗敷时穿金属导管敷设在不燃烧体结构内且保护层厚度不得小于 30mm，由顶板接线盒至消防设备一段线路穿金属耐火波纹管，明敷管线按现行国家规范《建筑设计防火规范》GB 50016 要求，外涂防火漆，作防火保护处理	□	
7	火灾自动报警系统中控制与显示类设备的主电源须直接与消防电源连接，不得使用电源插头	□	
8	火灾自动报警系统设备的防护等级满足在设置场所环境条件下正常工作的要求	□	

注：1. 不需要联动自动消防设备，区域报警系统时，勾选序号 2，其他情况勾选序号 1；
2. 此表适用于上海以外地区。

线路敷设（上海地区）　　表 4.15.7-2

序号	内容	实施情况	备注
1	火灾自动报警系统的供电线路、报警总线、消防联动总线及控制线路、消防广播线路和消防电话线路采用燃烧性能不低于 B1 级的耐火铜芯电线、电缆	□	
2	火灾自动报警系统的供电线路、报警总线采用燃烧性能不低于 B1 级的耐火铜芯电线、电缆	□	
3	火灾自动报警系统的报警总线、消防联动总线及联动控制线、消防广播线路和消防电话线路采用耐火温度不低于 750℃、持续供电时间不少于 90min，且满足毒性指标不低于 t1 的电线或电缆	□	
4	□电气火灾监控系统、□消防设备电源监控系统、□防火门监控系统、□余压监控系统采用燃烧性能不低于 B1 级，耐火温度不低于 750℃、持续供电时间不少于 90min，且满足毒性指标不低于 t1 的耐火铜芯电线或电缆	□	
5	消防用电设备的控制线路、火灾自动报警系统的信号传输线路、消防广播线路和消防电话线路在金属线槽内敷设时，采用阻燃耐火电线（缆）	□	

续表

序号	内容	实施情况	备注
6	火灾自动报警系统单独布线，相同用途的导线颜色一致。系统内不同电压等级、不同电流类别的线路须敷设在不同的线管内或同一线槽的不同槽孔内	□	
7	管线暗敷时穿金属导管敷设在不燃烧体结构内且保护层厚度不得小于 30mm，由顶板接线盒至消防设备一段线路穿金属耐火波纹管，明敷管线按《建筑设计防火规范》GB 50016—2014 要求，外涂防火漆，作防火保护处理	□	
8	火灾自动报警系统中控制与显示类设备的主电源须直接与消防电源连接，不得使用电源插头	□	
9	火灾自动报警系统设备的防护等级满足在设置场所环境条件下正常工作的要求	□	

注：1. 不需要联动自动消防设备，区域报警系统时，勾选第 2 栏，其他情况勾选第 1 栏；
2. 此表适用于上海地区。

4.16 电气综合管理系统

电气综合管理系统 **表 4.16**

序号	项目名称	内容	实施情况	备注
1	基本要求	电气综合管理系统能整合不同系统的数据，实现各系统高效运行和无障碍升级维护	□	
		电气综合管理系统既可本地部署，也可远端中心部署。电气综合管理系统接入容量可实现无限扩展，灵活快速的采集网络构建，最大限度减少对用户的干扰，具备开放的平台接口和兼容能力，避免信息孤岛和投资浪费	□	
2	一般组成	电气综合管理系统组织架构采用：□分层分布/□开放式	□	
		电气综合管理系统组成部分有现场监控装置层、通信管理层、主控层	□	
3	各组成要求	电气综合管理系统的现场监控装置层必选项包含：电气火灾监控装置、消防电源监控装置、保护测控装置、智能电表	□	
		电气综合管理系统的现场监控装置层可选项包含：□远传电表、□远传水表、□远传气表、□远传冷热量表、□浪涌保护器、□其他	□	
		电气综合管理系统通信管理层包含：通信转换器、智能通信采集控制器、交换机	□	
		电气综合管理系统主控层支持电气火灾监控、消防设备电源监控、电力监控、能源管理等多种嵌入式组态软件，并同时具有分屏、调阅及管理控制功能	□	

续表

序号	项目名称	内容	实施情况	备注
4	功能要求	电气综合管理系统能整合了电气火灾监控、消防电源监控、电力监控、能耗分析管理、浪涌保护监控、防火门监控等功能	□	
		电气综合管理系统采用具备综合功能的现场采集装置产品，通过相同的网络通信层传输到楼宇控制室的电气综合管理系统主机	□	
		电气综合管理系统通过公用的网络通信层传输到各管理系统的主机	□	
		电气综合管理系统有多种显示方式，如集中采集、集中传输显示方式，分屏分区显示方式	□	
		电气综合管理系统具有自动生成相关报表功能	□	
5	线缆管线要求	通信电缆和光缆的燃烧性能等同于非消防电缆的燃烧特性，见相关章节	□	
		管线敷设的明敷导管、电缆桥架应选择燃烧性能不低于 B1 级的难燃材料制品或不燃材料制品	□	

注：建议面积不小于 2 万 m^2 的公共建筑采用电气综合管理系统。

4.17 建筑设备一体化监控系统

建筑设备一体化监控系统 **表 4.17**

序号	项目名称	内容	实施情况	备注
1	基本要求	强弱电一体化监控系统选用先进、成熟和实用的技术和设备，并容易扩展、维护和升级	□	
		强弱电一体化监控系统选择通用的硬件和软件，实现系统的可靠性和可兼容性	□	
2	网络结构及组成	强弱电一体化监控系统采用二层网络架构：管理网络层、现场网络层。 1. 管理网络层：由管理软件、操作站等组成，采用标准的 TCP/IP 以太网构成局域网，以太网及相应的通信接口实现管理工作站、第三方设备、相关子系统间的数据通信、资源共享和综合管理功能； 2. 现场网络层：由网络控制器、专用一体化设备控制器、传感器、执行器等组成	□	
3	主要设备技术要求	强弱电一体化监控系统的管理软件需通用、成熟、可靠、易扩展、安全	□	
		强弱电一体化监控系统网络控制器：能连接不同类型的专用控制器，接入设备网络与管理工作站通信，保持和建筑设备节能控制与管理系统工作站之间的通信通畅，支持标准的 TCP/IP 网络协议	□	
		强弱电一体化监控系统的专用一体化设备控制器：集成硬件和软件标准化的设备控制器；专用控制器应直接安装在受控设备的强电配电箱内，并集成受控设备强电配电箱内继电器等二次回路，针对不同的控制设备采用不同的专用控制器，应保证每台建筑设备的监控任务均由同一台专用控制器完成	□	
		强弱电一体化监控系统的专用一体化设备控制器可实现互操作及就地控制	□	

续表

序号	项目名称	内容	实施情况	备注
4	系统要求	强弱电一体化监控系统具有管理协调多个系统的功能，例如建筑设备监控系统、电力监控系统、智能照明系统、建筑环境检测系统等。同时各个系统也可独立设置运行	□	
		强弱电一体化监控系统的管理软件对建筑机电设备的运行工况、状态、运行效率等进行实时监测和控制，能将相关设备运行工况、故障信息，等数据实时汇总后，并存储在系统数据库中	□	
		强弱电一体化监控系统管理软件具有设置不同级别密码的数据安全保护，以图形化的界面集中对机电设备和环境参数进行有效监控	□	
		强弱电一体化监控系统内置各功能模块能对建筑设备的状态进行统计分析及能效评估，给出结论，生成统计分析图表	□	
		强弱电一体化监控系统能根据建筑运行的历史记录，管理、分析当前和过去的运行过程情况，作出趋势报告	□	
		强弱电一体化监控系统应采用对等通信方式，具备总线故障状态监视功能。受控设备在操作站停止工作时，现场的受控设备之间均可实现互操作及就地控制	□	
5	系统接口	1. 强弱电一体化监控系统具备与火灾自动报警系统 FAS 及安全技术防系统 SAS 的通信接口； 2. 强弱电一体化监控系统具备多个通用标准网络协议的接口，可实现数据上传	□	

4.18 光伏系统

光伏系统 **表 4.18**

序号	项目名称	内容	实施情况	备注
1	总体要求	本项目设置光伏发电系统： 光伏组件安装面积：____； 光伏发电系统的装机容量：____； 光伏发电系统的年发电量：____	□	
2	光伏计量	光伏发电系统的计量方式： □自发自用，余电上网； □全额自发自用； □自发不自用，全额上网	□	
3	光伏并网	光伏发电系统为低压并网型光伏系统，并按相应规程、规范，采用一个或多个 0.4kV 并网点接入用户侧配电 0.4kV 母线上进行光伏并网	□	
4	系统要求	光伏发电系统应具有计量装置、防逆流和防孤岛效应保护	□	
		光伏发电系统在并网处设置并网控制装置，并设置专用标识和提示性文字符号	□	
		与电网并网的光伏发电系统应具有相应的并网保护及隔离功能	□	

续表

序号	项目名称	内容	实施情况	备注
4	系统要求	光伏发电系统并网处的配电箱（柜）设置警示标识。箱（柜）内设置具有明显断点的隔离开关和断路器，开关具有同时切断相导体和中性导体的功能	□	
		人员可触及的可导电的光伏组件部位应采取电击安全防护措施并设警示标识	□	
		光伏发电系统对其发电量、光伏组件背板表面温度、室外温度、太阳总辐照量进行监测和计量	□	
		光伏发电系统中的光伏组件设计使用寿命应高于25年，系统中多晶硅、单晶硅、薄膜电池组件自系统运行之日起，一年内的衰减率应分别低于2.5%、3%、5%，之后每年衰减应低于0.7%	□	
		光伏系统初始发电效率要求：采用晶硅组件的应不低于18%，采用薄膜组件的应不低于12%，采用透明幕墙薄膜组件的无初始发电效率要求	□	
5	防雷接地	光伏系统属于建筑物防雷的一部分，其防雷分类与建筑物防雷分类一致	□	
		新建建筑的光伏系统防雷和接地与建筑物的防雷与接地统一设置，所有光伏设备均接地良好，接地电阻值满足各电气系统最小值	□	
		所有光伏系统构件都在建筑防雷有效保护范围和防雷规范规定的滚球半径内；当建筑的防雷系统无法保护时，应单独设置防雷接闪器或避雷针	□	
		既有建筑增设光伏系统时，对建筑物原有防雷和接地设计进行验证，不满足设计要求时进行改造	□	
		光伏系统需采取直击雷防护措施，可利用光伏组件的金属边框和支架作为接闪器，利用建筑物内部钢筋和组件金属支撑结构作为自然引下线	□	
		光伏系统接地利用建筑基础钢筋作为自然接地体，光伏系统支撑结构与接地装置多点可靠连接	□	
		光伏系统采取雷击电磁脉冲防护措施，综合运用防雷等电位连接屏蔽、合理布线和设置电涌保护器等措施，防止闪电电涌侵入和闪电感对光伏电气系统和电子信息系统造成损害	□	
		光伏系统交流配电接地型式与所在建筑配电系统接地型式相一致	□	
		光伏并网点设备的防雷和接地，应符合《光伏（PV）发电系统过电压保护导则》SJ/T 11127—1997中的规定	□	
6	光伏构件和安装	光伏系统与构件及其安装应满足结构、电气及防火安全的要求	□	
		由光伏电池板构成的围护结构构件，应满足相应围护结构构件的安全性及功能性要求	□	

续表

序号	项目名称	内容	实施情况	备注
6	光伏构件和安装	安装光伏系统的建筑，应设置安装和运行维护的安全防护措施，以及防止光伏电池板损坏后部件坠落伤人的安全防护设施	□	
		光伏系统设施与建筑主体结构同步设计、同步施工，并应具备安装、检修与维护条件	□	
		室外安装的汇流箱应具有防腐、防锈及防晒等措施，且箱体防护等级不应低于 IP65	□	
		光伏系统在建筑物表面上的安装做法参见国家标准图集《建筑太阳能光伏系统设计与安装》10J908-5 和《建筑太阳能光伏系统设计与安装》16J908-5	□	

注：1. 上海市规定：新建工业厂房，交通设施、公共机构等建筑屋顶安装光伏面积比例不低于，50%；新建公共建筑，住宅屋顶安装光伏面积不低屋顶总面积的 30%。

2. 根据“年发电量 E_p＝太阳能年辐射量（H_a）×屋面安装光伏组件面积（A）×组件转换效率（η_i）×综合修正系数（K）×遮挡系数（I）”公式计算。

4.19 电气节能设计

4.19.1 设计依据

电气节能设计依据参照绿色建筑电气设计依据，详见 4.20.1 节。

4.19.2 电气专业节能设计技术说明

电气专业节能设计技术说明汇总表 **表 4.19.2-1**

序号	分类	内容	实施情况	备注
1	变压器选择	35kV/10kV 变压器选用：____型环保节能干式变压器，接线方式为____型，设强制风冷系统和温度监测及报警控制装置。具有低损耗、低噪音的性能	□	
		10（20）kV/0.4kV 变压器选用：____型环保节能干式变压器，接线方式为____型，设强制风冷系统和温度监测及报警控制装置。具有低损耗、低噪音的性能	□	
		35kV/0.4kV 变压器选用：____型环保节能干式变压器，接线方式为____型，设强制风冷系统和温度监测及报警控制装置。具有低损耗、低噪音的性能	□	
		合理选用供电方案，尽量使变压器工作在较佳状态，单台变压器平时运行负荷率控制在____%	□	
2	电能质量	在 35kV 侧设置成套静电电容器自动补偿装置，装置内加设电抗器抑制三次及以上谐波措施，以集中补偿形式使高压侧功率因数提高至____以上；35kV 侧总补偿容量为____kvar	□	

续表

序号	分类	内容	实施情况	备注
2	电能质量	在10（20）kV侧设置成套静电电容器自动补偿装置，装置内加设电抗器抑制三次及以上谐波措施，以集中补偿形式使高压侧功率因数提高至____以上；10（20）kV侧总补偿容量为____kvar	□	
		在0.4kV侧设置成套静电电容器自动补偿装置，装置内加设电抗器抑制三次及以上谐波措施，以集中补偿形式使高压侧功率因数提高至____以上；0.4kV侧总补偿容量为____kvar	□	
		谐波预防与治理： □在变压器出线侧总开关及大功率谐波源设备所在回路设置具有谐波检测功能的仪表，来检测与监视谐波情况； □在电力电容器补偿柜中串接____%电抗器，以抑制____次以上的谐波振荡； □采用D，Yn11接线绕组的配电变压器，以阻断3n次谐波对上级电网的影响； □设计中所选用LED灯的谐波均应符合现行国家标准《电磁兼容 限值 第1部分：谐波电流发射限值（设备每相输入电流≤16A）》GB 17625.1的有关规定； □变频调速器和电机软启动器的设备谐波电流应符合现行国家标准《电磁兼容限值对额定电流大于16A的设备在低压供电系统中产生的谐波电流的限制》GB /Z 17625.6、《电能质量 公共电网谐波》GB/T 14549的相关规定； □对重要弱电设备配电线路采用专线配电； □对集中的大功率的变频水泵、风机、充电桩电源等谐波源设备配置有源滤波装置，以滤除电网中的谐波，满足IEEEStd 519—2022标准的相关场所要求	□	
		电动汽车充电设施供电系统要求： □充电设备所产生的电压波动和闪变在电网公共连接点的限值应符合现行国家标准《电能质量 电压波动和闪变》GB/T 12326的有关规定； □充电设备接入电网所注入的谐波电流和引起公共连接点电压畸变率应符合现行国家标准《电能质量 公用电网谐波》GB/T 14549的有关规定，当不满足要求时应采取相应的治理措施； □充电设备在公共连接点的三相电压不平衡允许限值应符合现行国家标准《电能质量 三相电压允许不平衡度》GB/T 15543的有关规定	□	
3	供配电系统	合理设置变压器位置，变电所设置在各业态负荷中心位置，使变电所低压供电线路总长小于250m，变压器低压侧的电力干线和分支线路最大工作压降分别控制在2%和3%以下。不满足时，适当增加电缆截面，以减少电压降及线路损耗	□	
		对照明插座等单相设备设计时，在三相之间均匀分布，尽量做到三相负荷平衡，以减少线路损耗和变压器损耗	□	
		考虑节能、保护电机及延长机械设备寿命，大容量的风机和水泵负荷采用符合电磁兼容要求的固态节能电子软启动器，变频设备符合电磁兼容要求	□	

续表

序号	分类	内容	实施情况	备注
3	供配电系统	在选用10kV及以下电力的电缆截面时，综合考虑线路投资和电能损耗，根据技术条件和项目用电负荷的工作性质和运行工况，结合近期和长远规划选择供电和配电电缆截面	□	
		采用____电缆桥架，以达到节能、节材、散热、方便安装的目的。电缆槽盒、托盘、梯架应符合《节能耐腐蚀钢制电缆桥架》GB/T 23639—2017要求	□	
4	建筑物用能监测系统	用能监测系统的能源品种包括： □水；□电；□燃气；□燃油；□外供热源；□外供冷源；□可再生能源	□	燃气采用手工录入方式
		电能监测： 1. 建筑用电分项计量 用电分项包括照明插座用电、空调用电、动力用电和特殊用电4项。 在以下回路设置分项用电计量装置： □变压器低压侧总进线处； □照明插座用电，室内非公用场所照明插座、公共部位照明和疏散应急照明、室外景观照明供电回路； □暖通空调用电，冷热站冷机等用电设备供电回路、空调末端设备供电回路； □动力设备用电，电梯及其附属设备供电回路、给排水系统水泵供电回路、通风机供电回路； □特殊用电，电子信息机房供电回路、工艺设备用电回路、电动汽车充电桩、地下车库、其它特殊用电区域或用电设备供电回路； □各个商业租户的供电回路设置网络预付费智能电表，采用电能网络预付费系统； □各个办公租户的供电回路设置远传电表； □公共区域独立计量； □单台大于50kW的用电设备的供电回路独立计量。 2. 电能计量装置的选型要求 □低压配电系统中多功能电能计量表应具有“电流、电压、电度”计量等功能，其电流、电压的精度为0.5级，电度的精度为1级； □电流互感器的精度等级，800/5及以下为0.5级，1000/5及以上为0.2级。 电能监测系统的工作站设置于____内，并将数据通过网络传输至____，便于统一管理	□	
		用能监测系统技术要求： □建筑物电能计量系统采用自动计量装置采集能耗数据，能耗数据应通过能耗数据采集器实现采集、暂存，以及直接向能耗监测平台的上传； □能耗数据采集器可通过电能管理系统的通信管理机实现数据采集，通信方式采用Modbus、BACNet或OPC等标准通信协议，并可通过RS-485或M-BUS等总线直接实时采集能耗计量表具的数据； □用电分项计量系统具备与当地主管部门监管平台连接的功能； □根据电能分类采用规范的编码规则标识数据采集点； □数据采集器设置在配电室或变电所内，并预留网络传输接口； □用能监测、电能管理及建筑设备监控等系统均提供标准通信接口，根据设备管理要求实现能耗数据共享； □数据中转站的建设须预留与上级能耗监测数据中心的接口，符合当地能耗监测数据中心主管部门规定的数据传送接口要求，并经当地能耗监测数据中心主管部门测试以后方可接入	□	

续表

序号	分类	内容	实施情况	备注
5	用水监测	市政给水监测： 市政供水管网引入管设置数字水表；市政给水分类如下，并在各类供水管设置数字水表： □厨房餐厅用水；□公共浴室用水；□洗衣房用水；□太阳能用水；□空调补水；□游泳池用水；□机动车清洗用水；□锅炉房补水；□其他	□	
		雨水回用监测： □项目共收集____m^2 ____（硬质屋面/绿化屋面/地面）雨水； □日回用水量____m^3，年回用水量____m^3，年收集水量____m^3； □雨水处理设备每日运行时间____h，处理量____m^3/h； □雨水收集池容积____m^3，清水池容积____m^3； □雨水回用处理工艺流程采用____	□	
		中水回用监测： □收集____、____、……作为中水原水，用于____（回用对象）； □项目中水原水量为____m^3/d，中水年供水量为____m^3； □建筑中水用水量为____m^3/d，年总用水量为____m^3； □中水处理设备每日运行时间____h，处理量____m^3/h； □中水回用处理工艺流程采用____	□	
6	电能监测	建筑用电分项计量： □照明、插座用电；□空调用电；□动力用电；□特殊用电		
		在以下回路设置分项用电计量： □变压器低压侧总进线处。 照明、插座用电： □室内照明与插座；□公共区域照明和应急照明；□室外景观照明 空调用电： □冷热站；□空调末端。 动力用电： □电梯；□水泵；□非空调区域通排风设备；□开水器；□空气能热水器。 特殊用电： □电子信息系统机房；□厨房、餐厅；□洗衣房；□地下车库；□办事大厅；□电动汽车充电桩；□其他。 □各个商业租户的供电回路设置网络预付费智能电表，采用电能网络预付费系统。 □各个办公租户的供电回路设置远传电表。 □公共区域独立计量。 □单台大于50kW的用电设备的供电回路独立计量		
		电能计量装置包括： □多功能电表；□智能断路器中的测量部分；□电气综合监控器；□综合保护测控装置中的测量部分		

续表

序号	分类	内容	实施情况	备注
6	电能监测	电能计量装置的精度要求： □电能计量装置的精度等级应不低于 1.0 级； □电流互感器的精度等级应不低于 0.5 级； □直流电测量变送器的精度等级应不低于 0.5 级； □变压器出线侧应配置三相电力分析装置，用以采集电压、电流、功率、电度等各项电力参数和谐波分量、波峰系数、谐波畸变率等电能质量参数； □其他回路计量装置应采集电压、电流、有功功率、有功电度等基本参数		
7	主要动力设备节能控制措施	电动机采用高效节能产品，能效水平应满足现行国家标准《电动机能效限定值及能效等级》GB 18613—2020 规定的 2 级能效要求	□	
		对于负荷变化较大的设备（冷热源、空调、水泵等），采用变频调速控制，且变频调速装置有抑制高次谐波的措施	□	
		地下车库设置与风机联动的一氧化碳（CO）监测装置，根据 CO 浓度自动控制；风机盘管采用____控制	□	
		电梯系统： □电梯采用变频电梯；具有相同服务楼层的 3 台及以上的电梯采用群控； □自动扶梯应采用变频感应启动控制	□	
8	照明节能	建筑的各部位照明照度标准值、功率密度值（LPD）、统一眩光值（UGR）、显色指数（Ra）及照明均匀度（U_0）应满足现行国家标准《建筑照明设计标准》GB/T 50034、《建筑节能与可再生能源利用通用规范》GB 55015 的要求，参数详见表 4.11.1-2。 □当房间或场所的照度标准值提高或降低一级时，其照明功率密度限值应按比例提高或折减； □设装饰性灯具场所，可将实际采用的装饰性灯具总功率的 50% 计入照明功率密度值的计算	□	
		灯具与光源： □贯彻“绿色健康照明”的原则，充分利用自然光，采用高效、节能的照明光源、高效灯具和附件。 □各种场所照度和照明功率密度将按规范配置。各场所照明优先采用 LED 光源。 □不同功能的房间将选择不同色温的光源； □各种类型光源灯具的效率不应低于表 4.11.2-4 的规定，LED 灯具的效能不应低于表 4.19.2-2 的规定。 □灯具采用高效节能直接照明的配光形式。 □设计中所选用荧光灯功率因数不低于 0.9，高强气体放电灯功率因数不低于 0.85，LED 灯具功率因数不低于 0.9。 □选用光源的能效值及与其配套的镇流器的能效因数（BEF）满足下列要求： 1. 单端荧光灯的能效值不低于现行国家标准《单端荧光灯能效限定值及节能评价值》GB19415 规定的能效限定值。 2. 正常照明用双端荧光灯的能效值不低于现行国家标准《正常照明用双端荧光灯能效限定值及能效等级》GB 19043 规定的能效限定值；管型荧光灯镇流器的能效因数（BEF）不低于现行国家标准《管型荧光灯镇流器能效限定值及节能评价值》GB 17896 规定的能效限定值。 3. LED 灯的能效值不低于现行国家标准《普通照明用非定向自镇流 LED 灯能效限定值及能效等级》GB 30255 规定的能效限定值	□	

续表

序号	分类	内容	实施情况	备注
8	照明节能	眩光控制。 □长期工作或停留的房间或场所，选用的开敞式或格栅式灯具的遮光角不应小于表 4.19.2-3 的规定，带保护罩灯具的表面亮度不应大于表 4.19.2-4 的规定。 □防止或减少光幕反射和反射眩光应采用下列措施： 1. 应将灯具安装在不易形成眩光的区域内； 2. 可采用低光泽度的表面装饰材料； 3. 应限制灯具出光口表面发光亮度。 □有视觉显示终端的工作场所，在与灯具中垂线成 65°～90°内的灯具平均亮度限值应符合表 4.19.2-5 的规定	□	
		照明控制采取集中照度控制、时序控制、就地控制、感应控制等节能控制措施： □对地下车库、户外照明等公共区域等处拟采用物联网智能照明控制系统集中控制，具有车位引导、场景控制等功能，不仅可以为用户提供便利，还可以节约能耗； □在公共走道、门厅、电梯厅等公共区域采用集中照明控制系统，根据不同场景、不同时段，分区分回路控制公共部位的照明，以达到场景控制需求和节能要求； □户外照明采用光照度及时序控制的控制方式，在 23：00—7：00 可自动关闭，通过设置一个定时器控制所有的户外照明，在适当的时间开关或采用夜间调光等策略实现节能	□	
		天然光利用： □房间的采光系数或采光窗地面积比符合现行国家标准《建筑采光设计标准》GB 50033 的有关规定； □利用____（导光/反光装置）引入天然光进行室内照明； □设置于____区域，要求照度为____lx； □项目共设置____套导光管采光系统，每套导光管采光系统有效采光面积为____m^2，总采光面积为____m^2	□	
9	建筑设备监控系统（BAS）	设置设备自动化管理系统： 对空调、给水排水、电梯等设备运行情况进行监测和控制，并实现最优化运行，达到集中管理，监控和节能的效果	□	
		冷源系统： □根据冷量控制冷冻水泵、冷却水泵、冷却塔运行台数； □根据制冷机组对冷却水温度的要求，按与制冷机适配的冷却水温度自动调节冷却塔风机转速； □通过调节二级冷冻水压力和冷冻水泵运行台数进行节能控制	□	
		热源系统： □采取回水温度法、热负荷控制法控制锅炉机组、热交换器的启停、台数及投入运行的热水泵台数、转速； □根据二次侧供水温度调节一次侧水和蒸气阀，控制热交换器产生的二次侧热水供水温度在设定值范围内	□	

续表

序号	分类	内容	实施情况	备注
9	建筑设备监控系统（BAS）	空调系统： □在不影响舒适度的情况下，温度设定值根据昼夜、作息时间、室外温度等条件自动再设定； □根据室内外空气焓值条件，自动调节新风量节能运行； □采用室内二氧化碳（CO_2）浓度的检测来自动调节新风量，在保证舒适度的前提下采用最小新风量控制； □空调设备的最佳启、停时间控制，负荷间歇运行控制； □在建筑物预冷或预热期间，按照预先设定的自动控制程序启动或停止送新风； □夜间新风注入控制； □过渡季节，进行零能量区域控制	□	
		给水排水系统： □系统根据水池或水箱水位自动控制水泵，监视系统各设备运行及故障状态信号； □按预置程序在用电低谷时将水箱灌满和污水池排空	□	
		其他： □选用交流接触器的吸持功率不应高于现行国家标准《交流接触器能效限定值及能效等级》GB 21518 规定的 2 级能效限定值； □除医院病房部等有 24h 热水需求的场所以外，其他区域电开水器等电热设备采用定时控制	□	
10	智能化集成平台	将建筑设备监控系统、能量管理系统、空调系统、智能照明控制系统、安全防范系统、火灾自动报警及联动系统、有线广播系统、停车场管理系统、电梯运行监控系统等集成到一个统一的、协调运行的网络平台中，实现建筑物机电设备的自动控制与优化运行，以及实现信息资源的优化管理与共享，为用户提供安全、舒适、高效、节能、环保的工作、生活环境	□	

各类 LED 灯具的效能汇总表 **表 4.19.2-2**

<table>
<tr><td rowspan="4">LED 筒灯的灯具初始效能值（lm/W）</td><td colspan="2">额定相关色温</td><td colspan="2">2700K/3000K</td><td colspan="2">3500K/4000K/5000K</td></tr>
<tr><td colspan="2">灯具出光口形式</td><td>格栅</td><td>保护罩</td><td>格栅</td><td>保护罩</td></tr>
<tr><td rowspan="2">灯具效率</td><td>≤5W</td><td>75</td><td>80</td><td>80</td><td>85</td></tr>
<tr><td>>5W</td><td>85</td><td>90</td><td>90</td><td>95</td></tr>
<tr><td rowspan="2">LED 平板灯的灯具初始效能值（lm/W）</td><td colspan="2">额定相关色温</td><td colspan="2">2700K/3000K</td><td colspan="2">3500K/4000K/5000K</td></tr>
<tr><td colspan="2">灯具初始效能值</td><td colspan="2">95</td><td colspan="2">105</td></tr>
<tr><td rowspan="2">LED 高天棚灯的灯具初始效能值（lm/W）</td><td colspan="2">额定相关色温</td><td>3000K</td><td>3500K</td><td colspan="2">400K/5000K</td></tr>
<tr><td colspan="2">灯具初始效能值</td><td>90</td><td>95</td><td colspan="2">100</td></tr>
<tr><td rowspan="2">LED 草坪灯具、LED 台阶灯具的灯具初始效能值（lm/W）</td><td colspan="2">额定相关色温</td><td>3000K</td><td>3500K</td><td colspan="2">400K/5000K</td></tr>
<tr><td colspan="2">灯具初始效能值</td><td>60</td><td>70</td><td colspan="2">80</td></tr>
</table>

注：对于 LED 筒灯、平板灯和高天棚灯，当灯具一般显色指数 Ra 不低于 90 时，灯具初始效能值可降低 10lm/W。

开敞式或格栅式灯具的遮光角汇总表　　表 4.19.2-3

光源平均亮度（kcd/m^2）	遮光角（°）
1～20	10
20～50	15
50～500	20
≥500	30

带保护罩灯具的表面亮度　　表 4.19.2-4

与灯具中垂线的夹角（°）	规定角度范围内灯具表面平均亮度的最大值（kcd/m^2）
75～90	20
70～75	50
60～70	500

光源平均亮度限值（kcd/m^2）　　表 4.19.2-5

屏幕分类	光源平均亮度限值（kcd/m^2）	
	屏幕亮度>200cd/m^2	屏幕亮度≤200cd/m^2
亮背景暗字体或图像	3000	1500
暗背景亮字体或图像	1500	1000

4.20 绿色建筑电气设计

绿色建筑电气设计专篇包括设计依据、建设工程项目概况、电气专业绿色设计等方面的内容。本节依据上海市现行绿色建筑设计相关要求编写标准化模板，其他地区项目专篇内容可按照当地不同要求对其做相应调整。

4.20.1 设计依据

绿色建筑电气设计依据汇总表　　表 4.20.1

标准名称	编号及版本	实施情况	备注
国家标准		□	
《普通照明用气体放电灯用镇流器能效限定值及能效等级》	GB 17896—2022	□	
《电动机能效限定值及能效等级》	GB 18613—2020	□	
《普通照明用荧光灯能效限定值及能效等级》	GB 19044—2022	□	
《电力变压器能效限定值及能效等级》	GB 20052—2020	□	
《金属卤化物灯能效限定值及能效等级》	GB 20054—2015	□	
《交流接触器能效限定值及能效等级》	GB 21518—2022	□	
《室内照明用 LED 产品能效限定值及能效等级》	GB 30255—2019	□	
《普通照明用 LED 平板灯能效限定值及能效等级》	GB 38450—2019	□	
《数据中心能效限定值及能效等级》	GB 40879—2021	□	针对数据中心
《供配电系统设计规范》	GB 50052—2009	□	
《低压配电设计规范》	GB 50054—2011	□	
《通用用电设备配电设计规范》	GB 50055—2023	□	
《公共建筑节能设计标准》	GB 50189—2015	□	针对公共建筑
《智能建筑设计标准》	GB 50314—2015	□	
《建筑节能工程施工质量验收标准》	GB 50411—2019	□	
《室外作业场地照明设计标准》	GB 50582—2010	□	

续表

标准名称	编号及版本	实施情况	备注
《民用建筑电气设计标准》	GB 51348—2019	□	
《建筑节能与可再生能源利用通用规范》	GB 55015—2021	□	
《建筑环境通用规范》	GB 55016—2021	□	
《建筑电气与智能化通用规范》	GB 55024—2022	□	
国家推荐性标准		□	
《建筑照明设计标准》	GB/T 50034—2024	□	
《绿色建筑评价标准》	GB/T 50378—2019	□	
《绿色办公建筑评价标准》	GB/T 50908—2013	□	针对办公建筑
《绿色商店建筑评价标准》	GB/T 51100—2015	□	针对商店建筑
《既有建筑绿色改造评价标准》	GB/T 51141—2015	□	针对既有建筑
《绿色博览建筑评价标准》	GB/T 51148—2016	□	针对博览建筑
《绿色医院建筑评价标准》	GB/T 51153—2015	□	针对医院建筑
《绿色饭店建筑评价标准》	GB/T 51165—2016	□	针对饭店建筑
《绿色照明检测及评价标准》	GB/T 51268—2017	□	
《近零能耗建筑技术标准》	GB/T 51350—2019	□	
建筑工业行业推荐性标准		□	
《民用建筑远传抄表系统》	JG/T 162—2017	□	
《城市夜景照明设计规范》	JGJ/T 163—2008	□	
《民用建筑绿色设计规范》	JGJ/T 229—2010	□	
《公共建筑能耗远程监测系统技术规程》	JGJ/T 285—2014	□	针对公共建筑
上海市工程建设规范/地方标准/政府批文		□	
《公共建筑节能设计标准》	DGJ 08-107—2015	□	针对公共建筑
《居住建筑节能设计标准》	DGJ 08-205—2015	□	针对居住建筑
《公共建筑用能监测系统工程技术标准》	DGJ 08-2068—2017	□	针对公共建筑
《住宅建筑绿色设计标准》	DGJ 08-2139—2021	□	针对居住建筑
《公共建筑绿色设计标准》	DGJ 08-2143—2021	□	针对公共建筑
《公共建筑绿色及节能工程智能化技术标准》	DG/TJ 08-2040—2021	□	针对公共建筑
《绿色建筑评价标准》	DG/TJ 08-2090—2020	□	
《既有公共建筑节能改造技术标准》	DG/TJ 08-2137—2022	□	针对既有建筑
《绿色养老建筑评价标准》	DG/TJ 08-2247—2017	□	针对养老建筑
《民用建筑可再生能源综合利用核算标准》	DG/TJ 08-2329—2020	□	
《既有建筑绿色改造技术标准》	DG/TJ 08-2338—2020	□	针对既有建筑
《上海市建筑节能条例》(2011.1.1 实施)	—	□	
《关于推进本市新建建筑可再生能源应用的实施意见》	沪建建材联[2022] 679 号	□	
《关于规模化推进本市既有公共建筑节能改造的实施意见》	沪建建材[2022] 681 号	□	针对既有建筑

续表

标准名称	编号及版本	实施情况	备注
江苏省工程建设规范/地方标准/政府批文		□	
《公共建筑节能设计标准》	DGJ32/J 96—2010	□	针对公共建筑
《绿色建筑设计标准》	DB32/3962—2020	□	
《居住建筑热环境和节能设计标准》	DB32/4066—2021	□	针对居住建筑
《民用建筑能耗计算标准》	DB32/T 4019—2021	□	
《既有建筑绿色化改造技术规程》	DB32/T 4109—2021	□	针对既有建筑
《公共建筑室内空气质量监测系统技术规程》	DB32/T 4176—2021	□	针对公共建筑
《公共建筑能耗监测系统技术规程》	DGJ32/TJ 111—2010	□	针对公共建筑
《既有建筑节能改造技术规程》	DGJ32/TJ 127—2011	□	针对既有建筑
《江苏省建筑节能管理办法》(2009.12.1 实施)	—	□	
《江苏省绿色建筑发展条例》(2015.7.1 实施)	2021.5.27 第二次修正	□	
浙江省工程建设规范/地方标准/政府批文		□	
《居住建筑节能设计标准》	DB 33/1015—2021	□	针对居住建筑
《公共建筑节能设计标准》	DB 33/1036—2021	□	针对公共建筑
《绿色建筑设计标准》	DB 33/1092—2021	□	
《民用建筑可再生能源应用核算标准》	DBJ33/T 1105—2022	□	
《公共建筑用电分项分区计量系统设计标准》	DBJ33/T 1090—2023	□	针对公共建筑
《浙江省绿色建筑条例》(2016.5.1 实施)	2020.09.24 第二次修正	□	
北京市工程建设规范/地方标准/政府批文		□	
《公共建筑节能设计标准》	DB 11/687—2015	□	针对公共建筑
《居住建筑节能设计标准》	DB 11/891—2020	□	针对居住建筑
《绿色建筑设计标准》	DB 11/938—2022	□	
《绿色建筑评价标准》	DB11/T 825—2021	□	
《公共建筑节能评价标准》	DB11/T 1198—2015	□	针对公共建筑
《 居住建筑节能评价技术规范》	DB11/T 1249—2015	□	针对居住建筑
《数据中心节能设计规范》	DB11/T 1282—2022	□	针对数据中心
《公共建筑设备运行节能监控技术规程》	DB11/T 1131—2014	□	针对公共建筑
《超低能耗居住建筑设计标准》	DB11/T 1665—2019	□	针对居住建筑
《建筑新能源应用设计规范》	DB11/T 1774—2020	□	
《既有工业建筑民用化绿色改造评价标准》	DB11/T 1844—2021	□	针对既有建筑
《既有公共建筑节能绿色化改造技术规程》	DB11/T 1998—2022	□	针对既有建筑
《北京市民用建筑节能管理办法》(2014.8.1 实施)	—	□	
《北京市建筑绿色发展条例》(2024.3.1 实施)	—	□	
天津市工程建设规范/地方标准/政府批文		□	
《天津市居住建筑节能设计标准》	DB 29-1—2013	□	针对居住建筑
《天津市公共建筑节能设计标准》	DB 29-153—2014	□	针对公共建筑

续表

标准名称	编号及版本	实施情况	备注
《绿色建筑评价标准》	DB/T 29-204—2021	□	
《天津市绿色建筑设计标准》	DB/T 29-205—2015	□	
《超低能耗居住建筑设计标准》	DB/T 29-274—2019	□	针对居住建筑
《天津市建筑节约能源条例》(2012.7.1 实施)	2018.12.14 第二次修正	□	
《天津市绿色建筑建设管理办法》(2012.5.7 实施)	—	□	
河北省工程建设规范/地方标准/政府批文		□	
《公共建筑节能设计标准》	DB13(J)81—2016	□	针对公共建筑
《居住建筑节能设计标准》	DB13(J)185—2020	□	针对居住建筑
《被动式超低能耗居住建筑节能设计标准》(2021 年版)	DB13(J)/T 8359—2020	□	针对居住建筑
《被动式超低能耗公共建筑节能设计标准》(2021 年版)	DB13(J)/T 8360—2020	□	针对公共建筑
《绿色建筑设计标准》	DB13(J)8526—2023	□	
《超低能耗居住建筑节能设计标准》	DB13(J)/T 8503—2022	□	针对居住建筑
《超低能耗公共建筑节能设计标准》	DB13(J)/T 8506—2022	□	针对公共建筑
《绿色建筑星级设计标准》	DB13(J)/T 8507—2022	□	
《既有建筑超低能耗节能改造技术标准》	DB13(J)/T 8436—2021	□	针对既有建筑
《绿色建筑评价标准》	DB13(J)/T 8427—2021	□	
《河北省民用建筑节能条例》(2009.10.1 实施)	—	□	
《河北省促进绿色建筑发展条例》(2019.1.1 实施)	—	□	
山西省工程建设规范/地方标准/政府批文		□	
《公共建筑节能设计标准》	DBJ 04/T 241—2016	□	针对公共建筑
《居住建筑节能设计标准》	DBJ 04-242—2020	□	针对居住建筑
《绿色建筑设计标准》	DBJ 04-415—2021	□	
《近零能耗公共建筑技术标准》	DBJ 04/T 462—2023	□	针对公共建筑
《山西省民用建筑节能条例》(2008.12.1 实施)	—	□	
《山西省绿色建筑发展条例》(2022.12.1 实施)	—	□	
《关于全面推动绿色建筑发展的通知》	晋建科规字[2023]73 号	□	
内蒙古自治区工程建设规范/地方标准/政府批文		□	
《公共建筑节能设计标准》	DBJ 03-27—2011	□	针对公共建筑
《居住建筑节能设计标准》	DBJ 03-35—2019	□	针对居住建筑
《绿色建筑设计标准》	DBJ 03-66—2015	□	
《绿色建筑评价标准》	DB15/T 2817—2022	□	
《内蒙古自治区民用建筑节能和绿色建筑发展条例》(2019.9.1 实施)	—	□	
《关于加强建筑节能和绿色建筑发展的实施意见》	内政办发[2021]21 号	□	
辽宁省工程建设规范/地方标准/政府批文		□	
《公共建筑节能设计标准》	DB21/T 1477—2006	□	针对公共建筑

续表

标准名称	编号及版本	实施情况	备注
《居住建筑节能设计标准》	DB21/T 2885—2017	□	针对居住建筑
《辽宁省绿色建筑设计标准》	DB21/T 3354—2020	□	
《绿色建筑评价标准》	DB21/T 2017—2022	□	
《辽宁省民用建筑节能管理实施细则》(2006.4.19 实施)	辽建[2006]109 号	□	
《辽宁省绿色建筑条例》(2019.2.1 实施)	—	□	
吉林省工程建设规范/地方标准/政府批文		□	
《公共建筑节能设计标准(节能 65%)》	DB22/JT 149—2016	□	针对公共建筑
《居住建筑节能设计标准(节能 75%)》	DB22/T 5034—2019	□	针对居住建筑
《建筑太阳能光伏系统技术规程》	DB22/JT 144—2015	□	
《一星级绿色民用建筑设计标准》	DB22/JT 167—2017	□	
《公共建筑能耗监测系统技术规程》	DB22/T 1957—2013	□	针对公共建筑
《绿色建筑评价标准》	DB22/T 5045—2020	□	
《绿色建筑设计标准》	DB22/T 5055—2021	□	
《超低能耗公共建筑节能设计标准》	DB22/T 5128—2022	□	针对公共建筑
《超低能耗居住建筑节能设计标准》	DB22/T 5129—2022	□	针对居住建筑
《吉林省节约能源条例》(2017.1.1 实施)	2016.11.17 修正	□	
《吉林省超低能耗绿色建筑技术导则》(2019.1.21 实施)	—	□	
《吉林省绿色建筑创建实施方案》	吉建联发〔2020〕57 号	□	
黑龙江省工程建设规范/地方标准/政府批文		□	
《黑龙江省公共建筑节能设计标准》	DB23/T 2706—2020	□	针对公共建筑
《黑龙江省居住建筑节能设计标准》(2021 年版)	DB23/T 1537—2013	□	针对居住建筑
《黑龙江省超低能耗公共建筑节能设计标准》	DB23/T 3335—2022	□	针对公共建筑
《黑龙江省超低能耗居住建筑节能设计标准》	DB23/T 3337—2022	□	针对居住建筑
《黑龙江省绿色建筑设计标准》	DB23/T 3414—2023	□	
《黑龙江省节约能源条例》(2009.2.1 实施)	2018.6.28 第二次修正	□	
《黑龙江省绿色建筑创建行动实施方案》	黑建科[2020]9 号	□	
安徽省工程建设规范/地方标准/政府批文		□	
《公共建筑节能设计标准》	DB34/T 5076—2023	□	针对公共建筑
《居住建筑节能设计标准》	DB34/1466—2023	□	针对居住建筑
《公共建筑节能改造节能量核定规程》	DB34/T 4247—2022	□	针对公共建筑
《民用建筑绿色设计标准》	DB34/T 4250—2022	□	
《公共建筑能耗监测系统技术规范》	DB34/T 1922—2013	□	针对公共建筑
《绿色建筑设备节能控制技术标准》	DB34/T 3823—2021	□	
《安徽省民用建筑节能办法》(2013.1.1 实施)	2023.11.28 修正	□	
《安徽省绿色建筑发展条例》(2022.1.1 实施)	—	□	
《安徽省建筑节能降碳行动计划》	皖政办[2022]11 号	□	

续表

标准名称	编号及版本	实施情况	备注
福建省工程建设规范/地方标准/政府批文		□	
《福建省公共建筑节能设计标准》	DBJ/T 13-305—2023	□	针对公共建筑
《福建省居住建筑节能设计标准》	DBJ/T 13-62—2023	□	针对居住建筑
《福建省绿色建筑设计标准》	DBJ/T 13-197—2022	□	
《福建省绿色建筑评价标准》	DBJ/T 13-118—2021	□	
《福建省公共建筑能耗监测系统技术规程》	DBJ/T 13-158—2012	□	针对公共建筑
《建筑太阳能光伏系统应用技术规程》	DBJ/T 13-157—2012	□	
《福建省节约能源条例》(2012.10.1 实施)	2018.11.23 修正	□	
《福建省绿色建筑发展条例》(2022.1.1 实施)	—	□	
江西省工程建设规范/地方标准/政府批文		□	
《江西省居住建筑节能设计标准》	DBJ/T 36-024—2014	□	针对居住建筑
《江西省绿色建筑设计标准》	DBJ/T 36-037—2017	□	
《江西省绿色建筑评价标准》	DBJ/T 36-029—2020	□	
《公共建筑用能监测系统工程技术标准》	DBJ/T 36-047—2019	□	针对公共建筑
《江西省民用建筑节能和推进绿色建筑发展办法》(2016.1.16 实施)	2019.11.27 修正	□	
山东省工程建设规范/地方标准/政府批文		□	
《公共建筑节能设计标准》	DB 37/5155—2019	□	针对公共建筑
《居住建筑节能设计标准》	DB37/T 5026—2022	□	针对居住建筑
《被动式超低能耗居住建筑节能设计标准》	DB37/T 5074—2016	□	针对居住建筑
《绿色建筑设计标准》	DB37/T 5043—2021	□	
《绿色建筑评价标准》	DB37/T 5097—2021	□	
《公共建筑节能监测系统技术标准》	DB37/T 5197—2021	□	针对公共建筑
《既有公共建筑节能改造技术规程》	DB37/T 848—2007	□	针对公共建筑
《既有居住建筑节能改造技术规程》	DB37/T 849—2007	□	针对居住建筑
《公共建筑节能监测系统技术规范》	DBJ/T 14-071—2010	□	针对公共建筑
《山东省民用建筑节能条例》(2013.3.1 实施)	2020.7.24 第二次修正	□	
《山东省绿色建筑促进办法》(2019.3.1 实施)	—	□	
《山东省住房城乡建设领域绿色低碳发展地方标准体系》	鲁建标字[2023]16 号	□	
河南省工程建设规范/地方标准/政府批文		□	
《河南省公共建筑节能设计标准》	DBJ 41/T 075—2016	□	针对公共建筑
《河南省居住建筑节能设计标准(寒冷地区 65%+)》	DBJ 41/062—2017	□	针对居住建筑
《河南省居住建筑节能设计标准(夏热冬冷地区)》	DBJ 41/071—2012	□	针对居住建筑
《河南省居住建筑节能设计标准(寒冷地区 75%)》	DBJ 41/T 184—2020	□	针对居住建筑
《河南省超低能耗公共建筑节能设计标准》	DBJ 41/T 246—2021	□	针对公共建筑
《河南省超低能耗居住建筑节能设计标准》	DBJ 41/T 205—2018	□	针对居住建筑

续表

标准名称	编号及版本	实施情况	备注
《河南省绿色建筑设计标准》	DBJ 41/T 265—2022	□	
《河南省绿色建筑评价标准》	DBJ 41/T 109—2020	□	
《河南省公共建筑能耗监测系统技术规程》	DBJ 41/T 135—2014	□	针对公共建筑
《河南省既有建筑节能改造技术规程》	DBJ 41/T 089—2008	□	针对既有建筑
《河南省绿色建筑条例》(2022.3.1 实施)	—	□	
湖北省工程建设规范/地方标准/政府批文		□	
《低能耗居住建筑节能设计标准》	DB42/T 559—2022	□	针对居住建筑
《被动式超低能耗居住建筑节能设计规范》	DB42/T 1757—2021	□	针对居住建筑
《绿色建筑设计与工程验收标准》	DB42/T 1319—2021	□	
《公共建筑能耗监测系统技术规范》	DB42/T 1712—2021	□	针对公共建筑
《湖北省既有建筑节能改造技术指南(试行)》	鄂建文[2014]25 号	□	针对既有建筑
《湖北省民用建筑节能条例》(2009.6.1 实施)	2021.7.30 修正	□	
《湖北省绿色建筑发展条例》(2024.3.1 实施)	—	□	
湖南省工程建设规范/地方标准/政府批文		□	
《湖南省公共建筑节能设计标准》	DBJ 43/003—2017	□	针对公共建筑
《湖南省居住建筑节能设计标准》	DBJ 43/001—2017	□	针对居住建筑
《湖南省绿色建筑设计标准》	DBJ 43/T 006—2017	□	
《湖南省绿色建筑评价标准》	DBJ 43/T 314—2015	□	
《湖南省公共建筑能耗监测技术规程》	DBJ 43/T 316—2016	□	针对公共建筑
《湖南省绿色建筑工程设计要点》2021 版	—	□	
《湖南省绿色建筑发展条例》(2021.10.1 实施)	—	□	
广东省工程建设规范/地方标准/政府批文		□	
《广东省公共建筑节能设计标准》	DBJ 15-51—2020	□	针对公共建筑
《广东省居住建筑节能设计标准》	DBJ/T 15-133—2018	□	针对居住建筑
《广东省绿色建筑设计规范》	DBJ/T 15-201—2020	□	
《公共建筑能耗标准》	DBJ/T 15-126—2017	□	针对公共建筑
《广东省绿色建筑条例》(2021.1.1 实施)	—	□	
广西壮族自治区工程建设规范/地方标准/政府批文		□	
《公共建筑节能设计标准》	DBJ/T 45-096—2022	□	针对公共建筑
《居住建筑节能设计标准》	DBJ/T 45-095—2022	□	针对居住建筑
《既有公共建筑节能改造技术规范》	DBJ/T 45-051—2017	□	针对既有建筑
《绿色建筑设计标准》	DBJ/T 45-049—2022	□	
《绿色建筑评价标准》	DBJ/T 45-104—2020	□	
《广西壮族自治区民用建筑节能条例》(2017.1.1 实施)	2019.7.25 修正	□	
海南省工程建设规范/地方标准/政府批文		□	
《海南省公共建筑节能设计标准》	DBJ 46-003—2017	□	针对公共建筑

续表

标准名称	编号及版本	实施情况	备注
《海南省住宅建筑节能和绿色设计标准》	DBJ 46-39—2016	□	针对居住建筑
《海南省既有建筑绿色改造技术标准》	DBJ 46-046—2017	□	针对既有建筑
《海南省绿色建筑评价标准(民用建筑篇)》	DBJ 46-064—2023	□	
《海南省公共建筑能耗监测系统技术导则》	琼建科[2015]23 号	□	针对公共建筑
《海南省超低能耗建筑技术导则(试行)》	琼建规[2022]24 号	□	
《海南省绿色建筑发展条例》(2023.1.1 实施)	—	□	
重庆市工程建设规范/地方标准/政府批文		□	
《公共建筑节能(绿色建筑)设计标准》	DBJ50-052—2020	□	针对公共建筑
《居住建筑节能 65%(绿色建筑)设计标准》	DBJ50-071—2020	□	针对居住建筑
《绿色建筑评价标准》	DBJ50/T-066—2020	□	
《既有公共建筑绿色改造技术标准》	DBJ50/T-163—2021	□	针对公共建筑
《既有居住建筑节能改造技术规程》	DBJ50/T-248—2016	□	针对居住建筑
《公共建筑能耗监测系统技术规程》	DBJ50/T-153—2012	□	针对公共建筑
《重庆市建筑节能条例》(2008.1.1 实施)	—	□	
《重庆市建筑能效(绿色建筑)测评与标识管理办法》	渝建绿建[2022]14 号	□	
四川省工程建设规范/地方标准/政府批文		□	
《四川省公共建筑节能设计标准》	DBJ51/143—2020	□	针对公共建筑
《四川省居住建筑节能设计标准》	DB51/5027—2019	□	针对居住建筑
《四川省公共建筑节能改造技术规程》	DBJ51/T 058—2016	□	针对公共建筑
《四川省公共建筑机电系统节能运行技术标准》	DBJ51/T 091—2018	□	针对公共建筑
《攀西地区民用建筑节能应用技术标准》	DBJ51/186—2022	□	
《四川省绿色建筑设计标准》	DBJ51/T 037—2015	□	
《四川省绿色建筑评价标准(修订)》	DBJ51/T 009—2021	□	
《四川省民用建筑节能管理办法》(2007.12.1 实施)	—	□	
贵州省工程建设规范/地方标准/政府批文		□	
《贵州省公共建筑能耗监测技术规范》	DBJ52/T 075—2016	□	针对公共建筑
《贵州省绿色建筑评价标准》	DBJ52/T 077—2017	□	
《贵州省绿色生态小区评价标准》	DBJ52/T 084—2020	□	针对居住建筑
《贵州省民用建筑节能条例》	2018.11.29 修正	□	
《加快绿色建筑发展的十条措施》	黔建科通[2019]163 号	□	
云南省工程建设规范/地方标准/政府批文		□	
《云南省民用建筑节能设计标准》	DBJ53/T-39—2020	□	
《既有建筑节能改造技术规程》	DBJ53/T-108—2020	□	针对既有建筑
《关于推动城乡建设绿色发展的实施意见》	云办发[2022]17 号	□	
西藏自治区工程建设规范/地方标准/政府批文		□	
《民用建筑节能技术标准》	DB54/T-0275—2023	□	

续表

标准名称	编号及版本	实施情况	备注
《绿色建筑评价标准》	DB54/T 0276—2023	□	
《西藏自治区绿色建筑推广和管理办法》(2023.3.1 实施)	—	□	
陕西省工程建设规范/地方标准/政府批文		□	
《居住建筑节能设计标准》	DBJ61/T 5033—2022	□	针对居住建筑
《超低能耗居住建筑节能设计标准》	DBJ61/T 189—2021	□	针对居住建筑
《绿色建筑评价技术指南》	DB61/T 5016—2021	□	
《公共建筑能耗与碳排放监测系统技术规程》	DB61/T 5073—2023	□	针对公共建筑
《绿色建筑评价标准技术细则》	2019 年版	□	
《陕西省民用建筑节能条例》(2017.3.1 实施)	—	□	
《关于推动城乡建设绿色发展的实施意见》	陕办发[2022]5 号	□	
甘肃省工程建设规范/地方标准/政府批文		□	
《严寒和寒冷地区居住建筑节能(75%)设计标准》	DB62/T 3151—2018	□	针对居住建筑
《既有公共建筑节能改造技术规程》	DB62/T 25-3053—2011	□	针对既有建筑
《既有居住建筑节能改造技术规程》	DB62/T 25-3076—2013	□	针对既有建筑
《绿色公共建筑设计标准》	DB62/T 25-3089—2014	□	针对公共建筑
《绿色居住建筑设计标准》	DB62/T 25-3090—2014	□	针对居住建筑
《公共建筑能耗监测系统技术规程》	DB62/T 25-3133—2017	□	针对公共建筑
《绿色建筑评价标准》	DB62/T 3064—2018	□	
《绿色医院建筑评价标准》	DB62/T 3141—2018	□	针对医院建筑
《太阳能光伏与建筑一体化应用技术规程》	DB62/T 3146—2018	□	
《甘肃省民用建筑节能管理规定》(2008.9.20 实施)	2019.12.23 修正	□	
《甘肃省绿色建筑创建行动实施方案》	甘建科[2020]280 号	□	
青海省工程建设规范/地方标准/政府批文		□	
《青海省公共建筑节能设计标准》	DB63/T 1627—2018	□	针对公共建筑
《青海省居住建筑节能设计标准-75%节能》	DB63/T 1626—2020	□	针对居住建筑
《既有公共建筑节能改造技术规程》	DB63/T 1596—2017	□	针对公共建筑
《青海省既有居住建筑节能改造技术规程》	DB63/T 1004—2011	□	针对居住建筑
《青海省绿色建筑设计标准》	DB63/T 1340—2021	□	
《青海省绿色建筑评价标准》	DB63/T 1110—2020	□	
《青海省公共建筑能耗监测系统工程技术规范》	DB63/T 1745—2019	□	针对公共建筑
《建筑太阳能光伏系统应用技术规程》	DB63/T 1594—2017	□	
《青海省促进绿色建筑发展办法》(2017.4.1 实施)	(2020.6.12 修正)	□	
《青海省建筑节能与绿色建筑巩固提升行动方案》	青建科[2023]312 号	□	
宁夏回族自治区工程建设规范/地方标准/政府批文		□	
《居住建筑节能设计标准》	DB64/521—2022	□	针对居住建筑
《既有居住建筑节能改造技术规程》	DB64/054—2015	□	针对既有建筑

续表

标准名称	编号及版本	实施情况	备注
《绿色建筑设计标准》	DB64/T 1544—2023	□	
《绿色生态居住区评价标准》	DB64/T 1874—2023	□	针对居住建筑
《民用建筑并网光伏发电应用技术规程》	DB64/T 795—2012	□	
《宁夏回族自治区民用建筑节能办法》(2010.8.1 实施)	2022.1.18 修正	□	
《宁夏回族自治区绿色建筑发展条例》(2018.9.1 实施)	—	□	
新疆维吾尔自治区工程建设规范/地方标准/政府批文		□	
《公共建筑节能设计标准》	XJJ 034—2022	□	针对公共建筑
《严寒和寒冷地区居住建筑节能设计标准》	XJJ 001—2021	□	针对居住建筑
《绿色建筑评价标准》	XJJ 126—2020	□	
其他有关的现行设计规范、规程和设计文件	—	□	
政府有关主管部门对绿色建筑要求的批文	—	□	

注：表中针对地方标准及当地政府批文部分仅列举了部分省市地方标准及政府批文，各地区项目需由设计人员根据项目所在地实际情况进行修改添加。

4.20.2 建设工程项目概况

1. 项目总体概况

绿建工程概况一览表 **表 4.20.2-1**

序号	项目名称	内容	实施情况	备注
1	建设地点	项目建于____(省/市/区)	□	
2	建筑气候区划	项目建于____地区；气候分区属于____地区	□	详见本表注
3	经济技术指标	用地面积为____ m^2；总建筑面积为____ m^2； 容积率为____；绿地率为____	□	
4	土地使用性质	□住宅用地； □公共设施用电； □工业用地； □其他用地	□	
5	建筑类型	□住宅建筑；□公共建筑；□其他建筑	□	
6	绿建设计等级	□项目按照绿色____级设计	□	
7	其他	□近零能耗建筑认证____； □健康建筑(WELL 认证)____级； □LEED 绿色建筑认证____级	□	

注：1. 气候区划分为夏热冬暖地区、夏热冬冷地区、严寒地区、寒冷地区、温暖地区；光气候分区分为Ⅰ～Ⅶ区。
2. 近零能耗建筑分为超低能耗建筑、近零能耗建筑、零能耗建筑。
3. 健康建筑(WELL 认证)分为铜级、银级、金级、铂金级。
4. LEED 绿色建筑认证分为认证及、银级、金级、铂金级。

2. 绿色建筑等级

绿色建筑评估表 **表 4.20.2-2**

序号	名称	控制项基础分值	评价指标评分项满分值					提高与创新
			安全耐久	健康舒适	生活便利	资源节约	环境宜居	
1	预评价分值(满分)	400	100	100	70	200	100	100
2	评价分值(满分)	400	100	100	100	200	100	100
3	自评分							
4	每类指标最低分值	400	30	30	30	60	30	—
5	预估总分							
6	等级判定	基本级：[40，60)；一星级：[60，70)；二星级：[70，85)；三星级：[85，110]						
7	结论	项目满足上海市地方标准《绿色建筑评价标准》DG/TJ 08-2090—2020 ____星级标准						

注：1. 本表仅适用于上海市地方标准《绿色建筑评价标准》DG/TJ 08-2090—2020，对于其他地区工程项目，则由设计人员根据工程项目所在地的绿色建筑地方标准自行更改；

2. 表中自评分及预估总分应根据项目实际情况填写分值。

4.20.3 电气专业绿色设计

1. 与电气专业相关的绿色建筑技术

绿色建筑电气自评分汇总表 **表 4.20.3-1**

序号	分类	技术内容	评价分	自评分	实施情况	备注
1	安全耐久	步行和非机动车交通道路有充足照明	3		□	
		建筑结构与建筑设备管线分离	6		□	
		采用与建筑功能和空间变化相适应的设备设施布置方式或控制方式	3		□	
		选用耐腐蚀、抗老化、耐久性能好的管材、管线、管件	8		□	
2	健康舒适	照明数量和质量应符合现行国家标准《建筑照明设计标准》GB/T 50034 的规定	必选		□	
		人员长期停留的场所应采用符合现行国家标准《灯和灯系统的光生物安全性》GB/T 20145 规定的无危险类照明产品	必选		□	
		选用 LED 照明产品的光输出波形的波动深度应满足现行国家标准《LED 室内照明应用技术要求》GB/T 31831 的规定	必选		□	
		地下车库应设置与排风设备联动的 CO 浓度监测装置	必选		□	
		对锅炉、制冷机、冷却塔、电梯主机、大型风机等设备进行有效隔声减振处理	2		□	

续表

序号	分类	技术内容	评价分	自评分	实施情况	备注
3	生活便利	停车场（库）的电动汽车停车位及充电设施、无障碍汽车停车位应满足本市相关规划配建要求及相关标准的规定	必选		□	
		建筑应合理设置设备自动监控系统	必选		□	
		设置分类分级用能自动远传计量系统	4		□	
		建筑能耗监测系统具有数据应用分析功能	4		□	
		设置 PM_{10}、$PM_{2.5}$、CO_2浓度的空气质量监测系统，具有存储至少 1 年的监测数据和实时显示功能	4		□	
		设置 PM_{10}、$PM_{2.5}$、CO_2浓度的空气质量监测系统，对建筑室内空气质量监测数据能实现超标警示	4		□	
		设置用水远传计量系统，能分类、分级记录各种用水情况	4		□	
		用水远传计量系统具有用水情况统计分析和管网漏损诊断分析的功能，管道漏损率低于 5%	4		□	
		设置智能化服务系统，提供不少于 3 种类型的智能服务功能	3		□	
		设置的智能化服务系统，具有接入智慧城市（城区、社区）的功能	3		□	
4	资源节约	主要功能房间照明功率密度不应高于现行国家标准《建筑节能与可再生能源利用通用规范》GB 55015 规定的限值； 公共区域照明系统应采用分区、定时、感应等节能控制； 天然采光区域的照明应能独立控制	必选		□	
		建筑冷热源、输配电系统和照明等各部分能耗应进行独立分项计量。新建国家机关办公建筑和大型公共建筑应按规定设置建筑能耗计量系统，且能耗数据应上传至相应能耗监测平台	必选		□	
		垂直电梯应采取变频调速、能量反馈或群控等节能措施；自动扶梯应采用变频调速、感应启动等节能措施	必选		□	
		人员经常活动的天然采光区域设置可随天然光照度自动调节人工照明的装置	3		□	
		三相配电变压器满足现行国家标准《电力变压器能效限定值及能效等级》GB 20052 的等级要求	4		□	
		采取措施降低建筑能耗	10		□	
		根据本市气候和自然资源条件，合理利用可再生能源	10		□	

续表

序号	分类	技术内容	评价分	自评分	实施情况	备注
5	环境宜居	室外夜景照明光污染的限制符合现行国家标准《室外照明干扰光限制规范》GB/T 35626 和现行行业标准《城市夜景照明设计规范》JGJ/T 163 的规定	5		□	
6	提高与创新	采取措施降低建筑能耗	20		□	
		应用建筑信息模型（BIM）技术	15		□	
		采取节约资源、保护生态环境、保障安全健康、智慧友好运行、传承历史文化、绿色金融等其他创新，并有明显效益	30		□	

注：1. 本表仅适用于上海市地方标准《绿色建筑评价标准》DG/TJ 08-2090—2020，对于其他地区工程项目，则由设计人员根据工程项目所在地的绿色建筑地方标准自行更改。

2. 表中第 5 列显示为“必选”的项目为绿色建筑达标控制项，应在第 6 列填写“满足”，其余应根据项目实际情况填写分值。

3. 安全耐久选项中，步行和非机动车交通系统照明以路面平均照度、路面最小照度和垂直照度为评价指标，其照明标准值应不低于现行国家标准《建筑照明设计标准》GB/T 50034 和现行行业标准《城市道路照明设计标准》CJJ 45 的有关规定。管线分离指建筑结构体中不埋设设备及管线，将设备及管线与建筑结构体相分离的方式；建筑结构不仅仅指建筑主体结构，还包括外围护结构、楼梯间、公共管井等可保持长久不变的部分；管线指建筑主要管线，各类照明、插座、数据终端等强弱电末端除外。采用智能控制手段，实现设备设施的升降、移动、隐藏等功能，满足某一空间的多样化使用需求。电气系统应采用低烟低毒阻燃型线缆、矿物绝缘类不燃性电缆、耐火电缆等。

4. 健康舒适选项中，需防止建筑设备设施运行时产生的剧烈振动，引起建筑内的地板、墙体振动，并随建筑结构传播产生噪声。

5. 生活便利选项中，需设置电、气、热的能耗计量系统和能源管理系统；计量系统是实现运行节能、优化系统设置的基础条件，能源管理系统使建筑能耗可知、可见、可控，从而达到优化运行、降低消耗的目的。能对能耗数据进行分析，如建筑能耗数据异常、单位面积能耗对比等，结合建筑自控系统，提出建筑节能管理优化建议。住宅建筑每户均应设置空气质量监测系统，公共建筑主要功能房间应设置空气质量监测系统；空气污染物传感装置和智能化技术的完善普及，实现对建筑内空气污染物的实时采集监测。当所监测的空气质量偏离理想阈值时，系统应能作出警示，并对可能影响这些指标的系统做出及时的调试或调整；将监测发布系统与建筑内空气质量调控设备组成自动控制系统，可实现室内环境的智能化调控，在维持建筑室内环境健康舒适的同时减少不必要的能源消耗。采用远传计量系统对各类用水进行计量，可准确掌握项目用水现状，如给水系统管网分布情况，各类用水设备、设施、仪器、仪表分布及运转状态，用水总量和各用水单元之间的定量关系。管理系统应利用计量数据进行用水合理性分析，发掘节水潜力，制定切实可行的节水管理政策和绩效考核方法；系统应实现诊断管网漏损情况的功能，随时了解管道漏损情况，及时查找漏损点并进行整改。智能化服务系统的功能包括家电控制、照明控制、安全报警、环境监测、建筑设备控制、工作生活服务等。智能化服务系统平台能够与所在的智慧城市（城区、社区）平台对接，可有效实现信息和数据的共享与互通，大大提高信息更新与扩充的速度和范围，实现相关各方的互惠互利。

6. 资源节约选项中，人工照明随天然光照度变化自动调节，不仅可以保证良好的光环境，避免室内产生过高的明暗亮度对比，还能在较大程度上降低照明能耗。三相配电变压器满足 2 级能耗要求，得 2 分；满足 1 级能耗要求，得 4 分。建筑能耗比当地现行节能标准或相关合理用能指南降低 10%，得 5 分；降低 15%及以上，得 10 分。由可再生能源提供的电量比例 R_e，当 $0.5\%\leqslant R_e<1\%$时，得 2 分；当 $1\%\leqslant R_e<2\%$时，得 4 分；当 $2\%\leqslant R_e<3\%$时，得 6 分；当 $3\%\leqslant R_e<4\%$时，得 8 分；当 $R_e\geqslant4\%$时，得 10 分。

7. 环境宜居选项中，不设室外夜景照明，直接得分。室外夜景照明设计应满足现行国家标准《室外照明干扰光限制规范》GB/T 35626 和现行行业标准《城市夜景照明设计规范》JGJ/T 163 中关于光污染控制的相关要求，以及现行上海市地方标准《城市环境（装饰）照明规范》DB31/T 316 中室外照明相关环境影响要求。

8. 提高与创新选项中，建筑能耗比当地现行节能标准及相关合理用能指南降低 30%及以上，得 10 分；降低 40%及以上，得 15 分；降低 50%及以上，得 20 分。建筑信息模型（BIM）是建筑业信息化的重要支撑技术。BIM 是在 CAD 技术基础上发展起来的多维模型信息集成技术；在建筑的规划设计、施工建造和运行维护阶段中：一个阶段应用，得 5 分；两个阶段应用，得 10 分；三个阶段应用，得 15 分。绿色建筑的创新没有定式，凡是符合建筑行业绿色发展方向、绿色建筑定义理念，且未在本条之前任何条款得分的任何新技术、新产品、新应用、新理念，都可在本条申请得分；每采取一项，得 5 分，最高得 30 分。

2. 电气专业绿色建筑技术说明

电气专业绿色建筑技术说明汇总表 **表 4.20.3-2**

序号	分类	分项	内容	实施情况	备注
1	安全耐久	道路照明	步行和非机动车道有充足照明，满足现行标准《城市道路照明设计标准》CJJ 45 的相关要求	□	
		建筑适变性	建筑结构与电气管线分离，并符合现行国家标准现行行业标准	□	
			采用与建筑功能和空间变化相适应的设备设施控制方式	□	
		耐久性	电气产品设施及配件选型应采用耐久型； 采用低烟低毒阻燃型线缆、矿物绝缘类不燃性电缆、耐火电缆	□	
2	健康舒适	照明设计	照明数量和质量应符合现行国家标准《建筑照明设计标准》GB 50034 的规定	□	
			人员长期停留的场所应采用符合现行国家标准《灯和灯系统的光生物安全性》GB/T 20145 规定的无危险类照明产品	□	
			选用 LED 照明产品的光输出波形的波动深度，应满足现行国家标准《LED 室内照明应用技术要求》GB/T 31831的规定	□	
		CO 监测	地下车库设置与排风设备联动的 CO 检测装置。根据地库建筑面积大小，每 300～500m^2 设置 1 个 CO 传感器。传感器安装位置不应位于汽车尾气排放位置，同时避开送排风机附近气流直吹位置。CO 的时间加权平均容许浓度不高于 20mg/m^3，短时间接触容许浓度不高于 30mg/m^3	□	
		设备隔声减震	设备机房进行有效隔声减振处理，应符合现行国家标准《民用建筑隔声设计规范》GB 50118 的相关规定	□	
3	生活便利	电动汽车停车位	项目设有____台充电汽车停车位的充电设施，配电系统的容量为____kW； 充电汽车停车位占机动车停车位总数的____%，其中快速充电桩占充电车位总数的____%； 慢充按照____kW/台配置，快充按照____kW/台配置	□	
			项目设有____台非机动车停车位的充电设施，配电系统的容量为____kW	□	针对住宅建筑
		建筑设备监控管理系统	设备监控管理系统监测内容： □供暖；□通风；□空调；□照明；□动力；□给水排水；□燃气；□安保；□火灾自动报警及消防联动；□能耗计量；□电梯；□其他____	□	

续表

序号	分类	分项	内容	实施情况	备注
3	生活便利	建筑设备监控管理系统	智能照明系统控制： □在____等区域采用智能照明控制系统集中控制，根据不同场景、时段，进行分区分回路控制，以达到场景控制需求和节能要求； □地下车库采用物联网智能照明控制系统集中控制，具有车位引导、场景控制等功能，不仅可以为用户提供便利，还可以节约能耗； □户外照明采用光控及定时的控制	□	
		建筑设备监控管理系统	给水排水系统监控： □生活水箱高低水位报警； □生活水泵及各类水泵的运行状态监测； □水泵启停控制； □其他____	□	
			电梯系统监控： □电梯的启停、运行状态监测；□电梯启停控制； □其他____	□	
		计量与能耗监测系统	分类计量： □电；□水；□燃气/燃油；□集中供热/供冷； □可再生能源；□其他____	□	
			电耗的分项计量： □照明、插座用电；□空调用电；□动力用电； □特殊用电；□其他____	□	
			照明、插座用电： □室内照明与插座； □公共区域照明和应急照明； □室外景观照明； □其他____	□	
			空调用电： □冷热站；□空调末端；□其他____	□	
			动力用电： □电梯；□水泵；□非空调区域通风设备；□开水器；□空气能热水器；□其他____	□	
			特殊用电： □电子信息系统机房；□厨房、餐厅；□洗衣房；□地下车库；□办事大厅；□电动汽车充电桩；□其他____	□	
			能耗监测系统计量表计的精度不低于____级，电流互感器精度不低于____级	□	
			计量与能耗监测系统联网情况：□有/□无	□	

续表

序号	分类	分项	内容	实施情况	备注
3	生活便利	计量与能耗监测系统	用水远传计量系统： □分类、分级记录各种用水情况； □统计分析用水情况，自动监测管网漏损（管道漏损率低于5%）	□	
			能耗计量系统能向上级平台发送建筑能耗数据，实现对建筑能耗的监测、数据分析和节能运维。能耗计量系统的设置应符合上海市工程建设规范《公共建筑用能监测系统工程技术规范》DGJ08—2068补充编号的相关规定	□	
		空气质量监测系统	设置室内空气质量监测系统，监测室内污染物□PM_{10}，□$PM_{2.5}$，□CO_2浓度。系统具有存储至少1年的监测数据和实时显示的功能	□	
			设置区域包括： □办公室；□会议室；□多功能厅；□教室；□其他____	□	人员密度超过25人/100m^2，总人数大于8人的主要功能房间
			空气质量监测系统能实现超标警示	□	
		智能化服务系统	提供的智能服务主要有： □家电控制；□照明控制；□安全报警； □环境监测；□建筑设备控制；□工作生活服务	□	不应少于3种类型
			具有接入智慧城市（城区、社区）的功能	□	
4	资源节约	供配电系统节能措施	变配电所深入负荷中心设置	□	
			变压器总装机容量为____kVA，单位面积功率密度值为____VA/m^2	□	
			低压并联电容器的补偿要求应符合现行国家标准《供配电系统设计规范》GB 50052的要求： □变压器低压侧设置低压无功补偿装置，要求补偿后高压供电进线处功率因数不低于____； □低压电源供电时进线处设置无功补偿装置，采用自动投切装置，要求在高峰负荷时高压侧功率因数不低于____	□	
			谐波电流含量较大的用电设备：□有____；□无	□	
			谐波抑制及谐波治理措施： 变电所低压侧补偿电容组串联____%消谐电抗器以减少谐波电流对电容器的影响，延长电容器的使用寿命。 有源滤波装置情况：□有____；□无	□	

续表

序号	分类	分项	内容	实施情况	备注
4	资源节约	电气设备节能	变压器选用节能环保型、低损耗、低噪声的干式变压器，其能效应达到现行国家标准《电力变压器能效限定值及能效等级》GB 20052 的中____级要求，空载损耗和负载损耗不高于表 4.20.3-3 所列数据	□	
			电动机采用高效节能产品，并具有节能拖动及节能控制装置，其能效应符合现行国家标准《电动机能效限定值及能效等级》GB 18613 节能评价值的规定，效率不低于表 4.20.3-4 所列数据	□	
			采用具备高效电机及先进控制技术的电梯	□	
			电梯节能措施： □群控；□变频调速拖动；□能量再生回馈技术； □其他____	□	
			扶梯节能措施： □变频感应启动；□其他____	□	
		照明系统	照明功率密度值按照现行国家标准《建筑节能与可再生能源利用通用规范》GB 55015 中的限值设计，常见房间或场所照明设计参数详见表 4.11.1-2	□	
			公共区域的照明系统应采用分区、定时、感应等节能控制	□	
			采光区域的照明控制应独立于其他区域的照明控制	□	
			人员经常活动的天然采光区域设置可随天然光照度自动调节人工照明的装置	□	
		其他措施	□采取____等措施降低了建筑能耗 10%（15%）	□	常见如燃气冷热电联供等
		可再生能源利用	□太阳能光伏发电 光伏板的安装位置：□屋面；□墙面；□其他____。 类型：□多晶硅；□单晶硅；□非晶硅；□柔性薄膜。 放置方向形式：□按纬度最大发电效果方向；□垂直或近似垂直方向；□水平方向。 是否设置储能装置：□是；□否。 并网形式：□全部自用；□自发自用，余电上网；□全额上网。 太阳能光伏组件安装面积约____m^2，占项目建筑物屋顶总面积的比例为____%； 太阳能光伏发电总装机容量约为____kW，年预计发电量约为____kWh/年，约占总用电量比例为____%	□	光伏发电系统同时应满足常规能源年替代量总量不小于可再生能源综合利用量的要求

续表

序号	分类	分项	内容	实施情况	备注
4	资源节约	可再生能源利用	□太阳能热水 有效即热面积约____m^2，由太阳能提供的热水量占建筑生活热水消耗总量的比例为____%；热水保证率为____；集热效率为____	□	
			□其他可再生能源热水系统 热水来源____，提供的热水量占建筑生活热水消耗总量的比例为____%	□	
			□地源热泵空调 承担空调热负荷的比例为____%	□	
			□余热利用 采用____形式，利用量为____kW，承担空调负荷的比例为____%	□	
			□排风热回收装置 采用____形式，额定热回收效率为____%	□	
			□其他____	□	
5	环境宜居	景观照明光污染控制	项目所在环境区域： □自然保护区（E1 区）； □居住区（E3 区）； □城市中心商业区（E4 区）	□	需建筑专业配合设计
			照明方式： □泛光照明；□轮廓照明；□内透光照明； □重点照明；□动态照明；□未设景观照明。 夜景照明在居住建筑窗户外表面产生的垂直面照度： 熄灯时段前____lx，熄灯时段后____lx； 夜景照明灯具朝居室方向的发光强度： 熄灯时段前不高于____cd，熄灯时段后不高于____cd； 夜景照明在建筑立面产生的平均亮度____cd/m^2，在标识面产生的平均亮度____cd/m^2； 灯具产生的干扰光超出被照区域的溢散光为____%	□	建筑外立面不采用投光照明设计；绿化景观投光照明采用间接式投光，并减小灯具功率
6	提高与创新	其他技术措施	□采取____等措施降低了建筑能耗 30%（40%、50%）	□	
			采用建筑信息模型（BIM）技术，并应用于建筑设计的全过程	□	
			采取下列创新措施，并有明显效益： □节约资源；□保护生态环境；□保障安全健康； □智慧友好运行；□传承历史文化；□绿色金融； □其他____	□	

续表

序号	分类	分项	内容	实施情况	备注
7	近零能耗建筑	气密性设计	电气管道穿透气密层及外墙时，对洞口进行有效的气密性处理，并符合下列要求： 1. 穿墙管预留孔洞直径宜大于管径 100mm 以上，管道与洞口之间的缝隙采用岩棉或聚氨酯等保温材料填实； 2. 外围护结构内侧采用防水隔气膜粘贴。防水隔气膜与管道和结构墙体的搭接宽度均不小于 40mm； 3. 外围护结构外侧采用防水透气膜粘贴，防水透气膜与管道和结构墙体的搭接宽度均不小于 40mm	□	
			开关、接线盒在外墙上安装时进行有效的气密性处理，并符合下列规定： 1. 位于砌体墙体上的开关、插座线盒，在砌筑墙体时预留孔槽，安装线盒时先用石膏灰浆封堵孔槽，再将线盒底座嵌入孔位内，使其密封； 2. 对于穿透气密层的电线套管，在墙体内预埋套管时，在接口处采用专用的密封胶带密封，同时用石膏灰浆将套管与线盒接口处封堵密实； 3. 套管内穿线完毕后，采用密封胶对开关、插座等的管口进行有效封堵	□	
		可再生能源系统	设置太阳能光伏发电系统，进一步降低建筑对市政能源的需求，与建筑一体化设计，采用（晶硅、薄膜）光伏构件；采用光伏系统直接并网供电并采用低压接入方式	□	
		电气节能设计	室内照明功率密度值达到现行国家标准《建筑照明设计标准》GB/T 50034 规定目标值的 70%以下	□	
			设计选用的光源、镇流器的能效不应低于相应能效标准的节能评价值要求；照明光源优先选用发光二极管（LED）灯	□	
			对地下车库、建筑顶层内区等需要日间照明的空间，采用自然光导光系统或采取其他创新设计方法利用自然采光，以满足部分或全部的日间照明需求	□	
			照明控制符合下列规定： 照明控制结合建筑使用情况及天然采光情况，进行分区、分组控制； 走廊、楼梯间、门厅、卫生间、停车库等公共场所的照明，采用集中开关控制（就地感应控制）； 对于人员长期停留空间，设置有就地控制装置，以满足使用者的个性习惯与个体差异性要求； □大空间、多功能、多场景场所的照明，采用智能照明控制系统； □设置电动遮阳装置，照度控制与其联动； □采用自然光导光装置，具备照度调节功能	□	

续表

序号	分类	分项	内容	实施情况	备注
7	近零能耗建筑	电气节能设计	选用节能型电梯，并采用并联或群控以及无操作指令时自动关闭轿厢照明及风扇等节能控制措施	□	如变频调速驱动或带能量反馈的VVVF驱动系统类型电梯
			设置能耗监测系统，对建筑分类分项能耗进行监测和记录，并符合下列规定： □按照上海市现行标准《公共建筑用能监测系统工程技术标准》DGJ 08－2068要求，设置用能监测系统；采集水、电（燃气、燃油、外供热源、外供冷源）、可再生能源等共7类分类能耗数据；能耗分项应保证供暖空调、照明、生活热水，以及电梯分项能耗数据的获取。 □对公共部位主要用能系统进行分类和分项计量。 □对典型户的供暖空调、照明、生活热水等能耗进行分项计量，计量户数不宜少于同类型总户数的2%。 采用可再生能源，对其发电量（供冷、热量）进行单独计量	□	第1项针对公共建筑 第2、3项住宅建筑
			设置建筑设备监控系统（BAS）	□	
			本工程由多种能源供给，根据系统能效对比等因素进行优化控制，并优先利用可再生能源	□	
8	健康建筑	WELL认证	根据空气质量控制要素内容要求，设置空气质量监测联动控制系统	□	
			充分利用自然光照明； 参照照明设计标准，设置人工照明	□	
			参照EML（EDI）照度标准，注重垂直照度要求，实现适应昼夜节律系统的照明	□	
			照明系统采取眩光控制措施	□	
			照明系统采取照度均匀度的提高措施	□	
			照明系统采取光源显色系数提高和灯具频闪的控制措施	□	
			照明系统采用智能控制系统（照度、色温、颜色）	□	
			作为运动路径的走廊、楼梯的照度不低于215lx	□	
			根据暖通专业的温湿度控制要求，设置空调通风设备控制系统	□	
			电气设备不含汞，或含汞量不高于限值指标	□	
			电气设备的重金属含量，不高于限值指标	□	
			电气设备的挥发性和半挥发性有机化合物的含量，不高于限值指标	□	
			休息恢复室有照度和色温可调的照明系统	□	
			母乳喂养室设置至少两个电源插座和必要的照明实施	□	
			满足“无障碍”设计规范、标准的设置要求	□	
			采用人体运动感应装置，控制“家庭洗手间”的照明灯具	□	

注：本表仅适用于上海市地方标准《绿色建筑评价标准》DG/TJ 08-2090—2020，对于其他地区工程项目，则由设计人员根据工程项目所在地的绿色建筑地方标准自行更改。

10/0.4kV 常用干式电力变压器节能参数汇总表　　　　表 4.20.3-3

变压器类型	额定容量（kVA）	能效等级	短路阻抗（%）	空载损耗 P_0（W）	负载损耗 P_x（W） B级（100℃）	F级（120℃）	H级（145℃）	长期工作负载率（%）
电工钢带（SCB）	200	NX1	4.0	360	2135	2275	2440	≤85
		NX2	4.0	420	2135	2275	2440	≤85
	250	NX1	4.0	415	2330	2485	2665	≤85
		NX2	4.0	490	2330	2485	2665	≤85
	315	NX1	4.0	510	2945	3125	3355	≤85
		NX2	4.0	600	2945	3125	3355	≤85
	400	NX1	4.0	570	3375	3590	3850	≤85
		NX2	4.0	665	3375	3590	3850	≤85
	500	NX1	4.0	670	4130	4390	4705	≤85
		NX2	4.0	790	4130	4390	4705	≤85
	630	NX1	4.0	775	4795	5290	5660	≤85
			6.0	750	5050	5365	5760	≤85
		NX2	4.0	910	4795	5290	5660	≤85
			6.0	885	5050	5365	5760	≤85
	800	NX1	6.0	875	5895	6265	6715	≤85
		NX2	6.0	1035	5895	6265	6715	≤85
	1000	NX1	6.0	1020	6885	7315	7885	≤85
		NX2	6.0	1205	6885	7315	7885	≤85
	1250	NX1	6.0	1205	8190	8720	9335	≤85
		NX2	6.0	1420	8190	8720	9335	≤85
	1600	NX1	6.0	1415	9945	10555	11320	≤85
		NX2	6.0	1665	9945	10555	11320	≤85
	2000	NX1	6.0	1760	12240	13005	14005	≤85
		NX2	6.0	2075	12240	13005	14005	≤85
	2500	NX1	6.0	2080	14535	15445	16605	≤85
		NX2	6.0	2450	14535	15445	16605	≤85
非晶合金（SCBH）	200	NX1	4.0	140	2135	2275	2440	≤85
		NX2	4.0	170	2135	2275	2440	≤85
	250	NX1	4.0	160	2330	2485	2665	≤85
		NX2	4.0	195	2330	2485	2665	≤85
	315	NX1	4.0	195	2945	3125	3355	≤85
		NX2	4.0	235	2945	3125	3355	≤85
	400	NX1	4.0	215	3375	3590	3850	≤85
		NX2	4.0	265	3375	3590	3850	≤85

续表

变压器类型	额定容量（kVA）	能效等级	短路阻抗（%）	空载损耗 P_0（W）	负载损耗 P_x（W）			长期工作负载率（%）
					B级（100℃）	F级（120℃）	H级（145℃）	
非晶合金（SCBH）	500	NX1	4.0	250	4130	4390	4705	≤85
		NX2	4.0	305	4130	4390	4705	≤85
	630	NX1	4.0	295	4795	5290	5660	≤85
			6.0	290	5050	5365	5760	≤85
		NX2	4.0	360	4795	5290	5660	≤85
			6.0	350	5050	5365	5760	≤85
	800	NX1	6.0	335	5895	6265	6715	≤85
		NX2	6.0	410	5895	6265	6715	≤85
	1000	NX1	6.0	385	6885	7315	7885	≤85
		NX2	6.0	470	6885	7315	7885	≤85
	1250	NX1	6.0	455	8190	8720	9335	≤85
		NX2	6.0	550	8190	8720	9335	≤85
	1600	NX1	6.0	530	9945	10555	11320	≤85
		NX2	6.0	645	9945	10555	11320	≤85
	2000	NX1	6.0	700	12240	13005	14005	≤85
		NX2	6.0	850	12240	13005	14005	≤85
	2500	NX1	6.0	840	14535	15445	16605	≤85
		NX2	6.0	1020	14535	15445	16605	≤85

注：NX1、NX2 分别表示能效等级 1 级、2 级。

常用三相异步电动机节能参数汇总表　　表 4.20.3-4

极数	2极		4极		6极		8极	
能效等级	NX1	NX2	NX1	NX2	NX1	NX2	NX1	NX2
额定功率（kW）	效率（%）							
0.12	71.4	66.5	74.3	69.8	69.8	64.9	67.4	62.3
0.18	75.2	70.8	78.7	74.7	74.6	70.1	71.9	67.2
0.20	76.2	71.9	79.6	75.8	75.7	71.4	73.0	68.4
0.25	78.3	74.3	81.5	77.9	78.1	74.1	75.2	70.8
0.37	81.7	78.1	84.3	81.1	81.6	78.0	78.4	74.3
0.40	82.3	78.9	84.8	81.7	82.2	78.7	78.9	74.9
0.55	84.6	81.5	86.7	83.9	84.2	80.9	80.6	77.0
0.75	86.3	83.5	88.2	85.7	85.7	82.7	82.0	78.4
1.1	87.8	85.2	89.5	87.2	87.2	84.5	84.0	80.8
1.5	88.9	86.5	90.4	88.2	88.4	85.9	85.5	82.6
2.2	90.2	88.0	91.4	89.5	89.7	87.4	87.2	84.5

续表

极数	2极		4极		6极		8极	
3	91.1	89.1	92.1	90.4	90.6	88.6	88.4	85.9
4	91.8	90.0	92.8	91.1	91.4	89.5	89.4	87.1
5.5	92.6	90.9	93.4	91.9	92.2	90.5	90.4	88.3
7.5	93.3	91.7	94.0	92.6	92.9	91.3	91.3	89.3
11	94.0	92.6	94.6	93.3	93.7	92.3	92.2	90.4
15	94.5	93.3	95.1	93.9	94.3	92.9	92.9	91.2
18.5	94.9	93.7	95.3	94.2	94.6	93.4	93.3	91.7
22	95.1	94.0	95.5	94.5	94.9	93.7	93.6	92.1
30	95.5	94.5	95.9	94.9	95.3	94.2	94.1	92.7
37	95.8	94.8	96.1	95.2	95.6	94.5	94.4	93.1
45	96.0	95.0	96.3	95.4	95.8	94.8	94.7	93.4
55	96.2	95.3	96.5	95.7	96.0	95.1	94.9	93.7
75	96.5	95.6	96.7	96.0	96.3	95.4	95.3	94.2
90	96.6	95.8	96.9	96.1	96.5	95.6	95.5	94.4
110	96.8	96.0	97.0	96.3	96.6	95.8	95.7	94.7
132	96.9	96.2	97.1	96.4	96.8	96.0	95.9	94.9
160	97.0	96.3	97.2	96.6	96.9	96.2	96.1	95.1
200	97.2	96.5	97.4	96.7	97.0	96.3	96.3	95.4
250	97.2	96.5	97.4	96.7	97.0	96.5	96.3	95.4
315～1000	97.2	96.5	97.4	96.7	97.0	96.6	96.3	95.4

注：NX1、NX2分别表示能效等级1级、2级。

常用室内照明用LED灯具节能参数汇总表　　　表4.20.3-5

灯具类型	LED筒灯				LED平板灯	
	≤5W		>5W			
能效等级	NX1	NX2	NX1	NX2	NX1	NX2
额定相关色温（K）	光效（lm/W）					
<3500	95	80	105	90	110	95
≥3500	100	85	110	95	120	105

灯具类型	定向集成式LED灯				非定向自镇流LED灯			
	PAR16/PAR20		PAR30/PAR38		全配光		半配光/准全配光	
能效等级	NX1	NX2	NX1	NX2	NX1	NX2	NX1	NX2
额定相关色温（K）	光效（lm/W）							
<3500	95	80	100	85	105	85	110	90
≥3500	100	85	105	90	115	95	120	100

注：NX1、NX2分别表示能效等级1级、2级。

常用接触器节能参数汇总表　　**表 4.20.3-6**

额定工作电流（A）I_e	吸持功率 S_h/(V·A)	
	NX1	NX2
$6 \leqslant I_e \leqslant 12$	4.5	7.0
$12 < I_e \leqslant 22$	4.5	8.0
$22 < I_e \leqslant 32$	4.5	8.3
$32 < I_e \leqslant 40$	4.5	10.0
$40 < I_e \leqslant 63$	4.5	18.0
$63 < I_e \leqslant 100$	4.5	18.0
$100 < I_e \leqslant 160$	4.5	18.0
$160 < I_e \leqslant 250$	4.5	18.0
$250 < I_e \leqslant 400$	4.5	18.0
$400 < I_e \leqslant 630$	4.5	18.0

注：1. NX1、NX2 分别表示能效等级 1 级、2 级；
2. 额定工作电流 I_e 是指主电路额定工作电压为 380V 时的电流，主电路额定工作电压为 400V 时参考 380V 执行。

4.21 环保篇

环保表　　**表 4.21**

序号	项目名称	内容	实施情况	备注
1	供配电	工程设计中不选择《国家高能耗落后淘汰机电设备目录》中的电气设备	□	
		0.4kV 侧供配电系统采取动态无功补偿和谐波治理措施，补偿后功率因数 0.4kV 不小于 0.95	□	
		变频器应用较集中的电气回路采取谐波抑制措施，设置有源滤波器和采用低谐波变频器	□	
		历史保护建筑中合理利用满足国家相关的质量技术监督局规定的电气历旧设备	□	
2	照明	照明灯具采用高效率、低能耗、环保的 LED 光源	□	
		照明采用避免眩光的灯具或具有防眩光措施	□	
		灯具谐波含量符合《电磁兼容限制谐波电流发射限制》GB 17625.1—2003 规定的 C 类照明设备的谐波电流限制	□	
		长期工作或停留的房间或场所，照明光源的显色指数（Ra）不宜小于 80	□	
		照明灯具采用合理的照明控制方式，如分区控制；适当增加照明开关；楼梯、通道等区域采用触摸式延时开关、声光控延时开关、红外延时开关等	□	
		根据空间布局，采用合适的灯具安装方式、安装高度、安装位置，避免直射光和二次反射光，减少眩光和闪光	□	
		室外照明采用太阳能光电灯具，优化电源组成结构	□	
		体育建筑的场地照明灯具需合理化布置，降低灯具对比赛的干扰，保证光线的准确透射，避免干扰比赛	□	

续表

序号	项目名称	内容	实施情况	备注
3	配管配线	低压配电采用低烟无卤低毒阻燃电缆和铜芯低烟无卤低毒阻燃电线，以提高人员在紧急疏散时的安全性和满足绿色环保的要求	□	
		电气配管采用清洁型环保型线管，保护线缆，减小绝缘护套的破损，避免材料的浪费和环境污染	□	
4	其他	采用环保型电气设备，减小电气设备的废弃物产生	□	
		电气设备的废弃物需合理有序的处置和回收，并满足国家和地方的废物处置标准	□	
		电气设备的布置需考虑合理有序，避免过度使用个别设备，减小安全隐患	□	
		采用节能环保型桥架，如彩钢板桥架或高分子复合型桥架	□	
		建筑的玻璃幕墙采用新型玻璃材料，例如凝胶法镀膜玻璃，改善常规玻璃的光学特性，具有良好的环保性、遮光性、湿控效应，并使反射光线柔和化	□	

4.22 抗震篇

抗震表　　表 4.22

序号	项目名称	内容	实施情况	备注
1	抗震设防烈度	本工程的抗震设防烈度为____度，需做建筑电气抗震设计	□	
2	一般规定	重要电力设施可按设防烈度提高1度进行抗震设计，但当抗震设防烈度为8度及以上时可不再提高	□	
		内径不小于60mm的电气配管及重力不小于150N/m的电缆梯架、电缆槽盒、母线槽进行抗震设防	□	
3	电气机房位置选择原则	主要强弱电机房需避开对抗震不利的场所； 强弱电设备间、强弱电管井需避开易受震动破坏的场所	□	
4	设备安装	柴油发电机组的安装设计应设置震动隔离装置，与外部管道采用柔性连接，设备与基础之间、设备与减震装置之间的地脚螺栓能承受水平地震力和垂直地震力	□	
		变压器的设计安装就位后应焊接牢固，内部线圈牢固固定在变压器外壳内的支承结构上。 变压器的支承面宜适当加宽，并设置防止其移动和倾倒的限位器，对接入和接出的柔性导体留有位移的空间。 油浸变压器上油枕、潜油泵、冷却器及其连接管道等附件，以及集中布置的冷却器与本体间连接管道，采用柔性连接	□	
		蓄电池安装在抗震架上时，蓄电池间连线采用柔性导体连接，端电池采用电缆作为引出线； 蓄电池安装重心较高时，采取防止倾倒措施	□	

续表

序号	项目名称	内容	实施情况	备注
4	设备安装	电力电容器应固定在支架上，其引线采用软导体；当引线采用硬母线连接时，装设伸缩节装置	□	
		配电箱（柜）的安装螺栓或焊接强度满足抗震要求。 配电箱（柜）靠墙安装时，机柜底部安装牢固；当底部安装螺栓或焊接强度不够时，将顶部与墙壁进行连接。 配电箱（柜）壁式安装时，与墙壁之间采用金属膨胀螺栓连接。 配电箱（柜）非靠墙落地安装时，根部采用金属膨胀螺栓或焊接的固定方式。当建筑抗震烈度为8度或9度时，将几个柜的重心位置以上连成整体。 配电箱（柜）内的元器件考虑与支撑结构间的相互作用，元器件接线处做防震处理（软连接）。 配电箱（柜）面上的仪表与柜体组装牢固	□	
		设在水平操作面上的消防、安防设备采取防止滑动措施	□	
		设在建筑物屋顶上的共用天线采取防止因地震导致设备或其他部件损坏后坠落伤人的安全防护措施	□	
		安装在吊顶上的灯具，考虑地震时吊装与楼板的相对位移	□	
5	导体选择和线缆敷设	配电导体的选择、建筑物内的电气管路敷设和配电装置至用电设备间连线敷设应满足国家规范《建筑机电工程抗震设计规范》GB 50981—2014 中相关规定	□	
		电气缆线穿管敷设时，采用弹性和延性较好的管材	□	
6	抗震支架设置	抗震支吊架根据所承受荷载按国家规范规定要求的构件类型系数和功能系数进行抗震验算，并调整抗震支吊架间距，直至各点满足抗震荷载要求	□	
		抗震支吊架的设计，满足国家规范《建筑机电工程抗震设计规范》GB 50981—2014 中第8章要求	□	
7	抗震支架技术要求	抗震支吊架的所有构件采用工厂预制成品构件，包括锚固件、加固吊杆、抗震连接构件、抗震斜撑及管道连接件等组成，现场装配式安装	□	
		抗震支吊架所有配件的安装依靠机械咬合实现，以保证整个系统的可靠连接	□	
8	其他要求	建筑的非结构构件及附属机电设备，其自身及与结构主体的连接，进行抗震设防	□	
		建筑附属机电设备不设置在可能致使其功能障碍等二次灾害的部位；设防地震下需要连续工作的附属设备，设置在建筑结构地震反应较小的部位。管道、电缆、通风管和设备的洞口设置，减少对主要承重结构构件的削弱；洞口边缘有补强措施。管道和设备与建筑结构的连接，具有足够的变形能力，以满足相对位移的需要	□	
		建筑附属机电设备的基座或支架，以及相关连接件和锚固件具有足够的刚度和强度，能将设备承受的地震作用全部传递到建筑结构上。建筑结构中，用以固定建筑附属机电设备预埋件、锚固件的部位，采取加强措施，以承受附属机电设备传给主体结构的地震作用	□	
9	支吊架抗震验算	专业承包商或施工承包商必须根据抗震设防烈度、支吊架所在位置的场地类别、材料特性及设备荷载的变化，进行地震作用计算和荷载组合的抗震验算，确保支吊架的强度、刚度、变形及稳定性符合国家规范及当地抗震设计规范的要求	□	

注：建筑机电工程设施抗震设计应以建筑结构设计为基准。

4.23 预制装配式建筑电气设计专篇

4.23.1 装配概况

本项目单体预制率的计算依据是新修订的《上海市装配式建筑单体预制率和装配率计算细则》的要求。

装配概况 **表 4.23.1**

<table>
<tr><th>序号</th><th>内容</th><th>实施情况</th><th>备注</th></tr>
<tr><td>1</td><td>本工程实施装配式建筑的“建筑单体预制率”达到 40%
<table>
<tr><th>序号</th><th>单体名称</th><th>结构形式</th><th>预制率指标（%）</th><th>主要应用的装配式构件</th></tr>
<tr><td>1</td><td></td><td>钢框架-钢筋混凝土核心筒</td><td>>40</td><td>钢结构柱、钢结构梁、预制外围护墙、组合楼板</td></tr>
<tr><td>2</td><td></td><td>混凝土框架-核心筒</td><td>>40</td><td>预制柱、预制叠合梁、楼梯、预制外围护墙、叠合楼板</td></tr>
<tr><td>3</td><td></td><td>钢结构</td><td>>40</td><td>钢结构柱、钢结构梁、组合楼板</td></tr>
<tr><td>4</td><td></td><td>混凝土框架</td><td>>40</td><td>预制柱、预制叠合梁、预制楼梯、预制外围护墙、叠合楼板</td></tr>
</table></td><td>□</td><td></td></tr>
<tr><td>2</td><td>本工程实施装配式建筑的“建筑单体装配率”达到 60%
<table>
<tr><th>序号</th><th>单体名称</th><th>结构形式</th><th>装配率指标（%）</th><th>主要应用的装配式构件</th></tr>
<tr><td>1</td><td></td><td>钢框架-钢筋混凝土核心筒</td><td>>60</td><td>钢结构柱、钢结构梁、预制外围护墙、组合楼板</td></tr>
<tr><td>2</td><td></td><td>混凝土框架-核心筒</td><td>>60</td><td>预制柱、预制叠合梁、楼梯、预制外围护墙、叠合楼板</td></tr>
<tr><td>3</td><td></td><td>钢结构</td><td>>60</td><td>钢结构柱、钢结构梁、组合楼板</td></tr>
<tr><td>4</td><td></td><td>混凝土框架</td><td>>60</td><td>预制柱、预制叠合梁、预制楼梯、预制外围护墙、叠合楼板</td></tr>
</table></td><td>□</td><td></td></tr>
</table>

4.23.2 设计依据

国家规范 **表 4.23.2-1**

序号	内容	实施情况	备注
1	《装配式混凝土结构技术规程》JGJ 1—2014	□	
2	《混凝土结构设计规范》（2024 年版）GB 50010—2010	□	
3	《建筑结构可靠性设计统一标准》GB 50068—2018	□	

续表

序号	内容	实施情况	备注
4	《装配式混凝土建筑技术标准》GB/T 51231—2016	☐	
5	《混凝土结构工程施工规范》GB 50666—2011	☐	
6	《混凝土结构工程施工质量验收规范》GB 50204—2015	☐	
7	《钢筋套筒灌浆连接应用技术规程（2023年版）》JGJ 355—2015	☐	
8	《钢筋连接用灌浆套筒》JG/T 398—2019	☐	
9	《钢筋机械连接通用技术规程》JGJ 107—2016	☐	
10	《钢筋锚固板应用技术规程》JGJ 256—2011	☐	
11	《钢筋连接用套筒灌浆料》JGT 408—2019	☐	
12	其他	☐	

上海市规范 **表 4.23.2-2**

序号	内容	实施情况	备注
1	《装配整体式混凝土公共建筑设计规程》DGJ08-2154—2014	☐	
2	《装配整体式混凝土结构施工及质量验收规范》DGJ08-2117—2012	☐	
3	《上海市装配式建筑单体预制率和装配率计算细则》沪建建材［2019］765号	☐	
4	《关于进一步加强本市装配整体式混凝土结构工程钢筋套筒灌浆连接施工质量管理的通知》沪建安质监（2018）47号	☐	
5	《上海市装配整体式混凝土建筑防水技术质量管理导则》沪建质安［2020］20号	☐	
6	《上海市装配式混凝土建筑质量审查手册》	☐	
7	《上海市装配式混凝土建筑工程设计文件编制深度规定》沪建管［2015］182号	☐	
8	其他	☐	

图集 **表 4.23.2-3**

序号	内容	实施情况	备注
1	《混凝土结构施工图平面整体表示方法制图规则和构造详图》16G101-1	☐	
2	《混凝土结构施工钢筋排布规则与构造详图》18G901-1、2	☐	
3	《装配式混凝土结构表示方法及示例》15G107-1	☐	
4	《装配式混凝土结构连接节点构造》15G310-1、2	☐	
5	《装配式混凝土结构配套图集》15G361-1、2；15G366-1；15G367-1；15G368-1	☐	
6	其他	☐	

4.23.3 预制构件区域设计与施工

预制构件区域设计与施工 **表 4.23.3**

序号	情况	内容	实施情况	备注
1		预制构件上预留的孔洞、套管、坑槽为对构件受力影响最小的部位。设置在预制构件或装饰墙面内电气箱、盒及管线等应按照图纸设计及生产要求提前预制、预埋管路及箱体	☐	

续表

序号	情况	内容	实施情况	备注
2	装配整体式混凝土公共建筑的设备管线设计应满足下列规定	设备管线减少平面交叉，竖向管线集中布置，并满足维修更换的要求	□	
		电气设备管线设置在管线架空层或吊顶空间中，管线宜同层敷设	□	
		当条件受限管线必须穿越时，预制构件内预留的套管或孔洞的位置不影响结构安全	□	
3	低压配电系统的主干线在公共区域的电气竖井内设置	功能单元内终端线路较多时，采用桥架或线槽敷设	□	
		功能单元内终端线路较少时，统一预埋在预制板内或装饰墙面内	□	
4		电气竖向干线的管线做集中敷设，满足维修更换的需要，当竖向管道穿越预制构件或设备暗敷于预制构件时，需在预制构件纵预留沟、槽、孔洞或套管	□	
5		电气水平管线在架空层或吊顶内敷设	□	
6		当受条件限制必须暗埋时，敷设在现浇层或建筑垫层内，如无现浇层且建筑垫层又不满足管线暗埋要求时，需在预制构件中预留相应的套管和接线盒	□	
7		所有预制墙体上设置的终端配电箱、开关、插座及接线盒、连接管等均由结构专业进行预留预埋，并应采取的隔声及防火措施；设备管线穿过预制构件部位采取的防水、防火、隔声、保温等措施	□	
8		消防线路预埋暗敷在预制墙体上时，采用穿导管保护，并预埋在不燃烧体的结构内，其保护层厚度不小于30mm。暗敷的电气管路采用利于交叉敷设的难燃可挠管材。设备管线应进行综合设计，减少平面交叉；竖向管线集中布置，并满足维修更换的要求	□	
9		照明、插座管路沿叠合楼板现浇层、预制墙板敷设，吸顶安装的灯具沿预制顶板预埋高桩深型接线盒，预制墙体内的箱、盒及管线和预制楼板内的接线盒（过路盒）等在施工安装前均应预制到位	□	
10		结构墙接线盒下部在与结构板接茬处预留100mm×100mm×80mm（宽×高×深，下同）预留洞，用户配电箱、弱电箱、局部等电位箱在结构墙与结构板接茬处预留箱体同宽100mm×120mm预留洞，待现场浇筑结合部混凝土时与现场预埋管进行衔接	□	
11		预制结构构件中宜预埋管线，或预留沟、槽、孔、洞的位置，不应在预制结构安装后凿剔沟、槽、孔、洞	□	

续表

序号	情况	内容	实施情况	备注
12	装配整体式混凝土公共建筑的防雷设计应符合《建筑物防雷设计规范》GB 50057—2010 和《民用建筑电气设计标准》GB 51348—2019 的规定，并应符合下列规定	利用建筑物的钢筋作为防雷装置时，构件之间必须连接成电气通路。装配式混凝土结构建筑屋面的接闪器、引下线及接地装置在避开装配式主体结构的情况下，可以参照非装配式混凝土结构建筑的常规做法，难以避开时，需利用装配式混凝土结构剪力墙内部满足防雷接地系统规格要求的钢筋作引下线及接地极，或在预制装配式结构楼板等相应部位预留孔洞或预埋钢筋、扁钢，并确保接闪器、引下线及接地极之间通长、可靠连接	□	
		装配整体式混凝土公共建筑外墙上的栏杆、门窗等较大的金属物需要与防雷装置连接时，相关的预制构件内部与连接处的金属件应电气回路连接或不利用预制构件连接的方式	□	
13		作为建筑物防雷装置引下线、均压环及接地干线的钢筋采用套筒等连接工具时，应可靠连接保证电气贯通，测试不合格者及时修改	□	

4.23.4 其他

其他 **表 4.23.4**

序号	内容	实施情况	备注
1	部件生产阶段构件厂按照施工图确定的技术参数深化，与建筑部品、装饰装修、各专业等上下游厂商加强配合，做好构件拆分、预留预埋和连接节点设计，确保预制构件实现设计意图	□	
2	施工单位必须按照设计图纸和预制构件施工技术标准施工，在施工过程中如发现设计文件和现场有不符之处或有差错时，应及时提供给设计人员和构件生产厂家，共同及时处理	□	
3	其他	□	

4.24 施工安装篇

4.24.1 强电施工安装设计说明

主要设备技术要求 **表 4.24.1-1**

序号	内容	实施情况	备注
1	本工程室外用配电箱及按钮箱防护等级为____	□	
2	公共建筑的厨房、水泵房等潮湿场所内的配电箱防护等级不低于____，潮湿场所的灯具防护等级不小于____	□	

续表

序号	内容	实施情况	备注
3	水下用电设备防护等级不低于____	□	
4	本工程照明灯具采用 LED 灯具。色温不高于 4000K，特殊显色指数 R9 大于零；在寿命期内的色品坐标与初始值的偏差在国家标准《均匀色空间和色差公式》GB/T 7921—2008 规定的 CIE1976 均匀色度标尺图中，不超过 0.007；在不同方向上的色品坐标与其加权平均值偏差在国家标准《均匀色空间和色差公式》GB/T 7921—2008 规定的 CIE1976 均匀色度标尺图中，不超过 0.004	□	
5	变频调速器和智能电机软启动器的设备谐波电流应符合《电磁兼容限值对额定电流大于 16A 的设备在低压供电系统中产生的谐波电流的限制》GB/Z 17625.6—2003 和《电能质量 公共电网谐波》GB/T 14549—1993 的相关规定	□	
6	幼儿活动场所电源插座采用安全型插座	□	

设备安装 **表 4.24.1-2**

序号	情况	内容	实施情况	备注
1		除注明外，空调风机盘管温控开关、照明及排风扇开关底边离地 1.3m	□	
2	插座类型及安装高度	除注明外，一般性插座按每个____W 计，容量____A，暗装，插座底边离地____m。地下室插座离地____m	□	
		装于设备机房、卫生间、厨房等潮湿场所的插座应采用防潮型，插座底边离地____m	□	
		电热水器插座容量采用____A、插座底边离地____m。对于安装在淋浴或浴盆的卫生间，电热水器电源插座底边距地不低于____m，排风机及其他电源插座安装在 3 区	□	
		窗式或挂壁式空调机插座容量采用 16A、插座底边离地 2.2m	□	
		柜式空调机插座容量采用 16A、插座底边离地 0.3m	□	
		壁装排气扇插座底边离地 2.2m	□	
		电梯井道底和井道顶 1.5m 处设 2P+PE 型电源插座，防护等级不低于 IP54	□	
3		幼儿活动场所电源插座底边距地不低于 1.8m	□	
4		电梯井道内应设置永久性照明，照度不小于 50lx，距井道最高点和最低点 0.5m 以内各设置一盏灯，中间每隔不超过 7m 设置一盏灯，灯具带保护罩。并在坑底和机房设置双开控制开关	□	
5		地下室槽盒灯具高位安装，安装高度需满足建筑净高的要求。除注明外，挂壁安装的灯具安装高度不低于____m	□	
6		人防区域灯具吊链安装，安装高度需满足建筑净高的要求。人防区域内：疏散楼梯、疏散通道设置应急疏散指示灯，其间距不大于 15m	□	

续表

序号	情况	内容	实施情况	备注
7		非人防区域内：疏散楼梯、疏散通道、门厅等大空间区域内设置应急疏散指示灯，其间距不大于 20m；对于袋形走道，不应大于 10m；在走道转角区，不应大于 1m	□	
8		设置在门框上部的安全出口标志，下边缘距门框不大于 0.15m；设置在门框侧边缘时，标志的下边缘距室内地坪不大于 2.0m	□	
9		楼梯间内指示楼层的标志安装在正对楼梯的本层墙面上；楼梯间直接通往地下层时，在首层或地面层设置明显指示出口的安全出口标志	□	
10		疏散指示标志灯具安装在地面上时，灯具的所有金属构件应做防腐处理；防护等级符合 IP54 要求，灯具最高点凸出面不大于 3mm，灯具边缘凸出地面不大于 1mm。灯具表面的玻璃护罩具有抗冲击性能，应符合现行国家标准《消防应急照明和疏散指示系统》GB 17945 的相关规定	□	
11		疏散指示灯具安装在墙面上时，灯具凸出墙面不超过 20mm	□	
12		除注明外，疏散指示标志底边离地 1m 以下（墙装）或地坪安装；安全出口指示灯底边在门框上 0.2m	□	
13		除注明外，墙式灯、壁灯的安装高度为____m；机房灯具及槽灯安装在梁下高度；其余灯具基本上为吸顶及嵌顶安装	□	
14		卫生间等潮湿场所，采用防潮易清洁的灯具；卫生间的灯具不应安装的 0、1 区内及上方。装有淋浴或浴盆卫生间的照明回路，灯具、浴霸开关设置在卫生间门外	□	
15		除注明外，配电箱、控制箱本体在强电间、弱电间、设备机房、控制室、车库、厨房内均为明装，其他场所内为嵌入式安装。照明配电箱底边距地 1.5m 或落地式安装，下设 300mm 基座。其他箱体高度 600mm 以下，底边距地 1.5m；（600～800mm）高，底边距地 1.2m；（800～1000mm）高，底边距地 1.0m；（1000～1200mm）高，底边距地 0.8m；1200mm 以上的，为落地式安装，下设 300mm 基座。与设备配套的控制箱体（包括柜）订货前应与设计人员配合	□	
16		除注明外，防火卷帘两侧设置手动控制按钮，距离地面 1.3m	□	
17		除注明外，事故风机的启停按钮在机房内外分别设置，距离地面 1.3m 挂壁或嵌入安装	□	
18		现场检修用启停按钮箱设置在用电设备附近	□	
19		配电设备、控制设备等均应标注与设计图上相同的编号或用途，方便操作和维修	□	
20		漏电开关的安装：漏电开关后的 N 线不准重复接地，不同支路不共用，不作保护线用，应另敷设保护线（PE）或用漏电开关前的合用线（PEN）	□	
21		消防配电箱有明显的消防标识	□	

管线敷设 **表 4.24.1-3**

序号	内容	实施情况	备注
1	电力电缆安装参见国标图集《电缆敷设》D101-7 相关内容施工	□	
2	敷设电缆电线时，应对电缆桥架和电缆井道采取有效的防火封堵和分隔措施。阻燃电线电缆和阻燃耐火电线电缆分别敷设在不同电缆桥架内，电线在桥架内敷设时采用阻燃缠绕带分开每一供电回路	□	
3	消防用电设备的两路电源线路在同一桥架内时，在桥架内设置防火隔板	□	
4	垂直电缆明敷在强电间中，垂直电缆敷设在梯架内或暗敷在垂直墙板中的钢管内；水平电缆明敷设于水平电缆走槽盒（桥架）内，并经槽盒（桥架）或穿管敷设至本层的各个配电设备	□	
5	电缆敷设应满足有关的施工安装规范、规程、标准的要求。电缆敷设时，每回路电缆在始端、终端及中间等部位均应有固定标签，需注明回路编号、用途等标识，以利于日后的维护	□	
6	垂直导线均暗敷在垂直墙板中的金属管内；水平导线分别穿管暗敷设在本层地坪、墙中、楼板内或明敷设于水平槽盒内，并经槽盒穿管敷设至本层的各个配电设备	□	
7	凡穿管和在槽盒内敷设导线，在管内和槽板内导线不得有接头，电线管的弯曲半径应不小于其外径的 6 倍	□	
8	暗管或明管线出线盒引至天花板用电点的线段采用阻燃可挠金属软管配线	□	
9	线路穿越两侧有墙面的伸缩缝，沉降缝处采用防水阻燃可挠金属软管作软连接处理；电缆桥架，大型金属槽板封闭母线配线穿越伸缩缝时，两侧支架或吊架应留活动位并垫上橡胶垫位	□	
10	矿物绝缘类不燃性线缆敷设在消防桥架内或穿管敷设	□	
11	暗敷设的金属导管壁厚度不应小于 2mm，暗敷设的塑料导管管壁厚度不应小于 2mm，明敷的金属导管应做防腐、防潮处理。地下室及室外管线采用金属导管。明敷于潮湿场所和室外埋地敷设的金属导管，应采用管壁厚大于等于 2mm 的钢导管（SC）	□	
12	敷设在钢筋混凝土现浇楼板内地线缆保护导管最大外径不大于楼板厚度的 1/3，敷设在垫层的线缆保护导管最大外径不大于垫层厚度的 1/2，线缆保护导管暗敷时，外护层厚度不小于 15mm	□	
13	消防管线采用暗敷时，应敷设在不燃烧体结构内，且保护层厚度不小于 30mm，当采用明敷时，应采用金属管或金属槽盒上涂防火涂料保护	□	
14	$6mm^2$ 以下的铜芯导线并接时，须采用符合《家用和类似用途低压电路用的连接器件》GB 13140—2008 标准的导线连接器，并满足《建筑电气工程施工质量验收规范》GB 50303—2015 的 17.2.3 和《建筑电气细导线连接器应用技术规程》CECS 421—2015 的规定	□	
15	当电源电缆导管与采暖热水管同层敷设时，电源线缆导管敷设在采暖热水管道下面，并不应与采暖热水管平行敷设。电源线路与采暖热水管相交处不应有接头	□	
16	与卫生间无关的线缆导管不得进入和穿过卫生间。卫生间的线缆导管不应敷设在 0、1 区内	□	
17	电缆桥架、槽盒、封闭母线安装应采用足够承载力的支架、吊架、托架，支承点水平水平距离不宜大于 2m，转弯处需加密，垂直段支承距离不宜大于 3m，水平段距地高度不宜低于 2.5m，伸缩缝和防火墙参照《室内管线安装》D301-1～3 第 35 页～第 37 页施工	□	

续表

序号	内容	实施情况	备注
18	电缆槽（梯）架、封闭母线的安装：在无吊顶处沿梁底吊装或靠墙支架安装；在有吊顶处在吊顶内吊装或靠墙支架安装；在无吊顶的公共场所结合结构构件并考虑建筑美观和检修方便，采用靠墙、柱支架安装或屋架下弦构件处安装。接口及装角处均应有支撑（或吊装）点。同一敷设路径的电缆槽（梯）架、封闭母线宜共用吊装（或支撑）点，吊装（或支撑）点的用材应能确保承重要求。槽（梯）架、母线分层安装时应留放线及检修空间	□	
19	电缆桥架桥架施工时，应注意与其他专业的配合。 本项目采用（彩钢）电缆桥架，技术标准需满足《钢制电缆桥架工程技术规程》T/CECS 31—2017，桥架户内采用聚酯（PE）彩钢板，基板采用热镀锌基板，涂层厚度≥20μm，中性盐雾试验时间≥480h，户外桥架采用聚偏氟乙烯（PVDF）彩涂板，中性盐雾试验时间≥960h。桥架厚度满足《钢制电缆桥架工程技术规程》T/CECS 31—2017 中对模压增强底厚度的相关要求。 （彩钢）电缆托盘、梯架的直通段单件标准长度宜为 2000mm，其中托盘底部加强筋中心间距载荷 A 级 200 宽托盘加强底筋应不大于 400mm，载荷 B、C、D 级托盘加强底筋不应大于 230mm，桥架应承担下列载荷的电缆重量，测量试样底部中心点（即试样纵、横向中心线交叉点）产生的相对挠度值不得大于试样跨距的 1/200。 电缆桥架的附件连接螺栓采用达克罗或热浸镀锌处理。电缆桥架应有足够的强度、刚度及稳定性，电缆桥架底部保护膜安装完成后须清除	□	
20	下列情况下敷设电缆时，采取防火封堵措施： 电缆穿越不同防火分区时处；电缆沿竖井垂直敷设穿越楼板处；电缆沟、电缆间的隔墙处；沟道中每相隔 200m 或通风区段处；电缆穿越耐火极限不小于 1.0h 的隔墙处；电缆穿越建筑物的外墙处；电缆敷设至建筑物入口处，或至配电间、控制室的沟道入口处；电缆引至电气柜、盘或控制屏、台的开孔部位处。 电缆防火封堵采用防火胶泥、耐火隔板、填料阻火包、防火帽、矿棉板等材料。防火封堵材料的耐火极限不低于电缆所穿过的隔墙、楼板等防火分隔体的耐火极限；防火封堵处应采用角钢或槽钢托架进行加固，并能承载检修人员的荷载；角钢或槽钢托架应采用防火涂料处理； 电缆竖井应采用乙级防火门。电缆井应每层在楼板处用相当于楼板耐火极限的不燃烧体作防火分隔。电缆井与房间、走道等相连通的孔洞，其空隙应采用不燃烧材料填塞密实	□	
21	剩余电流检测系统的管线穿管 SC20（地上采用 MT25）敷设	□	
22	管槽内导线间及对地的绝缘电阻应不小于 0.5 兆Ω	□	

金属电缆桥架及其支架和引入或引出的金属电缆导管必须接地（PE）或接零（PEN）可靠，且必须符合下列规定：

防雷、接地系统 **表 4.24.1-4**

序号	内容	实施情况	备注
1	金属电缆桥架及其支架全长不少于 2 处与接地（PE）或接零（PEN）干线相连接，金属电缆桥架及其支架全长大于 30m 时，应每隔 20～30m 增加与接地（PE）或接零（PEN）干线的连接点	□	

续表

序号	内容	实施情况	备注
2	非镀锌电缆桥架间连接板的两端跨接铜芯接地线，接地线最小允许截面积不小于 $4mm^2$	□	
3	镀锌电缆桥架间连接板的两端不跨接接地线，但连接板两端不少于2个有防松螺帽或防松垫圈的连接固定螺栓	□	
4	一般接地端子板和接地端子箱的安装高度为0.3m。室外接地测试用接地端子板的安装高度为0.8m	□	
5	接地干线电缆沿桥架或穿硬质PVC管敷设。接地干线扁钢沿桥架敷设	□	
6	建筑物玻璃幕墙防直击雷措施参见图集《利用建筑物金属体做防雷及接地装置安装》15D503；玻璃幕墙等电位及防侧击雷安装参见图集《接地装置安装》14D504	□	

抗震 **表 4.24.1-5**

序号	内容	实施情况	备注
1	变压器安装就位后焊接牢固，内部线圈牢固固定在变压器外壳内的支承结构上；适当加宽变压器的支承面，并设置防止其移动和倾倒的限位器；并对接入和接出的柔性导体留有位移的空间	□	
2	设在水平操作面上的消防、安防设备应采取防止滑动措施	□	
3	设在建筑物屋顶上的共用天线采取防止因地震导致设备或其部件损坏后坠落伤人的安全防护措施	□	
4	安装在吊顶上的灯具，考虑地震时吊顶与楼板的相对位移	□	
5	安装在建筑上的附属机械，电气设备系统的支座和连接，符合地震时使用功能的要求，且不应导致相关部件的损坏	□	
6	内径不小于60mm的电气配管及重力不小于150N/m的电缆梯架、电缆槽盒、母线槽均应进行抗震设防	□	
7	刚性电力线管侧向支撑最大间距为12m，非刚性电力线管侧向支撑最大间距为6m，刚性电力线管纵向支撑最大间距为24m，非刚性电力线管纵向支撑最大间距为12m	□	
8	抗震支吊架产品需通过FM认证，与混凝土、钢结构、木结构等须采取可靠的锚固形式。具体深化设计由专业公司完成，最终间距根据现场实际情况在深化设计阶段确定。所有产品需满足《建筑机电设备抗震支吊架通用技术条件》CJ/T 476—2015	□	
9	配电导体采用硬母线敷设且直线段长度大于80m时，应每50m设置伸缩节；在电缆桥架、电缆槽盒内敷设的缆线在引进、引出和转弯处，应在长度上留有余量；接地线应采取防止地震时被切断的措施	□	
10	缆线穿管敷设时宜采用弹性和延性较好的管材	□	
11	引入建筑物的电气管路敷设时，在进口处应采用挠性线管或采取其他抗振措施；当进户井贴邻建筑物设置时，缆线应在井中留有余量；进户套管与引入管之间的间隙应采用柔性防腐、防水材料密封	□	

续表

序号	内容	实施情况	备注
12	电气管路不宜穿越抗震缝，当必须穿越时，采用金属导管、刚性塑料导管敷设时宜靠近建筑物下部穿越，且在抗震缝两侧应各设置一个柔性管接头；缆梯架、电缆槽盒、母线槽在抗震缝两侧应设置伸缩节；抗震缝的两端应设置抗震支撑节点并与结构可靠连接	□	
13	电气管路敷设时，当线路采用金属导管、刚性塑料导管、电缆梯架或电缆槽盒敷设时，应使用刚性托架或支架固定，不宜使用吊架。当必须使用吊架时，应安装横向防晃吊架；当金属导管、刚性塑料导管、电缆梯架或电缆槽盒穿越防火分区时，其缝隙应采用柔性防火封堵材料封墙，并应在贯穿部位附近设置抗震支撑；金属导管、刚性塑料导管的直线段部分每隔 30m 应设置伸缩节	□	
14	配电装置至用电设备间连线，宜采用软导体；采用穿金属导管、刚性塑料导管敷设时，进口处应转为挠性线管过渡；当采用电缆梯架或电缆槽盒敷设时，进口处应转为挠性线管过渡	□	

其他 **表 4.24.1-6**

序号	内容	实施情况	备注
1	凡与施工有关而又未说明之处，参见国家、地方标准图集施工，或与设计院协商解决。本设计图中标注型号的设备或材料，仅作为设计控制产品选型的依据	□	
2	本工程所选设备、材料，必须具有国家级检测中心的检测合格证书；必须满足与产品相关的国家标准；供电产品、消防产品应具有入网许可证	□	
3	根据国务院签发的《建设工程质量管理条例》： 1. 本设计文件需报县级以上人民政府建设行政主管部门或其他有关部门、施工图审图部门审查批准后，方可使用。 2. 建设方应提供电源等市政原始资料，原始资料必须真实、准确、齐全。 3. 由各单位采购的设备、材料，应保证符合设计文件及合同的要求。 4. 施工单位必须按照工程设计图纸和施工技术标准施工，不得擅自修改工程设计。施工单位在施工过程中发现设计文件和图纸有差错的，应当及时提出意见和建议。 5. 建设工程竣工验收时，必须具备设计单位签署的质量合格文件。 6. 选用标准图《常用水泵控制电路图》16D303—3、《常用风机控制电路图》16D303—2、《防雷与接地设计施工要点》15D500、《建筑物防雷设施安装》15D501、《等电位联结安装》15D502、《利用建筑物金属体做防雷及接地装置安装》15D503、《接地装置安装》14D504。 7. 其他未尽事宜参照现行国家规范执行	□	

4.24.2 弱电施工安装设计说明

一般规定 **表 4.24.2-1**

序号	内容	实施情况	备注
1	弱电各系统垂直电缆及导线均明敷在弱电间中的垂直电缆金属走线槽内，或暗敷在垂直墙板中的钢管内；水平电缆或导线分别穿管暗敷设在本层地坪、墙中、楼板内或明敷设于水平金属电缆走线槽内，并经线槽再引至本层的各个终端。建筑内的电缆井、管道井应在每层楼板处采用不低于楼板耐火极限的不燃材料或防火封堵材料封堵	□	

续表

序号	内容	实施情况	备注
2	弱电各系统的分接箱或分线箱均明装于弱电间内的侧墙上。除注明外，分线箱或分接箱明装或暗装（嵌装）时，箱底离地均为 1.30m；过路箱暗装（嵌装）时，箱底离地均为 0.30m	□	
3	弱电间内垂直管道洞口施工后，需用防火材料进行防火封堵；地下一层外墙上弱电进线管两端均需用防水材料堵塞，以防渗水。当弱电线缆穿越沉降缝时，均需按沉降缝施工处理	□	
4	线槽可用支架吊装或用托臂支撑，托臂或支架每隔 1～1.5m 由膨胀螺栓固定在附近侧墙或顶板上	□	
5	从垂直或水平的金属电缆线槽引出的电缆或导线均需外加钢管或金属蛇皮管加以保护。所有安装在吊平顶内或吸顶安装开口向下的出线盒需加穿 ϕ25 的金属蛇皮管，长度不超过 1m	□	
6	各个钢板箱的内外壳接地螺栓需用 WDZA-BYJ-1×6 的接地线连接并与弱电间中垂直电缆走线槽内 WDZA-BYJ-1×35 的接地主干线可靠联结。除注明外，接地线均引至弱电间及有关机房内。所有电缆走线槽均采用热镀锌处理，并且电缆走线槽和钢管均需有连续可靠的接地。各弱电系统均需有连续可靠的接地	□	
7	过路盒选用 86H60 配 86ZB 盖板，嵌墙暗装时盒底离地 0.3m，或与附近电源插座同一高度安装，当有吊平顶时可暗装在吊平顶内，开口向下安装	□	
8	消防管线采用暗敷时，应敷设在不燃烧体结构内，且保护层厚度不小于 30mm，当采用明敷时，应采用金属管或金属线槽上涂防火涂料保护	□	

通信网络与综合布线系统 **表 4.24.2-2**

序号	内容	实施情况	备注
1	除注明外，地下层单孔六类出线盒，均采用 SCϕ20 型钢管，内穿一根 8 芯六类用户线，双孔六类出线盒均表示采用 SCϕ20 型钢管，内穿 2 根 8 芯六类用户线	□	
2	除注明外，六类信息出线盒采用 86H60，面板由系统承包商提供，出线盒嵌墙暗装时盒底离地 0.3m，或与附近电气插座同一高度安装。卫生间内盒底离地 1～1.3m，无障碍卫生间内盒底离地 0.4～0.5m，除注明外，线缆在出线盒内留 0.30m	□	

移动通信室内中继系统和无线对讲室内中继系统 **表 4.24.2-3**

序号	内容	实施情况	备注
1	天线根据设计要求进行隐蔽式或外露式定位安装，水平及垂直方向应有一定调整余量	□	
2	各种馈线的走向及安装加固除应符合设计规定	□	
3	功分器、耦合器应安装在既隐蔽又维护方便的地方（例如走线架的侧旁，槽道的上方等）	□	

安防系统 **表 4.24.2-4**

序号	内容	实施情况	备注
1	除注明外，电视监控出线盒开口向下嵌装顶板内或嵌装在侧墙上，盒底离地2.8m；电缆在出线盒内预留 0.3m，出线盒盖板上开孔根据以后实物再开；室内固定摄像机电缆为视频、电源电缆分别穿在一根 ϕ20 的钢管内；带云台变焦摄像机电缆为视频、控制电缆、电源电缆分别穿在一根 ϕ20 钢管内，视频电缆、控制电缆均由安防线槽引出，电源电缆由安防电源电缆线槽引出，均引至本层顶板或墙（柱）监控电视出线盒内，线缆经走线槽或出线盒引出后均加穿 ϕ20 金属蛇皮管保护。监控电视出线盒嵌墙暗装时盒底离地 0.3m，或与附近电源插座同一高度安装	□	
2	安装在所有电梯厅处的摄像机暂按有吊顶设计考虑，采用半球型摄像机	□	
3	除注明外，门禁读卡器和开门按钮出线盒嵌入安装在侧墙上，盒底离地 1.3m；电缆在出线盒内预留 0.3m，电缆穿在一根 ϕ20 管内	□	
4	除注明外，防盗报警红外探测器出线盒嵌入安装在侧墙上，盒底离地 2.2m；电缆在出线盒内预留 0.3m，电缆穿在一根 ϕ20 管内	□	
5	除注明外，巡更按钮嵌入安装在侧墙上，离地 1.3m	□	
6	在所有无障碍厕所的坐便器旁约 0.4～0.5m 高处设置求助报警按钮，其求助报警信号接入报警系统中	□	

火灾报警及联动控制系统 **表 4.24.2-5**

序号	内容	实施情况	备注
1	除注明外，传输线路采用穿金属管、防火保护封闭式金属线槽保护方式布线。消防控制、通信和警报线路采用暗敷时，金属管并敷设在不燃烧体的结构层内；保护层厚度不小于 30mm。采用明敷时，防火保护的金属管或金属线槽保护	□	
2	除注明外，手动报警按钮和插孔电话出线盒嵌入安装的侧墙上，盒底离地 1.3m；电缆在出线盒内预留 0.3m，电缆分别穿在一根 ϕ20 管内。消火栓启泵按钮安装在消火栓内，离地 1.3m；电缆在出线盒内预留 0.3m，电缆穿在一根 ϕ20 管内	□	
3	除注明外，声光报警器出线盒嵌入安装的侧墙上，盒底离地 2.2m；电缆在出线盒内预留 0.3m，电缆穿在一根 ϕ20 管内。消火栓启泵按钮出线盒安装在消火栓内，离地 1.3m；电缆在出线盒内预留 0.3m，电缆穿在一根 ϕ20 管内。消防专线电话终端出线盒嵌入安装的侧墙上，盒底离地 1.3m；电缆在出线盒内预留 0.3m，电缆穿在一根 ϕ20 管内	□	
4	除注明外，楼层显示器出线盒嵌入安装的侧墙上，盒底离地 1.3m；电缆在出线盒内预留 0.3m，电缆分别穿在一根 ϕ20 管内	□	
5	从接线盒，线槽等处引到探测器底座盒、控制设备盒、扬声器箱的线路均应加金属软管保护	□	

背景音乐、公共广播及紧急音响系统 **表 4.24.2-6**

序号	内容	实施情况	备注
1	吸顶扬声器（3W）出线盒采用 86H60 配 86ZB 面板，出线盒在吊平顶内开口向下安装；明装扬声器（5W）出线盒采用 86H60 配 86ZB 面板，出线盒嵌墙暗装时盒底离地 2.2m	□	

续表

序号	内容	实施情况	备注
2	除注明外，各音量开关之间的广播管线均表示在一根 ϕ20 钢管内穿 1 根 4 芯广播线（WZAN-RYJS 型），由音量开关引至各扬声器或各个扬声器之间的广播管线均表示在一根 ϕ20 钢管内穿 1 根 2 芯广播线（WZAN-RYJS 型），分接（线）箱至音量开关之间的广播线均表示在一根 ϕ20 的钢管内穿一根 4 芯广播线（WZAN-RYJS 型）。扬声器连接需注意线缆相位一致	□	
3	除注明外，穿管暗敷广播线钢管，均采用 ϕ20 型钢管，内穿一根 2 芯或 4 芯广播线，从吊顶中走线槽内引出并沿侧墙或轻质隔断及柱中引下至暗装音量开关出线盒内，或从线槽引出至吊平顶出线盒内	□	

楼宇自控系统 **表 4.24.2-7**

序号	内容	实施情况	备注
1	DDC 控制箱明装于各层强电间、空调机房侧墙上，除注明外，箱体离地为 1.3m	□	

4.25 电气告知书

总则 **表 4.25-1**

序号	内容	实施情况	备注
1	施工单位应严格按照本工程设计图纸和施工技术标准施工，不得擅自修改工程设计	□	
2	图纸中的所有设备和元器件型号仅用于招标时确定其功能及性能指标，投标单位的实际选型不受此限	□	
3	电气施工和安装除满足施工图设计要求外，尚应满足国家现行的施工验收标准、规范及强制性条文和标准	□	
4	施工前应及时与设计、监理等进行全面的施工设计技术交底，并作好交底纪要和必要的风险防范	□	
5	施工单位在施工过程中发现设计文件和图纸有差错的，应及时通知本设计院，提出的意见和建议应征得本设计院电气设计人员同意，由业主、设计、施工、监理等签署的技术核定单或以设计院的修改变更图纸为准； 涉及安全、节能和环保的修改变更应按照当地管理部门要求重新上报施工图审查机构审查，审查合格后方可施工	□	
6	承包商、产品供应商应在原施工图设计的基础上可根据建设方要求进行必要的深化设计，深化设计内容不得改变原施工图设计的要求	□	
7	电气装置的安装施工与验收，应严格按现行国家规范《建筑电气工程施工质量验收规范》GB 50303 和国家系列电气装置安装工程施工及验收规范的有关规定执行，并满足当地质检部门的验收要求	□	

供配电系统 表 4.25-2

序号	内容	实施情况	备注
1	供电电源进线路数、供电电压等级、供电负荷等级、系统主接线及保护和控制、应急电源的设置等应严格按照施工图设计要求，不得随意降低供电要求；并应满足现行国家规范《电气装置安装工程高压电器施工及验收规范》GB 50147、《电气装置安装工程低压电器施工及验收规范》GB 50254 的规定。施工单位施工时不得擅自改变系统的主接线方式	□	

线缆敷设 表 4.25-3

序号	内容	实施情况	备注
1	选用的电线电缆、母线、电缆桥架等应符合施工图设计要求。施工单位施工时不得随意减小电线电缆、母线的截面；不得随意改变电线电缆的规格型号；不得随意改变电线电缆的敷设方式；电线电缆的敷设除满足设计要求外，并应满足现行国家规范《电气装置安装工程电缆线路施工及验收规范》GB 50168 的规定	□	

电气防火 表 4.25-4

序号	内容	实施情况	备注
1	给消防设备供电的电线电缆应采用耐火型，其耐火级别应满足设计要求	□	
2	成束敷设的电线电缆应采用阻燃型，其阻燃级别应满足设计要求	□	
3	消防设备配电管线应按照设计要求采取相应的防火措施，穿过不同防火分区的布线孔洞应采取防火封堵措施，并满足当地消防部门验收的要求	□	
4	消防应急照明系统和灯具应满足设计要求，灯具的防护及材料应满足相关的现行国家消防标准的规定	□	
5	施工单位不得降低原设计院火灾自动报警和消防广播系统施工图的技术要求，不得擅自改变探测器的种类和联动控制要求	□	
6	有爆炸和火灾危险的电缆线路的设计、电缆、电缆附件的选择，必须按国家现行规范《爆炸危险环境电力装置设计规范》GB 50058 的规定执行	□	

电气设备及元器件 表 4.25-5

序号	内容	实施情况	备注
1	本工程所选用的电气设备，订货前先确认被控设备电气参数是否与图纸一致，当设备功率偏离机电施工图中标示的功率时，应及时通知相关建设、监理、设计及施工人员处理，并经各方共同确认后方可订货；设备配电箱、控制箱订货前应确认相关消防、BAS 等控制接口要求	□	
2	风机、水泵等设备控制柜（箱）订货采购时应按设计图纸、国标图集《常用风机控制电路图》16D303-2、《常用水泵控制电路图》16D303-3 的要求配置相关控制系统，并预留相应的消防及 BAS 监控接口	□	

续表

序号	内容	实施情况	备注
3	选用的电气设备和材料必须具备国家权威机构的产品试验报告、生产许可证、各类质量认证和产品合格证并满足产品相关的国家标准；需经强制性认证的产品，必须具备3C认证；供电产品、消防产品应具有入网许可证，不得选用国家和地方已颁布的劣质和淘汰产品	□	
4	由设备制造生产厂或供货商成套提供的配电控制箱（柜），其系统及控制接线应满足国家现行的规范、标准及图集的要求，各项性能指标包括用电及人身安全防护等措施应能满足相应的现行国家行业地方设计及施工验收标准规范的要求	□	
5	应根据各电梯最终订货的型号规格及电气参数，复核电梯配电箱的开关、电缆规格，确保满足电梯运行要求	□	
6	不得随意改变或降低设计对元器件的功能和技术参数的要求	□	
7	电气设备的防护外壳应满足设计要求，并满足该产品的国家制造标准的要求	□	
8	照明装置的施工应满足现行国家规范《建筑电气照明装置施工与验收规范》GB 50617的规定	□	
9	所选用的电气和智能化系统设备、线缆和材料等，应为符合相应产品标准的合格产品，并具有相关检测合格证书； 有产品认证要求的应取得相应的认证证书	□	

电气节能 **表4.25-6**

序号	内容	实施情况	备注
1	电气设备的选型应符合或高于设计院施工图的对产品能效要求，并满足国家相关产品的能效标准。照明装置及控制系统的选用和照明场所的功率密度限值应按照施工图的设计要求，不得擅自降低要求	□	

防雷与接地 **表4.25-7**

序号	内容	实施情况	备注
1	施工单位应严格按照设计院的防雷设计进行施工，不得降低雷电防护等级，防雷工程应满足现行国家规范《建筑物防雷工程施工与质量验收规范》GB 50601的规定	□	
2	施工单位应严格按照设计院的电气装置接地要求和施工图进行施工，电气装置的接地应满足现行国家规范《电气装置安装工程接地装置施工及验收规范》GB 50169的规定	□	
3	严禁用易燃易爆气体、液体、蒸气的金属管道做接地线； 不得用蛇皮管、管道保温用的金属网或外皮做接地线	□	
4	每台电气设备的接地线应与接地干线可靠连接，不得在一根接地线中串接几个需要接地的部分	□	
5	保护用接地、接零线上不能装设开关、熔断器及其他断开点	□	

其他 **表 4.25-8**

序号	内容	实施情况	备注
1	凡与施工有关而又未说明之处，详见系统图、平面图，或参见国家、地方标准和图集施工，或与设计院协商解决	□	
2	为设计方便，所选设备型号仅供参考，招标所确定的设备规格、性能等技术指标，不应低于设计图纸的要求，且应满足设计所要求达到的功能和用途。所有设备确定厂家后均需建设、施工、设计、监理四方进行技术交底	□	
3	根据国务院签发的《建设工程质量管理条例》的规定：本设计文件需报县级以上人民政府建设行政主管部门或其他有关部门、施工图送审部门审查批准后，方可使用；建设方应提供电源等市政原始资料，原始资料必须真实、准确、齐全；由各单位采购的设备、材料，应保证符合设计文件及合同的要求；施工单位必须按照工程设计图纸和施工技术标准施工，不得擅自修改工程设计。施工单位在施工过程中发现设计文件和图纸有差错的，应当及时提出意见和建议，并通知设计方进行修改；建设工程竣工验收时，必须具备设计单位签署的质量合格文件；施工中各相关单位必须遵守国家、行业和本地区有关保障工程质量、生产安全和环境保护的相关法律法规、技术标准规范规程的规定；建设工程施工现场供电安全措施应满足《建设工程施工现场供电安全规范》GB 50194—2014、《施工现场临时用电安全技术规范》JGJ 46—2005 及其他相关规范标准的要求；建筑电气工程和智能化系统工程的施工验收必须坚持设备运行安全、用电安全的原则，强化过程验收控制	□	
4	本工程为____结构，电气设备的安装应与土建施工密切配合。特别是各种暗装箱、盒的预留孔洞及母线、桥架穿剪力墙的孔洞。大于 300mm 的孔洞结构专业已预留，小于 300mm 的孔洞现场电工配合预留。电气设备安装定位时，如与水、暖设备相碰，现场视情况应及时调整	□	
5	电气装置的安装施工与验收，应严格按现行国家规范《建筑电气工程施工质量验收规范》GB 50303 和国家系列电气装置安装工程施工及验收规范的有关规定执行，并满足当地质检部门的验收要求	□	
6	所有与变电所、发电机房、配电间、控制室、电梯机房等房间无关的管道不应穿越	□	
7	设置在公共区域内的配电箱（柜）须加锁，电梯配电箱（柜）须加锁	□	
8	施工单位进场前应先核对电气图纸，对进出建筑物，暗敷楼板、穿越结构墙体的电气管线进行配合预留孔洞工作	□	

5 计 算 书

本章主要以《工业与民用供配电设计手册（第四版）》的计算公式和国家及地方的现行标准中的规定为主要依据，共计编辑了 61 个自成体系的模块化计算表格，每个表格均有独立和相对完整的计算功能，可以用于某单一或几个相互关联的功能计算，并按照电气设计的习惯划分为变电所负荷计算、发电机容量计算、UPS 系统容量计算等 11 个小节，每个模块化计算表格均包括计算公式及取值。对于需用系数法计算变压器容量、低压配电系统开关整定与电缆选型、单位面积功率法计算负荷等常规设计中需要提供计算书的内容提供了输出模板，以便于电气设计人员标准化、规范化的计算。

计算公式及取值主要列出了该模块化计算表格引用的计算公式、计算公式的用途、计算公式中各设计参数的名称、定义和单位，方便设计人员在开始计算前能一目了然整个模块化计算表格内容；这部分内容虽然属于固定设计元素，但由于每个表格中可能列出的多个计算公式分别用于不同的设计情况，所以设计人员在此阶段仍需选择相应的计算公式。

本次编制的计算书并不追求包罗万象，而是基于民用建筑电气设计中常用的计算内容，采用工程设计中常用的计算方法，对于一些可采用简便、实用的查表法也做了推荐，设计人员可根据实际情况选用合适的方法计算。

本章节的设计参数基本出自《工业与民用供配电设计手册（第四版）》和《建筑电气常用数据》19DX101-1，部分地域性的设计标准是选自于上海市的地方规范和政府文件，比如：各类建筑物的单位建筑面积负荷指标、建筑屋顶安装太阳能光伏的面积比例指标等，当设计人员在应用此类公式计算时，应根据项目所在地的地方规范和政府文件的要求作相应的替换。设计中重要的设计参数以及所占篇幅较少的设计参数表格本章均直接列出；对于所占篇幅较多的设计参数表格，本章列出了可供查阅数据的出处，由设计人员自行查阅。

本章编辑的模块化计算表格还可按是否设置“实施情况以及备注”列将其分为两大类，设置了“实施情况以及备注”列的表格均为设计人员需要计算填写的表格，未设置“实施情况以及备注”列的表格属于被引用的表格，以设计参数的具体数据列表为主，均属于固定设计元素。表格中还存在表中表的情况，主要针对某些表格中设计参数可选用值不多无需再单独设表格或者是引用这些参数时其出处本就是简单的表格。

本章编辑的部分模块化计算表格的表后有较长的“注”，“注”的内容有时是独立的注释，用于解释表格中某个或多个序号行中的表达含义。这些内容往往比较重要，但又不适宜在表格中占用较长的篇幅，因此设“注”进行重点说明。有时“注”是对某些被引用的设计参数中存在特例的一种补充说明或者是不太容易被设计人员理解时的解释。也有时“注”被用于对某列中的设计参数的取值方式及取值范围进行规定。表格中也会在最右侧的备注栏中采用“详见本表注 *”或“见注 *”的方式将某些必须于以注解的序号行通过这种醒目的索引方式进行关联，使设计人员可以快速关注到与该序号行相关的重要注释。“注”本身就是引自某部国家标准中的注。

由于计算书在整个工程建设项目中属于最重要的设计文件，而且是施工图标准化设计说明以及标准化设计图纸最重要的设计依据，既要求精准细致，又要求严谨全面。因此设计人员在使用本章编辑的模块化计算表格前，有必要认真阅读表格的使用方式，特别是应该与表 2.2.2 进行配套选用，从而提高设计人员的工作效率、工作准确性及一致性。

5.1 变电所负荷计算

5.1.1 用电设备功率计算

用电设备功率计算表 **表 5.1.1-1**

名称	序号	内容		实施情况	备注
计算公式及取值	1	连续工作制的设备功率	$P_e=P_r$	□	
	2	周期工作制的设备功率	$P_e=P_r\sqrt{\varepsilon_r}$	□	
	3	短时工作制的设备功率	$P_e=P_r\sqrt{\varepsilon_r}$	□	
	P_e	统一负载持续率的有功功率，kW		□	
	P_r	设备的额定功率，kW		□	
	ε_r	设备的额定负载持续率		□	

注：1. 短时工作制电动机的设备功率是将额定功率换算为连续工作制的有功功率，可把短时工作制设备近似看作周期工作制设备，0.5h 工作制设备可按 $\varepsilon_r\approx15\%$ 考虑，1h 工作制设备可按 $\varepsilon_r\approx25\%$ 考虑。

2. 交流电梯用电动机通常是短时工作制电动机，但在设计阶段难以得到确切数据，还宜考虑其频繁启动和制动。建议按电梯工作情况分为“较轻”“频繁”“特重”，分别按 $\varepsilon_r\approx15\%$、$\varepsilon_r\approx25\%$、$\varepsilon_r\approx40\%$ 考虑。

3. 大型医疗设备的工作制分为连续工作制和短时（断续反复）工作制，按 $\varepsilon_r\approx50\%$ 考虑。

4. 医用短时反复工作制设备的隔离及保护电器应按设备短时负荷的 50%和连续负荷的 100%中较大值进行参数整定。

大型医疗设备工作制类型表 **表 5.1.1-2**

医疗设备类别	设备名称	工作制类型
医用磁共振设备	磁共振成像设备（MRI）、永磁型磁共振成像系统、常导型磁共振成像系统、超导型磁共振成像系统	连续工作制
医用 X 射线设备	X 射线治疗设备（X 射线深部治疗机、X 射线浅部治疗机、X 射线接触治疗机、X 射线介入治疗机）	连续工作制
	X 射线诊断设备（普通 X 射线诊断机、间接成像 CR 机、直接成像 DR 机）；CT（X 射线头部 CT 机、全身 CT 机、螺旋 CT 机、螺旋扇扫 CT 机）	短时（断续反复）工作制
医用高能射线设备	医用电子直线加速器、医用回旋加速器、医用中子治疗机、医用质子治疗机	连续工作制
	医用高能射线治疗设备（X 射线立体定向放射外科治疗系统）	短时（断续反复）工作制

续表

医疗设备类别	设备名称	工作制类型
医用核素设备	放射性核素治疗设备（钴 60 治疗机、γ-刀）；放射性核素诊断设备（正电子发射断层扫描装置 PECT、单光子发射断层扫描装置 SPECT……）	连续工作制
	PET-CT	短时（断续反复）工作制

5.1.2 单位面积功率法计算负荷

单位面积功率法计算负荷表 **表 5.1.2-1**

<table>
<tr><th>名称</th><th>序号</th><th colspan="4">内容</th><th>实施情况</th><th>备注</th></tr>
<tr><td rowspan="4">计算公式及取值</td><td>1</td><td colspan="2">单位面积功率法计算负荷</td><td colspan="2">$P_C=\frac{p_a A}{1000}$</td><td>☐</td><td></td></tr>
<tr><td colspan="2">P_C</td><td colspan="3">计算有功功率，kW</td><td>☐</td><td></td></tr>
<tr><td colspan="2">p_a</td><td colspan="3">用电指标，W/m^2</td><td>☐</td><td></td></tr>
<tr><td colspan="2">A</td><td colspan="3">建筑面积，m^2</td><td>☐</td><td></td></tr>
<tr><td rowspan="6">计算内容输出模板</td><td>序号</td><td>功能分区</td><td>面积（m^2）</td><td>用电指标（W/m^2）</td><td>计算功率（kW）</td><td>实施情况</td><td>备注</td></tr>
<tr><td>1</td><td>办公</td><td></td><td>70</td><td></td><td>☐</td><td></td></tr>
<tr><td>2</td><td>商业</td><td></td><td>120</td><td></td><td>☐</td><td></td></tr>
<tr><td>3</td><td>宾馆</td><td></td><td>70</td><td></td><td>☐</td><td></td></tr>
<tr><td>4</td><td>车库</td><td></td><td>15</td><td></td><td>☐</td><td></td></tr>
<tr><td colspan="2">合计</td><td colspan="5"></td></tr>
</table>

注：1. 此表用于估算工程中各类建筑的计算功率；

2. 表中的用电指标即单位面积功率指标，指标可根据工程具体情况见表 5.1.2-2。

各类建筑物的单位建筑面积用电指标 **表 5.1.2-2**

<table>
<tr><th colspan="2">建筑类别</th><th>用电指标（W/m^2）</th><th>建筑类别</th><th>用电指标（W/m^2）</th></tr>
<tr><td colspan="2">公寓</td><td>30～50</td><td>医院</td><td>30～70</td></tr>
<tr><td colspan="2">宾馆、饭店</td><td>40～70</td><td>高等院校</td><td>20～40</td></tr>
<tr><td colspan="2">办公楼</td><td>30～70</td><td>中小学</td><td>12～20</td></tr>
<tr><td rowspan="2">商业建筑</td><td>一般</td><td>40～80</td><td>展览馆、博物馆</td><td>50～80</td></tr>
<tr><td>大中型</td><td>60～120</td><td>演播室</td><td>250～500</td></tr>
<tr><td colspan="2">体育场、馆</td><td>40～70</td><td>汽车库</td><td>8～15</td></tr>
<tr><td colspan="2">剧场</td><td>50～80</td><td>（机械停车库）</td><td>（17～23）</td></tr>
</table>

注：此表数据引用《全国民用建筑工程设计技术措施（2009）·电气》，同《建筑电气常用数据》19DX101-1 中的数据。

5.1.3 单位面积负荷法计算变压器容量

单位面积负荷法计算变压器容量表　　　　表 5.1.3-1

名称	序号	内容		实施情况	备注
计算公式及取值	1	单位面积负荷法计算变压器容量	$S_C = \frac{s_a A}{1000}$	□	
	S_C	变压器容量，kVA		□	
	s_a	负荷密度，VA/m^2		□	
	A	建筑面积，m^2		□	

名称	序号	功能分区	面积（m^2）	负荷密度（VA/m^2）	变压器容量（kW）	实施情况	备注
计算内容输出模板	1	办公		100		□	
	2	商业		150		□	
	3	宾馆		100		□	
	4	车库		30		□	
	合计						

注：1. 此表用于方案阶段估算工程中各类建筑的变压器配置容量；
2. 表中的负荷密度指标应根据项目所处不同地方，采用相应的指标依据，指标依据见表 5.1.3-2、5.1.3-3、5.1.3-4；
3. 供配电系统应根据建筑功能分区、物业管理要求配置变电所、变压器；
4. 供配电系统应根据冷热源机房（集中）的容量，折算各个区域的变压器配置容量。

各类建筑物的单位建筑面积负荷指标
《全国民用建筑工程设计技术措施（2009）·电气》　　　　表 5.1.3-2

建筑类别		变压器容量指标（VA/m^2）	建筑类别	变压器容量指标（VA/m^2）
公寓		40～70	医院	50～100
宾馆、饭店		60～100	高等院校	30～60
办公楼		50～100	中小学	20～30
商业建筑	一般	60～120	展览馆、博物馆	80～120
	大中型	90～180	演播室	500～800
体育场、馆		60～100	汽车库	12～34
剧场		80～120	（机械停车库）	（25～35）

注：1. 此表数据引用《全国民用建筑工程设计技术措施（2009）·电气》，同《建筑电气常用数据》19DX101-1 中的数据；
2. 当空调冷水机组采用直燃机（或吸收式制冷机）时，用电指标一般比采用电动压缩机制冷时的用电指标降低 25～35VA/m^2。表中所列用电指标的上限值是按空调冷水机组采用电动压缩机组时的数值。

各类建筑物的单位建筑面积负荷指标《国网上海市电力公司非居民电力用户业扩工程技术导则（2014版）》　　表5.1.3-3

建筑类别		变压器容量指标（VA/m^2）	建筑类别	变压器容量指标（VA/m^2）
商业建筑（包括：商业办公、商场、宾馆、超市、剧场、餐馆、展览馆等）	一般	≥120	办公楼（非商办）	≥100
	大中型	≥130	高等院校	≥60
医院	三级甲等	≥100	中小学	≥30
	其他	≥80	车库	≥34

注：此表数据引用《国网上海市电力公司非居民电力用户业扩工程技术导则（2014版）》，上海市项目可参照此标准。

变压器容量指标　　表5.1.3-4

建筑类别	限定值（VA/m^2）	节能值（VA/m^2）	备注
办公	125	70	对应一类和二类办公建筑
商业	170	110	对应大型商店建筑
医院	125	80	对应三星级及以上宾馆

注：1. 商业综合体应按照各建筑类型的建筑面积比例进行核实；
2. 建筑物中包含数据中心，数据中心部分应符合相关规范的规定；
3. 此表数据引用《民用建筑电气设计标准》GB 51348—2019。

5.1.4 需要系数法计算变压器容量

需要系数法计算变压器容量表　　表5.1.4

名称	序号	内容		实施情况	备注
计算公式及取值	1	有功功率计算	$P_c = K_d P_e$	□	
	2	无功功率计算	$Q_c = P_c \tan\phi$	□	
	3	配电干线有功功率计算	$P_c = K_{\Sigma p}\sum(K_d P_e)$	□	
	4	配电干线无功功率计算	$Q_c = K_{\Sigma q}\sum(K_d P_c \tan\phi)$	□	
	5	视在功率计算	$S_c = \sqrt{P_c{}^2 + Q_c{}^2}$	□	
	6	变压器有功损耗	$\Delta P_T = 0.01S_c$	□	
	7	变压器无功损耗	$\Delta Q_T = 0.05S_c$	□	
	8	变压器负载率	$\eta = \frac{S_c}{S_n}100\%$	□	
	P_c		计算有功功率（kW）	□	
	P_e		用电设备的设备功率（kW）	□	
	K_d		需要系数	□	
	Q_c		计算无功功率（kvar）	□	
	ϕ		功率因数角	□	

续表

名称	序号	内容	实施情况	备注
计算公式及取值	$K_{\Sigma p}$	有功功率同时系数	□	
	$K_{\Sigma q}$	无功功率同时系数	□	
	ΔP_T	变压器有功损耗，kW	□	
	ΔQ_T	变压器无功损耗，kvar	□	
	S_c	视在功率，kVA	□	
	S_n	变压器容量，kVA	□	
	η	变压器负载率	□	

名称	回路编号	回路名称	配电箱编号	设备容量 P_e（kW）	需要系数 K_d	功率因数 $\cos\varphi$	有功功率 P_c（kW）	无功功率 Q_c（kvar）	视在功率 S_c（kVA）	负荷性质	负荷分类	负荷分类	实施情况	备注
计算内容输出模板	T1-E01									常用	特级	特殊	□	
	T1-E02									备用	特级	动力	□	
	T1-E03									常用	特级	照明	□	
	T1-F01									消常	一级	动力	□	
	T1-F02									消备	一级	动力	□	
	T1-F03									消常	一级	照明	□	
	T1-I01									备用	一级	照明	□	
	T1-I02									备用	一级	动力	□	
	T1-I03									备用	一级	照明	□	
	T1-N01									常用	二级	照明	□	
	T1-N02									常用	三级	空调	□	
	T1-N03									常用	三级	动力	□	
	正常时	合计												
		计入同时系数			*		*	*	*					
		变压器损耗					*	*						
		高压侧小计					*	*	*					
		需要补偿容量						*					□	
		实际补偿容量						*						
		补偿后低压侧合计					*	*	*					
		变压器容量 S_n（kVA）	*			负荷率	η=	*						

续表

计算内容输出模板	2号电源故障时	合计											☐	
		变压器低压侧小计			*		*	*	*	*				
		变压器损耗					*	*						
		高压侧小计					*	*	*					
		需要补偿容量						*						
		实际补偿容量						*						
		补偿后低压侧合计						*	*	*				
		变压器容量 S_n（kVA）	*			负荷率	η=	*						

注：1. 根据设备使用情况，负荷性质分为5种：消防、消常、消备、常用、备用；

2. 负荷分级分为4级：特级、一级、二级、三级；

3. 负荷分类分为4类：照明、空调、动力、特殊，用于负荷分类计量；

4. 为便于配电系统设计与回路标注，建议配电回路设置的顺序：应急（E）—消防（F）—重要（I）—普通（N）；

5. 表中变压器阻抗损耗的计算方法采用工程近似法；

6. 变压器负荷计算应根据各种实际工况做相应的统计计算，表中列出了正常状态和2号电源故障时状态的变压器负荷情况，在特殊情况下，有时还应计算消防状态时的变压器负荷、不同季节时采用不同空调系统的变压器负荷；

7. 当2号电源故障时，若1号电源变压器能够承担所有的特级、一级、二级负荷，但无法承担1号电源变压器下的三级负荷时，则需要对低压配电系统内三级负荷回路的断路器配置分励模块、电操装置，以便由电力监控系统卸载和自动控制相应回路的投切。

5.1.5 低压配电系统开关整定与电缆选型

低压配电系统开关整定与电缆选型表 **表5.1.5**

名称	序号	内容		实施情况	备注
计算公式及取值	1	有功功率计算	$P_c = K_d P_e$	☐	
	2	无功功率计算	$Q_c = P_c \tan\phi$	☐	
	3	视在功率计算	$S_c = \sqrt{P_c^2 + Q_c^2}$	☐	
	4	计算电流计算	$I_c = \dfrac{S_c}{\sqrt{3}U_n}$	☐	
	5	断路器整定电流确定	$I_C \leqslant I_N$	☐	
	6	导体允许持续载流量确定	$I_N \leqslant I_Z$	☐	
	P_c	计算有功功率，kW		☐	
	P_e	用电设备的设备功率，kW		☐	
	K_d	需要系数		☐	

续表

名称	序号	内容	实施情况	备注
计算公式及取值	Q_c	计算无功功率，kvar	□	
	ϕ	功率因数角	□	
	S_c	视在功率，kVA	□	
	I_c	计算电流计算	□	
	U_n	系统标称电压（线电压），kV	□	
	I_N	断路器整定电流，A	□	
	I_Z	导体允许持续载流量，A	□	

计算内容输出模板

回路编号	回路名称	配电箱编号	设备容量 P_e（kW）	需要系数 K_d	功率因数 $\cos\varphi$	有功功率 P_c（kW）	无功功率 Q_c（kvar）	视在功率 S_c（kVA）	计算电流 I_C（A）	电缆规格型号	整定电流 I_N（A）	负荷性质	负荷分类	负荷分类
T1-E01												常用	特级	特殊
T1-E02												备用	特级	动力
T1-E03												常用	特级	照明
……														
T1-F01												消常	一级	动力
T1-F02												消备	一级	动力
T1-F03												消常	一级	照明
……														
T1-I01												备用	一级	照明
T1-I02												备用	一级	动力
T1-I03												备用	一级	照明
……														
T1-N01												常用	二级	照明
T1-N02												常用	三级	空调
T1-N03												常用	三级	动力
……														

注：1. 根据设备使用情况，负荷性质分为5种：消防、消常、消备、常用、备用；

2. 负荷分级分为4级：特级、一级、二级、三级；

3. 负荷分类分为4类：照明、空调、动力、特殊，用于负荷分类计量；

4. 为便于配电系统设计与回路标注，建议配电回路设置的顺序：应急（E）—消防（F）—重要（I）—普通（N）；

5. 本表可直接附于低压配电系统图中；

6. 导体允许持续载流量（I_Z）应是考虑敷设条件后的载流量，电缆规格应根据此载流量选择。

5.1.6 单相负荷计算

单相负荷计算表 **表 5.1.6**

名称	序号	内容		实施情况	备注
计算公式及取值	1	单相负荷不做换算，与三相负荷直接相加	$P_{eq}=P_{U}+P_{V}+P_{W}$	□	
	2	只有相间负荷，简化法等效三相负荷	$P_{eq}=1.73P_{UV}+1.27P_{VW}$	□	
	3	只有相负荷，简化法等效三相负荷	$P_{eq}=3P_{UVW_{max}}$	□	
	4	既有相间负荷，又有相负荷，简化法等效三相负荷	$P_{eq}=1.73P_{UV}+1.27P_{VW}+3P_{UVW_{max}}$	□	
	P_{eq}	等效三相负荷，kW		□	
	P_{U}、P_{V}、P_{W}	U、V、W 相的有功负荷，kW		□	
	P_{UV}、P_{VW}、P_{WU}	UV、VW、WU 相间的有功负荷，kW		□	
	$P_{UVW_{max}}$	ΣP_{U}、ΣP_{V}、ΣP_{W} 中最大相负荷的有功负荷，kW		□	

注：1. 本表主要用于计算单相负荷不换算或换算成三相负荷的简化换算法；

2. 当只有相间负荷时，且 $P_{UV}\geqslant P_{VW}\geqslant P_{WU}$，采用表中序号 2 公式进行换算。

5.1.7 尖峰电流计算

尖峰电流计算表 **表 5.1.7**

名称	序号	内容			实施情况	备注
计算公式及取值	1	单台电动机、电弧炉或电焊变压器的支线	$I_{st}=KI_{r}$		□	
	2	接有多台电动机的配电线路，只考虑一台电动机启动时	$I_{st}=(KI_{r})_{max}+I'_{c}$		□	
	I_{st}	尖峰电流，A			□	
	I_{r}	电动机额定电流、电弧炉或电焊变压器一次侧额定电流，A			□	
	$(KI_{r})_{max}$	启动电流最大的一台电动机的启动电流，A			□	
	I'_{c}	除启动电动机以外的配电线路计算电流，A			□	
	K	启动电流倍数，及启动电流与额定电流之比	笼型电动机	7	□	
			绕线转子电动机	2	□	
			直流电动机	1.5～2	□	
			单台电弧炉	3	□	
			弧焊变压器和弧焊整流器	≤2.1	□	
			电阻焊机	1	□	
			闪光电焊机	2	□	

注：本表主要用于单台设备的启动算法，两台及以上电动机同时启动时，尖峰电流根据实际情况确定。

5.1.8 无功功率补偿计算

并联电容无功功率补偿容量计算表 **表 5.1.8**

名称	序号	内容		实施情况	备注
计算公式及取值	1	按技术要求计算最大负荷的补偿容量	$Q = P_c(\tan\varphi_1 - \tan\varphi_2)$	□	
	2	最大负荷功率因数角正切值	$\tan\varphi_1 = Q_c / P_c$	□	
	Q	补偿容量，kvar		□	
	P_c	最大负荷有功功率，kW		□	
	Q_c	最大负荷无功功率，kvar		□	
	φ_1	最大负荷功率因数角		□	
	φ_2	要求达到的功率因数角，高压供电的装有带负荷调压装置的电力用户要求的最低功率因数为 0.9，对应 $\tan\varphi_2 = 0.484$		□	

注：1. 本表中 $\tan\varphi_2$ 若要求功率因数高于 0.9，则按对应要求计算 $\tan\varphi_2$ 的值；

2. 本表中 P_c、Q_c 根据实际计算负荷结果确定。

5.1.9 滤波电容-电抗器组的补偿容量计算

由于供配电系统中存在大量的非线性负荷，因此配电系统中会存在较高的谐波含量，而传统配电系统中采用电容器作为无功补偿方式，其电容器的容抗和电网中的感抗容易产生谐振，造成配电系统故障。因此，配电系统需串联调谐电抗器，以组成滤波电容-电抗器组，避免发生系统的谐振。

滤波电容-电抗器组补偿容量计算表 **表 5.1.9**

名称	序号	内容		实施情况	备注
计算公式及取值	1	滤波电容-电抗器组调谐频率	$h^2 = \frac{X_C}{X_L}$	□	
	2	滤波电容-电抗器组调谐参数（理论值）	$P_L = \frac{X_L}{X_C} 100\% = \frac{1}{h^2} 100\%$	□	
	3	滤波电容-电抗器组调谐参数（实际值）	$P > P_L$	□	注 1
	4	电容器的工作电压	$U_C = \frac{U}{1-P}$	□	
	5	电容器的额定电压	$U_{CE} > 1.1 U_C$	□	
	6	滤波电容器实际补偿容量	$Q = Q_C \left(\frac{U}{U_C}\right)^2$	□	

续表

名称	序号	内容	实施情况	备注
计算公式及取值	h	谐波调谐次数	□	
	X_C	电容器容抗值，Ω	□	
	X_L	电抗器感抗值，Ω	□	
	P	滤波电容-电抗器组调谐参数（实际值）	□	
	P_L	滤波电容-电抗器组调谐参数（理论值）	□	
	U	系统电压，V	□	
	U_C	电容器工作电压，V	□	
	U_{CE}	电容器的额定电压，V	□	
	Q	滤波电容器实际补偿容量，kvar	□	
	Q_C	滤波电容器额定容量，kvar	□	

注：在确定电抗器容量时，应使实际调谐频率小于理论调谐频率，以避免发生系统的局部谐振，还应考虑一定裕度，因为当电容器使用时间较长后，其介质材料退化，从而导致电容值下降，引起谐振频率的升高，因此滤波电容-电抗器组调谐参数的实际值应大于理论值。

5.1.10 供电系统功率损耗计算

供电系统的功率损耗计算表 **表 5.1.10**

名称	序号	内容		实施情况	备注
计算公式及取值	1	三相线路的有功功率损耗	$\Delta P_L = 3I_c^2 rl \times 10^{-3}$	□	
	2	三相线路的无功功率损耗	$\Delta Q_L = 3I_c^2 xl \times 10^{-3}$	□	
	3	变压器有功功率损耗	$\Delta P_T = \Delta P_0 + \Delta P_k \left(\frac{S_c}{S_r}\right)^2$	□	
	4	变压器无功功率损耗	$\Delta Q_T = \frac{I_0\%S_r}{100} + \frac{U_k\%S_r}{100}\left(\frac{S_c}{S_r}\right)^2$	□	
	5	变压器有功功率损耗估算	$\Delta P_T = 0.01S_c$	□	
	6	变压器无功功率损耗估算	$\Delta Q_T = 0.05S_c$	□	
	ΔP_L	三相线路的有功功率损耗，kW		□	
	ΔP_T	变压器的有功功率损耗，kW		□	
	ΔQ_L	三相线路的无功功率损耗，kvar		□	
	ΔQ_T	变压器的无功功率损耗，kvar		□	
	r	线路单位长度的电阻，Ω/km		□	
	x	线路单位长度的电抗，Ω/km		□	
	l	线路计算长度，km		□	
	I_c	计算相电流，A		□	
	S_c	变压器计算负荷，kVA		□	
	S_r	变压器额定容量，kVA		□	
	ΔP_0	变压器的空载有功损耗，kW		□	
	ΔP_k	变压器的短路有功损耗，kW		□	
	I_0	变压器的空载电流		□	
	U_k	变压器阻抗电压占额定电压		□	

注：1. 本表中 r、x 可参见《工业与民用配电手册（第四版）》的表 9.4-16、表 9.4-17；
2. 本表中 S_r、ΔP_0、ΔP_k、I_0、U_k 在产品样本中查得；
3. 实际工程设计中，可采用序号 5 公式、序号 6 公式估算变压器的有功功率损耗和无功功率损耗。

5.1.11 供电系统电能损耗计算

电网中的电能损耗主要包括线路年有功电能损耗、变压器年有功电能损耗。具体计算见表 5.1.11。

供电系统电能损耗计算表　　表 5.1.11

名称	序号	内容		实施情况	备注
计算公式及取值	1	供电线路年有功电能损耗	$\Delta W_{\mathrm{L}}=\Delta P_{\max}\tau$	□	
	2	变压器年有功电能损耗	$\Delta W_{\mathrm{T}}=\Delta P_0 t+\Delta P_{\mathrm{k}}\left(\frac{S_{\mathrm{c}}}{S_{\mathrm{r}}}\right)^2\tau$	□	
	ΔW_{L}		三相线路的年有功电能损耗，kWh	□	
	ΔW_{T}		变压器的年有功电能损耗，kWh	□	
	$\Delta P_{\max}$		线路中最大负荷时的有功功率损耗，kW	□	
	ΔP_0		变压器空载有功损耗，kW	□	
	ΔP_{k}		变压器短路有功损耗，kW	□	
	τ		年最大负荷损耗小时数，h	□	
	t		变压器或电抗器全年投入运行小时数，当全年投入运行时取 8760，h	□	
	S_{c}		变压器计算负荷，kVA	□	
	S_{r}		变压器额定容量，kVA	□	

注：1. 本表中 τ 可见《工业与民用配电手册（第四版）》的表 1.9-1、表 1.10-2 或图 1.10-7；
2. 本表中的 S_{r}、ΔP_0、ΔP_{k} 在变压器样本中可得。

5.1.12 谐波计算

要点：

1. 当能确定系统内的各谐波源及其各次谐波电流含有率、谐波电压含有率时，可根据表 5.1.12-1 序号 1～6 公式进行各次谐波电流和谐波电压的计算；

2. 但在实际民用建筑工程设计阶段，设计人员一般难以收集到足够的电气设备的谐波数据，因此可以采用工程估算法进行谐波电流估算，详见表 5.1.12-1 中公式 7。

谐波电流、谐波电压计算表　　表 5.1.12-1

名称	序号	内容		实施情况	备注
计算公式及取值	1	第 h 次谐波电压含有率	$HRU_{\mathrm{h}}=\frac{U_{\mathrm{h}}}{U_1}\times 100\%$	□	
	2	第 h 次谐波电流含有率	$HRI_{\mathrm{h}}=\frac{I_{\mathrm{h}}}{I_1}\times 100\%$	□	

续表

名称	序号	内容		实施情况	备注
计算公式及取值	3	谐波电压总含量	$U_H=\sqrt{\sum_{h=2}^{\infty}(U_h)^2}$	□	
	4	谐波电流总含量	$I_H=\sqrt{\sum_{h=2}^{\infty}(I_h)^2}$	□	
	5	电压总谐波畸变率	$THD_U=\sqrt{\sum_{h=2}^{\infty}(HRU_h)^2}\times100\%$	□	
	6	电流总谐波畸变率	$THD_I=\sqrt{\sum_{h=2}^{\infty}(HRI_h)^2}\times100\%$	□	
	7	谐波电流近似工程估算	$I_h=0.15\times K_1\times K_2\times S_T$	□	
	HRU_h	第 h 次谐波电压含有率，(%)		□	
	HRI_h	第 h 次谐波电流含有率		□	
	U_H	谐波电压总含量		□	
	U_h	第 h 次谐波电压均方根值，V		□	
	U_1	基波电压均方根值，V		□	
	I_H	谐波电流总含量		□	
	I_h	第 h 次谐波电流均方根值，A		□	
	I_1	基波电流均方根值，A		□	
	THD_U	电压总谐波畸变率，%		□	
	THD_I	电流总谐波畸变率，%		□	
	h	系统中的谐波次数		□	
	K_1	变压器的负荷率		□	
	K_2	补偿系数，一般无干扰的项目，如写字楼、商住楼等取 0.3～0.6；中等干扰项目，如电脑、空调、节能灯相对集中的办公楼、体育场馆、剧场、电视台演播室、银行数据中心、一般工程等取 0.6～1.3；强干扰项目，如通信基站、电弧炉、大量 UPS、EPS 变频器、焊接、电镀、电解、整流等工厂取 1.3～1.8		□	
	S_T	变压器容量，kVA		□	

常用设备谐波含量表 **表 5.1.12-2**

名称	各次谐波电流畸变率 THD_{Ih}(%)					总电流畸变率 THD_I(%)
	3	5	7	11	13	
节能灯	24	10	7	5	3	27.5
计算机	14	7.1	4.8	2.5	2.1	16.7
UPS	1.1	6.3	6.5	2.8	5.1	11
变频空调	2.0	37.5	16.9	7.2	4.8	42

5.2 发电机容量计算

发电机容量计算表（一） **表 5.2-1**

名称	序号	内容		实施情况	备注
计算公式及取值	1	有功功率计算	$S_{G1}=\dfrac{P_{\Sigma}}{\eta_{\Sigma}\cos\varphi}$	□	
	S_{G1}		稳定负荷的发电机视在功率，kVA	□	
	P_{Σ}		总负荷计算功率，kW	□	
	η_{Σ}		所带负荷的综合效率（通常 0.82～0.88）	□	
	$\cos\varphi$		发电机额定功率因数（0.8）	□	

名称	回路编号	回路名称	配电箱编号	设备容量 P_e（kW）	需要系数 K_d	功率因数 $\cos\varphi$	有功功率 P_c（kW）	无功功率 Q_c（kvar）	视在功率 S_c（kVA）	负荷性质	负荷分级	实施情况	备注
计算内容输出模板	G1-E01									常用	特级	□	
	G1-E02									备用	特级		
	G1-E03									常用	特级		
	……												
	G1-F01									消常	一级	□	
	G1-F02									消备	一级		
	G1-F03									消常	一级		
	……												
	G1-I01									备用	一级	□	
	G1-I02									备用	一级		
	G1-I03									备用	一级		
	……												
		合计					*	*	*			□	
		计入同时系数					*	*	*				
		所带负荷的综合效率			*								
		发电机额定功率因数			*								
		发电机视在功率							*				

注：1. 备用电源和应急电源可以共用自备发电机，但电源以后的回路要严格分开，即应急回路和备用回路要严格分开。

2. 特级负荷的电源为应急电源；一级负荷的电源为备用电源。

3. 消防负荷与非消防负荷不同时工作，应分别计算，按照大值选型发电机。

4. 本表是按照稳定负荷计算发电机组的容量，设计人员还应根据工程的具体情况（最大成组电动机启动、系统允许压降、各种运行工况的发电机功率修正）对发电机容量进行修正计算和校验。

发电机容量计算表（二） **表 5.2-2**

名称	序号	内容		实施情况	备注
计算公式及取值	1	考虑最大成组电动机启动的需要，计算发电机容量	$S_{G2}=\left[\frac{P_{\Sigma}-P_{m}}{\eta_{\Sigma}}+P_{m}KC\cos\varphi_{m}\right]\frac{1}{\cos\varphi}$	□	
	2	按允许压降计算发电机容量	$S_{G3}=P_{n}KCX''_{d}\left(\frac{1}{\Delta E}-1\right)$	□	
	S_{G2}		按最大成组电动机启动的需要，计算发电机容量，kVA	□	
	P_{Σ}		总负荷计算功率，kW	□	
	η_{Σ}		所带负荷的综合效率（通常 0.82～0.88）	□	
	P_{m}		启动容量最大的电动机或成组电动机的容量（kW）	□	
	K		电动机的启动电流倍数	□	
	C		按电动机启动方式确定的系数， 全压启动：$C=1.0$；Y-Δ 启动：$C=0.67$	□	
	$\cos\varphi_{m}$		电动机的启动功率因数，一般取 0.4	□	
	S_{G3}		启动电动机时母线容许电压降计算发电机容量，kVA	□	
	P_{n}		电动机总负荷，kW	□	
	X''_{d}		发电机暂态电抗，一般取 0.25	□	
	ΔE		应急负荷中心母线允许的瞬时电压降（一般取 0.25～0.3）	□	

5.3 UPS 系统容量计算

UPS 系统容量计算表 **表 5.3**

名称	序号	内容		实施情况	备注
计算公式及取值	1	UPS 系统容量计算	$S_{UPS}=\frac{KP_{C}}{\cos\varphi_{1}}$	□	
	2	UPS 系统输入侧计算功率的计算	$P_{i}=\frac{P_{C}}{\eta}+P_{ch}$	□	
	S_{UPS}		UPS 系统配置容量，kVA	□	
	P_{C}		负载计算功率，kW	□	
	K		系数（负载为信息网络系统时，取 1.2；负载为其他设备时，取 1.3）	□	
	$\cos\varphi_{1}$		负载功率因数	□	
	P_{i}		UPS 系统输入侧的计算功率，kW	□	
	η		UPS 系统效率	□	
	P_{ch}		UPS 浮充充电功率，kW	□	

注：K 系数取值依据为《民用建筑电气设计标准》GB 51348—2019 第 6.3.3 条第 2 款。

5.4 太阳能光伏电源系统容量计算

太阳能光伏电源系统安装面积计算表 表 5.4-1

名称	序号	内容		实施情况	备注
计算公式及取值	1	太阳能光伏系统安装面积	$A=\beta S$	□	
	2	太阳能光伏系统安装在立面的折算	$A_1=\frac{A}{0.6}$	□	
	A	太阳能光伏安装面积，m^2		□	
	β	太阳能光伏安装面积比例		□	
	S	建设用地内所有建筑物屋顶总面积，m^2		□	
	A_1	安装在立面的太阳能光伏安装面积，m^2		□	

注：建筑屋顶安装太阳能光伏的面积应根据建筑物屋顶面积核算，安装比例应根据工程所在地的政府要求确定，下表为上海市的《关于推进本市新建建筑可再生能源应用的实施意见》相关要求。

屋顶安装太阳能光伏的面积比例表（上海市） 表 5.4-2

建筑类型		屋顶安装太阳能光伏的面积比例 β
公共建筑	国家机关办公建筑	≥50%
	教育建筑	≥50%
	其他类型	≥30%
居住建筑		≥30%

太阳能光伏电源系统容量计算表 表 5.4-3

名称	序号	内容		实施情况	备注
计算公式及取值	1	光伏发电系统的预测发电量（按组件安装容量计算）	$E_P=H_A\times\frac{P_{AZ}}{E_s}\times K$	□	
	2	光伏发电系统的预测发电量（按组件平面安装计算）	$E_P=H_A\times A\eta_i\times K$	□	
	3	光伏发电站上网电量（组件立面安装）	$E_P=H_A\times 0.6A\eta_i\times K$	□	
	4	组件安装容量	$P_{AZ}=A\times\eta_i\times E_s$	□	
	5	光伏储能电池容量	$C_c=DFP_0/(UK_a)$	□	
	E_p	光伏发电系统的预测发电量		□	
	H_A	水平面太阳能总辐照量，kWh/m^2，峰值小时数		□	
	E_s	标准条件下的辐照度，常数=$1kWh/m^2$		□	
	P_{AZ}	组件安装容量，kWp		□	

续表

名称	序号	内容	实施情况	备注
计算公式及取值	K	综合效率系数。包括：光伏组件类型修正系数、光伏方阵的倾角、方位角修正系数、光伏发电系统可用率、光照利用率、逆变器效率、集电线路损耗、升压变压器损耗、光伏组件表面污染修正系数、光伏组件转换效率修正系数。 在最佳条件下，一般可取 0.65～0.85	□	
	η_i	组件转换效率，%	□	
	A	组件安装面积，m^2	□	
	C_c	储能电池容量，kWh	□	
	D	最长无日照期间用电时数，h	□	
	F	储能电池放电效率的修正系数，通常为 1.05	□	
	P_0	平均负荷容量，kW	□	
	U	储能电池的放电深度，0.5～0.8	□	
	K_a	包括逆变器等交流回路的损耗率，通常为 0.7～0.8	□	

计算内容输出模板

＊＊＊项目太阳能光伏电源系统容量计算表

项目建设地点			单位
屋顶面积	S		m^2
太阳能光伏安装面积比例	β		
太阳能光伏系统安装面积	$A=\beta\times S$		m^2
总辐照量平均值	水平面总辐照量 H_A		kWh/m^2
	最佳斜面总辐照量		kWh/m^2
光伏组件类型			
组件转换效率	η_i		%
综合效率系数	K		
标准条件下的辐照度	E_S		kW/m^2
光伏发电系统的预测发电量	$E_p = H_A\times A\times \eta_i\times K$		kWh
组件安装容量	$P_{AZ} = A\times \eta_i\times E_S$		kWp

注：1. 本表中的计算公式参见规范《光伏发电站设计规范》GB 50797—2012；

2. 本表中 H_A 可参考国家发布的各地气象站标准观测数据。H_A 的数据应根据光伏组件的安装角度选择相应的辐照量数据，可参见表 5.4.4；

3. P_{AZ}、K、η_i 可参考厂家样本。

部分省（区、市）2022年总辐照量平均值　　表5.4-4

序号	省份	水平面总辐照量（kW·h/m²）	最佳斜面总辐照量（kW·h/m²）
1	北京	1527.6	1866.4
2	天津	1561.7	1883
3	河北	1537.5	1857.1
4	山西	1536	1815.5
5	内蒙古	1571.6	2030.3
6	辽宁	1422.8	1757.7
7	吉林	1392.8	1777.6
8	黑龙江	1337.4	1777.7
9	上海	1448.5	1561.1
10	江苏	1458.5	1609.7
11	浙江	1476.5	1562.5
12	安徽	1502.8	1636
13	福建	1544.5	1614.2
14	江西	1480.4	1568.3
15	山东	1461.4	1657.2
16	河南	1470.1	1602.1
17	湖北	1416.5	1507.1
18	湖南	1388.6	1461.8
19	广东	1460.6	1520
20	广西	1391.8	1437.4
21	海南	1519.5	1534.2
22	重庆	1311	1354.8
23	四川	1499.9	1628.9
24	贵州	1289.9	1333.4
25	云南	1515.7	1643.8
26	西藏	1819.8	1930.3

晶体硅电池和薄膜电池特性比较　　表5.4-5

技术类型	晶体硅电池		薄膜电池			
	单晶硅	多晶硅	非晶硅	碲化镉	铜铟镓硒	砷化稼
电池光电转换效率（%）	16～17	14～15	6～7	8～10	10～11	18～22
光伏组件效率（%）	13～15	12～14	6～7	8～10	10～11	18～22
受光面积（m²/kWp）	7	8	15	11	10	4
制造能耗	高	较高	低	低	低	高
制造成本	高	较高	低	中	中	很高
资源丰富度	中	中	丰富	较贫乏	较贫乏	贫乏
运行可靠程度	高	中	中	较高	较高	高
污染程度	中	小	小	中	中	高

5.5 短路电流计算

5.5.1 高压系统短路电流计算

5.5.1.1 要点

在实际工程中，通常按照远电源端短路的情况下计算三相短路电流，并按照总电阻值小于总电抗值的 1/3，不计入高压元件的有效电阻的条件计算工程的短路电流，以下计算是基于上述条件下的工程计算方法。

5.5.1.2 标幺值法计算短路电流

高压系统短路电流计算表（标幺值法） **表 5.5.1.2**

名称	序号	内容		实施情况	备注
计算公式及取值	1	三相短路电流初始值	$I''_{k3} = I_d / X^*_{\Sigma}$	□	
	2	三相稳态短路电流	$I_{k3} = I''_{k3}$	□	
	3	三相短路电流峰值	$i_{p3} = \sqrt{2}K_p I''_{k3}$	□	
	4	三相短路全电流最大有效值	$I_{p3} = I''_{k3}\sqrt{1+2(K_p-1)^2}$	□	
	5	基准容量	$S_d = 100MVA$	□	
	6	基准电压	$U_d = 1.05U_n$	□	
	7	基准电流	$I_d = \frac{S_d}{\sqrt{3}U_d}$	□	
	8	短路电路总电抗标幺值	$X^*_{\Sigma} = X^*_S + X^*_{WL} + X^*_T + X^*_L$	□	
	9	电力系统电抗标幺值	$X^*_S = \frac{S_d}{S''_{k3}}$	□	
	10	电力线路电抗标幺值	$X^*_{WL} = x_0 l \frac{S_d}{U_d^2}$	□	
	11	配电变压器电抗标幺值	$X^*_T = \frac{U_{kr}\% S_d}{100S_{rT}}$	□	
	12	限流电抗器电抗标幺值	$X^*_L = \frac{X_L\%}{100S_{rT}} \frac{U_{rL}}{\sqrt{3}I_{rL}} \frac{S_d}{U_d^2}$	□	
	I''_{k3}	三相短路电流初始值，kA		□	
	I_d	基准电流，kA		□	
	X^*_{Σ}	总电抗标幺值		□	
	S_d	基准容量，MVA		□	
	X^*_s	电力系统电抗标幺值		□	
	X^*_{WL}	电力线路电抗标幺值		□	
	X^*_T	配电变压器电抗标幺值		□	
	X^*_L	电流电抗器电抗标幺值		□	
	U_d	基准容量，kV		□	

续表

名称	序号	内容	实施情况	备注
计算公式及取值	I_{k3}	三相稳态短路电流，kA	□	
	i_{p3}	三相短路电流峰值，kA	□	
	K_p	峰值系数，对于 $R_\Sigma \ll \frac{1}{3}X_\Sigma$ 的高压电路，可取 $K_p=1.8$，则 $i_{p3}=2.55I''_{k3}$，$I_{p3}=1.5I''_{k3}$	□	
	I_{p3}	三相短路全电流最大有效值，kA	□	
	U_n	短路计算点所在电网的标称电压，kV	□	
	S''_{k3}	电力系统变电所高压馈电线出口处的短路容量，由供电部门提供，MVA。 在民用建筑电气计算中，当短路容量未知时，可利用高压馈电线上一级变压器（组）在各种运行方式下的电抗近似作为电力系统电抗，即 $X_S^* \approx X_T^*$；还可用高压馈电线出口断路器的开断容量来代替短路容量近似计算电力系统电抗	□	
	x_0	电力线路单位长度的电抗，（Ω/km）；电力线路电抗值可根据《配四》（上）表 4.2-2～表 4.2-53 查表得	□	
	l	电力线路的长度，km	□	
	$U_{kr}\%$	配电变压器的短路电压（阻抗电压）百分值	□	
	S_{rT}	配电变压器的额定容量，MVA	□	
	$X_L\%$	限流电抗器的电抗百分值	□	
	U_{rL}	限流电抗器的额定电压，kV	□	
	I_{rL}	限流电抗器的额定电流，kA	□	

计算内容输出模板

参数名称	计算参数
系统短路容量，MVA	
系统标称电压 U_n，kV	
系统基准电压 U_j/U_p，kV	
35kV 侧短路电流，kA	
35kV 侧母线编号	
35kV/10kV 主变压器编号	
35kV/10kV 变压器，MVA	
35kV/10kV 变压器阻抗标幺值	
10kV 侧母线编号	
10kV 侧短路容量，MVA	
系统标称电压 U_n，kV	
系统基准电压 U_j/U_p，kV	
10kV 侧短路电流，kA	

注：模板中计算书忽略了配电线路的阻抗值，计算结果可作选择配电开关分断能力之用。

5.5.1.3 有名单位制法计算短路电流

高压系统短路电流计算表（有名单位制法） **表 5.5.1.3**

名称	序号	内容		实施情况	备注
计算公式及取值	1	三相短路电流初始值	$I''_{k3}=\frac{U_d}{\sqrt{3}X_\Sigma}$	□	
	2	短路电路总电抗	$X_\Sigma = X_S + X_{WL} + X_T + X_L$	□	
	3	电力系统电抗	$X_S=\frac{U_d^2}{S''_{k3}}$	□	
	4	配电变压器电抗	$X_T=\frac{u_{kr}\%U_r^2}{100S_{rT}}$	□	
	5	限流电抗器电抗	$X_L=\frac{X_L\%}{100}\frac{U_{rL}}{\sqrt{3}I_{rL}}$	□	
	6	基准电压	$U_d=1.05U_n$	□	
	I''_{k3}	三相短路电流初始值，kA		□	
	X_Σ	总电抗，Ω		□	
	X_S	电力系统电抗，Ω		□	
	X_{WL}	电力线路电抗，Ω		□	
	X_T	配电变压器电抗，Ω		□	
	X_L	电流电抗器电抗，Ω		□	
	S''_{k3}	电力系统变电所高压馈电线出口处的短路容量，由供电部门提供，MVA		□	
	U_n	短路计算点所在电网的标称电压，kV		□	
	U_d	基准电压，对于发电机实际是设备电压，kV		□	
	S_{rT}	配电变压器的额定容量，MVA		□	
	$u_{kr}\%$	配电变压器的短路电压（阻抗电压）百分值		□	
	U_r	额定电压（指线电压），kV		□	
	$X_L\%$	限流电抗器的电抗百分值		□	
	U_{rL}	限流电抗器的额定电压，kV		□	
	I_{rL}	限流电抗器的额定电流，kA		□	

注：电力线路电抗值可根据《工业与民用供配电设计手册（第四册）》（上）表 4.2-2～表 4.2-53，查表得。

5.5.1.4 查表法

实际工程中，通常也可以采用查表法直接获得高压系统线路的短路电流，包括三相短路电流（I_k）、两相短路电流（I_{k2}）、短路电流峰值（I_p）等数据，相关短路电流数据可查《建筑电气常用数据》19DX101-1 表 15.4、表 15.5、表 15.6。

5.5.2 低压系统短路电流计算

5.5.2.1 低压系统短路电流计算

低压系统短路电流计算表 **表 5.5.2.1**

名称	序号	内容		实施情况	备注
计算公式及取值	1	三相对称短路电流初始值	$I''_{k3}=\frac{cU_n}{\sqrt{3}Z_k}=\frac{cU_n}{\sqrt{3}\sqrt{R_k^2+X_k^2}}$	□	
	2	三相对称开断电流（有效值）	$I_{b3}=I''_{k3}$	□	

续表

名称	序号	内容		实施情况	备注
计算公式及取值	3	三相稳态短路电流（有效值）	$I_{k3}=I''_{k3}$	□	
	4	三相短路电流峰值	$i_{p3}=\sqrt{2}K_pI''_{k3}$	□	
	5	三相短路全电流最大有效值	$I_{p3}=I''_{k3}\sqrt{1+2(K_p-1)^2}$	□	
	6	两相稳态短路电流（有效值）	$I_{k2}=\frac{\sqrt{3}}{2}I_{k3}$	□	
	7	归算到低压侧的高压侧系统阻抗	$Z_S=\frac{(cU_n)^2}{S''_{k3}}\times10^{-3}$	□	
	8	归算到低压侧的高压侧系统电抗	$X_S=0.995Z_S$	□	
	9	归算到低压侧的高压侧系统电阻	$R_S=0.1X_S$	□	
	10	配电变压器阻抗	$Z_T=\frac{u_{kN}\%}{100}\frac{(cU_n)^2}{S_{rT}}$	□	
	11	配电变压器电阻	$R_T=\frac{\Delta P_k(cU_n)^2}{S_{rT}^2}$	□	
	12	配电变压器电抗	$X_T=\sqrt{Z_T^2-R_T^2}$	□	
	13	配电母线	$Z_{WB}=\sqrt{R_{WB}^2+X_{WB}^2}$	□	
	14	配电线路	$Z_{WP}=\sqrt{R_{WP}^2+X_{WP}^2}$	□	
	15	配电母线/线路阻抗	R_{WB}（或 R_{WP}）$=rl$	□	
	16	配电母线/线路电抗	X_{WB}（或 X_{WP}）$=xl$	□	
	17	对称短路容量初始值	$S''_{k3}=\sqrt{3}cU_nI''_{k3}\times10^{-3}$	□	
	18	单相接地短路时	$I''_{k1}=\frac{220}{\sqrt{R_{php}^2+X_{php}^2}}$	□	
	19	短路总相保电阻	$R_{php}=R_{php\cdot s}+R_{php\cdot T}+R_{php\cdot m}+R_{php\cdot L}$	□	
	20	短路总相保电抗	$X_{php}=X_{php\cdot s}+X_{php\cdot T}+X_{php\cdot m}+X_{php\cdot L}$	□	
	I''_{k3}	三相短路电流初始值，kA		□	
	I_{k3}	三相稳态短路电流，kA		□	
	i_{p3}	三相短路电流峰值，kA		□	
	I_{b3}	三相对称开断电流，kA		□	
	I_{p3}	三相短路全电流最大有效值，kA		□	
	K_p	峰值系数，对于 $R_\Sigma>\frac{1}{3}X_\Sigma$ 的低压电路，可取 $K_p=1.3$，则 $i_{p3}=1.84I''_{k3}$，$I_{p3}=1.09I''_{k3}$		□	
	S''_{k3}	配电变压器高压侧短路容量，MVA		□	
	Z_k	总阻抗，Ω		□	
	R_k	总电阻，Ω		□	
	X_k	总电抗，Ω		□	

续表

名称	序号	内容	实施情况	备注
计算公式及取值	I_{k2}	两相稳态短路电流（有效值），kA	□	
	Z_S、R_S、X_S	高压系统的阻抗、电阻、电抗，mΩ	□	
	Z_T、R_T、X_T	配电变压器的阻抗、电阻、电抗，mΩ	□	
	Z_{WB}、R_{WB}、X_{WB}	配电母线的阻抗、电阻、电抗，mΩ	□	
	Z_{WP}、R_{WP}、X_{WP}	配电线路的阻抗、电阻、电抗，mΩ	□	
	U_n	系统标称电压（线电压），380V	□	
	c	电压系数，计算三相短路电流时取1.05	□	
	$u_{kr}\%$	配电变压器的短路电压（阻抗电压）百分值	□	
	ΔP_k	配电变压器的短路损耗，kW	□	
	S_{rT}	配电变压器的额定容量，MVA	□	
	r、x	母线、线路单位长度的电阻、电抗，mΩ/m	□	
	l	母线、配电线路的长度，m	□	
	$R_{php\cdot s}$、$X_{php\cdot s}$	10/0.4kV变压器高压侧短路容量与高压侧相保阻抗值，可根据《工业与民用供配电设计手册（第四版）》P304页表4.6-11查表得	□	
	$R_{php\cdot T}$、$X_{php\cdot T}$	10/0.4kV型变压器相保阻抗平均值（归算至400V侧），可根据《工业与民用供配电设计手册（第四版）》305～306页表4.6-12～表4.6-15查表得	□	
	$R_{php\cdot m}$、$X_{php\cdot m}$ $R_{php\cdot l}$、$X_{php\cdot l}$	线路、母线相保阻抗，可根据《工业与民用供配电设计手册（第四版）》192～216页表4.2-2～表4.2-53查表得	□	

5.5.2.2 查表法

1. 实际工程中，通常也可以采用查表法粗略获得变压器0.4kV低压出口处的三相短路电流，可用于变电所的低压母线处三相短路电流的估算，详见表5.5.2.2.

变压器0.4kV低压出口处短路电流速查表 **表5.5.2.2**

名称	序号	变压器容量（kV·A）	代号	变压器短路阻抗电压（$u_{kr}\%$）4	4.5	6	7	8	实施情况	备注
短路电流取值	1	250	I_k	9.00	8.00	—	—	—	□	
	2	250	i_p	22.95	20.40	—	—	—	□	
	3	315	I_k	11.34	10.08	—	—	—	□	
	4	315	i_p	28.92	25.70	—	—	—	□	
	5	400	I_k	14.40	12.80	—	—	—	□	
	6	400	i_p	36.72	32.64	—	—	—	□	
	7	500	I_k	18.00	16.00	—	—	—	□	

续表

名称	序号	内容							实施情况	备注
		变压器容量（kV·A）	代号	变压器短路阻抗电压（u_{kr}%）						
				4	4.5	6	7	8		
短路电流取值	8	500	i_p	45.90	40.80	—	—	—	□	
	9	630	I_k	22.68	20.16	15.12	—	—	□	
	10	630	i_p	57.83	51.41	38.56	—	—	□	
	11	800	I_k	—	—	19.20	16.48	14.40	□	
	12	800	i_p	—	—	48.96	42.02	36.72	□	
	13	1000	I_k	—	—	24.00	20.60	18.00	□	
	14	1000	i_p	—	—	61.20	52.53	45.90	□	
	15	1250	I_k	—	—	30.00	25.75	22.50	□	
	16	1250	i_p	—	—	76.50	65.66	57.38	□	
	17	1600	I_k	—	—	38.40	32.96	28.80	□	
	18	1600	i_p	—	—	97.92	84.05	73.44	□	
	19	2000	I_k	—	—	48.00	41.20	36.00	□	
	20	2000	i_p	—	—	122.40	105.06	91.80	□	
	21	2500	I_k	—	—	60.00	51.50	45.00	□	
	22	2500	i_p	—	—	153.00	131.33	114.75	□	
	I_k			三相稳态短路电流，(kA)					□	
	i_p			三相短路电流峰值，(kA)					□	

注：本表以上级系统容量无穷大为计算条件。

2. 实际工程中，通常也可以采用查表法粗略获得一定长度的低压配电线路处的短路电流，包括三相短路电流（I_k）和单相接地短路电流（I_{k1}），相关短路电流数据可查《建筑电气常用数据》19DX101-1 表 15.8。

5.5.3 柴油发电机短路电流计算

在实际工程设计中，需计算发电机出线电缆处的短路电流，即发电机系统的短路冲击电流。发电机的短路电流计算一般包括：空载短路电流计算、带负荷短路电流计算、带电动机负载短路电流计算等情况，在民用建筑设计中，常用的为带负荷短路冲击电流计算。

发电机短路电流计算 **表 5.5.3**

名称	序号	内容		实施情况	备注
计算公式及取值	1	发电机短路冲击电流	$i_{p\cdot k1}=\sqrt{2}i_{z\cdot G1}+i_{f\cdot G1}$	□	
	2	发电机短路电流周期分量	$i_{z\cdot G1}=\left[\frac{I_{r\cdot G1}}{X'_{G1}}+\left(\frac{I_{r\cdot G1}}{X''_{G1}}-\frac{I_{r\cdot G1}}{X'_{G1}}\right)e^{-t/T''_{d\cdot G1}}\right]\times 1.1$	□	
	3	发电机短路电流非周期分量	$i_{f\cdot G1}=\frac{\sqrt{2}I_{r\cdot G1}}{X''_{G1}}e^{-t/T_{d\cdot G1}}$	□	

续表

名称	序号	内容		实施情况	备注
计算公式及取值	4	三相短路电流峰值（即短路全电流最大瞬时值）	$i_p = k_p\sqrt{2}I''_k$	□	
	5	超瞬态阻抗	$Z''_{G1} = (R_{d\cdot G1}+R_{1\cdot G1})+j(X''_{d\cdot G1}+X_{1\cdot G1}) = R_{G1}+jX''_{G1}$	□	
	6	瞬态阻抗	$Z'_{G1} = (R_{d\cdot G1}+R_{1\cdot G1})+j(X'_{d\cdot G1}+X_{1\cdot G1}) = R_{G1}+jX'_{G1}$	□	
	7	超瞬态时间常数	$T''_{G1} = T''_{d\cdot G1}\dfrac{1+\dfrac{X_{1\cdot G1}}{X''_{d\cdot G1}}}{1+\dfrac{X_{1\cdot G1}}{X'_{d\cdot G1}}}$	□	
	8	瞬态时间常数	$T'_{G1} = T'_{d\cdot G1}\dfrac{1+\dfrac{X_{1\cdot G1}}{X'_{d\cdot G1}}}{1+\dfrac{X_{1\cdot G1}}{X_{d\cdot G1}}}$	□	
	9	电枢时间常数	$T_{G1} = \dfrac{T_{d\cdot G1}+\dfrac{X_{1\cdot G1}}{2\pi f R_{d\cdot G1}}}{1+\dfrac{R_{1\cdot G1}}{R_{d\cdot G1}}}$	□	
	10	电路元件电抗标幺值	$X_* = \dfrac{X}{X_b} = \dfrac{\sqrt{3}I_b X}{U_b} = \dfrac{S_b X}{U_b^2}$	□	
	11	三相短路电流初始值	$I''_k = \dfrac{U_b}{\sqrt{3}X_{G1}}$	□	
	$i_{p\cdot k1}$	发电机短路冲击电流，A		□	
	$i_{z\cdot G1}$	发电机 G1 短路电流周期分量，A		□	
	$i_{f\cdot G1}$	发电机 G1 短路电流非周期分量，A		□	
	t	短路电流持续时间，s		□	
	i_p	三相短路电流峰值，A		□	
	I_k	三相短路电流初始值，A		□	
	X^*	电路元件电抗标幺值，A		□	
	I_b	基准电流，kA		□	
	X	电路元件电抗值，Ω		□	
	X_{G1}	发电机 G1 电抗值，Ω		□	
	$I_{r\cdot G1}$	发电机额定电流，A		□	
	$R_{d\cdot G1}$	发电机电枢电阻，Ω		□	
	$R_{1\cdot G1}$	发电机 G1 出线电缆电阻，Ω		□	
	$X_{d\cdot G1}$	发电机 G1 的电抗，Ω		□	

续表

名称	序号	内容	实施情况	备注
计算公式及取值	$X'_{d \cdot G1}$	发电机 G1 的瞬态电抗，Ω	□	
	$X''_{d \cdot G1}$	发电机 G1 的超瞬态电抗，Ω	□	
	$X_{l \cdot G1}$	发电机 G1 出线电缆电抗，Ω	□	
	R_{G1}	发电机 G1 回路总电阻，Ω	□	
	X'_{G1}	发电机 G1 回路的瞬态电抗，Ω	□	
	X''_{G1}	发电机 G1 回路的超瞬态电抗，Ω	□	
	Z'_{G1}	发电机 G1 回路的瞬态阻抗，Ω	□	
	Z''_{G1}	发电机 G1 回路的超瞬态阻抗，Ω	□	
	$T''_{d \cdot G1}$	发电机 G1 的超瞬态时间常数，s	□	
	$T'_{d \cdot G1}$	发电机 G1 的瞬态时间常数，s	□	
	$T_{d \cdot G1}$	发电机 G1 的电枢时间常数，s	□	
	T''_{G1}	发电机 G1 经修正后的超瞬态时间常数，s	□	
	T'_{G1}	发电机 G1 经修正后的瞬态时间常数，s	□	
	T_{G1}	发电机 G1 经修正后的电枢时间常数，s	□	
	S_b	发电机额定容量，MVA	□	
	U_b	基准电压，kV	□	
	X_b	基准电抗，Ω	□	
	k_p	短路电流峰值系数，在工程设计中，当短路发生在发电机端时，取 $k_p=1.9$	□	

5.6 高低压电器选择

5.6.1 高压电器选择

5.6.1.1 内容及范围

本章内容为 3～110kV 高压电器、开关设备的选择和短路稳定校验。

高压电器及开关设备包括高压交流断路器、高压交流负荷开关、高压交流隔离开关、高压交流熔断器、高压交流真空接触器、限流电抗器、电流互感器、电压互感器、消弧线圈（电磁式）、接地变压器、接地电阻器、支柱绝缘子、悬式绝缘子、绝缘套管等。

金属封闭开关设备包括铠装式、间隔式、箱式、充气式（C-GIS）、气体绝缘（GIS）和封闭式组合（复合）电器（HGIS）等类型。

过电压保护设备包括避雷器、高压阻容吸收器。

本章着重解决断路器、负荷开关、熔断器等常用设备的选择问题。

5.6.1.2 高压电器及开关设备的选择条件

为了保证高压电器及开关设备的可靠运行，高压电器及开关设备应按下列条件选择：1）按主要额定特性参数包括电压、电流、频率、开断电流等选择；2）按承受过电压能力及绝缘水平选择；3）按环境条件，如温度、湿度、海拔等选择；4）按各类高压电器及开关设备的不同特点进行选择；5）按短路条件进行动稳定、热稳定校验；6）高压电器及开关设备的接线端子应做机械荷载校验，户外导体、套管和绝缘子应根据气象条件和受力状况进行力学计算和校验。

5.6.1.3 高压电器及开关设备的选择方法

高压电器、负荷开关及交流熔断器的选择与校验项目见表5.6.1.3。

高压电器、开关设备的选择与检验项目

高压电器、开关设备及导体选择与检验表　　表5.6.1.3

电器设备名称	额定电压	额定电流	额定开断电流	短路电流校验		绝缘水平
				动稳定	热稳定	
高压交流断路器	○	○	○	○	○	○
高压交流负荷开关	○	○	○	○	○	○
高压交流熔断器	○	○	○			○

注：1. 表中“○”为选择高压电器及开关设备时应进行校验的项目。

2. 表中皆为高压电器及开关柜用于频率为50Hz的情况，用于其他频率时对频率也要校验。

3. 有关高压电器的绝缘配合问题见《工业与民用供配电设计手册》（第四版）第13章。

4. 高压电器及开关设备在正常运行条件下，其绝缘应能长期耐受设备的最高电压。高压电器及开关设备的额定短时工频耐受电压U。和额定雷电冲击耐受电压U，应满足额定绝缘水平的要求。额定电压范围Ⅰ的额定绝缘水平见表5.6.4-8，绝缘配合的其他要求见《工业与民用供配电设计手册》（第四版）第13章。

5.6.1.4 高压断路器

高压断路器选择表　　表5.6.1.4-1

序号	内容		实施情况	备注
1	额定电压	$U_m \geqslant U_S$	□	
2	额定电流	$I_N \geqslant I_{max}$	□	
3	额定开断电流	$I_{sc} \geqslant I_b$	□	
4	额定关合电流	当$t=45$ms时，$I_{cs}=2.5\sqrt{I_{sc}}$； 当$t=60(75,120)$ms时，$I_{cs}=2.7\sqrt{I_{sc}}$； 当作为发电机断路器时，$I_{cs}=2.8I_{sc}$	□	
U_m	高压电器的最高电压，详见表5.6.4.3，kV		□	
U_S	系统最高电压，kV		□	
I_N	高压电器及导体的额定电流，A		□	
I_{max}	最大持续工作电流，A		□	
I_{sc}	断路器额定短路开断电流交流分量均方根值，kA		□	
I_b	断路器第一对触头开始分离瞬间的短路电流交流分量值，kA		□	

高压电器最高电压选择表　　表5.6.1.4-2

系统标称电压U_n	3（3.3）	6	10	20	35	66	110
系统标称电压U_m	3.6	7.2	12	24	40.5	72.5	126

5.6.1.5 高压负荷开关

高压负荷开关选择表　　表 5.6.1.5

序号	内容		实施情况	备注
1	额定电压	$U_m \geqslant U_S$	□	
2	额定电流	$I_N \geqslant I_{max}$	□	
3	额定开断电流	$I_x \geqslant I_{omax}$	□	
4	额定关合电流	$I_{cs} = I_p$	□	
U_m	高压电器的最高电压，详见表表 5.6.4-3，kV		□	
U_S	系统最高电压，kV		□	
I_N	高压电器及导体的额定电流，A		□	
I_{max}	最大持续工作电流，A		□	
I_x	负荷开关开断电流额定值，下角标 x 与开断对象有关，详见产品资料，kA		□	
I_{omax}	负荷开关所在回路的最大可能的过负荷电流，kA		□	
I_p	三相对称峰值（冲击）电流，kA		□	
I_{cs}	电器额定关合电流，kA		□	

5.6.1.6 高压熔断器

高压熔断器选择表　　表 5.6.1.6

序号	内容		实施情况	备注
1	额定电压	$U_m \geqslant U_S$	□	
2	熔断器额定电流	$I_c \geqslant I_N$	□	
3	熔体额定电流（保护变压器）	$\frac{I_{f10}}{I_N} \leqslant 6$；$\frac{I_{f0.1}}{I_N} \geqslant 7\left(\frac{I_N}{100}\right)^{0.25}$	□	
4	额定最大开断电流	$I_{sc} \geqslant I_{basym}$ 或 I''_k	□	
U_m	高压电器的最高电压，详见表 5.6.4-3，kV		□	
U_S	系统最高电压，kV		□	
I_c	熔管的额定电流，A		□	
I_N	熔断件的额定电流，A		□	
I_{f10}	熔断件弧前时间为 10s 时的预期电流（平均）值，A		□	
$I_{f0.1}$	熔断件弧前时间为 0.1s 时的预期电流（平均）值，A		□	
I_{sc}	熔断器的额定最大开断电流，kA		□	
I_{basym}	不对称短路开断电流，kA		□	
I''_k	对称短路电流初始值（超瞬态短路电流均方根值），kA		□	

5.6.2 低压电器选择

5.6.2.1 概述

低压电器是指用于额定电压交流 1000V 或直流 1500V 以下回路中起保护、控制、调节、转换和通断作用的电器。

本节着重介绍低压断路器、低压熔断器等常用电器设备的选择与计算，其他低压电器的选择详见《工业与民用供配电设计手册（第四版）》的相关章节。

5.6.2.2 低压熔断器

低压熔断器选择表　　表 5.6.2.2-1

序号	内容		实施情况	备注
1	额定电流	$I_{r1} \geqslant I_{r2}$	□	
2	分断能力校验	$I_b \geqslant I_{b3}$	□	
3	按正常工作电流选择	$I_{r2} \geqslant I_c$	□	
4	配电线路的熔体电流	$I_{r2} \geqslant K_r [I_{rM1} + I_{c(n-1)}]$	□	
5	照明线路的熔体电流	$I_{r2} \geqslant K_m I_c$	□	
6	电动机回路的熔体额定电流	$I_{r2} \geqslant I_{rM}$ 且其安秒特性曲线计及偏差后略高于电动机启动电流和启动时间的交点。当电动机频繁启动和制动时，熔体的额定电流应再加大 1～2 级。 当线路发生故障时，为保证熔体在规定的时间内熔断，熔体额定电流值不能选得太大。	□	
I_{r1}	熔断器额定电流，A		□	
I_{r2}	熔体额定电流，A		□	
I_b	熔断器的极限分断能力，kA		□	
I_{b3}	安装处预期三相短路电流有效值，kA		□	
I_c	所在线路计算电流，A		□	
K_r	配电线路熔体选择计算系数；取决于线路上最大一台电动机额定电流与计算电流的比值，如表 5.6.2.2-2 所示		□	
I_{rM1}	线路上启动电流最大的一台电动机的额定电流，A		□	
$I_{c(n-1)}$	除启动电流最大的一台电动机以外的线路计算电流，A		□	
K_m	照明线路熔体选择计算系数；取决于电光源启动状况和熔断时间-电流特性如表 5.6.2.2-3 所示		□	
I_{rM}	电动机额定电流，A		□	

K_r 数值表 　　表 5.6.2.2-2

I_{rM1}/I_c	≤0.25	0.25～0.4	0.4～0.6	0.6～0.8
K_r	1.0	1.0～1.1	1.1～1.2	1.2～1.3

K_m 数值表 　　表 5.6.2.2-3

熔断器型号	熔断体额定电流（A）	K_m		
		卤钨灯、荧光灯、LED灯	高压钠灯、金属卤化物灯	荧光高压汞灯
RL7、NT	≤63	1.0	1.2	1.1～1.5
RL6	≤63	1.0	1.5	1.3～1.7

5.6.2.3 低压断路器

1. 选择方法

低压断路器选择表 　　表 5.6.2.3-1

序号	内容		实施情况	备注
1	额定短路接通能力	$I_{cm} \geqslant n I_{cu}$	□	
2	低压断路器的额定电流	$I_{RQ} \geqslant I_{rt}$ $I_{rt} \geqslant I_c$	□	
3	反时限过电流脱扣器的整定值 I_{set1}	$I_z \geqslant I_{set1} \geqslant I_c$	□	
4	定时限过电流脱扣器的整定值 I_{set2}	$I_{set2} \geqslant K_{rel2}[I_{stM1} + I_{c(n-1)}]$ 定时限过电流脱扣器的整定时间通常有 0.1（或 0.2）、0.4、0.6、0.8s 等几种，根据需要确定。其整定时间要比下级任一组熔断器可能出现的最大熔断时间大一个级量，上下级时间级差不小于 0.1～0.2s	□	
5	瞬时过电流脱扣器的整定值 I_{set3}	$I_{set3} \geqslant K_{rel3}[I'_{stM1} + I_{c(n-1)}]$ 为满足各级间的选择性要求，选择性低压断路器瞬时脱扣器的电流整定值应大于下一级保护电器所保护线路的故障电流。非选择性低压断路器瞬时脱扣器的电流整定值在大于回路正常工作时的尖峰电流的条件下，尽可能整定得小一些	□	
6	按短路电流校验低压断路器的分断能力	$I_{cs} \geqslant I_{b3}$ 若满足上式有困难时，至少应保证： $I_{cu} \geqslant I_{b3}$	□	
7	按短路电流校验低压断路器动作的灵敏性	$I_{dmin} \geqslant K_{rel} I_{set3}$ 或 $I_{dmin} \geqslant K_{rel} I_{set2}$	□	
I_{cm}	交流断路器的额定短路接通能力，kA			
I_{cu}	交流断路器的额定短路极限分断能力，kA			

续表

序号	内容	实施情况	备注
n	系数，如表 5.6.2.3-2 所示		
I_{RQ}	反时限过电流脱扣器的额定电流，A		
I_{rt}	断路器额定短路开断电流交流分量均方根值，kA		
I_c	所在线路计算电流，A		
I_z	导体的允许持续载流量，A		
K_{rel2}	定时限过电流脱扣器的可靠系数，取 1.2		
I_{stM1}	线路上启动电流最大的一台电动机的启动电流，A		
$I_{c(n-1)}$	除启动电流最大的一台电动机以外的线路计算电流，A		
K_{rel3}	瞬时过电流脱扣器的可靠系数，取 1.2； 作为电动机保护时，一般为 2～2.5		
I'_{stM1}	线路上最大一台电动机的全启动电流（包括周期分量和非周期分量），其值可取电动机启动电流的 2 倍，A		
K_{set1}、K_{set3}	可靠系数，见表 5.6.2.3-3		
I_{st}	电动机的启动电流，A		
K_{sd}	断路器的瞬动电流倍数		
I_{cs}	断路器在规定的工作条件下应能分断的额定运行短路分断能力值，kA		
I_{b3}	被保护线路最大三相短路电流有效值，kA		
K_{rel}	低压断路器瞬时或定时限过电流脱扣器动作可靠系数，均取 1.3		
I_{dmin}	最小接地故障电流，A		

交流低压断路器的短路接通能力和分断能力之前的比值 n　　表 5.6.2.3-2

额定机选短路分断能力 I_{cu}（kA）	功率因数	系数 n
$4.5< I_{cu} \leqslant 6$	0.7	1.5
$6< I_{cu} \leqslant 10$	0.5	1.7
$10< I_{cu} \leqslant 20$	0.3	2.0
$20< I_{cu} \leqslant 50$	0.25	2.1
$50< I_{cu}$	0.2	2.2

K_{set1}、K_{set3} 可靠系数取值　　表 5.6.2.3-3

脱扣器种类	可靠系数	白炽灯、卤钨灯	荧光灯	高压钠灯、金属卤化物灯	荧光高压汞灯、LED 灯
反时限过电流	K_{set1}	1.0	1.0	1.0	1.1
瞬时过电流	K_{set3}	10～20	4～7	4～7	4～7

2. 计算满足采用断路器自动切断电源以保护线路（TN 系统）的最小故障电流

断路器的最小故障电流计算表　　表 5.6.2.3-4

序号	内容		实施情况	备注
1	计算最小故障电流	$I_k=\dfrac{(0.8\sim1.0)U_0S}{1.5\rho(1+m)L}k_1k_2$ $k_2=\dfrac{4(n-1)}{n}$	□	
(0.8～1.0)	考虑总等电位联结（局部等电位联结）外的供电回路部分阻抗的约定系数。故障点离变压器较远，取 0.8，故障点离变压器较近，甚至于变压器设在总等电位联结（局部等电位联结）内取 1.0，如果已知上述比值的实际值，则用实际值		□	
1.5	短路发热电缆电阻增大系数		□	
I_k	最小故障电流，A		□	
U_0	相对地标称电压，V		□	
S	相导体截面积，mm^2		□	
k_1	电缆校正系数，当 $S\leqslant95mm^2$，取 1.0； 当 $S=120mm^2$ 和 150 mm^2 取 0.96； 当 $S\geqslant185mm^2$，取 0.92		□	
k_2	多根相导体并联使用的校正系数		□	
ρ	20℃时的导体电阻率，$\Omega\times mm^2/m$		□	
L	电缆长度，m		□	
m	材料相同的每相导体总截面积（S_n）与 PE 导体截面积（S_{PE}）之比		□	
n	每相关联的导体根数		□	

在实际工程设计中，断路器的最小故障电流也可采用查表法快速得到，详见《建筑电气常用数据》19DX101-1 的表 4.31。

5.6.3 中性点接地设备选择

5.6.3.1 要点

中性点接地设备的选择除满足额定电压、额定频率、额定容量等要求外，还应满足系统对中性点接地的其他要求。

5.6.3.2 6～35kW 主要由电缆线路构成的送、配电系统，单相接地故障电容电流较大时（100～1000A），通常采用小电阻接地方式，以便快速切除故障。中性点接地电阻值的计算方法见表 5.6.3.2。

小电阻接地计算表 **表 5.6.3.2**

<table>
<tr><th>名称</th><th>序号</th><th colspan="2">内容</th><th>实施情况</th><th>备注</th></tr>
<tr><td rowspan="8">计算公式及取值</td><td>1</td><td>中性点接地电阻值</td><td>$R=\frac{U_n}{\sqrt{3}I_d}\times 10^3$</td><td>□</td><td></td></tr>
<tr><td>2</td><td>电阻器的额定电压</td><td>$U_{rR}\geqslant\frac{1.05U_n}{\sqrt{3}}$</td><td>□</td><td></td></tr>
<tr><td>3</td><td>电阻器消耗功率</td><td>$P_r\geqslant U_{rR}I_d$</td><td>□</td><td></td></tr>
<tr><td>U_n</td><td colspan="2">电网的标称电压，kV</td><td>□</td><td></td></tr>
<tr><td>R</td><td colspan="2">中性点接地电阻值，Ω</td><td>□</td><td></td></tr>
<tr><td>I_d</td><td colspan="2">选定的单相接地电流，通常可取 400～1000，A</td><td>□</td><td></td></tr>
<tr><td>U_{rR}</td><td colspan="2">电阻器的额定电压，kV</td><td>□</td><td></td></tr>
<tr><td>P_r</td><td colspan="2">电阻器消耗功率，kW</td><td>□</td><td></td></tr>
</table>

5.6.3.3 在 1000V 以下民用建筑的低压配电网中宜采用中性点直接接地的运行方式。

5.6.4 电流互感器选择

5.6.4.1 要点

电流互感器的选择需要考虑种类和型式、一次回路额定电压和电流、准确级和额定容量及热稳定和动稳定的校验。在一般设计中，电流互感器的选择需要考虑额定电压、额定电流以及准确度等设计参数。

5.6.4.2 额定电压、额定电流选择方法

电流互感器额定电压、额定电流计算表 **表 5.6.4.2**

<table>
<tr><th>序号</th><th colspan="2">内容</th><th>实施情况</th><th>备注</th></tr>
<tr><td>1</td><td>额定电压</td><td>$U_n=U_m$</td><td>□</td><td></td></tr>
<tr><td>2</td><td>二次侧额定电流</td><td>$I_{2n}=5A$</td><td>□</td><td></td></tr>
<tr><td>3</td><td>一次侧额定电流</td><td>$I_{实际}\times(0.2\sim0.3)\leqslant I_{1n}\leqslant I_{实际}\times0.6$</td><td>□</td><td></td></tr>
<tr><td>U_m</td><td colspan="2">标称电压，(V)</td><td>□</td><td></td></tr>
<tr><td>I_{2n}</td><td colspan="2">二次侧额定电流，(A)</td><td>□</td><td></td></tr>
<tr><td>I_{1n}</td><td colspan="2">额定一次电流，(A)</td><td>□</td><td></td></tr>
<tr><td>U_n</td><td colspan="2">额定电压，V</td><td>□</td><td></td></tr>
<tr><td>$I_{实际}$</td><td colspan="2">实际电流，A</td><td>□</td><td></td></tr>
</table>

5.6.4.3 准确度

电流互感器准确度选择表 **表 5.6.4.3**

<table>
<tr><th>序号</th><th colspan="2">内容</th><th>实施情况</th><th>备注</th></tr>
<tr><td>1</td><td>一般测量用电流互感器</td><td>0.5 级</td><td>□</td><td></td></tr>
<tr><td>2</td><td>计量用电流互感器</td><td>0.2 级；
对负荷变化范围较大时，宜选用 S 级</td><td>□</td><td></td></tr>
<tr><td>3</td><td>电流互感器的额定容量</td><td>$S_2 < S_{2r}$</td><td>□</td><td></td></tr>
<tr><td>S_2</td><td colspan="2">实际二次负荷容量，VA</td><td>□</td><td></td></tr>
<tr><td>S_{2r}</td><td colspan="2">额定容量，VA</td><td>□</td><td></td></tr>
</table>

5.6.4.4 保护用电流互感器（P 类）的稳态性能验算

保护用电流互感器（P 类）的稳态性能验算表 **表 5.6.4.4**

序号	内容		实施情况	备注
1	额定准确限值一次电流	$I_{1a} > I_{pc}$	□	
2	电流互感器准确限值系数	$K_a = \frac{I_{1a}}{I_{1n}}$	□	
I_{1a}	额定准确限值一次电流，A		□	
I_{pc}	故障电流，即流过互感器的最大短路电流，A		□	
K_a	电流互感器准确限值系数		□	
I_{1n}	额定一次电流，A		□	

注：1. 保护用电流互感器的准确级，以该准确级在额定准确限值一次电流下所规定的最大允许复合误差百分数标称，其后标以字母 P 表示保护；

2. 额定准确限值一次电流是指电流互感器出厂时所标明的能保证复合误差不超过该准确级允许值的最大电流，一般以准确限值系数标示，额定准确限值系数一般在其准确级后。

5.6.5 电压互感器选择

5.6.5.1 要点

电压互感器的选择需要考虑种类和型式、一次额定电压和二次额定电压、准确级和容量等参数。

5.6.5.2 额定电压选择方法

电压互感器额定电压选择表 **表 5.6.5.2**

序号	内容		实施情况	备注
1	双绕组电压互感器一次绕组额定电压	$U_r = U_n$	□	
2	三绕组电压互感器一次绕组额定电压	$U_r = U_n/\sqrt{3}$	□	
U_r	绕组电压，V		□	
U_n	标称电压，V		□	
二次绕组额定电压	普通双绕组电压互感器的二次绕组额定电压一般为 100V； 用于一次系统绝缘监测的三绕组电压互感器主二次绕组额定电压为 $100/\sqrt{3}$ V； 辅助二次绕组额定电压为 100/3V		□	

5.6.5.3 准确度

电压互感器准确度选择表 表 5.6.5.3

序号	内容		实施情况	备注
1	一般测量用电压互感器	0.5～1 级	□	
2	计量用电压互感器	0.2 级	□	
3	计量兼作交流操作电源用电压互感器	1～3 级	□	
4	电压互感器的额定容量	$S_2 < S_{2r}$	□	
5	继电保护和自动装置用电压互感器	主二次绕组的准确级选用 3P； 剩余绕组准确级选用 6P	□	
S_2	实际二次负荷容量，VA		□	
S_{2r}	额定容量，VA		□	

5.7 电力变压器保护的整定计算

常见的电力变压器高压侧保护包括以下 4 种：过电流保护、电流速断保护、单相接地保护、过负荷保护；民用建筑变配电系统中高压侧的过负荷保护应用较少。以下为上述 4 种变压器继电保护的相关整定计算。

5.7.1 过电流保护

电力变压器过电流保护计算表 表 5.7.1

名称	序号	内容		实施情况	备注
计算公式及取值	1	保护装置的动作电流（应躲过可能出现的过负荷电流）	$I_{op,k} = K_{rel} K_{con} \dfrac{K_{ol} I_{1rT}}{K_r n_{TA}}$	□	
	2	保护装置的灵敏系数［按电力系统最小运行方式下，低压侧两相短路时流过高压侧（保护安装处）的短路电流校验］	$K_{sen} = \dfrac{I_{2k2,min}}{I_{op}} \geqslant 1.3$	□	
	3	保护装置的动作时限（应与下一级保护动作时限相配合）	一般取 0.3～0.5s	□	
	$I_{op,k}$	保护装置的动作电流，A		□	
	K_{rel}	可靠系数，取 1.2		□	
	K_{con}	接线系数，接于相电流时取 1，接于相电流差时取$\sqrt{3}$		□	
	K_{ol}	过负荷系数，包括电动机自启动引起的过电流倍数，一般取 2～3，当无自启动电动机时取 1.3～1.5		□	

续表

名称	序号	内容	实施情况	备注
计算公式及取值	I_{1rT}	变压器高压侧额定电流，A	□	
	K_r	继电器返回系数，取 0.9	□	
	n_{TA}	电流互感器变比	□	
	K_{sen}	保护装置的灵敏系数［按电力系统最小运行方式下，低压侧两相短路时流过高压侧（保护安装处）的短路电流校检］	□	
	$I_{2k2,min}$	最小运行方式下变压器低压侧两相短路时，流过高压侧（保护安装处）的稳态电流，A： Yyn0 时，$I_{2k2,min}=\frac{I_{22k2,min}}{n_T}$；Dyn11 时，$I_{2k2,min}=\frac{2I_{22k2,min}}{\sqrt{3}\,n_T}$	□	
	$I_{22k2,min}$	最小运行方式下变压器低压侧母线或母干线末端两相稳态短路电流，A	□	
	n_T	变压器电压比	□	
	I_{op}	保护装置一次动作电流，$I_{op}=\frac{I_{op,k}n_{TA}}{K_{con}}$，A	□	

5.7.2 电流速断保护

电力变压器电流速断保护计算表 表 5.7.2

名称	序号	内容		实施情况	备注
计算公式及取值	1	保护装置的动作电流（应躲过低压侧短路时，流过保护装置的最大短路电流）	$I_{op,k}=K_{rel}K_{con}\frac{I''_{2k,max}}{n_{TA}}$	□	
	2	保护装置的灵敏系数（按系统最小运行方式下，保护装置安装处两相短路电流校验）	$K_{sen}=\frac{I''_{1k2,min}}{I_{op}}\geqslant 1.5$	□	
	3	保护装置一次动作电流	$I_{op}=\frac{I_{op,k}n_{TA}}{K_{con}}$		
	$I_{op,k}$	保护装置的动作电流，A		□	
	K_{rel}	可靠系数，取 1.3		□	
	K_{con}	接线系数，接于相电流时取 1，接于相电流差时取$\sqrt{3}$		□	
	$I''_{2k,max}$	最大运行方式下变压器低压侧三相短路时，流过高压侧（保护安装处）的电流初始值，A		□	
	n_{TA}	电流互感器变比		□	
	$I''_{1k2,min}$	最小运行方式下保护装置安装处两相短路电流初始值①，A		□	
	I_{op}	保护装置一次动作电流，A		□	
	K_{sen}	保护装置的灵敏系数（按系统最小运行方式下，保护装置安装处两相短路电流校检）		□	

注：① 两相短路电路初始值 I''_{k2} 等于三相短路电流初始值 I''_{k3} 的 0.866 倍。

5.7.3 低压侧单相接地保护

电力变压器低压侧单相接地保护①

（利用高压侧三相式过电流保护）计算表 **表 5.7.3-1**

名称	序号	内容		实施情况	备注
计算公式及取值	1	保护装置一次动作电流	$I_{op}=K_{rel}\dfrac{K_{ol}I_{1rT}}{K_r}$	☐	
	2	保护装置的灵敏系数［按最小运行方式下，低压侧母线或母干线末端单相接地时，流过高压侧（保护安装处）的短路电流校验］	$K_{sen}=\dfrac{I_{2k1,min}}{I_{op}}\geqslant 1.3$	☐	
	I_{op}	保护装置一次动作电流，A			
	K_{rel}	可靠系数，取 1.2		☐	
	K_{ol}	过负荷系数，包括电动机自启动引起的过电流倍数，一般取 2～3，当无自启动电动机时取 1.3～1.5		☐	
	I_{1rT}	变压器高压侧额定电流，A		☐	
	K_r	继电器返回系数，取 0.9		☐	
	$I_{2k1,min}$	最小运行方式下变压器低压侧母线或母干线末端单相接地短路时，流过高压侧（保护安装处）的稳态电流，A： Yyn0 时，$I_{2k1,min}=\dfrac{2\,I_{22k1,min}}{3\,n_T}$；　Dyn11 时，$I_{2k1,min}=\dfrac{\sqrt{3}I_{22k1,min}}{3\,n_T}$		☐	
	K_{sen}	保护装置的灵敏系数［按最小运行方式下，低压侧母线或母干线末端单相接地时，流过高压侧（保护安装处）的短路电流校验］		☐	

注：① 本表利用高压侧三相式过电流保护进行低压侧单相接地保护校验，当保护装置的灵敏系数不满足要求时，采用表 5.7.3-2 的保护。

电力变压器低压侧单相接地保护①

（利用在低压侧中性线上装设专用的零序保护）计算表 **表 5.7.3-2**

名称	序号	内容		实施情况	备注
计算公式及取值	1	保护装置的动作电流（应躲过正常运行时，变压器中性线上流过的最大不平衡电流）	$I_{op,k}=K_{rel}\dfrac{0.25I_{2rT}}{n_{TA}}$ 对于 Yyn0 变压器，其值不超过额定电流的 25%； 对于 Yzn11 变压器，其值不超过额定电压的 40%	☐	
	2	保护装置的动作电流尚应与低压出线上的零序保护相配合	$I_{op,k}=K_{co}\dfrac{I_{(0)op,br}}{n_{TA}}$	☐	

续表

名称	序号	内容		实施情况	备注
计算公式及取值	3	保护装置的灵敏系数［按最小运行方式下，低压侧母线或母干线末端单相接地稳态短路电流校验］	$K_{sen}=\frac{I_{22k1,min}}{I_{op}}\geqslant 1.3$	□	
	4	保护装置的动作时限	一般取0.3～0.5s	□	
	$I_{op,k}$	保护装置的动作电流，A		□	
	K_{rel}	可靠系数，取1.2		□	
	I_{2rT}	变压器低压侧额定电流，A		□	
	n_{TA}	电流互感器变比		□	
	K_{co}	配合系数，取1.1		□	
	$I_{(0)op,br}$	低压分支线上零序保护的动作电流，A		□	
	$I_{22k1,min}$	最小运行方式下变压器低压侧母线或母干线末端单相接地稳态短路电流，A		□	
	I_{op}	保护装置一次动作电流，$I_{op}=\frac{I_{op,k}n_{TA}}{K_{con}}$，A		□	
	K_{con}	接线系统，接于相电流时取1，接于相电差时取$\sqrt{3}$		□	
	K_{sen}	保护装置的灵敏系数［按最小运行方式下，低压侧母线或母干线末端单相接地时，流过高压侧（保护安装处）的短路电流校验］		□	

注：Yyn0接线变压器采用在低压侧中性线上装设专用零序互感器的低压侧单相接地保护，而Dyn11接线变压器当过电流保护灵敏系数满足单相接地保护要求时可不装设。

5.7.4 过负荷保护

电力变压器过负荷保护计算表 **表5.7.4**

名称	序号	内容		实施情况	备注
计算公式及取值	1	保护装置的动作电流（应躲过变压器额定电流）	$I_{op,k}=K_{rel}K_{con}\frac{I_{1rT}}{K_r n_{TA}}$	□	
	2	保护装置的动作时限（应躲过允许的短时工作过负荷时间，如电动机启动或自启动的时间）	一般定时限取9～15s	□	
	$I_{op,k}$	保护装置的动作电流，A		□	
	K_{rel}	可靠系数，取1.05～1.1		□	
	K_{con}	接线系数，接于相电流时取1，接于相电流差时取$\sqrt{3}$		□	
	I_{1rT}	变压器高压侧额定电流，A		□	
	K_r	继电器返回系数，取0.9		□	
	n_{TA}	电流互感器变比		□	

注：过负荷保护一般可在变压器低压侧装设，高压侧装设的过负荷保护一般用于并联运行的变压器，或作为其他备用电源的变压器根据过负荷的可能性装设。

5.8 导线及电缆截面选择

5.8.1 导线及电缆截面的选择条件

5.8.1.1 低压配电导体截面积选择应符合下列要求

1. 导体的载流量不应小于预期负荷的最大计算电流和按保护条件所确定的电流，并应按敷设方式和环境条件进行修正；

2. 线路电压损失不应超过规定的允许值；

3. 导体应满足动稳定与热稳定的要求；

4. 导体最小截面积应满足机械强度的要求，配电线路每一相导体截面积不应小于表 5.8.1.1的规定。

导体最小允许截面积表 **表 5.8.1.1**

名称	序号	内容				实施情况	备注
		布线系统型式	线路用途	导体最小截面积（mm^2）			
				铜	铝/铝合金		
导体最小允许截面积	1	固定敷设的电缆和绝缘电线	电力和照明线路	1.5	10	□	
	2		信号和控制线路	0.5	—	□	
	3	固定敷设的裸导体	电力（供电）线路	10	16	□	
	4		信号和控制线路	4	—	□	
	5	软导体及电缆的连接	任何用途	0.75	—	□	
	6		特殊用途的特低压电路	0.75	—	□	

5.8.1.2 各类型导体截面选择条件还应根据表 5.8.1.2 进行校验

导体截面选择条件表 **表 5.8.1.2**

名称	序号	内容					实施情况	备注
			架空裸线	绝缘电线	电缆	硬母线		
导体截面选择条件	1	允许温升	√	√	√	√	□	
	2	电压损失	√	√	√	√	□	
	3	短路热稳定		√	√	√	□	
	4	短路动稳定				√	□	
	5	机械强度	√	√			□	
	6	经济电流密度	√		√		□	
	7	与线路保护的配合		√	√		□	
	注：“√”表示适用，无标记一般不用							
	对较大负荷电流线路，宜先按允许温升（发热条件）选择截面，然后校验其他条件							
	对长距离线路或电压质量要求高的线路，宜按电压损失条件选择截面，然后校验其他条件							
	对靠近变电所的小负荷电流线路，宜先按短路热稳定条件选择截面，然后校验其他条件							
	为满足机械强度的要求，架空线路和绝缘电线需满足最小允许截面要求							
	当电缆用于长期稳定的负荷时，经技术经济比较确认合理时，可按经济电流密度选择导体截面。一般情况下，比按允许温升选择的截面大 1～2 级							
	低压电线电缆还应满足负荷保护的要求；TN 系统中还应保证间接接触防护电器能可靠断开电路							

5.8.2 按敷设方式、环境条件选择截面

5.8.2.1 根据敷设方式的不同，导体的允许载流量应根据降低系数进行校正

1. 敷设在自由空气中多根多芯缆束和多回路或多根电缆成束敷设的电线电缆载流量的降低系数详见《建筑电气常用数据》19DX101-1 表 6.25、表 6.26；

2. 敷设在埋地管槽内多回路电缆、多回路直埋电缆的降低系数详见《建筑电气常用数据》19DX101-1 表 6.27。

5.8.2.2 按环境条件不同，导体的允许载流量应根据校正系数进行校正

根据不同环境温度的电线电缆载流量的校正系数详见《建筑电气常用数据》19DX101-1 表 6.22。

5.8.2.3 根据谐波电流校正导体截面

1. 当三相四线制线路中存在谐波电流时，在选择中性导体截面积时应计入谐波电流的影响；

2. 当中性导体电流大于相导体电流时，电缆截面积应按中性导体电流选择；

3. 当中性导体电流大于相电流 133%且按中性导体电流选择电缆截面积时，电缆载流量可不校正；

4. 当三相负荷平衡系统中存在谐波电流，四芯或五芯电缆存在谐波电流时的降低系数详见《建筑电气常用数据》19DX101-1 表 6.29。

5.8.3 按允许温升选择截面

按敷设方式、环境条件确定的电线和电缆的载流量，不应小于其线路的最大计算电流，即按允许温升选择截面。在实际工程设计中，环境温度为一般情况（25℃、30℃、35℃、40℃）可直接查阅《建筑电气常用数据》19DX101-1 的表 6.1～表 6.16 的相关数据，若工作环境温度与此不同，可采用以下计算方法作校正。

根据允许温升载流量校正表 **表 5.8.3**

名称	序号	内容		实施情况	备注
计算公式及取值	1	根据温升选择	$KI_z \geqslant I_{max}$	□	
	2	温度校正系数	$K=\sqrt{\dfrac{\theta_z-\theta}{\theta_z-\theta_0}}$	□	
	I_z	导体允许长期工作电流（载流量）；即在额定环境温度等规定工作条件下，导体能够连续承受而不致其稳定温度超过允许值的最大连续电流，A		□	
	I_{max}	通过导体的实际最大持续工作电流，A		□	
	K	与环境温度、敷设方式等实际工作条件有关的校正系数		□	
	θ_z	导体长期发热允许最高温度,℃		□	
	θ	导体安装地点实际环境温度,℃		□	
	θ_0	导体额定允许载流量时的基准环境温度,℃		□	

5.8.4 按经济电流密度选择经济截面

从全面经济效益考虑，使线路的年运行费用接近于最小，又适当考虑有色金属节约的导线截面，称为经济截面。10kV及以下电力电缆截面，宜按电缆的初始投资与使用寿命期间的运行费用综合经济的原则选择（表5.8.4-1）。

经济电流密度选择经济截面表 **表5.8.4-1**

名称	序号	内容		实施情况	备注
计算公式及取值	1	导体经济截面	$A_{ec}=I_c/J_{ec}$	□	
	A_{ec}		导体经济截面，mm^2	□	
	I_c		线路的计算电流，A	□	
	J_{ec}		经济电流密度，A/mm^2	□	

注：按照上式计算出导体经济截面后，应选择最接近的标准截面，然后校验其他条件。

我国现行的经济电流密度值见表5.8.4-2。

电线和电缆的经济电流密度（A/mm^2） **表5.8.4-2**

线路类别	导线材质	年最大负荷利用小时（h）		
		3000以下	3000～5000	5000以上
架空线路	铜	3.00	2.25	1.75
	铝	1.65	1.15	0.90
电缆线路	铜	2.50	2.25	2.00
	铝	1.92	1.73	1.54

5.8.5 按电压损失校验截面

5.8.5.1 民用建筑供配电设计中，通常按照配电回路的计算电流和线路的敷设方式、环境条件选择截面，然后还应根据《民用建筑电气设计标准》GB 51348—2019规定的电压偏差允许值进行校验，电压降校验计算公式如表5.8.5.1所示。

民用建筑配电系统中较为常用的三相平衡负荷线路和接于相电压的单相负荷线路的电压降计算，计算方法可采用电流矩法和负荷矩法，下表列出了较为方便的电流矩法。

按电压损失校验电缆截面表 **表5.8.5.1**

名称	序号	内容		实施情况	备注
计算公式及取值	1	三相平衡负荷线路带1个集中负荷	$\Delta U\%=\frac{\sqrt{3}}{10U_n}(R'_{\Omega}\cos\varphi+X'_{\Omega}\cos\varphi)Il\approx\Delta u_a\%Il$	□	
	2	三相平衡负荷线路带n个集中负荷	$\Delta U\%=\frac{\sqrt{3}}{10U_n}\sum[(R'_{\Omega}\cos\varphi+X'_{\Omega}\cos\varphi)I_il_i]\approx\sum(\Delta u_a\%I_il_i)$	□	

续表

名称	序号	内容	实施情况	备注
计算公式及取值	3	接于相电压的单相负荷线路带 1 个集中负荷：$\Delta U\% = \frac{2}{10U_{\mathrm{nph}}}(R'_{\Omega}\cos\varphi + X'_{\Omega}\cos\varphi)Il \approx 2\Delta u_{\mathrm{a}}\% Il$	□	
	$\Delta U\%$	线路电压损失百分数，%； 1. 用电设备端子处的电压偏差不超过《民用建筑电气设计标准》GB 51348—2019 规定的允许值； 2. 由总降压变电所至建筑终端变电所的高压配电线路的电压损失不宜超过 5%	□	
	I	负荷计算电流，A		
	l	线路长度，km		
	R'_{Ω}、X'_{Ω}	三相线路单位长度的电阻和感抗，三相 380V 系统的电阻和感抗数据可查阅《建筑电气常用数据》19DX101-1 的表 3.20～表 3.26，Ω/km		
	$\Delta u_{\mathrm{a}}\%$	三相线路每 1A·km 的电压损失百分数，（%/A·km），三相 380V 系统的电压降数据可查阅《建筑电气常用数据》19DX101-1 的表 3.20～表 3.26		
	U_{n}	标称线电压，kV		
	U_{nph}	标称相电压，kV		
	I_{i}	第 i 个集中负荷计算电流，A	□	
	l_{i}	第 i 个集中负荷线路长度，A	□	

计算内容输出模板

配电区域	线路类型	电缆截面 S（mm^2）	功率因数 $\cos\varphi$	三相线路每 1A·kM 的电压损失百分数 $\Delta U_{\mathrm{a}}\%$	计算电流 I（A）	线路长度 L（km）	电压损失 $\Delta U\%$
低压配电柜至楼层配电箱	三相平衡负载						
楼层配电箱至区域配电箱	三相平衡负载						
区域配电箱至终端负荷	接相电压的单相负荷						
线路电压损失 $\Delta U\%$							

5.8.6 按短路热稳定条件校验截面

5.8.6.1 高压电缆按短路热稳定条件校验截面

高压电缆按短路热稳定条件校验截面　　表 5.8.6.1

名称	序号	内容		实施情况	备注
计算公式及取值	1	高压电缆的导体截面	$S \geqslant \frac{\sqrt{Q_t}}{C} \times 10^3$	□	
	2	短路电流热效应（对远离发电机端处）	$Q_t = I''^2_{k3}(t_k + 0.05)$	□	
	3	短路电流热效应（当 $t_k > 1s$ 时）	$Q_t = I''^2_{k3} t_k$	□	
	4	短路持续时间	$t_k = t_p + t_b$	□	
	5	高压电缆的导体截面	$S \geqslant \frac{I''_{k3}\sqrt{t_k}}{C} \times 10^3$	□	
	S	导体截面，mm^2		□	
	Q_t	短路电流热效应，$kA^2 \cdot \theta_s$		□	
	I''_{k3}	短路点处的最大三相对称短路电流（超瞬态短路电流）初始值，kA		□	
	t_k	短路持续时间，s		□	
	t_p	保护动作时间，s		□	
	t_b	断路器全分段时间，对高速断路器取 0.1s		□	
	C	导体的热稳定系数		□	

5.8.6.2 低压电缆按短路热稳定条件校验截面

低压电缆按短路热稳定条件校验截面　　表 5.8.6.2-1

名称	序号	内容		实施情况	备注
计算公式及取值	1	低压电线电缆（$0.1s < t \leqslant 5s$）	$S \geqslant \frac{I_k}{C}\sqrt{t}$	□	
	2	低压电线电缆（$t < 0.1s$）	$K^2 S^2 \geqslant I^2 t$	□	
	S	导体截面，mm^2		□	
	I_k	低压短路电流交流分量有效值，A		□	
	t	短路电流持续时间，s		□	
	$I^2 t$	可从熔断器或断路器的技术数据中查到		□	
	K，C	热稳定系数； 其值取决于保护导体、绝缘和其他部分的材料以及初始温度和最终温度。可按现行国家标准《低压电气装置　第 5-54 部分：电气设备的选择和安装接地配置和保护导体》GB 16895.3—2024 计算和选取。 不同绝缘材料铜导体的热稳定系统，见表 5.8.6-3		□	

不同绝缘材料铜导体的热稳定系数表 **表 5.8.6.2-2**

项目	导体绝缘材料						
	聚氯乙烯 PVC		乙丙橡胶 EPR、交联聚乙烯绝缘 XLPE	橡胶		矿物质	
	≤$300mm^2$	≥$300mm^2$		60℃	80℃	带 PVC	裸的
初始温度（℃）	70	70	90	60	80	70	105
最终温度（℃）	160	140	250	200	200	160	250
铜导体 C 值（℃）	115	103	143	141	134	115	135

5.8.6.3 在工程设计中，低压配电系统的电缆热稳定允许短路电流值也可以采用查表法快速获得，数据可查阅《建筑电气常用数据》19DX101-1 的表 15.9、表 15.10。

5.9 用电设备计算

在建筑电气设计中，常用的动力设备主要包括电动机、电梯和电动扶梯等设备，电动机设备的计算功率应根据其工作制的特征进行相应的折算。

5.9.1 电动机

电动机设备功率计算表 **表 5.9.1-1**

名称	序号	内容		实施情况	备注
计算公式及取值	1	连续工作制电动机求计算负荷	$P_e = P_r$	□	
	2	周期工作制电动机求计算负荷	$P_e = P_r\sqrt{\varepsilon_r}$	□	
	3	短时工作制电动机求计算负荷	$P_e = P_r\sqrt{\varepsilon_r}$	□	
	P_e		统一负载持续率下的有功功率，kW	□	
	P_r		电动机额定功率，kW	□	
	ε_r		电动机额定负载持续率	□	

注：1. 周期工作制电动机把额定功率转换为负载持续率 100%的有功功率；

2. 短时工作制电动机把短时工作制电动机近似的看作周期工作制电动机，然后再将其额定功率转换为连续工作制的有功功率。0.5h 工作制电动机可按 ε_r≈15%，1h 工作制电动机可按 ε_r≈25%考虑。

电动机的电流计算表 **表 5.9.1-2**

名称	序号	内容		实施情况	备注
计算公式及取值	1	三相电动机的额定电流	$I_{rM} = \dfrac{P_{rM}}{\sqrt{3}\,U_{rM}\,\eta_r\cos\phi_r}$	□	
	2	单相电动机的额定电流	$I_{rM} = \dfrac{P_{rM}}{U_{rM}\,\eta_r\cos\phi_r}$	□	
	3	电动机（笼型）的启动电流	$I_{st} = k_{st}\,I_{rM}$	□	
	4	瞬动脱扣器的整定电流	$I_{ins} = 2.2\,I_{st}$	□	
	5	直接启动的笼型电动机，长延时脱扣器用作后备保护时的整定电流	$I_{set} \geqslant \dfrac{2.2\,I_{st}}{K_{ins}} = \dfrac{2.2\,k_{st}}{K_{ins}}\,I_{rM}$	□	

续表

名称	序号	内容	实施情况	备注
计算公式及取值	I_{rM}	电动机额定电流，A	□	
	P_{rM}	电动机额定功率，kW	□	
	U_{rM}	电动机额定电压，kV	□	
	η_r	电动机的满载时效率	□	
	$\cos\phi_r$	电动机的满载时功率因数	□	
	I_{st}	电动机额定启动电流（堵转电流），A	□	
	k_{st}	电动机额定启动电流倍数	□	
	I_{ins}	瞬动脱扣器的整定电流，A	□	
	I_{set}	长延时脱扣器的整定电流，A	□	
	K_{ins}	断路器的瞬动电流倍数	□	

注：1. 电动机额定启动电流倍数由厂商给出，一般约为额定电流的 4～8.4 倍；
2. 当采用断路器作为短路保护时，电动机主回路应采用电动机保护用低压断路器。其瞬时过电流脱扣器的动作电流与长延时脱扣器动作电流之比宜为 14 倍左右或 10～20 倍可调；
3. 仅用做短路保护时，即在另装过载保护电器的常见情况下，宜采用只带瞬动脱扣器的低压断路器，或把长延时脱扣器作为后备过电流保护；
4. 兼作电动机过载保护时，即在没有其他过载保护电器的情况下，低压断路器应装有瞬动脱扣器和长延时脱扣器，且必须为电动机保护型；
5. 兼作低电压保护时，即不另装接触器或机电式启动器的情况下，低压断路器应装有低电压脱扣器。

无限容量电源系统中电动机启动时电压降计算表　　表 5.9.1-3

名称	序号	内容		实施情况	备注
计算公式及取值	1	电压相对值	$u_{stB}=u_s\dfrac{S_{scB}}{S_{scB}+Q_L+S_{st}}$	□	
	2	预接负荷的无功功率	$Q_L=0.6(S_{rT}-0.75S_{rM})$	□	
	3	电动机额定容量	$S_{rM}=\sqrt{3}U_{rM}I_{rM}$		
	4	电动机启动时启动回路的计算容量	$S_{st}=\dfrac{1}{\dfrac{1}{S_{stM}}+\dfrac{X_1}{U_{av}^2}}$	□	
	5	电动机额定启动容量	$S_{stM}=k_{st}S_{rM}$	□	
	u_{stB}	电动机启动时配电母线电压相对值		□	
	u_s	电源母线电压相对值，取 1.05		□	
	S_{scB}	配电母线短路容量，MVA		□	
	Q_L	预接负荷的无功功率，Mvar		□	
	S_{st}	电动机启动时启动回路的计算容量，MVA		□	
	S_{rT}	变压器额定容量，MVA		□	
	S_{rM}	电动机额定容量，MVA		□	
	U_{rM}	电动机额定电压，kV		□	
	I_{rM}	电动机额定电流，kA		□	
	S_{stM}	电动机额定启动容量，MVA		□	

续表

名称	序号	内容	实施情况	备注
计算公式及取值	X_1	线路电抗，Ω	□	
	U_{av}	系统平均电压，kV	□	
	k_{st}	电动机额定启动电流倍数	□	

注：1. 导线穿管或不大于 10kV 电缆线路的电抗，X_1 取为 0.08 l。线路较长时需计入电阻因素。

铜芯线：

$>150mm^2$，X_1 取 $(0.08+6.1/S)l$；

$\leqslant 150mm^2$，X_1 取 $(18.3/S)l$。

铝芯线：

$>240mm^2$，X_1 取 $(0.08+10/S)l$；

$\leqslant 240mm^2$，X_1 取 $(30/S)l$。

当用于 10kV 交联聚乙烯电缆时 0.08 改为 0.09。

2. 一般情况下（母线接有照明或其他对电压较敏感的一般负荷），电动机频繁启动（每小时启动数十上百次）时，电压降不宜低于额定电压的 90%；不频繁启动时，电压降不宜低于额定电压的 85%。
3. 配电母线上未接照明或其他对电压波动较敏感的负荷，且电动机不频繁启动时，不应低于额定电压的 80%。
4. 低压配电设计中笼型电动机全压启动的判断条件可简化为：电动机启动时配电母线的电压不低于系统标称电压的 85%。通常，只要电动机额定功率不超过电源变压器额定容量的 30%，即可全压启动。仅在估算结果处于边缘情况时，才需要进行校验。

5.9.2 电梯和自动扶梯

电梯电流计算表 **表 5.9.2-1**

名称	序号	内容		实施情况	备注
计算公式及取值	1	交流单速电梯的估算功率	$S \approx 0.035 L_e V_e$	□	
	2	交流双速电梯的估算功率	$S \approx 0.03 L_e V_e$	□	
	3	直流有齿轮电梯的估算功率	$S \approx 0.021 L_e V_e$	□	
	4	直流无齿轮电梯的估算功率	$S \approx 0.015 L_e V_e$	□	
	5	电梯的计算电流（1）	$I_c = 1.4 \sum I_e K_x$	□	
	6	电梯的计算电流（2）	$I_c = \dfrac{1.4 \sum P_e K_x}{\sqrt{3} U_n \cos\phi}$	□	
	7	电梯的计算电流（3）	$I_c = \dfrac{1.4 \sum S K_x}{\sqrt{3} U_n}$	□	
	S	电梯容量，kVA		□	
	L_e	电梯额定负载，kg		□	
	V_e	电梯额定速度，m/s		□	
	I_c	计算电流，A		□	

续表

名称	序号	内容	实施情况	备注
计算公式及取值	I_e	电梯的满载电流，A	□	
	$\sum I_e$	多台电梯的满载电流之和，A	□	
	P_e	电梯的额定功率，kW	□	
	$\sum P_e$	多台电梯的额定功率之和，kW	□	
	U_n	电梯的额定电压，kV	□	
	$\cos\phi$	电梯功率因数角的余弦值	□	
	K_x	多台电梯的同时系数	□	

注：1. 本表中电梯的额定负载和额定速度由设计人员根据实际需要选择。

2. 除了采用上表的方法估算电梯的额定功率和计算电流，也可以采用查表法，根据电梯的载重量和额定速度直接查阅表 5.9.2-2 中相应的额定功率与计算电流。

不同类型电梯主要技术指标　　表 5.9.2-2

类型	载重量(kg)	额定速度(m/s)	额定功率(kW)	计算电流(A)
乘客电梯	900	2.5	17	35
		5.0	40	61
	1000	2.5	18	38
		6.0	51	77
	1150	3.0	24	49
		5.0	47	72
	1350	3.0	27	55
		6.0	63	96
	1600	3.5	37	73
		5.0	59	90
	1800	3.5	40	79
		6.0	76	116
	2000	4.0	48	96
		5.0	69	104
	2250	4.0	53	105
		5.0	74	115
货梯	1000	0.63	6.5	20.8
		1.0	8.0	25.1
	2000	0.63	9.0	28.5
		1.0	12.0	36.1
	3000	0.63	12.0	36.1
	5000	0.63	30.0	70.7

续表

类型	载重量 (kg)	额定速度 (m/s)	额定功率 (kW)	计算电流 (A)
双轿厢电梯	3200	6	102.6	189.3
	3600	7	137.0	300.0
小机房电梯	630	1.0	4.0	9.0
	825	1.6	6.5	16.8
	1050	1.75	8.0	24.5
	1200	2.0	10.5	28.9
	1350	2.5	15.0	40.2
	1600	2.5	17.0	48.7
无机房电梯	630	1.0	4.0	8.5
	825	1.6	8.0	24.5
	1050	1.6	11.0	33.8
	1275	1.75	14.0	42.9
	1600	1.75	18.0	55.1
医用电梯	1600	1.0	10.4	23.5
		1.6	16.6	33.2
		1.75	18.1	35.6
		2.0	20.7	41.6
	1800	1.0	11.5	24.5
		1.6	18.5	36.0
		1.75	20.0	41.0
杂物电梯	100	0.5	1.6	3.5
	200	0.5	3.2	4.0
	100	1.0	4.8	5.5
	200	1.0	8.0	9.0

注：1. 本表数据引自《建筑电气常用数据》19DX101-1 中 7-17～7-20 页；

2. 乘客电梯对应每种载重量列出两种额定速度，分别为低速和高速。高速适用于某些超高层电梯、频繁使用电梯或穿梭电梯等场合。

3. 小机房电梯指电梯机房面积缩小到等于电梯井道横截面面积的电梯，适用于运行高度小于 100m，额定载重量不大的住宅或其他建筑。

4. 杂物电梯指服务于规定层站的提升装置，轿厢内不能进人。常用的食梯也属杂物电梯类别。

不同电梯台数的同时系数（K_x）　　表 5.9.2-3

电梯台数	1	2	3	4	5	6	7	8	9
使用程度频繁的同时系数	1	0.91	0.85	0.8	0.76	0.72	0.69	0.67	0.64
使用程度一般的同时系数	1	0.85	0.78	0.72	0.67	0.65	0.59	0.56	0.54

注：本表的数据引自《工业与民用配电设计手册（第四版）》表 12.3-2。

5.10 电气照明计算

5.10.1 利用系数法照明计算

1. 利用系数法考虑直射光和反射光两部分所产生的照度，是根据光源的光通量、房间的几何形状、灯具的数量和类型确定工作面平均照度的计算方法；

2. 适用于灯具均匀布置的一般照明以及利用墙和顶棚作光反射面的场合；

3. 利用系数可参考《照明设计手册（第三版）》表 5-16 利用系数表（U）或第 25 章灯具光度参数，查表时可采用内插法计算；或使用厂家提供的样本。

利用系数法照明计算　　表 5.10.1-1

名称	序号	内容		实施情况	备注
计算公式及取值	1	工作面平均照度	$E_{av}=\frac{N\varphi UK}{A}$	□	
	2	利用系数	$U=\frac{\varphi_1}{\varphi}$	□	注 1
	3	室空间比	$RCR=\frac{5h_r\times(l+b)}{l\times b}$ $RCR=\frac{2.5\text{墙面积}}{\text{地面积}}$（当房间不是正六面体时） $RI=\frac{l\times b}{5h_r\times(l+b)}=\frac{5}{RCR}$	□	
	4	顶棚空间比	$CCR=\frac{5h_c\times(l+b)}{l\times b}=\frac{h_c}{h_r}\times RCR$	□	
	5	地板空间比	$FCR=\frac{5h_f(l+b)}{l\times b}=\frac{h_f}{h_r}\times RCR$	□	
	6	有效空间反射比	$\rho_{eff}=\frac{\rho A_0}{A_s-\rho A_s+\rho A_0}$ $\rho=\frac{\sum_{i=1}^{N}\rho_i A_i}{\sum_{i=1}^{N}A_i}$	□	
	7	墙面平均反射比	$\rho_{wav}=\frac{\rho_w(A_w-A_g)+\rho_g A_g}{A_w}$	□	
	8	工作面平均照度	$E_{av}\geqslant E_s$	□	
	E_{av}	工作面平均照度，lx		□	
	E_s	照度标准值，lx		□	注 2
	φ	光源光通量，lm		□	
	N	光源数量		□	
	U	利用系数		□	
	PCR	室空间比		□	
	CCR	顶棚空间比		□	
	FCR	地板室空间比		□	
	RI	室空间比		□	
	ρ_{wav}	墙面平均反射比		□	

续表

名称	序号	内容	实施情况	备注
计算公式及取值	A	工作面面积，m^2	□	
	K	灯表的维护系数，按表 5.10.1 取用	□	
	φ_1	自光源发射，最后投射到工作面上的光通量，lm	□	
	l	室长，m	□	
	b	室宽，m	□	
	h_c	顶棚空间高，m	□	
	h_r	室空间高，m	□	
	h_f	地板空间高，m	□	
	ρ_{eff}	有效空间反射比	□	
	A_0	空间开口平面面积，m^2	□	
	A_s	空间表面面积，m^2	□	
	ρ	空间表面平均反射比	□	
	ρ_i	第 i 个表面反射比	□	
	A_i	第 i 个表面面积，m^2	□	
	N	表面数量	□	
	A_w	墙的总面积（包括窗面积），m^2	□	
	ρ_w	墙面反射比	□	
	A_g	玻璃空或装饰物的面积，m^2	□	
	ρ_g	装饰物的反射比	□	

计算内容输出模版

任务	信息	单位	值	备注
基本信息	房间编号			
	房间名称			
	房间长度	m		
	房间宽度	m		
	面积	m^2		
	灯安装高度	m		
	工作面高度	m		
	计算高度	m		
	灯具型号			
	单灯光源数	个		
	单灯光源功率	W		
	单灯光通量	lm		
	镇流器功率	W		
	灯具光通量	lm		
	灯具功率	W		

续表

	任务	信息	单位	值	备注
计算内容输出模版	基本信息	顶棚反射比	%		
		墙反射比	%		
		地面反射比	%		
		室形系数	—		
		利用系数	—		查《照明设计手册（第三版）》表 5-16 利用系数表或第 25 章灯具光度参数中不同灯具的利用系数表；不同灯具不同安装方式的数据通过厂家提供的产品样本查出
		维护系数	—		查《照明设计手册（第三版）》表 5-15 维护系数
		照度标准值	lx		
		照明功率密度限值	W/m^2		目标值
	灯具数量计算	灯具计算数量	个		
		选取灯具数量	个		
	照度计算	工作面平均计算照度	lx		
		是否满足规范要求			注 2
	照明功率密度计算	照明计算功率密度	W/m^2		
		是否满足规范要求	W/m^2		当房间或场所的室形指数值≤1 时，其照明功率密度限值应增加，但增加值不应超过限值的 20%

注：1. 利用系数是由灯具光强分布、房间形状、灯具效率及室内表面反射比综合决定的，由于计算比较复杂，在实际工程设计中根据有效顶棚反射比、墙反射比、地面反射比、室空间比（RCR 或 RI）数据，采用查表方法确定；

2. 照度标准值应采用《建筑照明设计标准》GB/T 50034—2024 第 5 节中相关场所规定的照度标准值，或查阅其他相关行业规范所规定的照度标准值，如《建筑节能与可再生能源利用通用规范》GB 55015—2021 3.3.7 规定。

灯具的维护系数 **表 5.10.1-2**

环境污染特征		房间或场所举例	灯具最少擦拭次数（次/年）	维护系数值
室内	清洁	卧室、办公室、餐厅、阅览室、教室、病房、客房、仪器仪表装配间、电子元器件装配间、检验室等	2	0.80
	一般	商店营业厅、候车室、影剧院、机械加工车间、机械装配车间、体育馆等	2	0.70
	污染严重	厨房、锻工车间、铸工车间、水泥车间等	3	0.60
室外		雨篷、站台	2	0.65

注：数据来源《照明设计手册（第三版）》。

5.10.2 逐点计算法照明计算

逐点计算法照明计算方法说明：

该方法适用于水平面、垂直面和倾斜面上的照度计算，计算结果较为准确，可用来计算房间的一般照明、局部照明和屋外照明，但不适用于计算周围反射性能很高场所的照度。

逐点计算法照明计算-水平面照度计算　　表 5.10.2-1

名称	序号	内容		实施情况	备注
计算公式及取值	1	点光源在水平面上的照度	$E_{\mathrm{h}}=\frac{I_{\theta}}{R^{2}}\cos\theta$	□	
	2	已知光源的安装高度（或计算高度）h时，水平面照度	$E_{\mathrm{h}}=\frac{I_{\theta}}{R^{2}}\cos\theta=\frac{I_{\theta}\cos\theta}{\left(\frac{h}{\cos\theta}\right)^{2}}=\frac{I_{\theta}\cos^{3}\theta}{h^{2}}$	□	
	E_{h}	点光源水平面照度，lx		□	
	I_{θ}	照射方向的光强，cd		□	
	R	点光源至被照面计算点的距离，m		□	
	θ	被照面的法线与入射光线的夹角		□	
	h	光源距计算水平面的安装高度（计算高度），m		□	

逐点计算法照明计算-垂直面照度计算　　表 5.10.2-2

名称	序号	内容		实施情况	备注
计算公式及取值	1	点光源在垂直面上的照度	$E_{\mathrm{v}}=\frac{I_{\theta}}{R^{2}}\cos\beta=\frac{I_{\theta}}{R^{2}}\sin\theta$	□	
	2	已知光源的安装高度（或计算高度）h时，垂直面照度	$E_{\mathrm{v}}=\frac{I_{\theta}}{R^{2}}\sin\theta=\frac{I_{\theta}\sin\theta}{\left(\frac{h}{\cos\theta}\right)^{2}}=\frac{I_{\theta}\cos^{2}\theta\sin\theta}{h^{2}}$	□	
	E_{v}	点光源垂直面照度，lx		□	
	I_{θ}	照射方向的光强，cd		□	
	R	点光源至被照面计算点的距离，m		□	
	θ	被照面的法线与入射光线的夹角		□	
	β	被照面的水平线与入射光线的夹角		□	
	h	光源距计算水平面的安装高度（计算高度），m		□	

逐点计算法照明计算-倾斜面照度计算　　表 5.10.2-3

名称	序号	内容		实施情况	备注
计算公式及取值	1	点光源在倾斜面上的照度	$E_{\phi}=\left(\cos\theta\pm\frac{D}{h}\sin\theta\right)E_{h}=\psi E_{h}$	□	
	2	点光源在倾斜面照度与水平面照度比值	$\psi=\cos\theta\pm\frac{D}{h}\sin\theta$ ＋表示倾斜面照度情况 a， －表示倾斜面照度情况 b	□	
	E_{ϕ}		倾斜面上 P 点的照度，lx	□	
	E_{h}		点光源水平面照度，lx	□	
	ψ		点光源在倾斜面照度与水平面照度比值	□	
	I_{θ}		照射方向的光强，cd	□	
	θ		被照面的法线与入射光线的夹角	□	
	h		光源距计算水平面的安装高度（计算高度），m	□	
	D		光源在水平面上的投影至倾斜面与水平面交线的垂直距离，m	□	

计算内容输出模版

类型	信息	单位	值	备注
基本信息	房间编号			
	房间名称			
	房间长度	m		
	房间宽度	m		
	面积	m^2		
	灯安装高度	m		
	工作面高度	m		
	计算高度	m		
	灯具距计算点水平距离	m		
	灯具型号			
	灯具光强分布	cd		根据灯具参数确定
	被照面的法线与入射光线的夹角的余弦			
	被照面的法线与入射光线的夹角的正弦			
照度计算	水平面照度	lx		
	垂直面照度计算	lx		
	倾斜面照度计算	lx		受光面与光照射成 90°
	倾斜面照度计算	lx		背光面与水平面形成 θ 角

5.11 建筑物防雷与接地计算

5.11.1 建筑物年预计雷击次数

1. 建筑物的防雷分类表仅表达省部级办公建筑物、其他重要或人员密集的公共建筑物、火灾危险场所，住宅、办公楼等一般性民用建筑物或一般性工业建筑物；

2. 其他建筑物可参照《建筑物防雷设计规范》GB 50057—2010 及《民用建筑电气设计标准》GB 51348—2019 的建筑物防雷分类的相关章节。

建筑物的防雷分类表 **表 5.11.1-1**

名称	序号	内容		实施情况	备注
建筑物防雷等级分等	1	第二类防雷建筑物	预计雷击次数大于 0.05 次/a 的省部级办公建筑物和其他重要或人员密集的公共建筑物以及火灾危险场所	☐	
			预计雷击次数大于 0.25 次/a 的住宅、办公楼等一般性民用建筑物或一般性工业建筑物	☐	
	2	第三类防雷建筑物	预计雷击次数大于或等于 0.01 次/a，且小于或等于 0.05 次/a 的省部级办公建筑物和其他重要或人员密集的公共建筑物，以及火灾危险场所	☐	
			预计雷击次数大于或等于 0.05 次/a，且小于或等于 0.25 次/a 的住宅、办公楼等一般性民用建筑物或一般性工业建筑物	☐	

建筑物年预计雷击次数 **表 5.11.1-2**

名称	序号	内容		实施情况	备注
计算公式及取值	1	建筑物年预计雷击次数	$N = kN_g A_e$	☐	
	2	建筑物所处地区雷击大地的年平均密度	$N_g = 0.1T_d$	☐	注 1
	3	雷击大地的年平均密度	$N_g = \frac{M}{S \times Y}$	☐	注 1
	4	当建筑物高度小于 100m 时	$A_e = [LW + 2(L+W)D + \pi D^2] \times 10^{-6}$	☐	
	5	当建筑物高度小于 100m，同时四周在 20m 范围内都有等高或比它低的其他建筑物时	$A_e = [LW + (L+W)D + \pi D^2/4] \times 10^{-6}$	☐	
	6	当建筑物的高度小于 100m，同时四周在 2D 范围内都比它高的其他建筑物时，或当建筑物的高度等于或大于 100m，同时四周在 2H 范围内都比它高的其他建筑物时	$A_e = LW \times 10^{-6}$	☐	

续表

名称	序号	内容		实施情况	备注
计算公式及取值	7	适用于当建筑物的高度等于或大于 100m	$A_e=[LW+2H(L+W)+\pi H^2]\times10^{-6}$	☐	
	8	适用于当建筑物的高度等于或大于 100m，同时四周在 2H 范围内都有等高或比它低的其他建筑物时	$A_e=[LW+H(L+W)+\pi H^2/4]\times10^{-6}$	☐	
	N	建筑物年预计雷击次数，次/a		☐	
	k	校正系数；在一般情况下取 1；位于河边、湖边、山坡下或山地中土壤电阻率较小处、地下水露头处、土山顶部、山谷风口等处的建筑物，以及特别潮湿的建筑物取 1.5；金属屋面没有接地的砖木结构建筑物取 1.7；位于山顶上或旷野的孤立建筑物取 2		☐	
	N_g	建筑物所处地区雷击大地的年平均密度，次/km^2/a		☐	注 1
	M	地闪次数		☐	注 2
	S	单点或区域地闪密度计算面积，km^2		☐	注 3
	Y	统计地闪密度的年数，a		☐	注 4
	A_e	与建筑物截收相同雷击次数的等效面积，km^2		☐	
	T_d	年平均雷暴日，根据当地气象台（站）资料确定，d/a		☐	
	L	建筑物的长度，m		☐	
	W	建筑物的宽度，m		☐	
	D	建筑物的每边扩大宽度，m； 当建筑物的高 $H<100$m 时，$D=\sqrt{H(200-H)}$； 当建筑物的高 $H>100$m 时，$D=H$		☐	

计算内容输出模版

类型	信息	单位	值	备注
建筑物信息	建筑物编号			
	建筑物类型			
	建筑物长度	m		
	建筑物宽度	m		
	建筑物高度	m		
	校正系数			
	地闪次数			注 2
	地闪密度计算面积			注 3
	地闪密度统计年数			注 4
	年平均雷暴日	d/a		

续表

计算内容输出模版

类型	信息	单位	值	备注
防雷计算	建筑物的每边扩大宽度	m		当建筑物的高 $H<100$m 时
				当建筑物的高 $H>100$m 时
	与建筑物截收相同雷击次数的等效面积	km^2		当建筑物高度小于 100m 时
	与建筑物截收相同雷击次数的等效面积	km^2		当建筑物高度小于 100m，同时四周在 20m 范围内都有等高或比它低的其他建筑物时
	与建筑物截收相同雷击次数的等效面积	km^2		当建筑物的高度小于 100m，同时四周在 $2D$ 范围内都比它高的其他建筑物时，或当建筑物的高度等于或大于 100m，同时四周在 $2H$ 范围内都比它高的其他建筑物时
	与建筑物截收相同雷击次数的等效面积	km^2		适用于当建筑物的高度等于或大于 100m
	与建筑物截收相同雷击次数的等效面积	km^2		适用于当建筑物的高度等于或大于 100m，同时四周在 $2H$ 范围内都有等高或比它低的其他建筑物时
	建筑物所处地区雷击大地的年平均密度（按平均雷暴日计算）			
	建筑物所处地区雷击大地的年平均密度（按地闪密度计算）			
	建筑物年预计雷击次数（按年均雷暴日计算）	次/a		
	建筑物年预计雷击次数（按地闪密度计算）	次/a		

第三类防雷建筑物：

1）N 大于或等于 0.01 次/a，且小于或等于 0.05 次/a 的省部级办公建筑物和其他重要或人员密集的公共建筑物，以及火灾危险场所；

2）N 大于或等于 0.05 次/a，且小于或等于 0.25 次/a 的住宅、办公楼等一般性民用建筑物或一般性工业建筑物。

第二类防雷建筑物：

1）N 大于 0.05 次/a 的省部级办公建筑物和其他重要或人员密集的公共建筑物以及火灾危险场所；

2）N 小于 0.25 次/a 的住宅、办公楼等一般性民用建筑物或一般性工业建筑物为第二类防雷建筑物；

3）高度超过 100m 的建筑物。

第二类防雷建筑物需采取加强雷电防护措施：

1）高度超过 250m 的建筑物；

2）雷击次数大于 0.42 次/a 的建筑物。

结论：建筑按照第____类防雷建筑物设计

注：1. 雷击大地的年平均密度有两种计算方法，一是根据年平均雷暴日计算，二是根据统计范围内单位面积的地闪次数计算；

2. 地闪次数观测区域为雷电定位系统覆盖范围以及向外延伸距离为平均传感器基线距离一半的范围内；

3. 地闪密度分单点（以用户所在地中心坐标为中心点，以 3km 为半径向外辐射）和区域（以用户所在地规划红线为界限，以 3km 为等长度向外辐射）两种，需根据项目实际情况进行选择；

4. 至少要 10 个完整年的闪电数据，最新数据应在 5 年内，若因雷电定位系统的运行问题导致数据质量不满足要求，应去除该年全年闪电数据，累计间断年数不应超过总时间跨度的 20%。

5.11.2 接闪杆的保护范围

接闪杆的保护范围 **表 5.11.2**

名称	序号	内容		实施情况	备注
单支接闪计算公式及取值	1	接闪杆在被保护物高度 h_x 的 xx' 平面上的保护半径	$r_x=\sqrt{h(2h_r-h)}-\sqrt{h_x(2h_r-h_x)}$	□	接闪杆高度 $h\leqslant h_r$
	2	接闪杆在地面上的保护半径	$r_0=\sqrt{h(2h_r-h)}$	□	接闪杆高度 $h\leqslant h_r$
	3	接闪杆在被保护物高度 h_x 的 xx' 平面上的保护半径	$r_x=\sqrt{h_r(2h_r-h_r)}-\sqrt{h_x(2h_r-h_x)}$	□	接闪杆高度 $h\geqslant h_r$
	4	接闪杆在地面上的保护半径	$r_0=h_r$	□	接闪杆高度 $h\geqslant h_r$
	h_r	滚球半径，m		□	
	h	接闪杆高度，m		□	
	h_x	被保护物的高度，m		□	
	r_x	接闪杆在 h_x 高度 xx' 平面上的保护半径，m		□	
	r_0	接闪杆在地面上的保护半径，m		□	

计算内容输出模版

类型	信息	单位	值	备注
建筑物信息	建筑物编号			
	建筑物类型			
	建筑物防雷类别			
	滚球半径	m		
	接闪杆高度	m		
	被保护物的高度	m		
接闪杆的保护范围计算	接闪杆在被保护物高度平面上的保护半径	m		接闪杆高度 $h\leqslant h_r$
	接闪杆在地面上的保护半径	m		接闪杆高度 $h\leqslant h_r$
	接闪杆在被保护物高度平面上的保护半径	m		接闪杆高度 $h\geqslant h_r$
	接闪杆在地面上的保护半径	m		接闪杆高度 $h\geqslant h_r$

注 1. 接闪杆保护范围的计算采用“滚球法”。选择一个半径为 h_r（滚球半径）的球体，按需要防护直击雷的部位滚动，如果球体只接触到接闪杆（线）或接闪杆（线）与地面，而不触及需要保护的部位，则该部位就在接闪杆（线）的保护范围之内；

2. 滚球半径按建筑物的防雷类别不同而取不同值，见表注 1。

表注 1

建筑物防雷类别	滚球半径 h_r（m）
第一类防雷建筑物	30
第二类防雷建筑物	45
第三类防雷建筑物	60

注：因篇幅限制，仅罗列单支接闪杆的保护范围，两支等高接闪杆、两支不等高接闪杆、矩形布置的四支等高接闪杆等保护范围见《建筑物防雷设计规范》GB 50057—2010 附录 D 滚球法确定接闪杆的保护范围。

5.11.3 接地电阻的计算

接地电阻的计算方法说明：

1. 垂直接地体一般采用直径为 50mm、长度为 2.5m 的钢管或圆钢。如果采用角钢则其等效直径 $d=0.84b$，b 为角钢边宽。如果采用扁钢，则其等效直径 $d=0.5b$，b 为扁钢宽度。

2. 冲击接地电阻的计算：$R_i = R_\sim / A$，A 为换算系数，可查《建筑物防雷设计规范》GB 50057—2010 图 C.0.1 确定。

3. 建筑物周边敷设人工接地体接地电阻按照 n 根垂直接地极近似计算。

接地电阻的计算 **表 5.11.3**

名称	序号	内容		实施情况	备注
工频接地电阻计算公式及取值	1	单根垂直管形或棒形接地体的接地电阻 $R_{\sim(1)}$	$R_{\sim(1)} = \frac{\rho}{2\pi l}\ln\frac{4l}{d}$	☐	
	2	单根垂直管形或棒形接地体的接地电阻简化计算	$R_{\sim(1)} \approx \frac{\rho}{l}$	☐	
	3	n 根垂直接地体并联的总接地电阻 $R_\sim$	$R_\sim > R_{\sim(1)}/n$ $R_\sim = \frac{R_{\sim(1)}}{n\eta_E}$	☐	
	4	以水平接地体为主的环形接地网的接地电阻 $R_\sim$	$R_\sim = \frac{\rho\sqrt{\pi}}{4\sqrt{A}} + \frac{\rho}{2\pi l}\ln\frac{2l^2}{\pi hd\times 10^4}$	☐	
	5	利用建筑物基础作为接地极接地电阻 $R_\sim$	$R_\sim = K_1K_2\frac{\rho}{L_1}$	☐	
	ρ	埋设地点的土壤电阻率（Ω·m），其值可根据“《工业与民用供配电设计手册（第四版）》表 14.6-1 土壤和水的电阻率参考值”进行确定，或实测确定		☐	
	l	接地体长度，m		☐	
	d	接地体直径或等效直径，m		☐	
	h	水平接地体埋设深度，m		☐	
	η_E	接地体的利用系数；垂直管形接地体的利用系数可利用管间距离 a 与管长 l 之比及管子数目 n，查表“《工厂供电（第 6 版）》附录 26 垂直管型接地体的利用系数参考值”进行确定		☐	
	A	环形接地网所包围的面积，m^2		☐	
	K_1、K_2	建筑基础接地极形状系数；其值可根据“《工业与民用供配电设计手册（第四版）》表 14.6-4 建筑物或建筑群的基础接地极的接地电阻计算式”进行确定		☐	
	L_1	建筑其底面积的长边		☐	

续表

名称	序号	内容	实施情况	备注
计算内容输出模版		（见下表）		

类型	信息	单位	值	备注
人工接地体工频接地电阻信息	建筑物基底面积	m^2		
	建筑物基底桩基数量			
	建筑物基础深度	m		
	建筑物基底面积长边	m		
	建筑物基底面积短边	m		
	埋设地点的土壤电阻率	Ω·m		
	接地体编号			
	接地体数量			
	接地体长度	m		
	接地体形状	m		钢管或圆钢
		m		角钢边宽
		m		扁钢宽度
	接地体直径或等效直径	m		钢管或圆钢
				角钢
				扁钢
	接地体的利用系数			
利用建筑物基础作为接地极接地电阻计算	建筑物基础接地极特征 C_1	$1/m^2$		
	形状系数 K_1			当 $C_1=0.025\sim0.06$ 时，$K_1=1.4$
	形状系数 K_2			根据《工业与民用配电设计手册（第四版）》图 14.6-1 查出
	建筑物基础接地极接地电阻计算 $R_{\sim}$	Ω		
建筑物周边敷设人工接地体接地电阻计算	单根垂直管形或棒形接地体的接地电阻 $R_{\sim(1)}$	Ω		
	建筑物周边单独敷设人工接地极接地电阻计算 $R_{\sim}$	Ω		按照垂直接地极近似计算

6　建筑电气标准化设计图

基于住房城乡建设部《建筑工程设计文件编制深度规定（2023 版）》、国家及行业主要规范、规程及标准及国家级主要标准图集，本章整理归纳建筑电气标准化设计图，供设计人员参考。整理标准化设计图有利于规范图纸表达形式、提高设计图纸图面质量、减轻设计人员工作强度。本章设计图纸适用于新建、扩建和改建的民用及一般工业建筑的电气工程设计。

6.1　图例

6.1.1　强电主要图例表

强电主要图例表　　　　**表 6.1.1**

序号	符号	设备名称	安装方式	备注
1		单管 LED 灯，1×28W	吊装	
2		双管 LED 灯，2×28W	吊装	
3	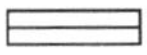	单管防水防尘 LED 灯	嵌入式	
4	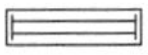	双管防水防尘 LED 灯	嵌入式	
5	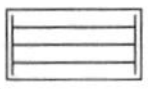	三管防水防尘 LED 灯	嵌入式	
6		LED 吸顶灯	吸顶	
7		LED 筒灯	吸顶	
8		LED 普通灯	吸顶	
9		LED 面板灯	嵌入式	
10		LED 面板灯	嵌入式	
11	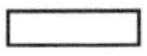	LED 面板灯	嵌入式	
12		LED 面板灯	嵌入式	

续表

序号	符号	设备名称	安装方式	备注
13		电梯井道灯	壁装	
14		障碍灯，危险灯，红色闪烁、全向光束	嵌入式	
15	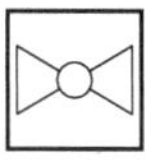	顶装换气扇	嵌入式	
16		烘手器（插座 16A）	离地 1300mm	
17		自动感应		
18		地插座	嵌入地面	
19		安全型单相二加三极插座	离地 1500mm	
20		带开关安全型单相三极插座	离地 1500mm	
21		安全型单相三极插座	离地 2200mm	
22		安全型三相插座	离地 1500mm	
23		安全型具有隔离变压器插座	离地 1500mm	
24	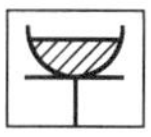	插座箱		
25	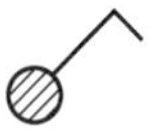	单联单控开关	离地 1300mm	
26	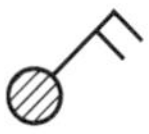	双联单控开关	离地 1300mm	

续表

序号	符号	设备名称	安装方式	备注
27		三联单控开关	离地 1300mm	
28		防水开关	离地 1300mm	
29	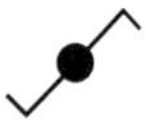	单联双控开关	离地 1300mm	
30		钥匙开关	离地 1300mm	
31	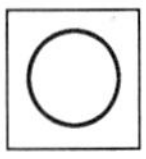	风机盘管调速开关	离地 1300mm	
32		风扇调速开关	离地 1300mm	
33		带指示灯开关	离地 1300mm	
34		按钮带指示灯节能自熄开关	离地 1300mm	
35	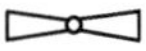	吊扇	吸顶	
36	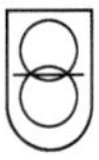	安全隔离变压器		
37		电动机		
38		发电机		
39		风机盘管		
40	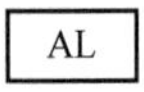	照明配电箱（柜）		

续表

序号	符号	设备名称	安装方式	备注
41	ALE	应急照明配电箱（柜）		
42	AP	动力配电箱（柜）		
43	APE	应急动力配电箱		
44		双电源自动切换箱		
45	CP	充电桩控制盘		
46		电动机启动器		
47		控制屏，控制台		
48	ET	强电接地端子箱	除接地外应与本层就近主筋电气连接，距地 300mm 安装	
49	E-ET	弱电接地端子箱	除接地外应通过等电位连接器与本层就近主筋电气连接，距地 300mm 安装	
50	MEB	总等电位接地端子箱	除接地外应与本层就近主筋电气连接，距地 300mm 安装	
51	T	接地端子板	接地端子板 100×100×6 钢板除接地外应与本层就近主筋电气连接，电梯轨道至少底和顶部二点与井道内的接地扁钢作可靠电气连接，距地 500mm 安装	
52	TT	防雷接地测试端子箱	由避雷引下线钢筋引出，距室外地坪以上 0.5m 处安装	
53	LEB	辅助等电位接地端子箱	除接地外应与本层就近主筋电气连接，距地 300mm 安装	

6.1.2 应急照明及疏散指示主要图例表

应急照明及疏散指示主要图例表 **表 6.1.2**

序号	符号	设备名称	安装方式	备注
1		应急照明控制器	消控室-落地安装	
2		A 型应急照明集中电源	底距地 1.5m 明装	A 型
3		B 型应急照明集中电源	底距地 1.2m 明装	B 型
4	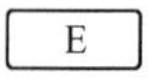	疏散出口标志灯	门框上方 0.15m 壁挂	A 型
5		疏散出口标志灯	门框上方 0.15m 壁挂	A 型、IP67
6		疏散出口标志灯（指示状态可变）	门框上方 0.15m 壁挂	A 型
7	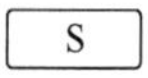	安全出口标志灯	门框上方 0.15m 壁挂	A 型
8	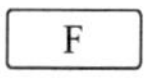	楼层标志灯	门框上方 0.15m 壁挂	A 型
9		多信息复合标志灯	底距地 0.5m 壁挂	A 型
10		方向标志灯（疏散单向不可调）	底距地 0.5m 壁挂	A 型
11	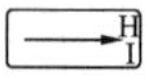	方向标志灯（双面单向不可调）	底距地 2.5/3m 吊装	A 型
12		方向标志灯（垂直单面单向不可调）	底距地 2.5/3m 吊装	A 型
13	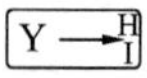	多信息复合标志灯	底距地 2.5/3m 吊装	A 型

续表

序号	符号	设备名称	安装方式	备注
14	E3	消防应急照明灯具	吸顶安装	A型
15	E5	消防应急照明灯具	吸顶安装	A型
16	E5	消防应急照明灯具	壁挂安装	A型
17	E10	消防应急照明灯具	吸顶安装	A型
18	S30	消防应急照明灯具	嵌顶、吸顶安装	B型
19	E6 E6	消防应急照明灯具	吸顶/壁挂安装	A型、IP67
20	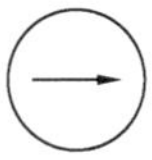	地面疏散指示标志灯	嵌地安装	A型

6.1.3 火灾自动报警系统主要图例表

火灾自动报警系统主要图例表 **表 6.1.3**

序号	符号	设备名称	安装方式	备注
1	C	C-集中型火灾报警控制器		
2	Z	Z-区域型火灾报警控制器		
3	G	G-通用火灾报警控制器		
4	S	S-可燃气体报警控制器		
5	F	F-防火门系统控制器		
6	Q	Q-气体采样报警系统控制器		
7	K	K-大空间报警系统控制器		

续表

序号	符号	设备名称	安装方式	备注
8	RS	RS-防火卷帘门控制器		
9	RD	RD-防火门磁释放器		
10	I/O	I/O-输入/输出模块		
11	O	O-输出模块		
12	I	I-输入模块		
13	P	P-电源模块		
14	T	T-电信模块		
15	SI	SI-短路隔离器		
16	M	M-模块箱		
17	SB	SB-安全栅		
18	D	D-火灾显示盘		
19	FI	FI-楼层显示盘		
20	CRT	CRT-火灾计算机图形显示系统		
21	FPA	FPA-火警广播系统		
22	MT	MT-对讲电话主机		
23	CT	缆式线型定温探测器		
24		感温探测器		
25	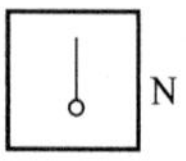	感温探测器（非地址码型）		

续表

序号	符号	设备名称	安装方式	备注
26		感烟探测器		
27	 N	感烟探测器（非地址码型）		
28	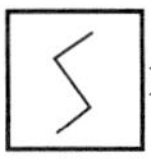 EX	感烟探测器（防爆型）		
29		感光火灾探测器		
30	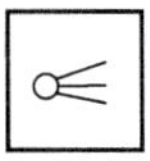	气体火灾探测器（点式）		
31		复合式感烟感温火灾探测器		
32		复合式感光感烟火灾探测器		
33	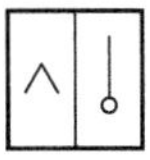	点型复合式感光感温火灾探测器		
34	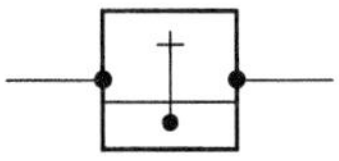	线型差定温火灾探测器		
35	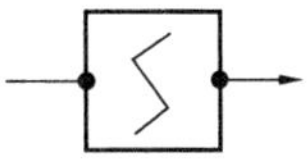	线型光束感烟火灾探测器（发射部分）		
36	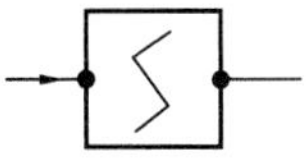	线型光束感烟火灾探测器（接受部分）		
37	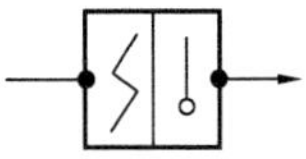	线型光束感烟感温火灾探测器（发射部分）		

续表

序号	符号	设备名称	安装方式	备注
38	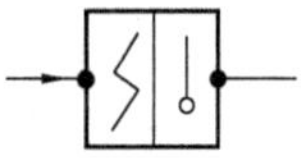	线型光束感烟感温火灾探测器（接受部分）		
39	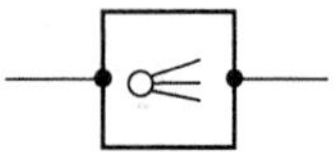	线型可燃气体探测器		
40		手动火灾报警按钮		
41		消火栓按钮		
42	FVDH	280℃防烟防火阀		
43	FVD	70℃防烟防火阀		
44	BECH	280℃电动常闭防火阀		
45	MEC	70℃电动常闭排烟阀		
46	GP	多叶送风口		
47	GS	多叶排烟口		
48		火灾报警电话机（对讲电话机）		
49	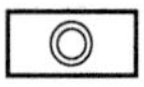	火灾电话插孔（对讲电话插孔）		

续表

序号	符号	设备名称	安装方式	备注
50		手动报警按钮（带消防电话插孔）		
51		火警电铃		
52		火灾光警报器		
53		火灾声、光警报器		
54	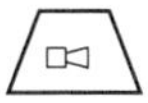	火灾警报扬声器		
55	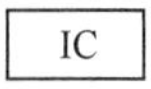	消防联动控制装置		
56	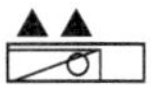	消火栓		
57	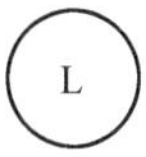	水流指示器		
58	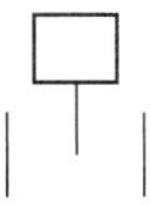	信号阀		
59	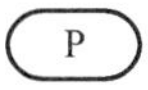	压力开关		
60	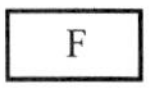	流量开关		
61	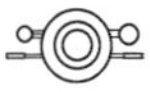	湿式报警阀		

6.1.4 主要代号图例

主要管材敷设方式图例表 **表 6.1.4**

序号	英文标识	敷设方式	备注
1	PR	塑料线槽敷设	
2	MR	金属线槽敷设	
3	CT	电缆桥架敷设	
4	RC	穿水煤气管敷设	
5	SC	穿焊接钢管敷设	
6	TC	穿电线管敷设	电线管材质可选用 JDG，KBJ 等
7	PC	穿聚氯乙烯硬质管敷设	
8	CP	穿金属软管敷设	
9	WE	沿墙面敷设	
10	CE	沿天棚面或顶板面敷设	
11	CLE	沿柱或跨柱敷设	
12	BE	沿屋架或跨屋架敷设	
13	SR	沿钢索敷设	
14	ACE	在能进人的吊顶内敷设	
15	BC	暗敷设在梁内	
16	CLC	暗敷设在柱内	
17	WC	暗敷设在墙内	
18	FC	暗敷设在地面内	
19	CC	暗敷设在顶板内	
20	ACC	暗敷设在不能进人的吊顶内	

6.1.5 标注编号图例

高压柜编号规则表 **表 6.1.5-1**

代号			说明
H	A	1	
*			电压等级（H 表示 35kV 及以上高压柜，M 表示 10kV、6kV、20kV 高压柜）
	*		电源进线（A 表示 A 路市电进线对应高压柜组、B 表示 B 路市电进线对应高压柜组，G 表示发电机对应的高压柜组）
		*	高压柜序号

0.4kV 低压柜编号规则表 **表 6.1.5-2**

代号					说明
1	L	1	—	1	
*					变电所编号（1 表示 1 号变电所）
	*				L 表示低压柜
		*			对应变压器编号（1 表示 1 号变压器，2 表示 2 号变压器）
				*	低压柜序号

PML 柜编号规则表 **表 6.1.5-3**

代号					说明
1	D	1	—	1	
*					配电间编号（1 表示 1 号配电间）
	*				D 表示 PML 低压柜
		*			对应编组
				*	低压柜序号

0.4kV 发电机低压柜编号规则表 **表 6.1.5-4**

代号					说明
1	GL	1	—	1	
*					发电机房编号（1 表示 1 号发电机房）
	*				GL 表示发电机的低压柜
		*			对应发电机编号（1 表示 1 号发电机，2 表示 2 号发电机）
				*	低压柜序号

变压器编号规则表 **表 6.1.5-5**

代号			说明
1	T	1	
*			变电所编号（1 表示 1 号变电所）
	*		T 表示变压器
		*	变压器序号

发电机编号规则表 **表 6.1.5-6**

代号			说明
1	GEN	1	
*			发电机房编号（1 表示 1 号发电机房）
	*		GEN 表示发电机（MGEN 中压，GEN 默认低压）
		*	发电机序号

0.4kV 配电柜（箱）编号规则表 **表 6.1.5-7**

代号												说明
A	1	A	L	F		—	1	—	1			
B	3	A	L	N	A	—	1	—	A			
									XF	—	1	
*												区域（A 表示 A 地块、B 表示 B 地块）
	*											楼号（1 表示楼号）
		*										配电箱代号
			*									负荷性质：L=照明，P=动力，C=空调，T=特殊，X=工艺
				*								电源性质：N=普通，F=消防，I=重要，U=不间断电源
					*							防火分区编号
							*					楼层号
									*			数字表示分箱号、单字母 A 或 B 表示消防总箱号、双（三）字母表示配电箱功能。YD-DX-LT 移动-电信、联通运营商机房、TT 铁塔机房、WXFG 无线覆盖，TX 通信机房，XF 消防中心，AB 安保中心，WX 卫星电视、TV 有线电视、LY 楼宇控制中心、CF 厨房、CK 机械停车、JF 变电所、发电机房、CH 冷冻机、LD 冷冻机房、LQ 冷却塔、SH 生活泵房、QS 潜水泵、YS 雨水机房、RF 人防、CD 交流充电桩、KC 直流充电桩、XFB 消防泵电源、PLB 喷淋泵电源、XSW 细水雾泵电源、YLB 雨淋泵电源等
											*	功能箱后再加数字表示分箱号

电缆编号规则表 **表 6.1.5-8**

代号						说明
1	T	1	—	E	1	
*						变电所编号（1 表示 1 号变电所）
	*					T 表示变压器，G 表示发电机
		*				变压器编号（1 表示 1 号变压器，2 表示 2 号变压器）
				*		负荷等级：N 表示普通，F 表示消防，I 表示重要负荷
					*	回路序号（1 表示 1 号回路）

6.2 主要设备表

6.2.1 主要强电设备表

主要强电设备表 **表 6.2.1**

序号	名称	型号	规格	实施情况备注
1	高压柜			
2	变压器			

续表

序号	名称	型号	规格	实施情况备注
3	发电机系统			
4	0.4kV 低压柜			
5	UPS 电源系统			
6	母线槽			
7	动力配电箱（柜）			
8	水泵房控制柜（设备随相关厂商自带）			
9	照明配电箱（柜）			
10	应急照明配电箱（柜）			
11	双电源自动切换箱			
12	成品防水现场控制按钮箱			
13	电表箱			
14	控制箱			
15	总等电位接地端子箱			
16	辅助等电位接地端子箱			
17	单管 LED 灯	1×28W		
18	双管 LED 灯	2×28W		
19	LED 吸顶灯	1×14W		
20	LED 筒灯	1×14W		
21	LED 防水防尘灯	1×14W		
22	电梯井道灯	1×14W		
23	A 型集中电源安全出口标志灯	1×0.2W		
24	A 型集中电源楼层标志灯	1×0.2W		
25	A 型集中电源方向标志灯（疏散单向不可调）	1×0.2W		
26	A 型集中电源方向标志灯（疏散双向可调）	1×0.25W		
27	A 型集中电源消防应急照明灯（壁装）	1×3W		
28	A 型集中电源消防应急照明灯（吸顶安装）	1×3W		
29	单联单控开关	250V，10A		
30	双联单控开关	250V，10A		
31	三联单控开关	250V，10A		
32	单联双控开关	250V，10A		
33	带光控红外人体感应开关（带消防强制启动功能）	250V，10A		
34	安全型单相二加三极插座	250V，10A		
35	带开关安全型单相二加三极插座	250V，10A		
36	防溅安全型单相二加三极插座	250V，10A，IP54		

续表

序号	名称	型号	规格	实施情况备注
37	带开关防溅安全型单相二加三极插座	250V，10A，IP54		
38	安全型单相三极插座	250V，16A		
39	热镀锌扁钢	—25×4		
		—40×4		
40	能耗监测系统			
41	泛光、总体照明装置（设备随相关厂商自带）			
42	火灾自动报警系统			
43	电气火灾监控系统			
44	防火门监控系统			
45	消防电源监控系统			
46	集中电源集中控制型应急照明控制系统			
47	智能灯光控制系统			
48	液位控制系统			
49	航空障碍照明系统			
50	电线穿低压流体输送用焊接钢管（SC）	—20		
		—25		
		—40		
		—50		
		—65		
		—80		
		—100		
		—150		
51	电线穿套接紧定式钢管（JDG）	—20		
		—25		
		—40		
		—50		
		—65		

6.2.2 常用线缆示意表

常用电缆示意表 **表 6.2.2-1**

序号	燃烧特性代号	阻燃特性代号	电线型号（部分）	规格（示例）	备注
1	A	N	BTTW/YTTW/BTTRZ（柔性矿物绝缘类）	4×120+E70	
2	A	N		4×150+E95	
3	A	N		4×185+E95	
4	A	N		4×240+E120	

续表

序号	燃烧特性代号	阻燃特性代号	电线型号（部分）	规格（示例）	备注
5	A	N	BTLY/NG-A（柔性矿物绝缘类）	4×120+E70	
6	A	N		4×150+E95	
7	A	N		4×185+E95	
8	A	N		4×240+E120	
9	B_1（d_1，t_1，a_2）	WDZAN	YJY（无卤低烟阻燃耐火类）	4×120+E70	
10	B_1（d_1，t_1，a_2）	WDZAN		4×150+E95	
11	B_1（d_1，t_1，a_2）	WDZAN		4×185+E95	
12	B_1（d_1，t_1，a_2）	WDZAN		4×240+E120	
13	B_1（d_1，t_1，a_2）	WDZA	YJY（普通无卤低烟阻燃耐火类）	4×120+E70	
14	B_1（d_1，t_1，a_2）	WDZA		4×150+E95	
15	B_1（d_1，t_1，a_2）	WDZA		4×185+E95	
16	B_1（d_1，t_1，a_2）	WDZA		4×240+E120	

注：电缆应满足《电缆及光缆燃烧性能分级》GB 31247—2014，并同时满足《阻燃和耐火电线或光线通则》GB/T 19666—2019。

常用电线示意表 **表 6.2.2-2**

序号	燃烧特性代号	阻燃特性代号	电线型号（部分）	规格（示例）	备注
1	B_2（d_2，t_2，a_2）	WDZCN	BYJ（无卤低烟阻燃耐火类）	4×2.5+E2.5	
2	B_2（d_2，t_2，a_2）	WDZCN		4×4+E4	
3	B_2（d_2，t_2，a_2）	WDZCN		4×6+E6	
4	B_2（d_2，t_2，a_2）	WDZCN		4×10+E10	
5	B_2（d_2，t_2，a_2）	WDZC	BYJ（普通无卤低烟阻燃耐火类）	4×2.5+E2.5	
6	B_2（d_2，t_2，a_2）	WDZC		4×4+E4	
7	B_2（d_2，t_2，a_2）	WDZC		4×6+E6	
8	B_2（d_2，t_2，a_2）	WDZC		4×10+E10	

燃烧性能代号可选：A；B_1（d_0，t_0，a_1）；B_1（d_1，t_1，a_2）；B_2（d_2，t_2，a_2）；
阻燃特性代号可选：WDZA；WDZAN；WDZB；WDZBN；WDZC；WDZCN。

6.2.3 常用桥架示意表

常用桥架示意表 **表 6.2.3**

序号	型号（部分）	规格（示例）	备注
1	槽式电缆桥架	200mm×100mm	
2		300mm×100mm	
3		300mm×200mm	
4		400mm×200mm	
5		600mm×200mm	

续表

序号	型号（部分）	规格（示例）	备注
6	托盘式电缆桥架	200mm×100mm	
7		300mm×100mm	
8		300mm×200mm	
9		400mm×200mm	
10		600mm×200mm	
11	梯级式电缆桥架	200mm×100mm	
12		300mm×100mm	
13		300mm×200mm	
14		400mm×200mm	
15		600mm×200mm	
16	网格桥架	200mm×100mm	
17		300mm×100mm	
18		300mm×200mm	
19		400mm×200mm	
20		600mm×200mm	

注：规格详见图纸。

6.2.4 常用母线示意表

常用母线示意表 **表 6.2.4**

序号	型号（部分）	规格（示例）	备注
1	铜母线	800A	
2		1000A	
3		1250A	
4		1600A	
5		2000A	
6	铝母线	800A	
7		1000A	
8		1250A	
9		1600A	
10		2000A	
11	铜铝复合母线	800A	
12		1000A	
13		1250A	
14		1600A	
15		2000A	

6.2.5 最小管径表

电线（WDZC-BYJ/WDZCN-BYJ）穿低压流体输送用焊接钢管最小管径表 表 6.2.5-1

单芯电线穿管根数	电线穿低压流体输送用焊接钢管 (SC) (mm)													
	电线截面 (mm^2)													
	1.0	1.5	2.5	4	6	10	16	25	35	50	70	95	120	150
2	15	15	15	15	15	20	25	25	32	32	40	50	50	65
3	15	15	15	15	15	20	25	32	32	40	40	50	50	65
4	15	15	15	15	15	25	25	32	40	40	50	65	65	65
5	15	15	15	15	20	25	32	40	40	50	65	65	65	80
6	15	15	15	20	20	25	32	40	50	50	65	65	80	100
7	15	15	20	20	20	32	32	50	50	65	65	80	80	100
8	15	15	20	20	25	32	40	50	50	65	65	80	100	100

电线（WDZC-BYJ/WDZCN-BYJ）穿普通碳素钢电线套管最小管径表 表 6.2.5-2

单芯电线穿管根数	电线穿普通碳素钢电线套管 (MT) (mm)													
	电线截面 (mm^2)													
	1.0	1.5	2.5	4	6	10	16	25	35	50	70	95	120	150
2	16	16	16	16	19	25	25	32	38	51	51	64	64	64
3	16	16	16	16	19	25	32	32	38	51	51	64	64	64
4	16	16	16	19	25	32	32	38	51	51	64	64	76	76
5	16	16	19	25	25	32	38	51	51	51	64	76	76	—
6	16	19	19	25	25	32	38	51	51	64	64	76	—	—
7	16	19	25	25	25	38	38	51	64	64	76	—	—	—
8	16	19	25	25	32	38		51	64	64	76	—	—	—

电力电缆（WDZA-B1-YJY/WDZAN-B1-YJY）
穿低压流体输送用焊接钢管最小管径表 表 6.2.5-3

电线截面 (mm^2)		2.5	4	6	10	16	25	35	50	70	95	120	150	185	240
低压流体输送用焊接钢管 (SC)		最小管径 (mm)													
电缆穿管长度在30m及以下	直通	20	25	25	32	32	40	50	50	65	65	80	100	100	100
	一个弯曲时	25	32	32	40	50	50	65	65	80	100	100	125	125	150
	二个弯曲时	32	40	40	50	65	65	80	100	100	125	125	150	150	—

柔性矿物绝缘电缆穿低压流体输送用焊接钢管最小管径表 表 6.2.5-4

电线截面 (mm^2)		4	6	10	16	25	35	50	70	95	120	150,185,240
低压流体输送用焊接钢管 (SC)		最小管径 (mm)										
电缆穿管长度在30m及以下	直通	50	50	65	65	80	80	80	80	100	100	100
	一个弯曲时	65	65	80	100	100	100	100	100	125	125	150
	二个弯曲时	80	100	100	125	125	125	125	125	150	150	—

6.3 高压系统图

6.3.1 35kV 高压系统图

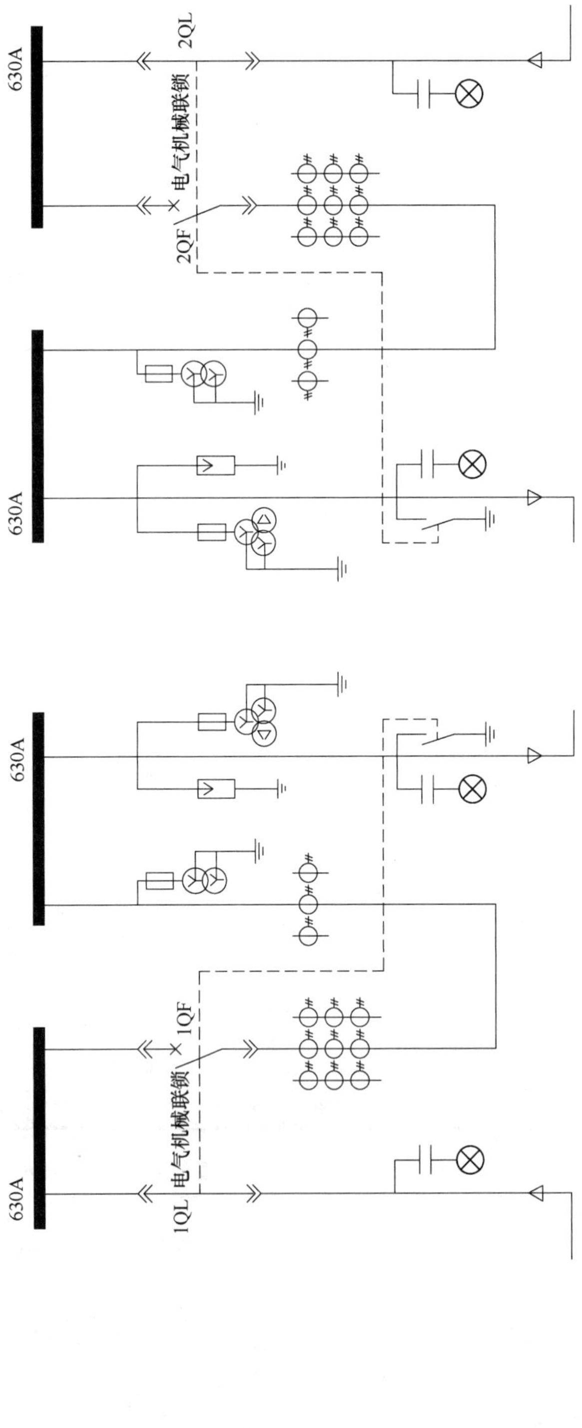

柜型								
高压配电柜型号	HA1	HA2	HA3	HA4	HB4	HB3	HB2	HB1
外型尺寸（宽×深×高）（mm）	2800×1200×2600	2800×1200×2600	2800×1200×2600	2800×1200×2600	2800×1200×2600	2800×1200×2600	2800×1200×2600	2800×1200×2600
计算电流								

图 6.3.1-1　35kV 一进一出高压配电系统图（示例）

柜内主要电器设备	隔离开关/隔离手车	GL-35/1250A							GL-35/1250A
	断路器		1250A 25kA					1250A 25kA	
	操作机构		直流弹操 DC110V					直流弹操 DC110V	
	熔断器			40.5 1A	40.5 1A	40.5 1A	40.5 1A		
	电压互感器								
	电流互感器（保护）								
	电流互感器（测量）								
	电流互感器（计量）								
	带电显示装置								
	避雷器				Uc=42kV Ur=52kV	Uc=42kV Ur=52kV			
	综合保护装置								
	二次保护方案		速断，过电流，接地，差动，温度保护；过负荷报警及保护；出线变压器保护					速断，过电流，接地，差动，温度保护；过负荷报警及保护；出线变压器保护	
	智能操控装置	DC110V 6 点测温	DC110V 6 点测温	DC110V 6 点测温	DC110V 6 点测温	DC110V 6 点测温	DC110V 6 点测温	DC110V 6 点测温	DC110V 6 点测温
电缆规格					3×185 26/35kV	3×185 26/35kV			
回路编号									
用 途		进线隔离柜	断路器柜	计量柜	馈电柜	馈电柜	计量柜	断路器柜	进线隔离柜
容量									
电压等级									
备注			电流，电压，频率，有功，无功；功率因数测量及显示；故障录波，断路器状态及故障显示					电流，电压，频率，有功，无功；功率因数测量及显示；故障录波，断路器状态及故障显示	

注：接地形式需征询供电公司。

图 6.3.1-1　35kV 一进一出高压配电系统图（示例）（续）

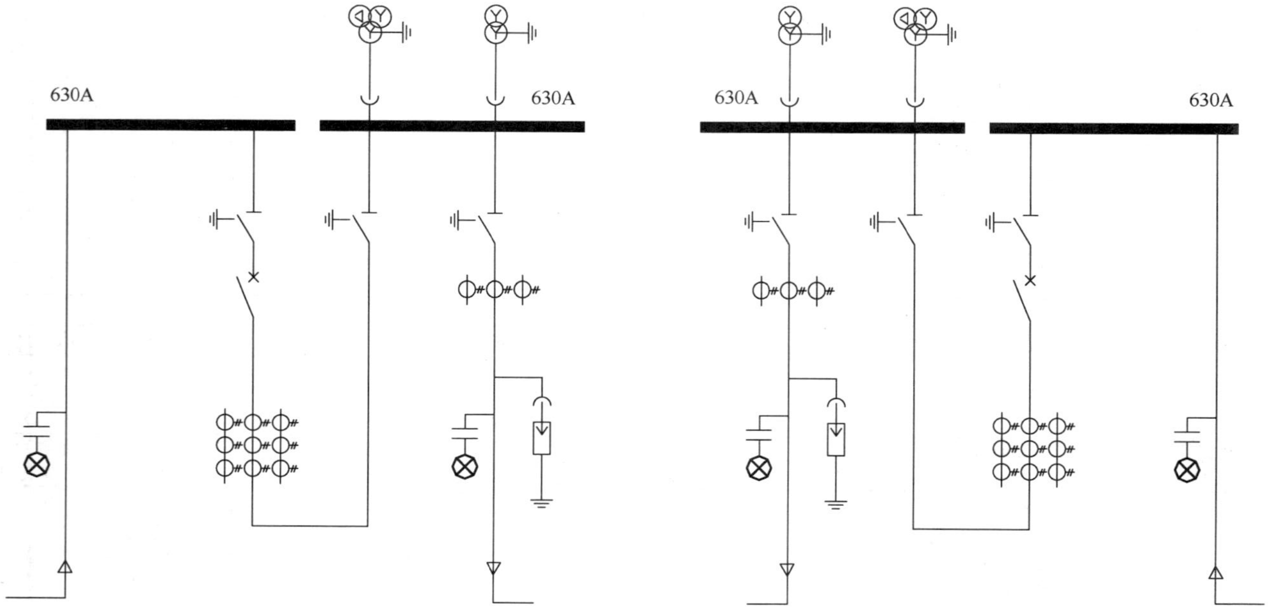

柜型						
高压配电柜型号	HA1	HA2	HA3	HB3	HB2	HB1
外型尺寸（宽×深×高）(mm)	800×1500×2400	600×1500×2400	800×1500×2400	800×1500×2400	600×1500×2400	800×1500×2400
计算电流						
柜内主要电器设备 断路器		1250A 25kA			1250A 25kA	
柜内主要电器设备 操作机构		直流弹操 DC110V			直流弹操 DC110V	
柜内主要电器设备 熔断器	40.5 1A		40.5 1A	40.5 1A		40.5 1A

图 6.3.1-2　35kV 一进一出 SF6 高压配电系统图（示例）

柜内主要电器设备	电压互感器		$35/\sqrt{3}$kV/0.1/$\sqrt{3}$/0.1/3kV 75VA，Cl. 0.5 90VA，Cl. 3P	$35/\sqrt{3}$kV/0.1/$\sqrt{3}$kV；30VA，Cl. 0.2	$35/\sqrt{3}$kV/0.1/$\sqrt{3}$kV；30VA，Cl. 0.2	$35/\sqrt{3}$kV/0.1/$\sqrt{3}$/0.1/3kV 75VA，Cl. 0.5 90VA，Cl. 3P	
	电流互感器（保护）						
	电流互感器（测量）						
	电流互感器（计量）						
	带电显示装置						
	避雷器						
	综合保护装置						
	二次保护方案		速断，过电流，接地，差动，温度保护；过负荷报警及保护；出线变压器保护			速断，过电流，接地，差动，温度保护；过负荷报警及保护；出线变压器保护	
	隔离开关	1250-25kA	1250-25kA			1250-25kA	1250-25kA
电缆规格							
回路编号							
用途		隔离进线	开关	计量出线	计量出线	开关	隔离进线
容量							
电压等级							
备注			电流，电压，频率，有功，无功；功率因数测量及显示；故障录波，断路器状态及故障显示			电流，电压，频率，有功，无功；功率因数测量及显示；故障录波，断路器状态及故障显示	

注：接地形式需征询供电公司。

图 6.3.1-2 35kV 一进一出 SF6 高压配电系统图（示例）（续）

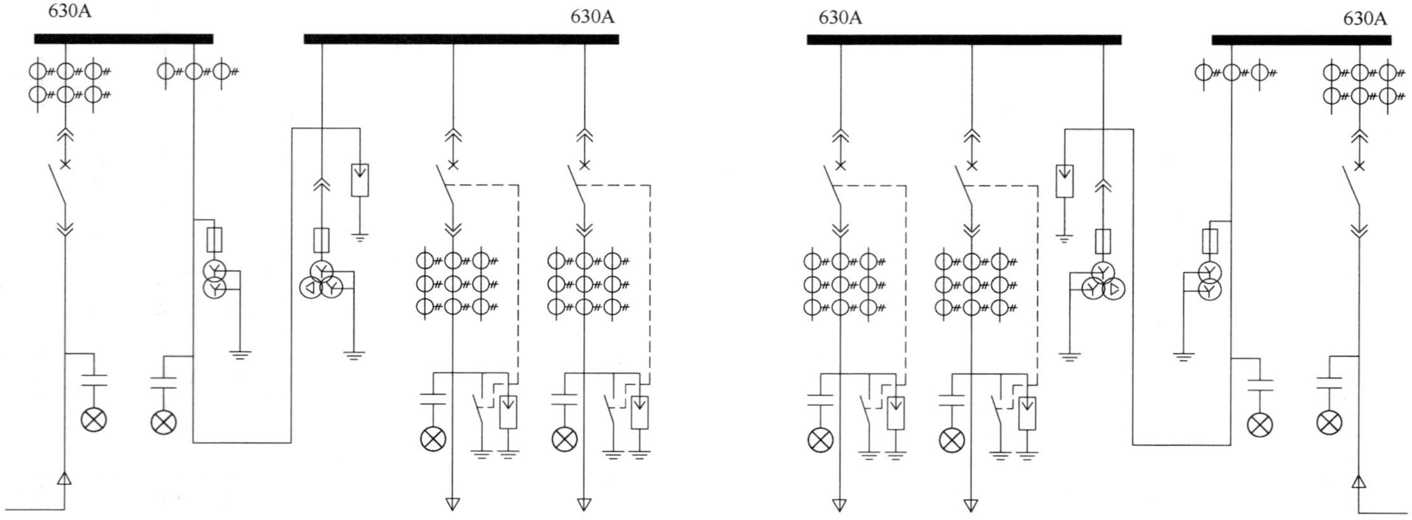

柜型										
高压配电柜型号	HA1	HA2	HA3	HA4	HA5	HB5	HB4	HB3	HB2	HB1
外型尺寸（宽×深×高）(mm)	2800×1200×2600	2800×1200×2600	2800×1200×2600	2800×1200×2600	2800×1200×2600	2800×1200×2600	2800×1200×2600	2800×1200×2600	2800×1200×2600	2800×1200×2600
计算电流										
柜内主要电器设备 断路器	1250A 25kA			1250A 25kA	1250A 25kA	1250A 25kA	1250A 25kA			1250A 25kA
柜内主要电器设备 操作机构	直流弹操 DC110V									直流弹操 DC110V
柜内主要电器设备 熔断器		40.5 1A	40.5 1A					40.5 1A	40.5 1A	
柜内主要电器设备 电压互感器		所在地电力公司提供	$35/\sqrt{3}$:0.1/$\sqrt{3}$:0.1/3 CL0.5,50VA					$35/\sqrt{3}$:0.1/$\sqrt{3}$:0.1/3 CL0.5,50VA	所在地电力公司提供	

图 6.3.1-3　35kV 一进二出高压配电系统图（示例）

柜内主要电器设备	电流互感器(保护)										
	电流互感器(测量)										
	电流互感器(计量)										
	带电显示装置										
	避雷器			Uc=42kVU r=52kV					Uc=42kVU r=52kV		
	综合保护装置										
	二次保护方案	速断,过电流,接地,差动,温度保护;过负荷报警及保护			速断,过电流,接地,差动,温度保护;过负荷报警及保护;出线变压器保护	速断,过电流,接地,差动,温度保护;过负荷报警及保护;出线变压器保护	速断,过电流,接地,差动,温度保护;过负荷报警及保护;出线变压器保护	速断,过电流,接地,差动,温度保护;过负荷报警及保护;出线变压器保护			速断,过电流,接地,差动,温度保护;过负荷报警及保护
	接地开关										
	智能操控装置	DC110V 6点测温	DC110V 6点测温	DC110V 6点测温	DC110V 6点测温	DC110V 6点测温	DC110V 6点测温	DC110V 6点测温	DC110V 6点测温	DC110V 6点测温	DC110V 6点测温
电缆规格					3×185 26/35kV	3×185 26/35kV	3×185 26/35kV	3×185 26/35kV			
回路编号											
用途		进线柜	计量柜	压变避雷器柜	馈电柜	馈电柜	馈电柜	馈电柜	压变避雷器柜	计量柜	进线柜
容量											
电压等级											
备注		电流,电压,频率,有功,无功;功率因数测量及显示;故障录波,断路器状态及故障显示			电流,电压,频率,有功,无功;功率因数测量及显示;故障录波,断路器状态及故障显示	电流,电压,频率,有功,无功;功率因数测量及显示;故障录波,断路器状态及故障显示	电流,电压,频率,有功,无功;功率因数测量及显示;故障录波,断路器状态及故障显示	电流,电压,频率,有功,无功;功率因数测量及显示;故障录波,断路器状态及故障显示			电流,电压,频率,有功,无功;功率因数测量及显示;故障录波,断路器状态及故障显示

注：接地形式需征询供电公司。

图 6.3.1-3　35kV 一进二出高压配电系统图（示例）（续）

6.3.2 10kV 高压系统图

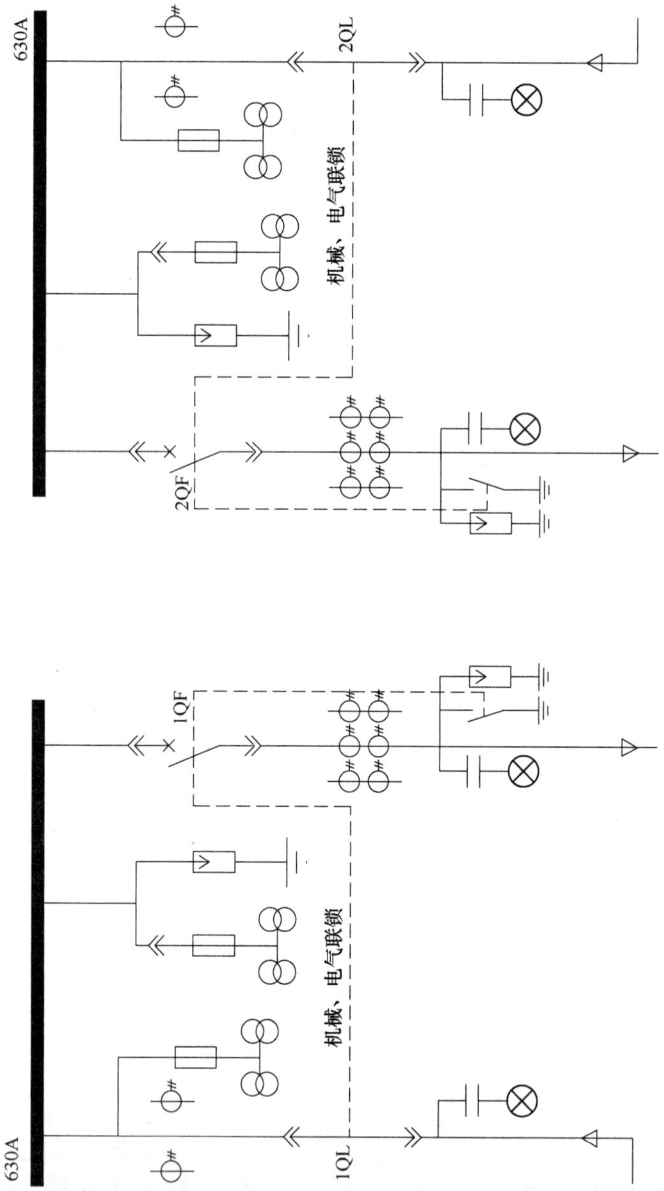

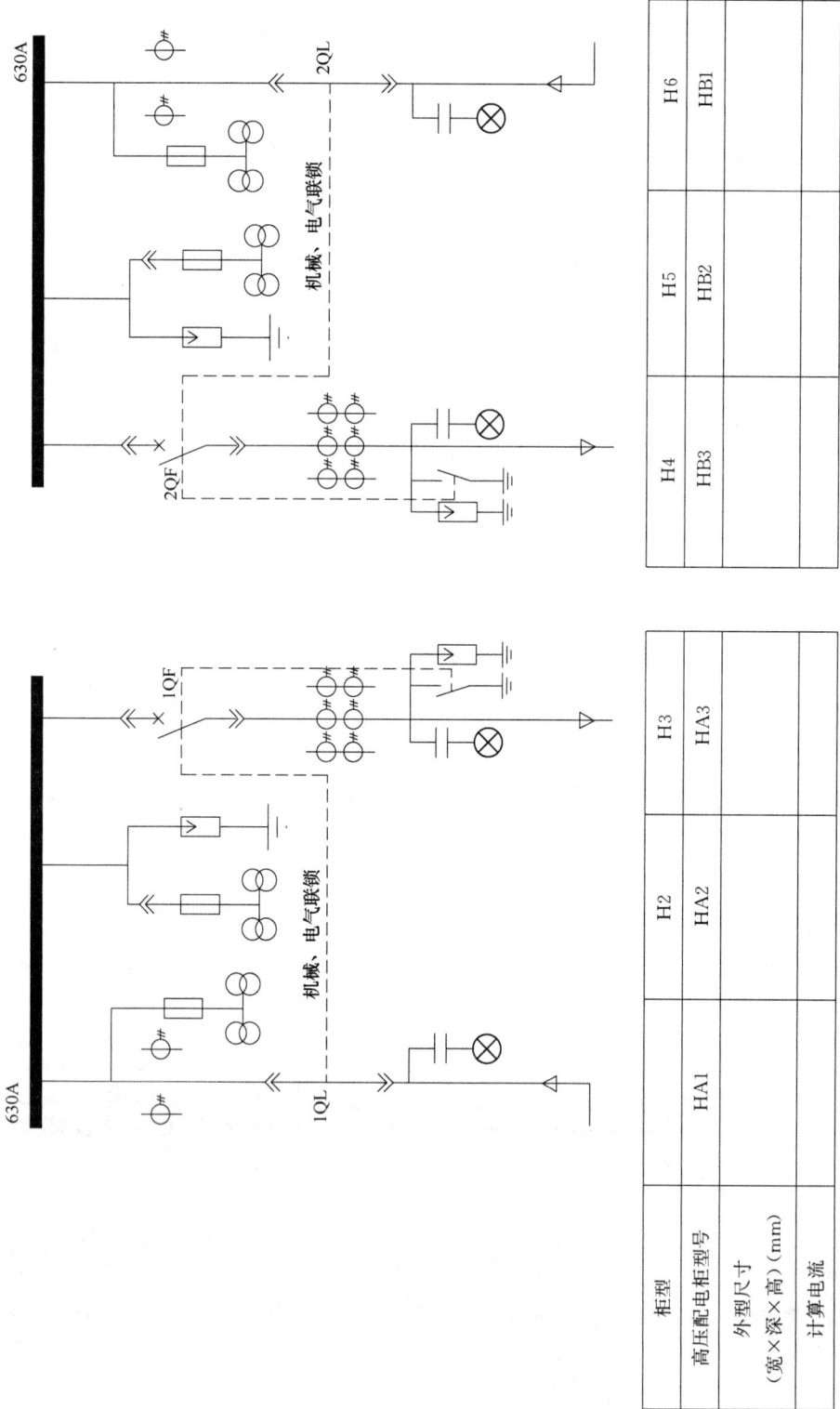

柜型		H2	H3	H4	H5	H6
高压配电柜型号	HA1	HA2	HA3	HB3	HB2	HB1
外型尺寸（宽×深×高）(mm)						
计算电流						

图 6.3.2-1 10kV 一进一出高压配电系统图（示例）

柜内主要电器设备	断路器	隔离开关 630A，25kA		630A，25kA	630A，25kA		隔离开关 630A，25kA
	操作机构			直流弹操 DC110V	直流弹操 DC110V		
	熔断器	0.5A，10kV，50kA	0.5A，10kV，50kA			0.5A，10kV，50kA	0.5A，10kV，50kA
	电压互感器	所在地电力公司提供	10/0.1kV			10/0.1kV	所在地电力公司提供
	电流互感器（保护）						
	电流互感器（测量）						
	电流互感器（计量）						
	带电显示装置	1		1	1		1
	避雷器		3			3	
	综合保护装置			1	1		
	二次保护方案			过电流保护；高温报警；电流速断保护；超温跳闸	过电流保护；高温报警；电流速断保护；超温跳闸		
	接地开关			1	1		
电缆规格							
回路编号							
用 途		1号电源进线及量电	PT 避雷	出线	出线	PT 避雷	2号电源进线及量电
容量							
电压等级							
备 注		进线		配吸收装置	配吸收装置		进线

注：1. 继电保护

1）配出断路器设（速断，过流）保护，及变压器温度保护（高温报警，超温跳闸）；

2）继电保护采用综合继电保护装置或微机式继电器；

3）继电保护的确定以市供电部门文件为准；

4）供电部门量电柜内计量表计及（电压，电流）互感器由供电部门确定。

2. 配电装置标准

1）应符合 IEC-60529、《3.6kV～40.5kV 交流金属封闭开关设备和控制设备》GB/T 3906—2020、IEC-60056 等标准。

2）运行条件：额定运行电压：10kV；
最高运行电压：12kV；
额定断开电流：≥25kA（全分断 100 次）；
短时耐受电流：25kA-3s；
额定频率：50Hz；
中性点接地方法：小电阻接地（接地形式由当地供电公司确定）。

3）绝缘水平：工频耐压：≥42kV（1min）；
冲击电压：≥75kV。

4）防护等级：IP40。

5）配电柜为下进下出。进出线方式另有下进上出、上进上出、上进下出，采用上进或上出线方式，柜深增加 200mm。

6）柜型：耐弧型中置式移开型金属铠装封闭柜。

图 6.3.2-1　10kV 一进一出高压配电系统图（示例）（续）

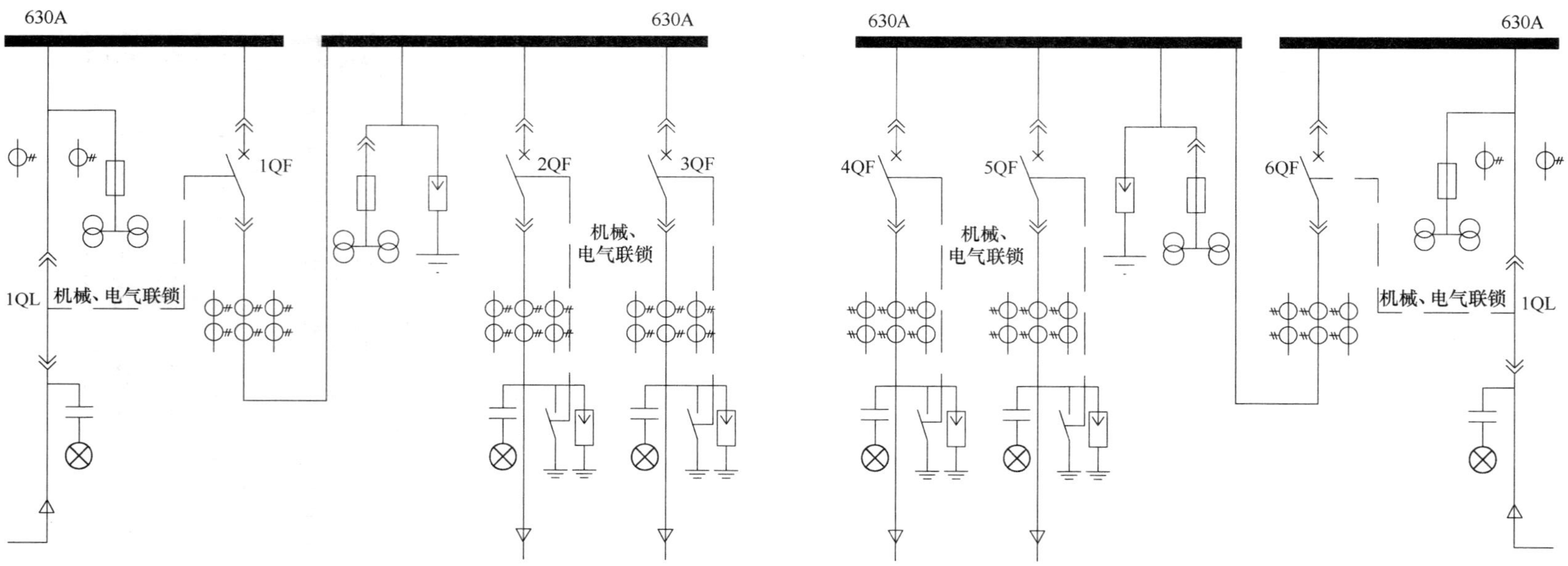

柜型						
高压配电柜编号		HA1	HA2	HA3	HA4	HA5
外型尺寸（宽×深×高）(mm)						
计算电流						
柜内主要电器设备	断路器	隔离开关 630A，25kA	630A，25kA		630A，25kA	630A，25kA
	操作机构		直流弹操 DC110V		直流弹操 DC110V	直流弹操 DC110V
	熔断器	0.5A，10kV，50kA		0.5A，10kV，50kA		
	电压互感器	所在地电力公司提供		10/0.1kV		

HA5	HB4	HB3	HB2	HB1
630A，25kA	630A，25kA		630A，25kA	隔离开关 630A，25kA
直流弹操 DC110V	直流弹操 DC110V		直流弹操 DC110V	
		0.5A，10kV，50kA		0.5A，10kV，50kA
		10/0.1kV		所在地电力公司提供

图 6.3.2-2　10kV 一进二出高压配电系统图（示例）

柜内主要电器设备	电流互感器（保护）										
	电流互感器（测量）										
	电流互感器（计量）										
	带电显示装置	1		1	1	1	1	1	1		1
	避雷器			3					3		
	综合保护装置		1		1	1	1	1		1	
	二次保护方案		过电流保护短路短延时保护		过电流保护、电流速断保护及单相接地保护、温度保护	过电流保护、电流速断保护及单相接地保护、温度保护	过电流保护、电流速断保护及单相接地保护、温度保护	过电流保护、电流速断保护及单相接地保护、温度保护		过电流保护短路短延时保护	
	接地开关				1	1	1	1			
电缆规格											
回路编号											
用 途		1号电源进线及量电	1号电源进线总开关	PT 避雷	出线	出线	出线	出线	PT 避雷	2号电源进线总开关	2号电源进线及量电
容 量											
电压等级											
备 注		进线	配吸收装置							配吸收装置	进线

注：1. 继电保护：

1）配出断路器设（速断，过流）保护，及变压器温度保护（高温报警，超温跳闸）。

2）继电保护采用综合继电保护装置或微机式继电器。

3）继电保护的确定以市供电部门文件为准。

4）供电部门量电柜内计量表计及（电压，电流）互感器由供电部门确定。

2. 配电装置标准

1）应符合 IEC-6029 、《3.6kV～40.5kV 交流金属封闭开关设备和控制设备》GB/T 3906—2020、IEC-60056 等标准。

2）运行条件：额定运行电压：10kV；
最高运行电压：12kV；
额定断开电流：≥25kA（全分断 100 次）；
短时耐受电流：25kA-3s；
额定频率：50Hz；
中性点接地方法：小电阻接地（接地形式由当地供电公司确定）。

3）绝缘水平：工频耐压：≥42kV（1min）；
冲击电压：≥75kV。

4）防护等级：IP40

5）配电柜为下进下出。进出线方式另有下进上出、上进上出、上进下出，采用上进或上出线方式，柜深增加 200mm。

6）柜型：耐弧型中置式移开型金属铠装封闭柜。

图 6.3.2-2　10kV 一进二出高压配电系统图（示例）（续）

6.4 低压系统图

6.4.1 0.4kV 低压系统图（柜面式）

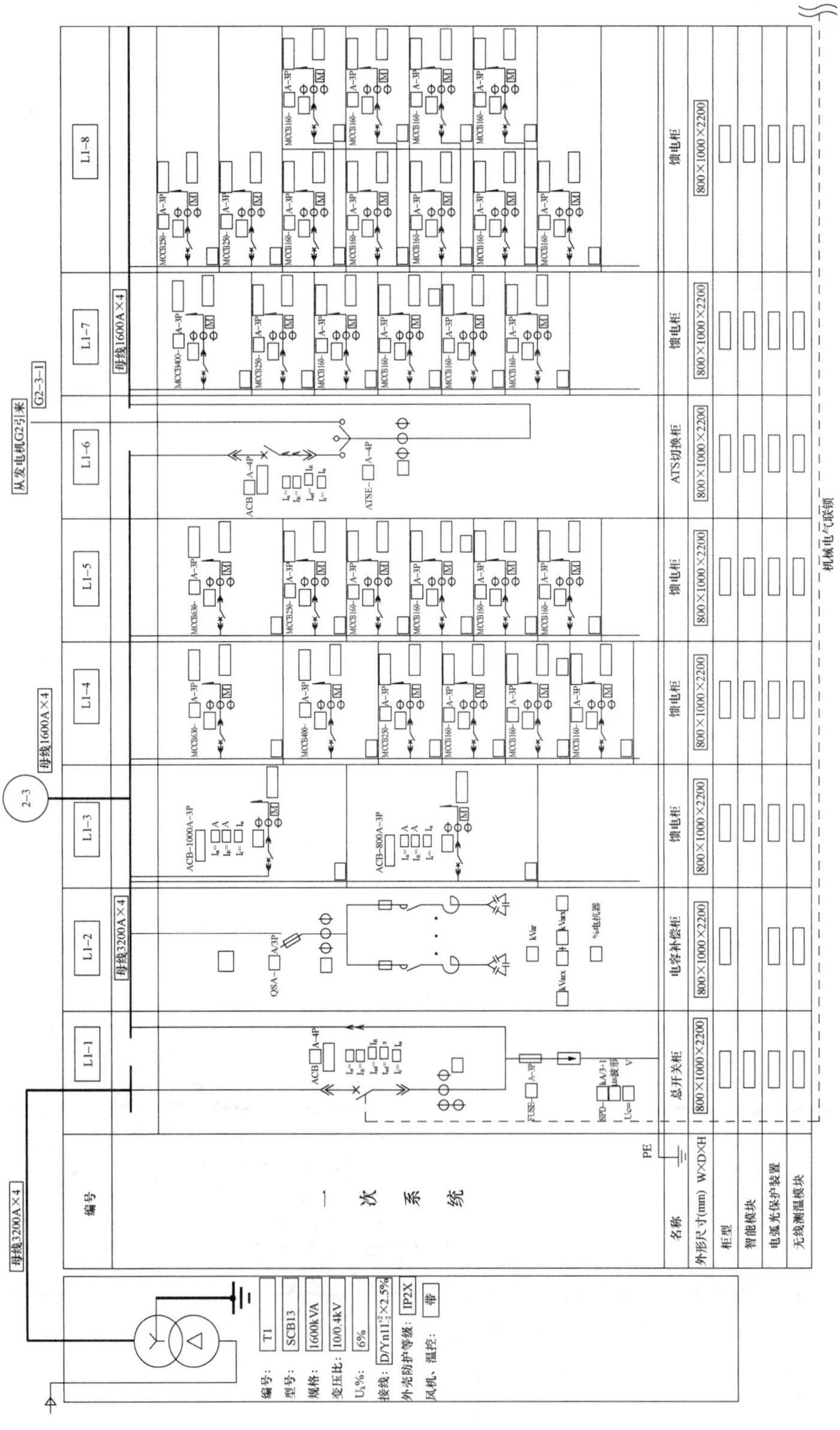

图 6.4.1-1 低压系统图 1（柜面式）示例

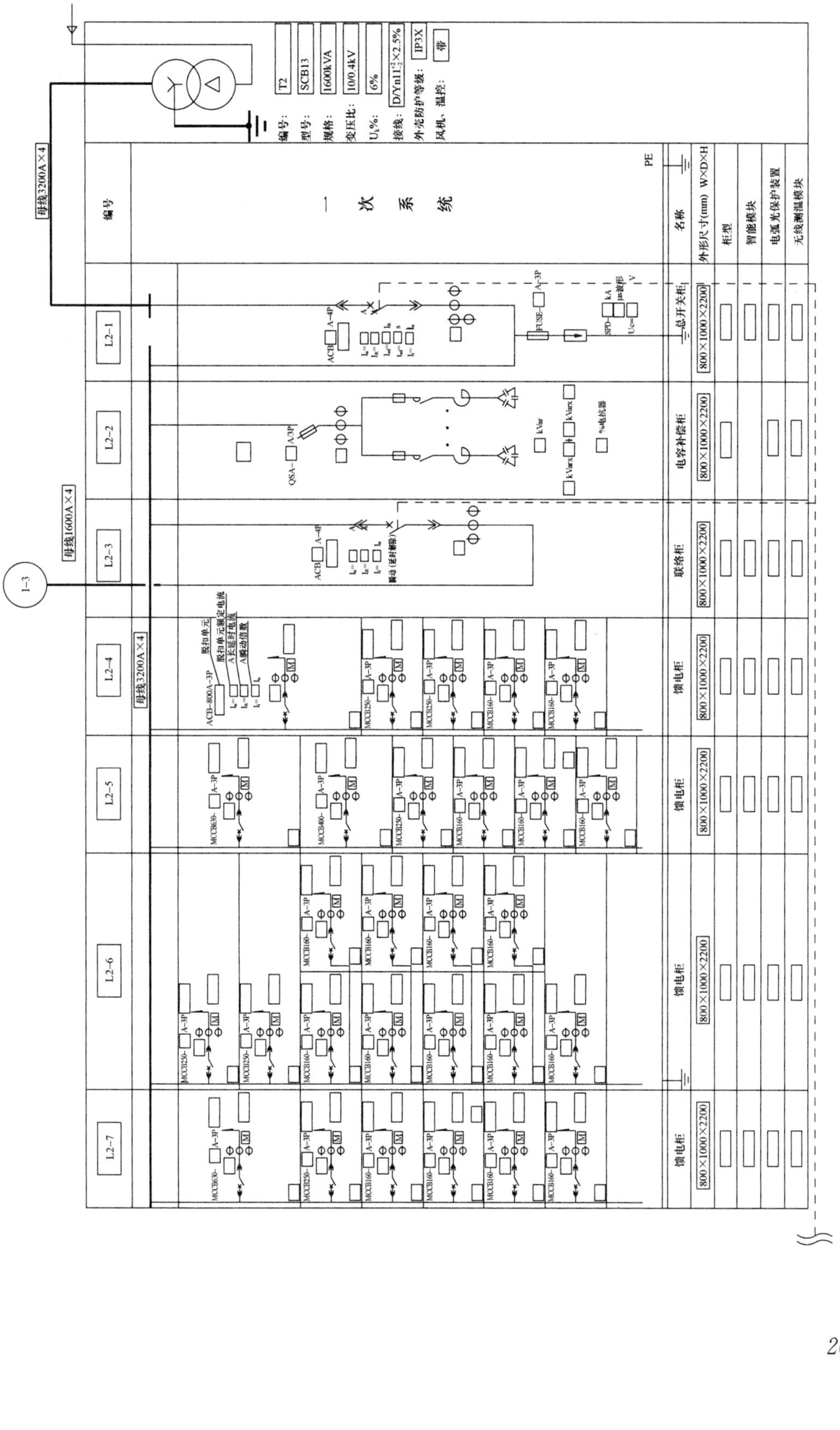

图 6.4.1-2 低压系统图 2（柜面式）示例

6.4.2 0.4kV低压系统图（表格式）

注：
1.供应商须对柜内所有其他元器件的短路容量进行校核
2.主变系统图中进线主断路器和联络柜之间要求电气和机械联锁
3.MCCB断路器保护为过载长延时，短路短延时+瞬动
4.进线总开关ACB断路器保护为过载长延时、短路短延时、短路瞬动、单相接地。空气断路器可有线或无线通讯读出断路器动作或故障脱扣前测量的电流、电压、频率等电参量，便于故障分析和追溯；可监测谐波畸变率，实现电网电能质量提前预警
5.联络开关ACB断路器保护为过载长延时，瞬动
6.进出线方式 ：上进上出（或下进下出）
7.低压侧断路器短路分断能力应不小于50kA
8.垂直母排额定载流量不小于本柜内所有开关框架电流之和
9.低压出线回路安装剩余漏电报警仪表
10.非消防负荷馈电断路器带分励脱扣单元
11.两进线断路器和联络断路器，设手动和机械连锁
12.消防设备主电源、备用电源柜内专用母排装设消防设备电源监控模块
13.建筑物内外配电装置的隔离开关与相应的断路器和接地刀闸之间应装设闭锁装置。10kV开关与变压器网门设置防止误入带电间隔的闭锁装置
14.电力监控系统（变电所综合自动化系统）实现方式：通过多功能电力网络监控仪表实现（常用）、通过智能断路器的微机单元实现、开关量输入输出模块实现、通过可编程序控制器（PLC）实现

图6.4.2-1　低压系统图1（表格式）示例

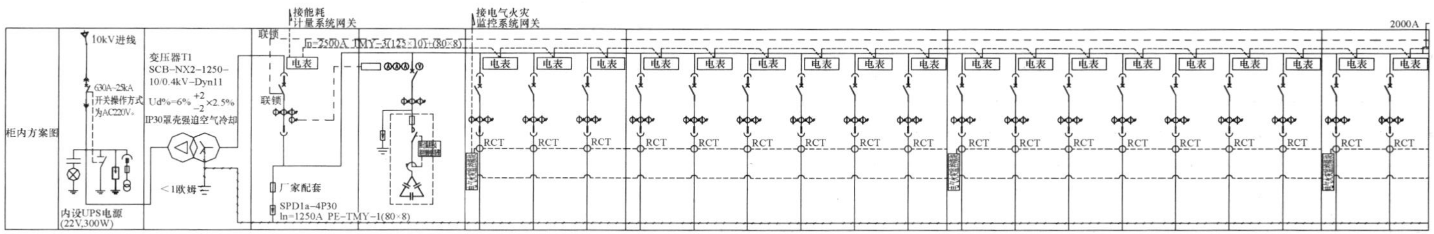

柜型																						
低压配电柜编号																						
外型尺寸(宽×深×高)(mm)																						
抽屉高度																						
回路编号																						
回路名称																						
柜内主要电器设备 多功能电表																						
电流互感器																						
操作方式(手动，电动)																						
极数																						
脱扣器+附件																						
脱扣器类型/额定电流In																						
长延时脱扣整定电流Ir1																						
短路短延时整定电流Ir2/Tsd（s）																						
短路瞬时整定电流Ir3																						
接地故障电流保护Ir4/T（s）																						
电缆（或母线）型号及规格																						
敷设方式																						
用途																						
备注																						

图 6.4.2-2　低压系统图 2（表格式）示例

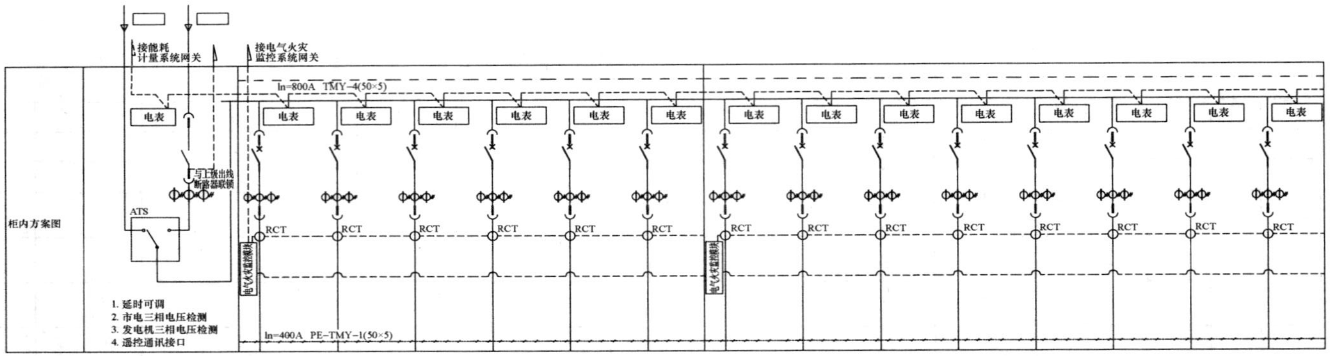

柜型																
低压配电柜编号																
外型尺寸（宽×深×高）(mm)																
抽屉高度																
回路编号																
回路名称																
柜内主要电器设备	多功能电表															
	电流互感器															
	操作方式（手动，电动）															
	极数															
	脱扣器+附件															
	脱扣器类型/额定电流In															
	长延时脱扣整定电流Ir1															
	短路短延时整定电流Ir2/Tsd (s)															
	短路瞬时整定电流Ir3															
	接地故障电流保护Ir4/T (s)															
电缆（或母线）型号及规格																
敷设方式																
用　途																
备　注																

图 6.4.2-3　低压系统图 3（表格式）示例

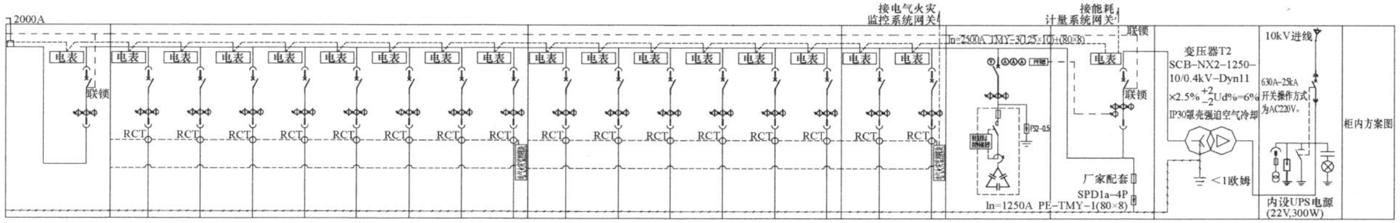

柜型																							
低压配电柜编号																							
外型尺寸 (宽×深×高)(mm)																							
抽屉高度																							
回路编号																							
回路名称																							
柜内主要电器设备	多功能电表																						
	电流互感器																						
	操作方式（手动，电动）																						
	极数																						
	脱扣器+附件																						
	脱扣器类型/额定电流In																						
	长延时脱扣整定电流Ir1																						

图 6.4.2-4 柴发低压系统图示例

柜内主要电器设备	短路短延时整定电流 Ir2/Tsd (s)																						
	短路瞬时整定电流 Ir3																						
	接地故障电流保护Ir4/T (s)																						
电缆（或母线）型号及规格																							
敷设方式																							
用 途																							
备 注																							

注：1. 供应商须对柜内所有其他元器件的短路容量进行校核。
2. 主变系统图中进线主断路器和联络柜之间要求电气和机械联锁。
3. MCCB断路器保护为过载长延时，短路短延时+瞬动。
4. 进线总开关ACB断路器保护为过载长延时，短路短延时，短路瞬动，单相接地。空气断路器可有线或无线通讯读出断路器动作或故障脱扣前测量的电流，电压，频率等电参量，便于故障分析和追溯；可监测谐波畸变率，实现电网电能质量提前预警。
5. 联络开关ACB断路器保护为过载长延时，瞬动。
6. 进出线方式：上进上出（或下进下出）。
7. 低压侧断路器短路分断能力应不小于50kA。
8. 垂直母排额定载流量不小于本柜内所有开关框架电流之和。
9. 低压出线回路安装剩余漏电报警仪表。
10. 非消防负荷馈电断路器带分励脱扣单元。
11. 两进线断路器和联络断路器，设手动和机械连锁。
12. 消防设备主电源、备用电源柜内专用母排装设消防设备电源监控模块。
13. 建筑物内外配电装置的隔离开关与相应的断路器和接地刀闸之间应装设闭锁装置。10kV开关与变压器网门设置防止误入带电间隔的闭锁装置。
14. 电力监控系统（变电所综合自动化系统）实现方式：通过多功能电力网络监控仪表实现（常用）、通过智能断路器的微机单元实现、开关量输入输出模块实现、通过可编程序控制器（PLC）实现。

图 6.4.2-4 柴发低压系统图示例（续）

6.4.3 柴油发电机低压系统图

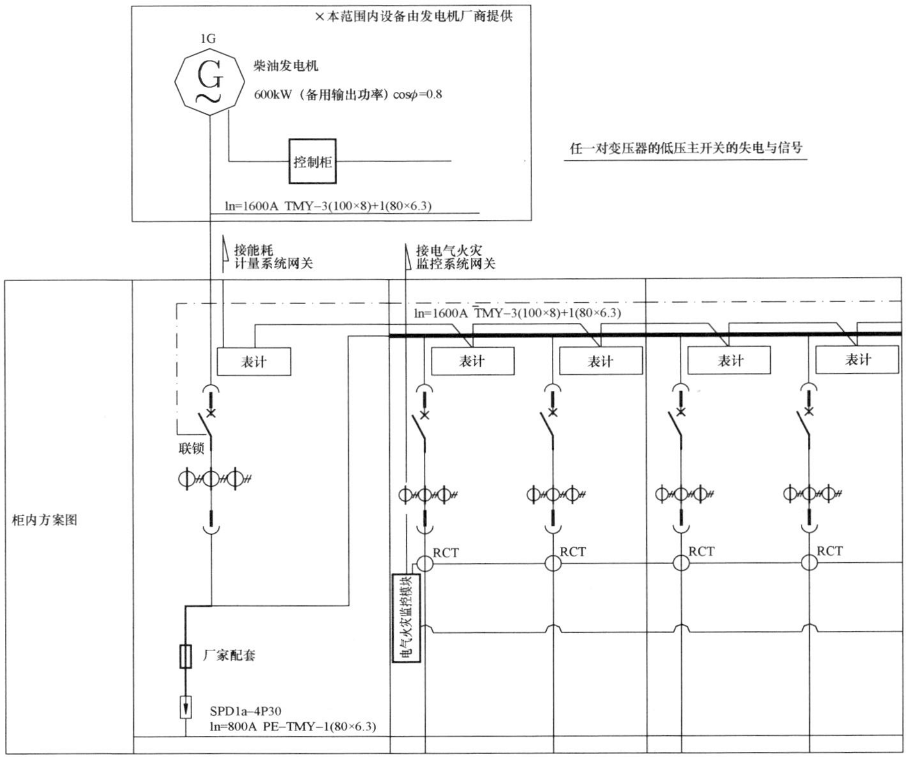

柜型					
低压配电柜编号					
外型尺寸（宽×深×高）(mm)					
抽屉高度					
回路编号					
回路名称					

图 6.4.3-1　柴油发电机低压系统图

柜内主要电器设备	多功能电表						
	电流互感器						
	操作方式（手动，电动）						
	极数						
	脱扣器+附件						
	脱扣器类型/额定电流In						
	长延时脱扣整定电流Ir1						
	短路短延时整定电流Ir2/Tsd (s)						
	短路瞬时整定电流Ir3						
	接地故障电流保护Ir4/T (s)						
电缆（或母线）型号及规格							
敷设方式							
用　途							
备　注							

注:
1. 供应商须对柜内所有其它元器件的短路容量进行校核。
2. 主变系统图中进线主断路器和联络柜之间要求电气和机械联锁。
3. MCCB断路器保护为过载长延时，短路短延时+瞬动。
4. 进线总开关ACB断路器保护为过载长延时，短路短延时，短路瞬动，单相接地。空气断路器可有线或无线通讯读出断路器动作或故障脱扣前测量的电流，电压，频率等电参量，便于故障分析和追溯；可监测谐波畸变率，实现电网电能质量提前预警。
5. 联络开关ACB断路器保护为过载长延时，瞬动。
6. 进出线方式：上进上出（或下进下出）。
7. 低压侧断路器短路分断能力应不小于50kA。
8. 垂直母排额定载流量不小于本柜内所有开关框架电流之和。
9. 低压出线回路安装剩余漏电报警仪表。
10. 所有非消防回路配置分励+辅助供消防报警系统联动用。
11. 柴油发电机组应具备储油量低位报警或显示功能。
12. 电力监控系统（变电所综合自动化系统）实现方式：通过多功能电力网络监控仪表实现（常用）、通过智能断路器的微机单元实现、开关量输入输出模块实现、通过可编程序控制器（PLC）实现。

图 6.4.3-2　柴油发电机低压系统图（续）

6.4.4 PML 柜示例

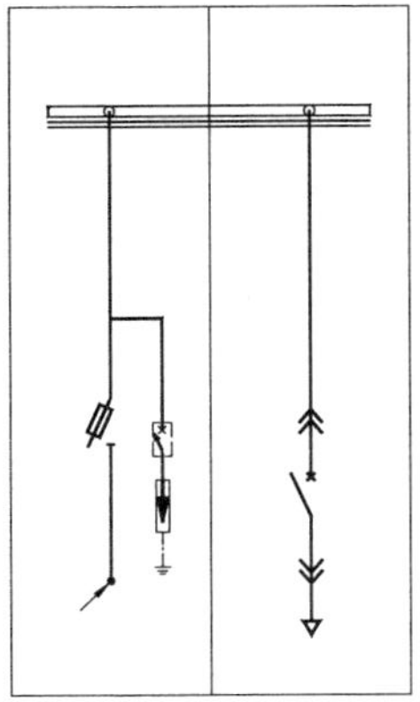

低压供用电柜编号		
低压供用电柜型号		
供用电柜规格(W×H×D)(mm)		
回路编号		
刀熔开关		
熔断器		
电度表		
断路器		
母排规格		
断路器整定电流（A）		
用途		
备注		
门牌号		

图 6.4.4-1 PML 柜示例 1

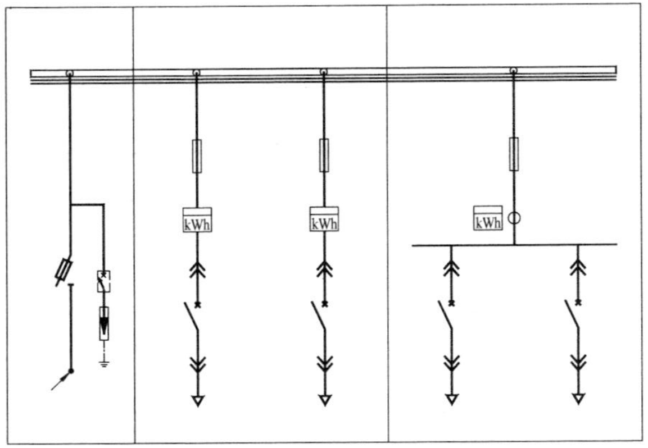

低压供用电柜编号			
低压供用电柜型号			
供用电柜规格(W×H×D)(mm)			
回路编号			
刀熔开关			
熔断器			
电度表			
断路器			
母排规格			
断路器整定电流（A）			
用途			
备注			
门牌号			

图 6.4.4-2 PML 柜示例 2

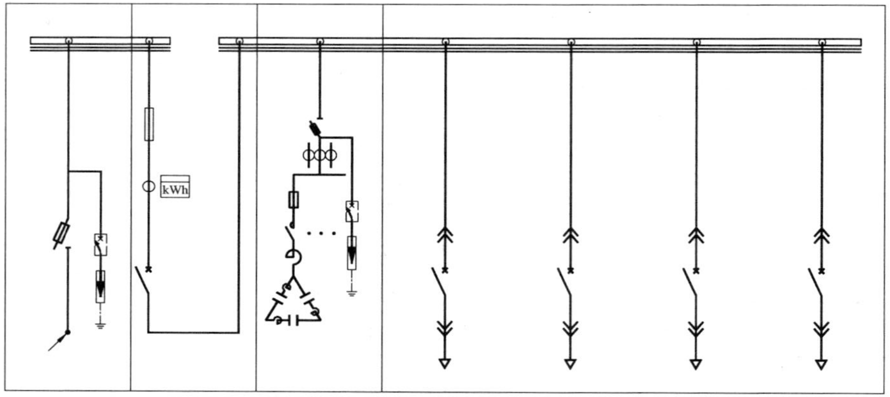

低压供用电柜编号				
低压供用电柜型号				
供用电柜规格(W×H×D)(mm)				
回路编号				
刀熔开关				
熔断器				
电度表				
断路器				
母排规格				
断路器整定电流（A）				
用途				
备注				
门牌号				

注:
1. 进线电缆由供电部门负责，以电力设计为准；
2. 配电柜采用下进下出形式；
3. 消防和普通出线回路间设置耐火极限不小于2h的防火隔板。

图 6.4.4-3　PML 柜示例 3

6.5　配电箱系统图

本书编制的配电箱系统图由配电箱进线部分和配电箱出线部分组成。其中进线部分元器件采用标号和表格的模板形式，主要是为了后续推进数字化设计便于软件编译（图 6.5-1）。

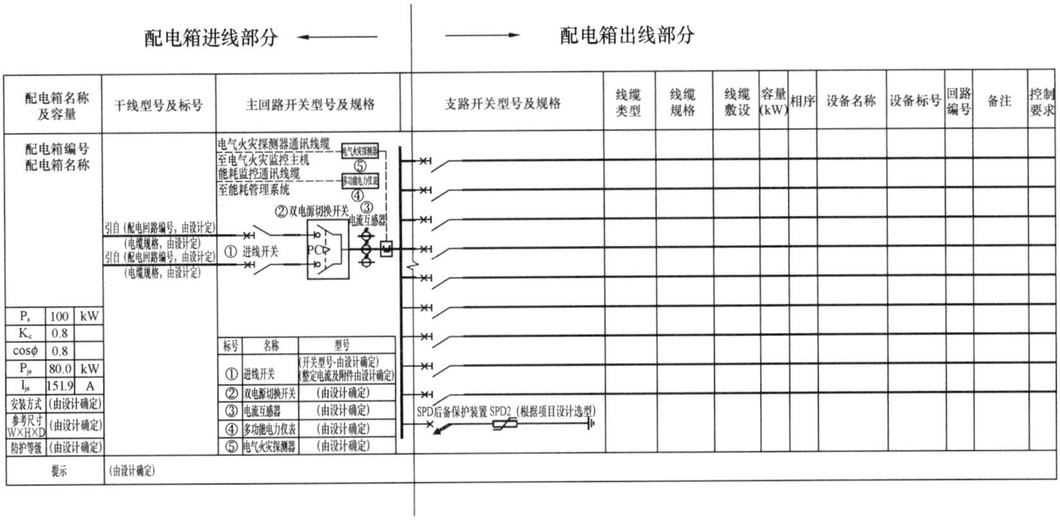

图 6.5-1　配电箱进线和出线部分切割示意图

配电箱进线部分主要包括：断路器/负荷开关；双电源切换开关；电流互感器；多功能电力仪表；电气火灾探测器；消防电源探测器等。配电箱配电出线内容较多，组合繁多，不做罗列。配电箱安装方式、参考尺寸、防护等级，以及柜内各元器件参数由设计需求自行调整参数。

配电箱系统适用场合包括办公建筑、商业建筑、酒店建筑、学校建筑、体育建筑、金融建筑、宿舍建筑、住宅建筑等，设计人员根据实际项目进行选用。配电箱模板选择使用方法参见各图示说明。控制方案详见配电箱（柜）控制要求。

6.5.1　配电箱进线部分

配电箱进线部分中，配电箱名称、计算表、提示栏内容、配电箱（柜）的安装方式、参考尺寸、防护等级，以及柜内各一次元器件参数型号由设计人员根据项目需要自行确定。“提示”栏可由设计人员对系统增加补充说明或注意事项等。

1. 单电源-断路器（非消防）

选择使用方法：由预分支电缆配出的楼层总配电箱；由总配电间或变电所放射式供电的配电箱；防火分区等区域的总配电箱等（图 6.5-2）。

配电箱名称及容量			干线型号及标号	主回路开关型号及规格
1-1AL (1号楼1F照明配电箱)			引自(配电回路编号,由设计定) (电缆规格，由设计定)	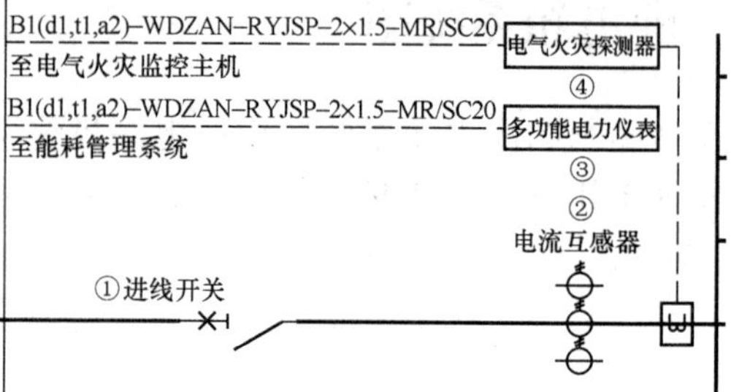
P_e	50	kW		
K_c	0.9			
cosφ	0.85			
P_{js}	45.0	kW		
I_{js}	80.4	A		
安装方式	落地安装			
参考尺寸 W×H×D	由设备生产厂确定			
防护等级	IP3X			
提示	(由设计确定)			

标号	名 称	型 号
①	进线开关	(开关型号-由设计确定) (整定电流及附件由设计确定)
②	电流互感器	(由设计确定)
③	多功能电力仪表	(由设计确定)
④	电气火灾探测器	(由设计确定)

图 6.5-2　单电源-断路器（非消防）

2. 单电源-负荷隔离开关（非消防）

选择使用方法：系统适用于由母线插接箱配出的楼层总配电箱；由总配电间或变电所放射式供电的配电箱；防火分区等区域的总配电箱等（图 6.5-3)。

配电箱名称及容量			干线型号及标号	主回路开关型号及规格
1-1AL (1号楼1F照明配电箱)			引自(配电回路编号,由设计定) (电缆规格，由设计定)	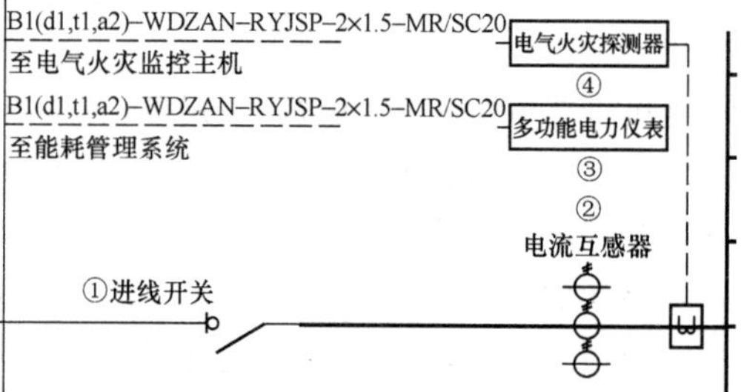
P_e	50	kW		
K_c	0.9			
cosφ	0.8			
P_{js}	45.0	kW		
I_{js}	85.5	A		
安装方式	落地安装			
参考尺寸 W×H×D	由设备生产厂确定			
防护等级	IP3X			
提示	(由设计确定)			

标号	名 称	型 号
①	进线开关	(开关型号–由设计确定) (整定电流及附件由设计确定)
②	电流互感器	(由设计确定)
③	多功能电力仪表	(由设计确定)
④	电气火灾探测器	(由设计确定)

图 6.5-3　单电源-负荷隔离开关（非消防）

3. 双电源-断路器（非消防）

选择使用方法：(1) 由预分支电缆配出的楼层总配电箱；(2) 由总配电间或变电所放射式供电的配电箱；(3) 防火分区等区域的总配电箱等（图 6.5-4)。

配电箱名称及容量	干线型号及标号	主回路开关型号及规格
1–1ALT (1号楼1F主要通道照明配电箱)	引自(配电回路编号,由设计定) (电缆规格，由设计定) 引自(配电回路编号,由设计定) (电缆规格，由设计定)	(见下图)

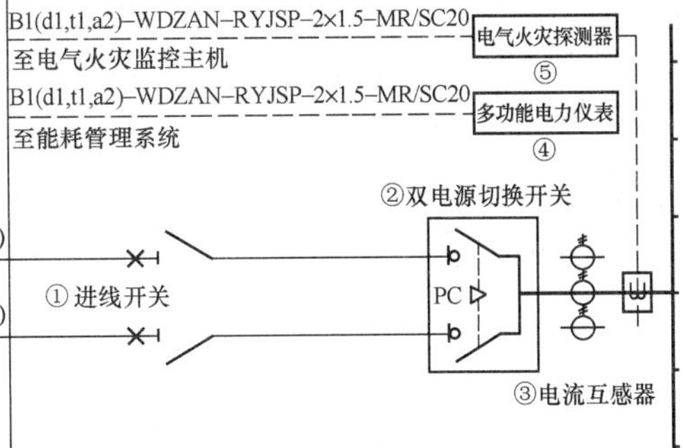

P_e	8	kW
K_c	0.9	
cosφ	0.8	
P_{js}	7.2	kW
I_{js}	13.7	A
安装方式	挂墙明装,离地1.5m	
参考尺寸 W×H×D	由设备生产厂确定	
防护等级	IP3X	
提示	(由设计确定)	

标号	名 称	型 号
①	进线开关	(开关型号–由设计确定) (整定电流及附件由设计确定)
②	双电源切换开关	(由设计确定)
③	电流互感器	(由设计确定)
④	多功能电力仪表	(由设计确定)
⑤	电气火灾探测器	(由设计确定)

图 6.5-4　双电源-断路器（非消防）

4. 双电源-负荷隔离开关（非消防）

选择使用方法：由母线插接箱配出的楼层总配电箱；由总配电间或变电所放射式供电的配电箱；防火分区等区域的总配电箱等（图 6.5-5）。

配电箱名称及容量	干线型号及标号	主回路开关型号及规格
2–1ALT (2号楼1F主要通道照明配电箱)	引自(配电回路编号,由设计定) (电缆规格，由设计定) 引自(配电回路编号,由设计定) (电缆规格，由设计定)	(见下图)

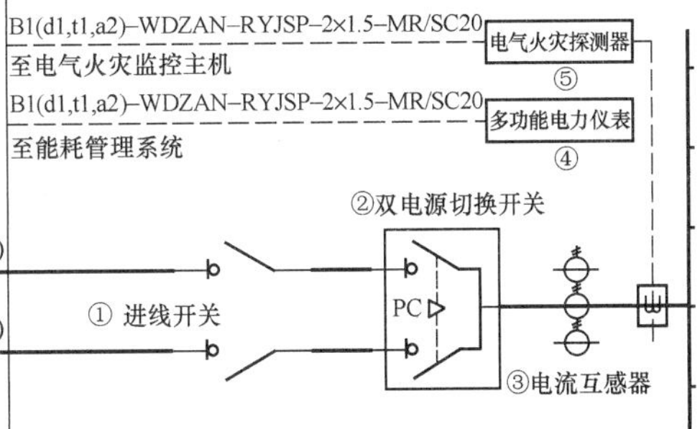

P_e	8	kW
K_c	0.9	
cosφ	0.8	
P_{js}	7.2	kW
I_{js}	13.7	A
安装方式	挂墙明装,离地1.5m	
参考尺寸 W×H×D	由设备生产厂确定	
防护等级	IP3X	
提示	(由设计确定)	

标号	名 称	型 号
①	进线开关	(开关型号–由设计确定) (整定电流及附件由设计确定)
②	双电源切换开关	(由设计确定)
③	电流互感器	(由设计确定)
④	多功能电力仪表	(由设计确定)
⑤	电气火灾探测器	(由设计确定)

图 6.5-5　双电源-负荷隔离开关（非消防）

5. 单电源-断路器（消防）

选择使用方法：消防 A/B 总配电箱（图 6.5-6）。

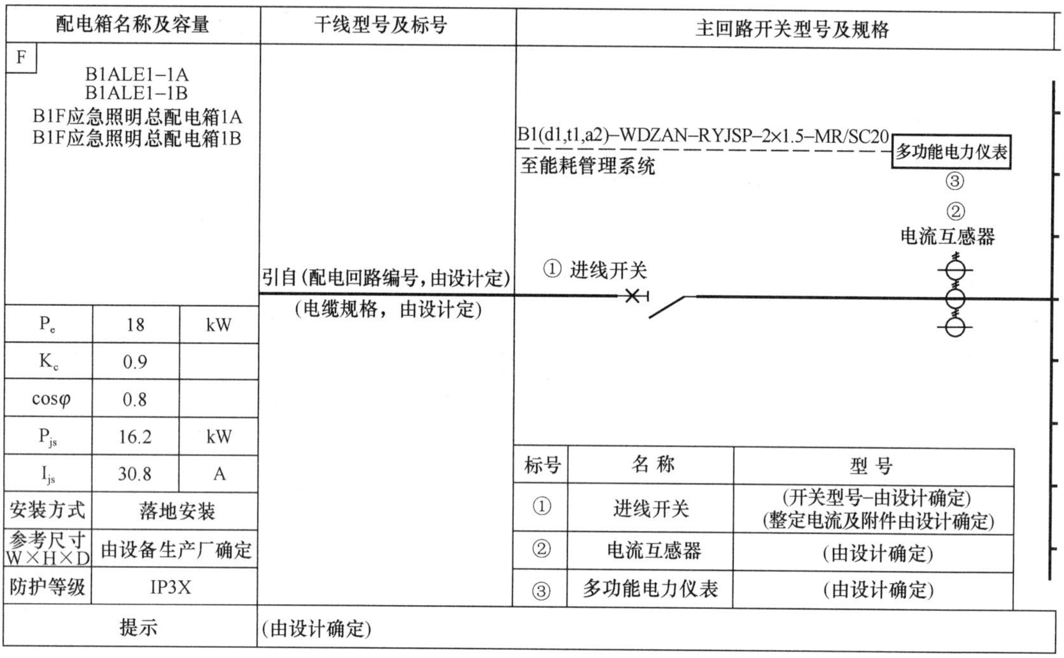

图 6.5-6　单电源-断路器（消防）

6. 单电源-负荷隔离开关（消防）

选择使用方法：消防 A/B 总配电箱（图 6.5-7）。

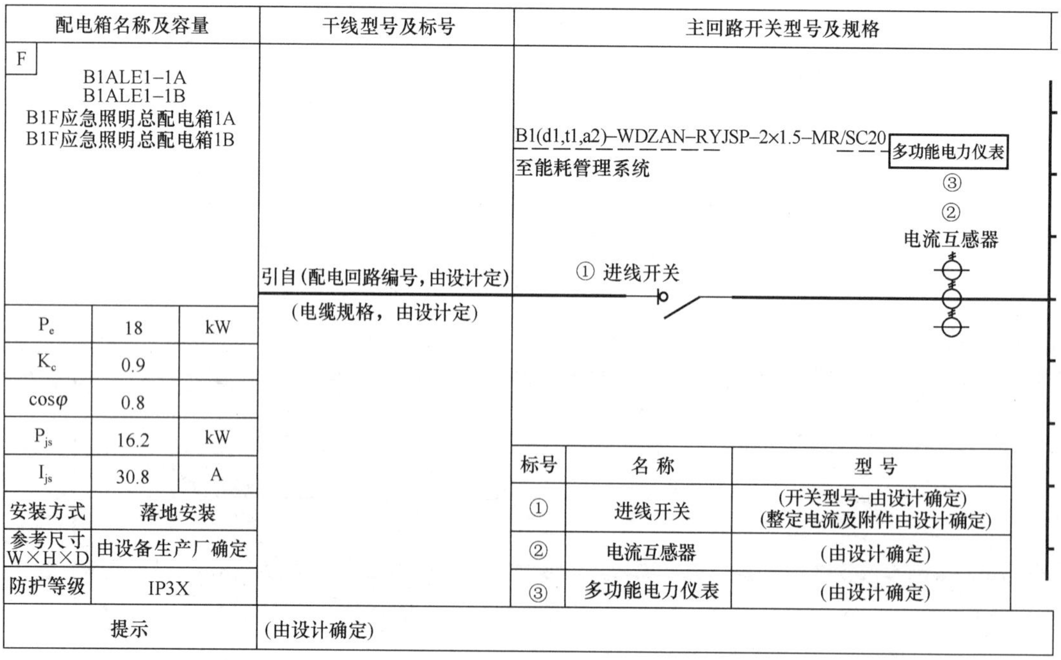

图 6.5-7　单电源-负荷隔离开关（消防）

7. 双电源-断路器（消防）

选择使用方法：系统适用于末端切换的消防配电箱（图 6.5-8）。

配电箱名称及容量			干线型号及标号	主回路开关型号及规格
F 1-1ALLE (1号楼1F应急照明配电箱)			引自(配电回路编号，由设计定) (电缆规格，由设计定) 引自(配电回路编号，由设计定) (电缆规格，由设计定)	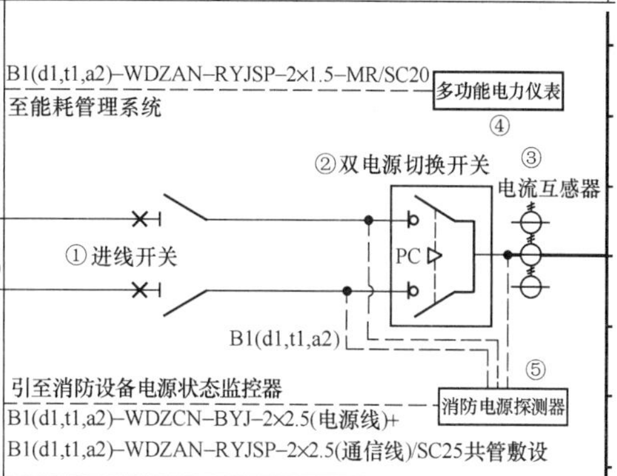
P_e	5	kW		
K_c	0.9			
cosφ	0.9			
P_{js}	4.5	kW		
I_{js}	7.6	A		
安装方式	挂墙明装，离地1.5m			
参考尺寸 W×H×D	600×800×250			
防护等级	IP3X			
提示			(由设计确定)	

标号	名 称	型 号
①	进线开关	(开关型号–由设计确定) (整定电流及附件由设计确定)
②	双电源切换开关	(由设计确定)
③	电流互感器	(由设计确定)
④	多功能电力仪表	(由设计确定)
⑤	消防电源探测器	(由设计确定)

图 6.5-8 双电源-断路器（消防）

8. 双电源-负荷隔离开关（消防）

选择使用方法：系统适用于末端切换的消防配电箱（图 6.5-9）。

配电箱名称及容量			干线型号及标号	主回路开关型号及规格
F 1-B1ALE1 (1号楼B1F应急照明配电箱)			引自(配电回路编号，由设计定) (电缆规格，由设计定) 引自(配电回路编号，由设计定) (电缆规格，由设计定)	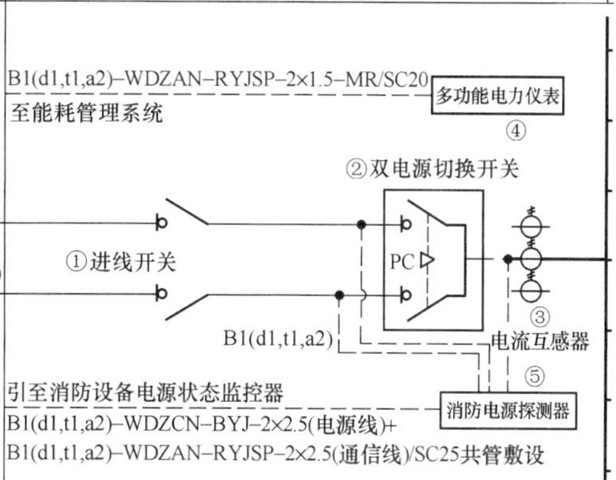
P_e	5	kW		
K_c	0.9			
cosφ	0.9			
P_{js}	4.5	kW		
I_{js}	7.6	A		
安装方式	挂墙明装，离地1.5m			
参考尺寸 W×H×D	600×800×250			
防护等级	IP3X			
提示			(由设计确定)	

标号	名 称	型 号
①	进线开关	(开关型号–由设计确定) (整定电流及附件由设计确定)
②	双电源切换开关	(由设计确定)
③	电流互感器	(由设计确定)
④	多功能电力仪表	(由设计确定)
⑤	消防电源探测器	(由设计确定)

图 6.5-9 双电源-负荷隔离开关（消防）

9. 单电源-断路器（非消防）

选择使用方法：嵌墙安装的分配电箱（图 6.5-10）。

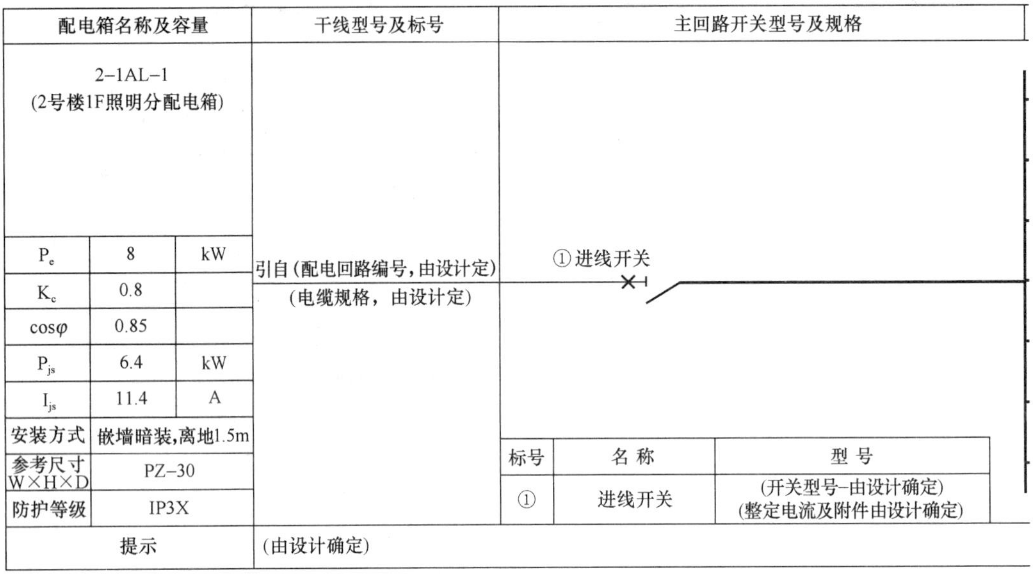

图 6.5-10　单电源-断路器（非消防）

10. 单电源-负荷隔离开关（非消防）

选择使用方法：嵌墙安装的分配电箱（图 6.5-11）。

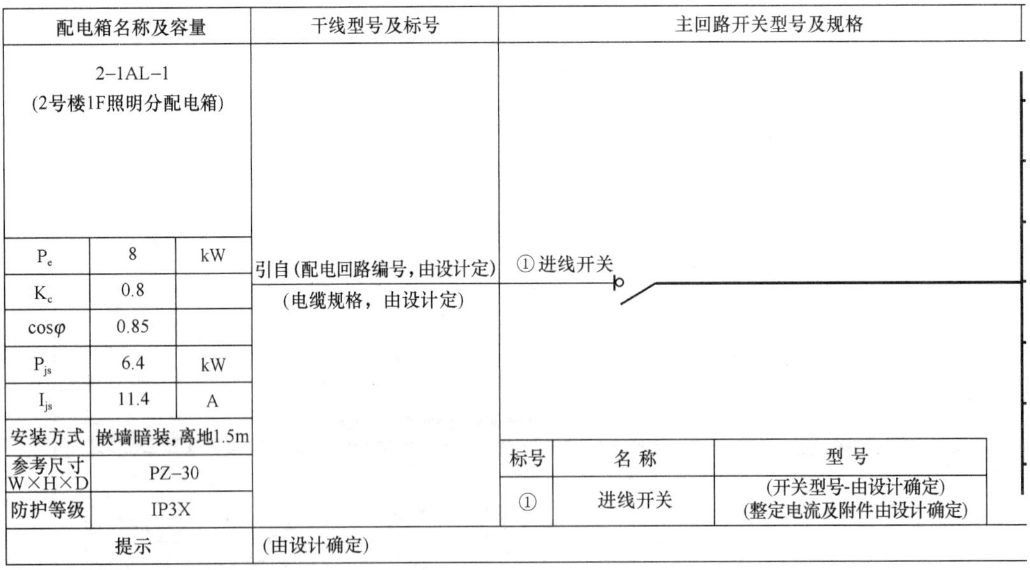

图 6.5-11　单电源-负荷隔离开关（非消防）

6.5.2　配电箱出线部分

配电箱出线部分组合不胜枚举，本次图示仅作部分系统配出示例，具体由设计根据实际项目需求自行调整。

1. 楼层配电系统图 01

选择使用方法：楼层配电箱出线（图 6.5-12）。

建筑类型	办公建筑	商业建筑	酒店建筑	金融建筑	体育建筑	学校建筑	宿舍建筑	住宅建筑
是否适用	✓	✓	✓	✓	✓	✓	✓	✓

支路开关型号及规格	线缆类型	线缆规格	线缆敷设	容量(kW)	相序	设备名称	设备标号	回路编号	备注	控制要求
QA−C16/1P	B1(d1,t1,a2)−WDZA−YJY−	2×2.5+E2.5	CT/JDG20-WC,CE	0.5	L1	照明		N1		
QA−C16/1P	B1(d1,t1,a2)−WDZA−YJY−	2×2.5+E2.5	CT/JDG20-WC,CE	0.5	L2	照明		N2		
QA−C16/1P	B1(d1,t1,a2)−WDZA−YJY−	2×2.5+E2.5	CT/JDG20-WC,CE	0.5	L3	照明		N3		
QR−C16/2P/30mA	B1(d1,t1,a2)−WDZA−YJY−	2×2.5+E2.5	CT/JDG20-WC,CE	1.0	L1	插座		C1		
QR−C16/2P/30mA	B1(d1,t1,a2)−WDZA−YJY−	2×2.5+E2.5	CT/JDG20-WC,CE	1.0	L2	插座		C2		
QR−C16/2P/30mA	B1(d1,t1,a2)−WDZA−YJY−	2×2.5+E2.5	CT/JDG20-WC,CE	1.0	L3	插座		C3		
QA−C32/3P	B1(d1,t1,a2)−WDZA−YJY−	4×6+E6	CT/JDG32-WC,CE	8.0	L1L2L3	分配电箱	1−1AL−1	P1		
QA−C32/3P	B1(d1,t1,a2)−WDZA−YJY−	4×6+E6	CT/JDG32-WC,CE	8.0	L1L2L3	分配电箱	1−1AL−2	P2		
QA−C32/3P	B1(d1,t1,a2)−WDZA−YJY−				L1L2L3	备用		P3		
SPD后备保护装置 SPD2（根据项目设计选型）										

图 6.5-12　系统图 01

2. 楼层配电系统图 02

选择使用方法：设电流互感器的三相集中计量的配电箱，适合大功率设备的计量（6.5-13）。

建筑类型	办公建筑	商业建筑	酒店建筑	金融建筑	体育建筑	学校建筑	宿舍建筑	住宅建筑
是否适用	✓	✓	✓	✓	✓	✓	✓	

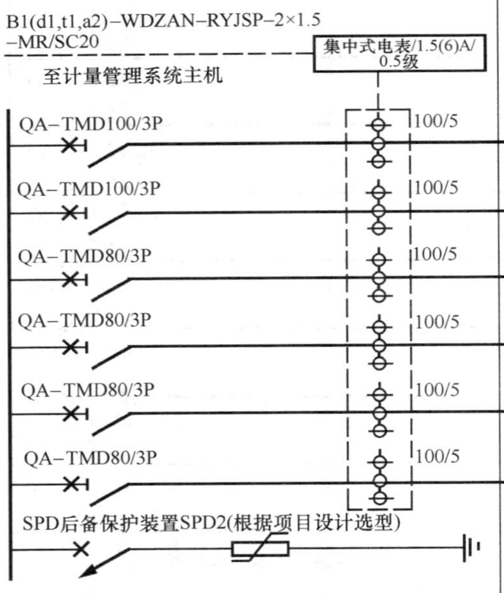

支路开关型号及规格	线缆类型	线缆规格	线缆敷设	容量(kW)	相序	设备名称	设备标号	回路编号	备注	控制要求
QA–TMD100/3P	B1(d1,t1,a2)–WDZA–YJY–	4×35+E16	CT/SC65-WC,CE	40.0	L1L2L3	分配电箱	1–4AL–1	P1		
QA–TMD100/3P	B1(d1,t1,a2)–WDZA–YJY–	4×35+E16	CT/SC65-WC,CE	40.0	L1L2L3	分配电箱	1–4AL–2	P1		
QA–TMD80/3P	B1(d1,t1,a2)–WDZA–YJY–	4×25+E16	CT/SC50-WC,CE	30.0	L1L2L3	分配电箱	1–4AL–3	P3		
QA–TMD80/3P	B1(d1,t1,a2)–WDZA–YJY–	4×25+E16	CT/SC50-WC,CE	30.0	L1L2L3	分配电箱	1–4AL–4	P4		
QA–TMD80/3P	B1(d1,t1,a2)–WDZA–YJY–	4×25+E16	CT/SC50-WC,CE	30.0	L1L2L3	分配电箱	1–4AL–5	P5		
QA–TMD80/3P	B1(d1,t1,a2)–WDZA–YJY–	4×25+E16	CT/SC50-WC,CE	30.0	L1L2L3	分配电箱	1–4AL–6	P6		
SPD后备保护装置SPD2(根据项目设计选型)										

图 6.5-13　系统图 02

3. 楼层配电系统图 03

选择使用方法：设三相集中计量表的配电箱（图 6.5-14）。

建筑类型	办公建筑	商业建筑	酒店建筑	金融建筑	体育建筑	学校建筑	宿舍建筑	住宅建筑
是否适用	√	√	√	√	√	√	√	

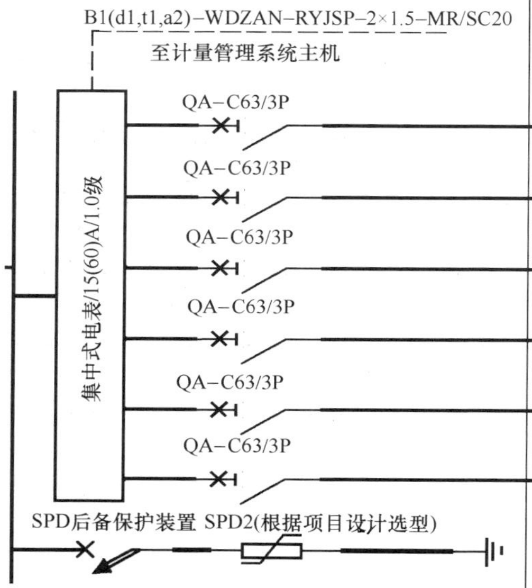

支路开关型号及规格	线缆类型	线缆规格	线缆敷设	容量(kW)	相序	设备名称	设备标号	回路编号	备注	控制要求
QA–C63/3P	B1(d1,t1,a2)–WDZA–YJY–	4×16+E16	CT/SC50–WC,CE	20.0	L1L2L3	分配电箱	1–4AL–1	P1		
QA–C63/3P	B1(d1,t1,a2)–WDZA–YJY–	4×16+E16	CT/SC50–WC,CE	20.0	L1L2L3	分配电箱	1–4AL–2	P2		
QA–C63/3P	B1(d1,t1,a2)–WDZA–YJY–	4×16+E16	CT/SC50–WC,CE	20.0	L1L2L3	分配电箱	1–4AL–3	P3		
QA–C63/3P	B1(d1,t1,a2)–WDZA–YJY–	4×16+E16	CT/SC50–WC,CE	20.0	L1L2L3	分配电箱	1–4AL–4	P4		
QA–C63/3P	B1(d1,t1,a2)–WDZA–YJY–	4×16+E16	CT/SC50–WC,CE	20.0	L1L2L3	分配电箱	1–4AL–5	P5		
QA–C63/3P	B1(d1,t1,a2)–WDZA–YJY–	4×16+E16	CT/SC50–WC,CE	20.0	L1L2L3	分配电箱	1–4AL–6	P6		
SPD后备保护装置 SPD2(根据项目设计选型)										

图 6.5-14　系统图 03

4. 楼层配电系统图 04

选择使用方法：设三相电气计量表的配电箱（图 6.5-15）。

建筑类型	办公建筑	商业建筑	酒店建筑	金融建筑	体育建筑	学校建筑	宿舍建筑	住宅建筑
是否适用								✓

支路开关型号及规格	线缆类型	线缆规格	线缆敷设	容量(kW)	相序	设备名称	设备标号	回路编号	备注	控制要求
3×60A 3×15(60)A kWh QA-C63/3P	B1(d1,t1,a2)-WDZA-YJY-	4×16+E16	CT/SC50-WC,CE	30.0	L1L2L3	商铺配电箱	1-1AL-1	P1		
3×60A 3×15(60)A kWh QA-C63/3P	B1(d1,t1,a2)-WDZA-YJY-	4×16+E16	CT/SC50-WC,CE	30.0	L1L2L3	商铺配电箱	1-1AL-2	P2		
3×60A 3×15(60)A kWh QA-C63/3P	B1(d1,t1,a2)-WDZA-YJY-	4×16+E16	CT/SC50-WC,CE	30.0	L1L2L3	商铺配电箱	1-1AL-3	P3		
3×60A 3×15(60)A kWh QA-C63/3P	B1(d1,t1,a2)-WDZA-YJY-	4×16+E16	CT/SC50-WC,CE	30.0	L1L2L3	商铺配电箱	1-1AL-4	P4		
3×60A 3×15(60)A kWh QA-C63/3P	B1(d1,t1,a2)-WDZA-YJY-	4×16+E16	CT/SC50-WC,CE	30.0	L1L2L3	商铺配电箱	1-1AL-5	P5		
3×60A 3×15(60)A kWh QA-C63/3P	B1(d1,t1,a2)-WDZA-YJY-	4×16+E16	CT/SC50-WC,CE	30.0	L1L2L3	商铺配电箱	1-1AL-6	P6		
SPD后备保护装置 SPD2(根据项目设计选型)										

图 6.5-15　系统图 04

5. 楼层配电系统图 05

选择使用方法：设单相电气计量表的配电箱（图 6.5-16）。

建筑类型	办公建筑	商业建筑	酒店建筑	金融建筑	体育建筑	学校建筑	宿舍建筑	住宅建筑
是否适用								✓

支路开关型号及规格	线缆类型	线缆规格	线缆敷设	容量(kW)	相序	设备名称	设备标号	回路编号	备注	控制要求
FU–40A 10(40)A kWh QA–C40/2P	B1(d1,t1,a2)–WDZA–YJY–	2×10+E10	CT/SC32-WC,CE	8.0	L1L2L3	A户型配电箱	AL–A	P1		
FU–40A 10(40)A kWh QA–C40/2P	B1(d1,t1,a2)–WDZA–YJY–	2×10+E10	CT/SC32-WC,CE	8.0	L1L2L3	A户型配电箱	AL–A	P2		
FU–40A 10(40)A kWh QA–C40/2P	B1(d1,t1,a2)–WDZA–YJY–	2×10+E10	CT/SC32-WC,CE	8.0	L1L2L3	A户型配电箱	AL–A	P3		
FU–63A 15(60)A kWh QA–C63/2P	B1(d1,t1,a2)–WDZA–YJY–	2×16+E16	CT/SC32-WC,CE	12.0	L1L2L3	B户型配电箱	AL–B	P4		
FU–63A 15(60)A kWh QA–C63/2P	B1(d1,t1,a2)–WDZA–YJY–	2×16+E16	CT/SC32-WC,CE	12.0	L1L2L3	B户型配电箱	AL–B	P5		
FU–63A 15(60)A kWh QA–C63/2P	B1(d1,t1,a2)–WDZA–YJY–	2×16+E16	CT/SC32-WC,CE	12.0	L1L2L3	B户型配电箱	AL–B	P6		
SPD后备保护装置 SPD2(根据项目设计选型)										

图 6.5-16　系统图 05

6. 楼层系统图 06

选择使用方法：楼层照明配电箱出线（图 6.5-17）。

建筑类型	办公建筑	商业建筑	酒店建筑	金融建筑	体育建筑	学校建筑	宿舍建筑	住宅建筑
是否适用								✓

支路开关型号及规格	线缆类型	线缆规格	线缆敷设	容量(kW)	相序	设备名称	设备标号	回路编号	备注	控制要求
QR–C16/1P+N/30mA	B1(d1,t1,a2)–WDZC–BYJ–	2×2.5+E2.5	JDG20-WC,CC			照明		N1		
QR–C16/1P+N/30mA	B1(d1,t1,a2)–WDZC–BYJ–	2×2.5+E2.5	JDG20-WC,CC			插座		N2		
QR–C16/1P+N/30mA	B1(d1,t1,a2)–WDZC–BYJ–	2×2.5+E2.5	JDG20-WC,CC			插座		N3		
QR–C16/1P+N/30mA	B1(d1,t1,a2)–WDZC–BYJ–	2×2.5+E2.5	JDG20-WC,CC			卫生间插座		N4		
QR–C16/1P+N/30mA	B1(d1,t1,a2)–WDZC–BYJ–	2×2.5+E2.5	JDG20-WC,CC			厨房间插座		N5		
QR–C16/1P+N/30mA	B1(d1,t1,a2)–WDZC–BYJ–	2×2.5+E2.5	JDG20-WC,CC			空调插座		N6		
QR–C16/1P+N/30mA	B1(d1,t1,a2)–WDZC–BYJ–	2×2.5+E2.5	JDG20-WC,CC			空调插座		N7		
QR–C16/1P+N/30mA	B1(d1,t1,a2)–WDZC–BYJ–	2×2.5+E2.5	JDG20-WC,CC			空调插座		N8		

图 6.5-17　系统图 06

6.5.3 照明系统图

1. 照明系统图 01

选择使用方法：照明配电箱，常规配电回路（图 6.5-18）。

控制方案选择：N/A。

建筑类型	办公建筑	商业建筑	酒店建筑	金融建筑	体育建筑	学校建筑	宿舍建筑	住宅建筑
是否适用	✓	✓	✓	✓	✓	✓	✓	✓

支路开关型号及规格	线缆类型	线缆规格	线缆敷设	容量(kW)	相序	设备名称	设备标号	回路编号	备注	控制要求
QA–C16/1P	B1(d1,t1,a2)–WDZC–BYJ–	2×2.5+E2.5	JDG20-WC,CC	0.5	L1	照明		N1		
QA–C16/1P	B1(d1,t1,a2)–WDZC–BYJ–	2×2.5+E2.5	JDG20-WC,CC	0.5	L2	照明		N2		
QA–C16/1P					L3	备用		N3		
QR–C16/1P+N/30mA	B1(d1,t1,a2)–WDZC–BYJ–	2×2.5+E2.5	JDG20-WC,FC	1.0	L1	插座		C1		
QR–C16/1P+N/30mA	B1(d1,t1,a2)–WDZC–BYJ–	2×2.5+E2.5	JDG20-WC,FC	1.0	L2	插座		C2		
QR–C16/1P+N/30mA	B1(d1,t1,a2)–WDZC–BYJ–	2×2.5+E2.5	JDG20-WC,FC	1.0	L3	插座		C3		
SPD后备保护装置 SPD3(根据项目设计选型)										

图 6.5-18 系统图 01

2. 照明系统图 02

选择使用方法：照明配电箱，照明配电回路设置了电弧故障火灾探测器，适用于设置了电气火灾监控系统的档口式家电商场、批发市场等场所的末端配电箱应设置电弧故障火灾探测器；限流式电气防火保护器可参考该系统图做法更换探测器（6.5-19）。

建筑类型	办公建筑	商业建筑	酒店建筑	金融建筑	体育建筑	学校建筑	宿舍建筑	住宅建筑
是否适用	√	√	√	√	√			

支路开关型号及规格	线缆类型	线缆规格	线缆敷设	容量(kW)	相序	设备名称	设备标号	回路编号	备注	控制要求
QA-C16/1P 故障电弧探测器	B1(d1,t1,a2)-WDZA-YJY-	2×2.5+E2.5	CT/JDG20-WC,CE	0.5	L1	超过12m高大空间照明		N1		
QA-C16/1P 故障电弧探测器	B1(d1,t1,a2)-WDZA-YJY-	2×2.5+E2.5	CT/JDG20-WC,CE	0.5	L2	超过12m高大空间照明		N2		
QA-C16/1P 故障电弧探测器	B1(d1,t1,a2)-WDZA-YJY-	2×2.5+E2.5	CT/JDG20-WC,CE	0.5	L3	超过12m高大空间照明		N3		
QA-C16/1P 故障电弧探测器	B1(d1,t1,a2)-WDZA-YJY-	2×2.5+E2.5	CT/JDG20-WC,CE	0.5	L1	档口式家电商场照明		N4		
QR-C16/1P+N/30mA 故障电弧探测器	B1(d1,t1,a2)-WDZA-YJY-	2×2.5+E2.5	CT/JDG20-WC,CE	0.5	L2	档口式家电商场插座		N5		
QA-C16/1P 故障电弧探测器	B1(d1,t1,a2)-WDZA-YJY-	2×2.5+E2.5	CT/JDG20-WC,CE	0.5	L3	批发市场照明		N6		
QR-C16/1P+N/30mA 故障电弧探测器	B1(d1,t1,a2)-WDZA-YJY-	2×2.5+E2.5	CT/JDG20-WC,CE	0.5	L1	批发市场插座		N7		
SPD后备保护装置 SPD2(根据项目设计选型)										
设置了电气火灾监控系统的档口式家电商场、批发市场等场所的末端配电箱应设置电弧故障火灾探测器或限流式电气防火保护器										

图 6.5-19　系统图 02

3. 照明系统图 03

选择使用方法：照明配电箱出线，照明配电回路设置接触器，采用 BA 集中控制（图 6.5-20）。

控制方案选择：L-BA。

建筑类型	办公建筑	商业建筑	酒店建筑	金融建筑	体育建筑	学校建筑	宿舍建筑	住宅建筑
是否适用	✓	✓	✓	✓	✓	✓	✓	✓

支路开关型号及规格	线缆类型	线缆规格	线缆敷设	容量(kW)	相序	设备名称	设备标号	回路编号	备注	控制要求
QA−C16/1P　QAC−16A/1P	B1(d1,t1,a2)−WDZA−YJY−	2×2.5+E2.5	CT/JDG20-WC,CE	0.5	L1	照明		N1		
QA−C16/1P　QAC−16A/1P	B1(d1,t1,a2)−WDZA−YJY−	2×2.5+E2.5	CT/JDG20-WC,CE	0.5	L2	照明		N2		
QA−C16/1P　QAC−16A/1P	B1(d1,t1,a2)−WDZA−YJY−	2×2.5+E2.5	CT/JDG20-WC,CE	0.5	L3	照明		N3		
QR−C16/2P/30mA　QAC−16A/1P	B1(d1,t1,a2)−WDZA−YJY−	2×2.5+E2.5	CT/JDG20-WC,CE	0.5	L1	照明		N4		
QR−C16/2P/30mA　QAC−16A/1P	B1(d1,t1,a2)−WDZA−YJY−	2×2.5+E2.5	CT/JDG20-WC,CE	0.5	L2	照明		N5		
QR−C16/2P/30mA　QAC−16A/1P	B1(d1,t1,a2)−WDZA−YJY−	2×2.5+E2.5	CT/JDG20-WC,CE	0.5	L3	备用		N6		
QA−C16/1P　QAC−16A/1P					L1	备用		N7		
QA−C16/1P　QAC−16A/1P					L2	备用		N8		
QR−C16/2P/30mA QAC−16A/1P					L3	备用		N9		
SPD后备保护装置 SPD2(根据项目设计选型)										

图 6.5-20　系统图 03

4. 照明系统图 04

选择使用方法：照明配电箱，照明配电回路设置智能照明控制模块（图 6.5-21）。

建筑类型	办公建筑	商业建筑	酒店建筑	金融建筑	体育建筑	学校建筑	宿舍建筑	住宅建筑
是否适用	✓	✓	✓	✓	✓	✓	✓	✓

支路开关型号及规格	线缆类型	线缆规格	线缆敷设	容量 (kW)	相序	设备名称	设备标号	回路编号	备注	控制要求
QA–C16/1P QAC–16A/1P	B1(d1,t1,a2)–WDZA–YJY–	2×2.5+E2.5	CT/JDG20-WC,CE	0.5	L1	照明		N1		
QA–C16/1P QAC–16A/1P	B1(d1,t1,a2)–WDZA–YJY–	2×2.5+E2.5	CT/JDG20-WC,CE	0.5	L2	照明		N2		
QA–C16/1P QAC–16A/1P	B1(d1,t1,a2)–WDZA–YJY–	2×2.5+E2.5	CT/JDG20-WC,CE	0.5	L3	照明		N3		
QR–C16/2P/30mA QAC–16A/1P	B1(d1,t1,a2)–WDZA–YJY–	2×2.5+E2.5	CT/JDG20-WC,CE	0.5	L1	照明		N4		
QR–C16/2P/30mA QAC–16A/1P	B1(d1,t1,a2)–WDZA–YJY–	2×2.5+E2.5	CT/JDG20-WC,CE	0.5	L2	照明		N5		
QR–C16/2P/30mA QAC–16A/1P	B1(d1,t1,a2)–WDZA–YJY–	2×2.5+E2.5	CT/JDG20-WC,CE	0.5	L3	备用		N6		
QA–C16/1P QAC–16A/1P					L1	备用		N7		
QA–C16/1P QAC–16A/1P					L2	备用		N8		
QR–C16/2P/30mA QAC–16A/1P					L3	备用		N9		
SPD后备保护装置 SPD2(根据项目设计选型)										

图 6.5-21　系统图 04

5. 照明系统图 05

选择使用方法：不带 RCU 的客房配电箱（图 6.5-22）。

建筑类型	办公建筑	商业建筑	酒店建筑	金融建筑	体育建筑	学校建筑	宿舍建筑	住宅建筑
是否适用	√	√	√	√	√	√	√	√

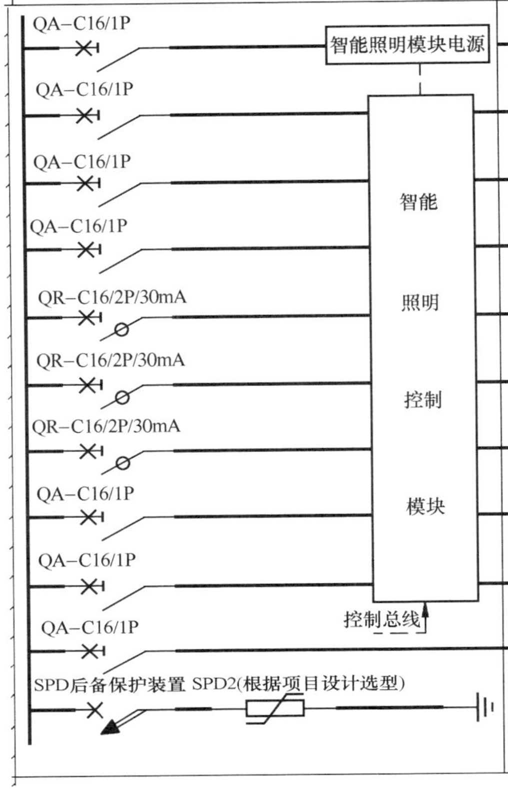

支路开关型号及规格	线缆类型	线缆规格	线缆敷设	容量(kW)	相序	设备名称	设备标号	回路编号	备注	控制要求
QA-C16/1P				0.1	L1	智能照明模块电源				
QA-C16/1P	B1(d1,t1,a2)-WDZA-YJY-	2×2.5+E2.5	CT/JDG20-WC,CE	0.5	L1	照明		N1		
QA-C16/1P	B1(d1,t1,a2)-WDZA-YJY-	2×2.5+E2.5	CT/JDG20-WC,CE	0.5	L2	照明		N2		
QA-C16/1P	B1(d1,t1,a2)-WDZA-YJY-	2×2.5+E2.5	CT/JDG20-WC,CE	0.5	L3	照明		N3		
QR-C16/2P/30mA	B1(d1,t1,a2)-WDZA-YJY-	2×2.5+E2.5	CT/JDG20-WC,CE	0.5	L1	照明		N4		
QR-C16/2P/30mA	B1(d1,t1,a2)-WDZA-YJY-	2×2.5+E2.5	CT/JDG20-WC,CE	0.5	L2	照明		N5		
QR-C16/2P/30mA	B1(d1,t1,a2)-WDZA-YJY-	2×2.5+E2.5	CT/JDG20-WC,CE	0.5	L3	备用		N6		
QA-C16/1P					L1	备用		N7		
QA-C16/1P					L2	备用		N8		
QA-C16/1P					L3	备用		N9		
SPD后备保护装置 SPD2(根据项目设计选型)										

图 6.5-22　系统图 05

6. 照明系统图 06

选择使用方法：以带 RCU 的客房配电箱（图 6.5-23）。

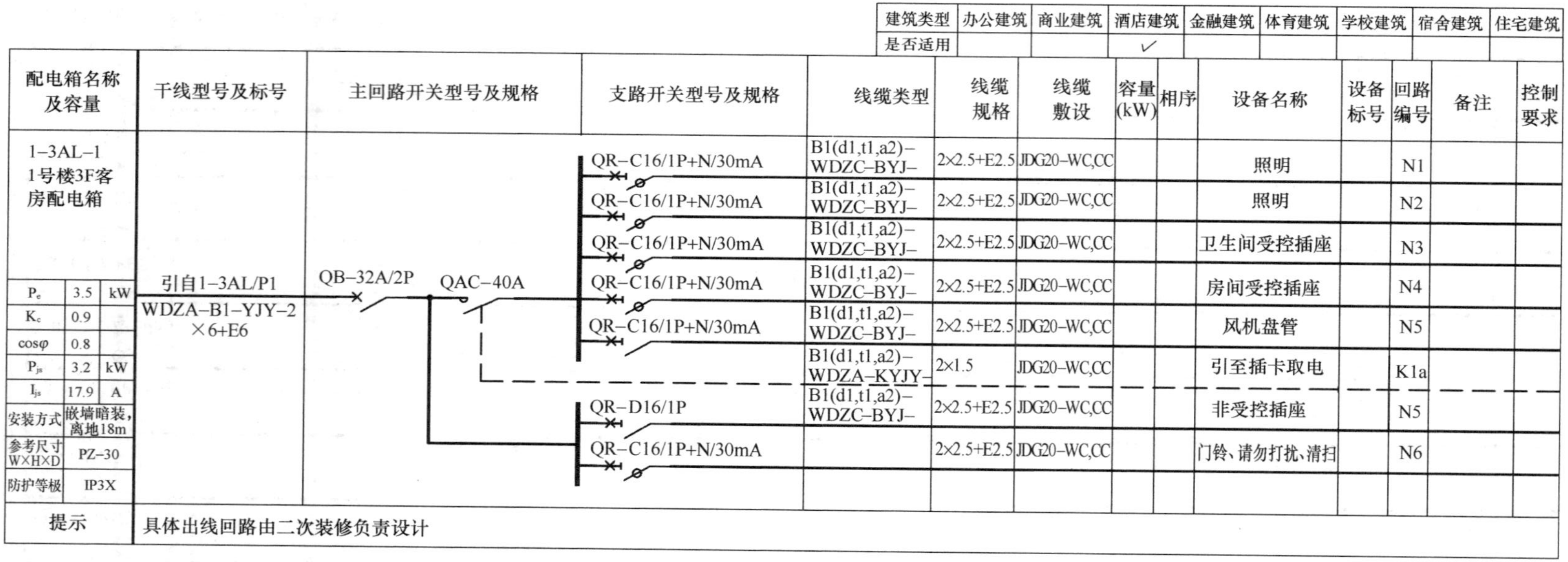
建筑类型
办公建筑
商业建筑
酒店建筑
金融建筑
体育建筑
学校建筑
宿舍建筑
住宅建筑
是否适用
✓
配电箱名称及容量
干线型号及标号
主回路开关型号及规格
支路开关型号及规格
线缆类型
线缆规格
线缆敷设
容量(kW)
相序
设备名称
设备标号
回路编号
备注
控制要求
1-3AL-1
1号楼3F客房配电箱
Pe 3.5 kW
Kc 0.9
cosφ 0.8
Pjs 3.2 kW
Ijs 17.9 A
安装方式 嵌墙暗装，离地1.8m
参考尺寸W×H×D PZ-30
防护等级 IP3X
引自1-3AL/P1
WDZA-B1-YJY-2×6+E6
QB-32A/2P
QAC-40A
QR-C16/1P+N/30mA
B1(d1,t1,a2)-WDZC-BYJ-
2×2.5+E2.5
JDG20-WC,CC
照明
N1
QR-C16/1P+N/30mA
B1(d1,t1,a2)-WDZC-BYJ-
2×2.5+E2.5
JDG20-WC,CC
照明
N2
QR-C16/1P+N/30mA
B1(d1,t1,a2)-WDZC-BYJ-
2×2.5+E2.5
JDG20-WC,CC
卫生间受控插座
N3
QR-C16/1P+N/30mA
B1(d1,t1,a2)-WDZC-BYJ-
2×2.5+E2.5
JDG20-WC,CC
房间受控插座
N4
QR-C16/1P+N/30mA
B1(d1,t1,a2)-WDZC-BYJ-
2×2.5+E2.5
JDG20-WC,CC
风机盘管
N5
B1(d1,t1,a2)-WDZA-KYJY-
2×1.5
JDG20-WC,CC
引至插卡取电
K1a
QR-D16/1P
B1(d1,t1,a2)-WDZC-BYJ-
2×2.5+E2.5
JDG20-WC,CC
非受控插座
N5
QR-C16/1P+N/30mA
2×2.5+E2.5
JDG20-WC,CC
门铃、请勿打扰、清扫
N6
提示
具体出线回路由二次装修负责设计

图 6.5-23　系统图 06

6.5.4 应急照明系统图

1. 应急照明系统图 01

选择使用方法：应急照明 A/B 总配电箱（图 6.5-24）。

建筑类型	办公建筑	商业建筑	酒店建筑	金融建筑	体育建筑	学校建筑	宿舍建筑	住宅建筑
是否适用	✓	✓	✓	✓	✓	✓	✓	✓

支路开关型号及规格	线缆类型	线缆规格	线缆敷设	容量 (kW)	相序	设备名称	设备标号	回路编号	备注	控制要求
QA−MA25/3P	B1(d1,t1,a2)−RTXMY−	4×6+E6	CT	3.0	L1L2L3	应急照明配电箱	B1ALE1	EP1		
QA−MA25/3P	B1(d1,t1,a2)−RTXMY−	4×6+E6	CT	3.0	L1L2L3	应急照明配电箱	B1ALE2	EP2		
QA−MA25/3P	B1(d1,t1,a2)−RTXMY−	4×6+E6	CT	3.0	L1L2L3	应急照明配电箱	B1ALE3	EP3		
QA−MA25/3P	B1(d1,t1,a2)−RTXMY−	4×6+E6	CT	3.0	L1L2L3	应急照明配电箱	B1ALE4	EP4		
QA−MA25/3P	B1(d1,t1,a2)−RTXMY−	4×6+E6	CT	3.0	L1L2L3	应急照明配电箱	B1ALE5	EP5		
QA−MA25/3P	B1(d1,t1,a2)−RTXMY−	4×6+E6	CT	3.0	L1L2L3	应急照明配电箱	B1ALE6	EP6		
QA−MA25/3P					L1L2L3	备用		EP7		
SPD后备保护装置 SPD2(根据项目设计选型)										

图 6.5-24　系统图 01

2. 应急照明系统图 02

选择使用方法：各楼层或防火分区的应急照明配电箱（图 6.5-25）。

建筑类型	办公建筑	商业建筑	酒店建筑	金融建筑	体育建筑	学校建筑	宿舍建筑	住宅建筑
是否适用	✓	✓	✓	✓	✓	✓	✓	✓

支路开关型号及规格	线缆类型	线缆规格	线缆敷设	容量(kW)	相序	设备名称	设备标号	回路编号	备注	控制要求
QA–C10/1P	B1(d1,t1,a2)–WDZCN–BYJ–	2×2.5+E2.5	JDG20–WC,CE	0.2	L1	强弱电间照明		EN1		
QA–C10/1P	B1(d1,t1,a2)–WDZAN–YJY–	2×2.5+E2.5	CT/JDG20–WC,CE	0.2	L2	消防机房照明		EN2		
QA–C10/1P	B1(d1,t1,a2)–WDZAN–YJY–	2×2.5+E2.5	CT/JDG20–WC,CE	0.2	L3	消防机房照明		EN3		
QA–C10/1P					L1	备用		EN4		
QA–C16/1P					L2	备用		EN5		
QA–C16/1P					L3	备用		EN6		
QA–C16/1P	B1(d1,t1,a2)–WDZAN–YJY–	2×2.5+E2.5	CT/JDG20–WC,CE	1.0	L3	备用	2–1ALEA1	EP1		
SPD后备保护装置 SPD3(根据项目设计选型)										

图 6.5-25　系统图 02

6.5.5 空调系统图

1. 空调系统图 01

选择使用方法：楼层空调电力配电箱（图 6.5-26）。

建筑类型	办公建筑	商业建筑	酒店建筑	金融建筑	体育建筑	学校建筑	宿舍建筑	住宅建筑
是否适用	✓	✓	✓	✓	✓	✓	✓	✓

支路开关型号及规格	线缆类型	线缆规格	线缆敷设	容量(kW)	相序	设备名称	设备标号	回路编号	备注	控制要求
QA-D16/1P	B1(d1,t1,a2)-WDZA-YJY-	2×2.5+E2.5	CT/JDG20-WC	1.0	L1	风机盘管		N1		
QA-D16/1P	B1(d1,t1,a2)-WDZA-YJY-	2×2.5+E2.5	CT/JDG20-WC	1.0	L2	风机盘管		N2		
QA-D16/1P	B1(d1,t1,a2)-WDZA-YJY-	2×2.5+E2.5	CT/JDG20-WC	1.0	L3	风机盘管		N3		
QA-D16/1P	B1(d1,t1,a2)-WDZA-YJY-	2×2.5+E2.5	CT/JDG20-WC	1.0	L1	风机盘管		N4		
QA-D16/1P	B1(d1,t1,a2)-WDZA-YJY-	2×2.5+E2.5	CT/JDG20-WC	1.0	L2	风机盘管		N5		
QA-D16/1P					L3	备用		N6		
QA-TMD32/3P	B1(d1,t1,a2)-WDZA-YJY-	4×6+E6	CT/JDG32-WC,CE	24.0	L1L2L3	分配电箱	1-1AP-1	P1		
SPD后备保护装置 SPD2(根据项目设计选型)										

图 6.5-26 系统图 01

2. 空调系统图 02

选择使用方法：空调箱配电箱（柜），设置电气一体化监控模块（图 6.5-27）。

建筑类型	办公建筑	商业建筑	酒店建筑	金融建筑	体育建筑	学校建筑	宿舍建筑	住宅建筑
是否适用	✓	✓	✓	✓	✓	✓	✓	✓

支路开关型号及规格	线缆类型	线缆规格	线缆敷设	容量(kW)	相序	设备名称	设备标号	回路编号	备注	控制要求
XTIS160–TMD32/3P	B1(d1,t1,a2)–WDZA–YJY–	4×6+E6	CT/SC25–CE	5.5	L1L2L3	AC–AHU–5–1 变频控制柜 (设备自带)	空调箱 AHU–5–1	P1		
S201–C16/1P 4S电气一体化监控模块	智能监控终端 -单元控制器控制线				L1	至控制设备或设备控制箱			要求设于设备自带的变频控制柜内	由设计确定
XTIS160–TMD40/3P	B1(d1,t1,a2)–WDZA–YJY–	4×10+E10	CT/SC32–CE	11.0	L1L2L3	AC–AHU–5–2 变频控制柜 (设备自带)	空调箱 AHU–5–2	P2		
S201–C16/1P 4S电气一体化监控模块	智能监控终端 -单元控制器控制线				L2	至控制设备或设备控制箱			要求设于设备自带的变频控制柜内	由设计确定
XTIS160–TMD40/3P	B1(d1,t1,a2)–WDZA–YJY–	4×10+E10	CT/SC32–CE	11.0	L1L2L3	AC–AHU–5–3 变频控制柜 (设备自带)	空调箱 AHU–5–3	P3		
S201–C16/1P 4S电气一体化监控模块	智能监控终端 -单元控制器控制线				L3	至控制设备或设备控制箱			要求设于设备自带的变频控制柜内	由设计确定
S201–C16/1P					L1	备 用		P4		
SPD后备保护装置 SPD2(根据项目设计选型)										

图 6.5-27 系统图 02

3. 空调系统图 03

选择使用方法：空调箱配电箱（柜），设置变频器（图 6.5-28）。

建筑类型	办公建筑	商业建筑	酒店建筑	金融建筑	体育建筑	学校建筑	宿舍建筑	住宅建筑
是否适用	✓	✓	✓	✓	✓	✓	✓	✓

支路开关型号及规格	线缆类型	线缆规格	线缆敷设	容量(kW)	相序	设备名称	设备标号	回路编号	备注	控制要求
QA-C10/1P	B1(d1,t1,a2)-WDZC-BYJ-	2×2.5+E2.5			L1	柜内散热风扇		NO		
QA-TMD20/3P　TA（变频器由设计定）	B1(d1,t1,a2)-WDZA-YJY-	3×4+E4	CT/SC25-WC,CE	5.5	L1L2L3	变频空调箱	AHU	N1		由设计确定
QA-C16/1P	B1(d1,t1,a2)-WDZC-BYJ-	2×2.5+E2.5	CT/SC25-WC,CE	0.1	L2	散热风扇		N2		
QA-C16/1P					L3	备用		N3		
QA-D16/3P					L1L2L3	备用		N4		
SPD后备保护装置　SPD2(根据项目设计选型)										

图 6.5-28　系统图 03

6.5.6 动力系统图

1. 动力系统图 01

选择使用方法：消防电梯配电箱（图 6.5-29）。

建筑类型	办公建筑	商业建筑	酒店建筑	金融建筑	体育建筑	学校建筑	宿舍建筑	住宅建筑
是否适用	✓	✓	✓	✓	✓	✓	✓	✓

支路开关型号及规格	线缆类型	线缆规格	线缆敷设	容量(kW)	相序	设备名称	设备标号	回路编号	备注	控制要求
QA–MA63/3P	B1(d1,t1,a2)–WDZAN–YJY–	4×16+E16	CT/SC50–WE,CE	20.0	L1L2L3	电梯控制箱	/	P1		
QR–C16/2P/30mA	B1(d1,t1,a2)–WDZCN–BYJ–	2×2.5+E2.5	SC20–WC		L1	井道照明		N1		
QR–C16/2P/30mA	B1(d1,t1,a2)–WDZCN–BYJ–	2×2.5+E2.5	SC20–WC		L2	井道插座		C1		
QR–C16/2P/30mA	B1(d1,t1,a2)–WDZCN–BYJ–	2×2.5+E2.5	SC20–WC		L3	轿厢照明		J1		
QA–C16/1P	B1(d1,t1,a2)–WDZCN–BYJ–	2×2.5+E2.5	SC20–WC.CC	0.1	L3	电梯机房照明		N2		
QR–C16/2P/30mA	B1(d1,t1,a2)–WDZCN–BYJ–	2×2.5+E2.5	SC20–WC.FC	0.5	L1	电梯机房插座		C2		
QR–C16/2P/30mA	B1(d1,t1,a2)–WDZCN–BYJ–	2×2.5+E2.5	SC20–WC.FC	2.0	L2	电梯机房空调插座		C3		
QR–C16/2P/30mA					L3	备用		N3		
QA–C16/3P					L1L2L3	备用		N4		
SPD后备保护装置 SPD2(根据项目设计选型)										

图 6.5-29 系统图 01

2. 动力系统图 02

选择使用方法：消防动力 A/B 配电箱（图 6.5-30）。

建筑类型	办公建筑	商业建筑	酒店建筑	金融建筑	体育建筑	学校建筑	宿舍建筑	住宅建筑
是否适用	√	√	√	√	√	√	√	√

支路开关型号及规格	线缆类型	线缆规格	线缆敷设	容量(kW)	相序	设备名称	设备标号	回路编号	备注	控制要求
QA−MA50/3P	B1(d1,t1,a2)−RTXMY−	4×16+E16	CT	18.5	L1L2L3	消防动力配电箱	1−4APE1−1	P1		
QA−MA50/3P	B1(d1,t1,a2)−RTXMY−	4×16+E16	CT	18.5	L1L2L3	消防动力配电箱	1−4APE1−2	P2		
QA−MA50/3P	B1(d1,t1,a2)−RTXMY−	4×16+E16	CT	18.5	L1L2L3	消防动力配电箱	1−4APE1−3	P3		
QA−MA125/3P	B1(d1,t1,a2)−RTXMY−	4×50+E25	CT	44.0	L1L2L3	消防动力配电箱	1−4APE1−4	P4		
QA−MA32/3P					L1L2L3	备用		P5		
QA−MA80/3P					L1L2L3	备用		P6		
SPD后备保护装置 SPD2(根据项目设计选型)										

图 6.5-30　系统图 02

3. 动力系统图 03

选择使用方法：消防风机配电箱，消防风机采用直接启动方式（图 6.5-31）。

控制方案选择：SEF-1 或 SEF-2，根据设计需求确定。

建筑类型	办公建筑	商业建筑	酒店建筑	金融建筑	体育建筑	学校建筑	宿舍建筑	住宅建筑
是否适用	✓	✓	✓	✓	✓	✓	✓	✓

支路开关型号及规格	线缆类型	线缆规格	线缆敷设	容量(kW)	相序	设备名称	设备标号	回路编号	备注	控制要求
CPS-45C/M45/06MF	B1(d1,t1,a2)-RTXMY-	3×16+E16	CT/SC40-CE	18.5	L1L2L3	排烟风机	SEF-2-R-1	EP1		由设计确定
CPS-45C/M45/06MF	B1(d1,t1,a2)-RTXMY-	3×16+E16	CT/SC40-CE	18.5	L1L2L3	排烟风机	SEF-2-R-2	EP2		由设计确定
SPD后备保护装置 SPD3(根据项目设计选型)										

图 6.5-31　系统图 03

4. 动力系统图 04

选择使用方法：消防风机配电箱，风机采用 CPS 保护开关，风机采用直接启动方式，带余压监控模块（图 6.5-32）。

控制方案选择：SPF-1 、SPF-2，根据设计需求确定。

建筑类型	办公建筑	商业建筑	酒店建筑	金融建筑	体育建筑	学校建筑	宿舍建筑	住宅建筑
是否适用	√	√	√	√	√	√	√	√

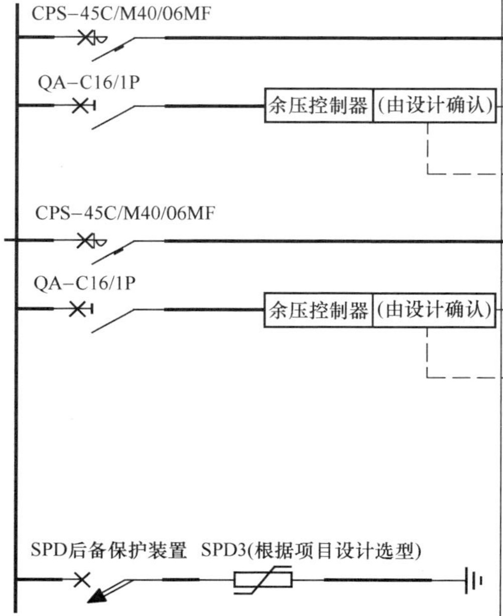

支路开关型号及规格	线缆类型	线缆规格	线缆敷设	容量(kW)	相序	设备名称	设备标号	回路编号	备注	控制要求
CPS-45C/M40/06MF	B1(d1,t1,a2)-RTXMY-	3×10+E10	CT/SC40-CE	15.0	L1L2L3	消防风机	SPF-R-1	EP1		由设计确定
QA-C16/1P 余压控制器 (由设计确认)	B1(d1,t1,a2)-WDZAN-KYJY-	7×1.5	SC25-CE.WC			余压探测器(由设计确认)				
	B1(d1,t1,a2)-WDZCN-RYJS-	2×1.5	SC20-CE.WC			风阀执行器(由设计确认)				
CPS-45C/M40/06MF	B1(d1,t1,a2)-RTXMY-	3×10+E10	CT/SC40-CE	15.0	L1L2L3	消防风机	VPF-R-1	EP2		由设计确定
QA-C16/1P 余压控制器 (由设计确认)	B1(d1,t1,a2)-WDZAN-KYJY-	7×1.5	SC25-CE.WC			余压探测器(由设计确认)				
	B1(d1,t1,a2)-WDZCN-RYJS-	2×1.5	SC20-CE.WC			风阀执行器(由设计确认)				
SPD后备保护装置 SPD3(根据项目设计选型)										

图 6.5-32　系统图 04

5. 动力系统图 05

选择使用方法：消防风机配电箱，风机配电回路采用断路器＋接触器＋热继电器；消防风机采用直接启动方式，带余压监控模块（图 6.5-33）。

控制方案选择：SPF-1 、SPF-2，根据设计需求确定。

建筑类型	办公建筑	商业建筑	酒店建筑	金融建筑	体育建筑	学校建筑	宿舍建筑	住宅建筑
是否适用	✓	✓	✓	✓	✓	✓	✓	✓

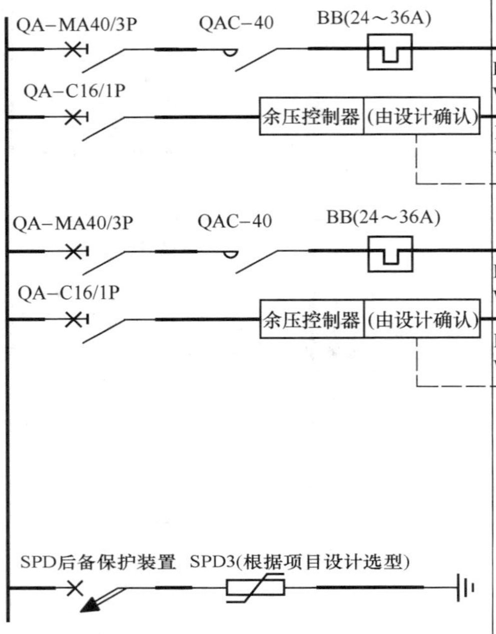

支路开关型号及规格	线缆类型	线缆规格	线缆敷设	容量(kW)	相序	设备名称	设备标号	回路编号	备注	控制要求
QA–MA40/3P QAC–40 BB(24～36A)	B1(d1,t1,a2)–RTXMY–	3×10+E10	CT/SC40–CE	15.0	L1L2L3	消防风机	SPF–R–4	EP1		由设计确定
QA–C16/1P 余压控制器(由设计确认)	B1(d1,t1,a2)–WDZAN–KYJY–	7×1.5	SC25–CE.WC			余压探测器(由设计确认)				
	B1(d1,t1,a2)–WDZCN–RYJS–	2×1.5	SC20–CE.WC			风阀执行器(由设计确认)				
QA–MA40/3P QAC–40 BB(24～36A)	B1(d1,t1,a2)–RTXMY–	3×10+E10	CT/SC40–CE	15.0	L1L2L3	消防风机	VPF–R–4	EP2		由设计确定
QA–C16/1P 余压控制器(由设计确认)	B1(d1,t1,a2)–WDZAN–KYJY–	7×1.5	SC25–CE.WC			余压探测器(由设计确认)				
	B1(d1,t1,a2)–WDZCN–RYJS–	2×1.5	SC20–CE.WC			风阀执行器(由设计确认)				
SPD后备保护装置 SPD3(根据项目设计选型)										

图 6.5-33　系统图 05

6. 动力系统图 06

选择使用方法：双速消防风机（图 6.5-34）。

控制方案选择：（S）EF-1D 或（S）EF-2D，根据设计需求确定。

建筑类型	办公建筑	商业建筑	酒店建筑	金融建筑	体育建筑	学校建筑	宿舍建筑	住宅建筑
是否适用	✓	✓	✓	✓	✓	✓	✓	✓

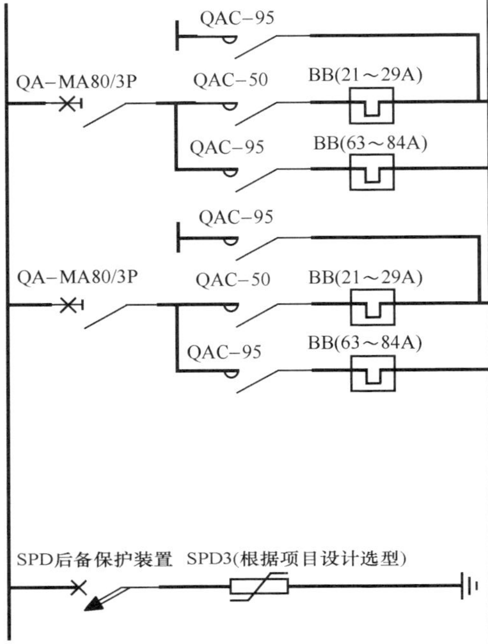

支路开关型号及规格	线缆类型	线缆规格	线缆敷设	容量(kW)	相序	设备名称	设备标号	回路编号	备注	控制要求
	B1(d1,t1,a2)−RTXMY−	3×6+E16	CT/SC32−CE	11.0	L1L2L3	双速风机	E/SEF−BE−01	EP1	低速	由设计确定
	B1(d1,t1,a2)−RTXMY−	3×35+E16	CT/SC65−CE	37.0	L1L2L3	双速风机	E/SEF−BF−01	EP1′	高速	由设计确定
	B1(d1,t1,a2)−RTXMY−	3×6+E16	CT/SC32−CE	11.0	L1L2L3	双速风机	E/SEF−BF−01	EP1	低速	由设计确定
	B1(d1,t1,a2)−RTXMY−	3×35+E16	CT/SC65−CE	37.0	L1L2L3	双速风机	E/SEF−BF−01	EP1′	高速	由设计确定

图 6.5-34　系统图 06

7. 动力系统图 07

选择使用方法：消防水泵房配电箱，消防水泵采用星三角启动方式（图 6.5-35）。

控制方案选择：FHB、FSB、FRB，根据设计需求确定。

建筑类型	办公建筑	商业建筑	酒店建筑	金融建筑	体育建筑	学校建筑	宿舍建筑	住宅建筑
是否适用	✓	✓	✓	✓	✓	✓	✓	✓

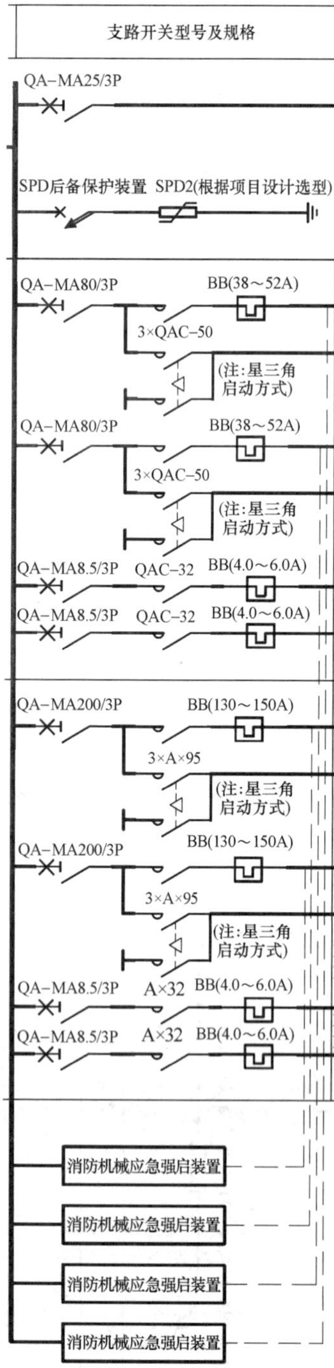

线缆类型	线缆规格	线缆敷设	容量(kW)	相序	设备名称	设备标号	回路编号	备注	控制要求
RTXMY	4×6+E6	CT/SC32-CE	5.5	L1L2L3	消防泵房潜水泵控制箱	QSB	EP1		
B1(d1,t1,a2)-RTXMY-	3×16+E16	CT	37.0	L1L2L3	1号喷淋泵	FSB1	EP2	常用	由设计确定
B1(d1,t1,a2)-RTXMY-	3×16	CT		L1L2L3					
B1(d1,t1,a2)-RTXMY-	3×16+E16	CT	37.0	L1L2L3	2号喷淋泵	FSB2	EP3	备用	由设计确定
B1(d1,t1,a2)-RTXMY-	3×16	CT		L1L2L3					
B1(d1,t1,a2)-RTXMY-	3×2.5+E2.5	CT	2.2	L1L2L3	1号喷淋稳压泵	FSFRB1	EP4	常用	由设计确定
B1(d1,t1,a2)-RTXMY-	3×2.5	CT	2.2	L1L2L3	2号喷淋稳压泵	FSFRB2	EP5	备用	
RTXMY	3×35+E35	CT	75.0	L1L2L3	1号消火栓泵	FHB1	EP6	常用	由设计确定
RTXMY	3×35	CT		L1L2L3					
B1(d1,t1,a2)-RTXMY-	3×35+E35	CT	75.0	L1L2L3	2号消火栓泵	FHB2	EP7	备用	由设计确定
B1(d1,t1,a2)-RTXMY-	3×35	CT		L1L2L3					
B1(d1,t1,a2)-RTXMY-	3×2.5+E2.5	CT	3.0	L1L2L3	1号消火栓稳压泵	FHFRB1	EP8	常用	由设计确定
B1(d1,t1,a2)-RTXMY-	3×2.5	CT	3.0	L1L2L3	2号消火栓稳压泵	FHFRB2	EP9	备用	由设计确定

图 6.5-35 系统图 07

8. 动力系统图 08

选择使用方法：普通电梯配电箱（图 6.5-36）。

建筑类型	办公建筑	商业建筑	酒店建筑	金融建筑	体育建筑	学校建筑	宿舍建筑	住宅建筑
是否适用	✓	✓	✓	✓	✓	✓	✓	✓

支路开关型号及规格	线缆类型	线缆规格	线缆敷设	容量(kW)	相序	设备名称	设备标号	回路编号	备注	控制要求
QA-TMD63/3P	B1(d1,t1,a2)-WDZA-YJY-	4×16+E16	CT/SC50-WE,CE	20.0	L1L2L3	电梯控制箱		P1		
QR-C16/2P/30mA	B1(d1,t1,a2)-WDZC-BYJ-	2×2.5+E2.5	SC20-FC.WE		L1	井道照明		N1		
QR-C16/2P/30mA	B1(d1,t1,a2)-WDZC-BYJ-	2×2.5+E2.5	SC20-FC.WE		L2	井道插座		C1		
QR-C16/2P/30mA	B1(d1,t1,a2)-WDZC-BYJ-	2×2.5+E2.5	SC20-FC.WE		L3	轿厢照明		J1		
QR-C16/2P/30mA	B1(d1,t1,a2)-WDZC-BYJ-	2×2.5+E2.5	SC20-FC.WE		L1	轿厢空调		K1		
QA-C16/1P	B1(d1,t1,a2)-WDZC-BYJ-	2×2.5+E2.5	SC20-FC.WE	0.1	L3	电梯机房照明		N2		
QR-C16/2P/30mA	B1(d1,t1,a2)-WDZC-BYJ-	2×2.5+E2.5	SC20-FC.WE	0.5	L1	电梯机房插座		C2		
QR-C16/2P/30mA	B1(d1,t1,a2)-WDZC-BYJ-	2×2.5+E2.5	SC20-FC.WE	2.0	L2	电梯机房 空调插座		C3		
QR-C16/2P/30mA					L3	备用		N3		
QA-C16/3P					L1L2L3	备用		N4		
SPD后备保护装置 SPD2(根据项目设计选型)										

图 6.5-36　系统图 08

9. 动力系统图 09

选择使用方法：动力配电箱出线，风机配电回路采用断路器＋接触器＋热继电器；设置电气一体化监控模块（图 6.3-37）。

控制方案选择：EF-1，根据设计需求确定。

建筑类型	办公建筑	商业建筑	酒店建筑	金融建筑	体育建筑	学校建筑	宿舍建筑	住宅建筑
是否适用	✓	✓	✓	✓	✓	✓	✓	✓

支路开关型号及规格	线缆类型	线缆规格	线缆敷设	容量(kW)	相序	设备名称	设备标号	回路编号	备注	控制要求
QA−C10/1P	B1(d1,t1,a2)−WDZC−BYJ−	2×2.5+E2.5			L1	柜内散热风扇		N0		
QA−320/3P/100mA　QAC−265A　BB(167～250A)	B1(d1,t1,a2)−WDZA−YJY−	3×150+E70	CT	110.0	L1L2L3	冷却水泵1	CTP−B1−01	CTP1−N1	常用	由设计确定
TA (变频器选型)　QAC−265A	B1(d1,t1,a2)−WDZA−KYJY−	8×1.5	CT/SC32−CE					CTP1−K1	引至对应水泵的现场检修控制按钮盒	
QA−C16/1P					L1	备用		N2		
QA−C16/1P					L2	备用		N3		
SPD后备保护装置　SPD2(根据项目设计选型)										

图 6.5-37　系统图 09

10. 动力系统图 10

选择使用方法：动力配电箱出线，配电回路设置变频器和旁路的却水泵、冷冻水泵、热水泵等（图 6.5-38）。

控制方案选择：CTP-1，根据设计需求确定。

建筑类型	办公建筑	商业建筑	酒店建筑	金融建筑	体育建筑	学校建筑	宿舍建筑	住宅建筑
是否适用	√	√	√	√	√	√	√	√

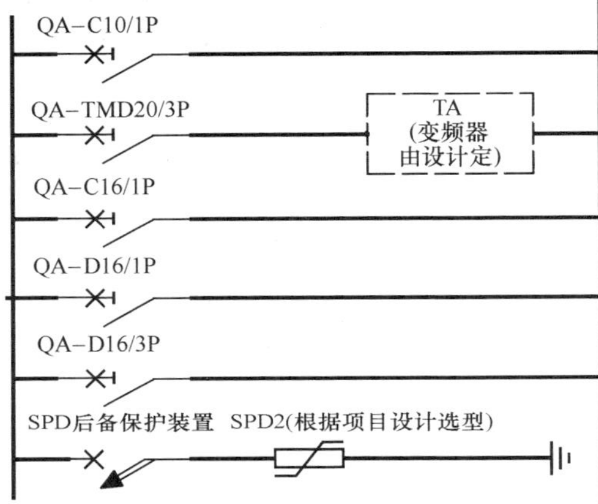

支路开关型号及规格	线缆类型	线缆规格	线缆敷设	容量(kW)	相序	设备名称	设备标号	回路编号	备注	控制要求
QA-C10/1P	B1(d1,t1,a2)-WDZC-BYJ-	2×2.5+E2.5			L1	柜内散热风扇		N0		
QA-TMD20/3P；TA（变频器由设计计定）	B1(d1,t1,a2)-WDZA-YJY-	3×4+E4	CT/SC25-WC,CE	5.5	L1L2L3	排风机	EF-1-1-1	N1	常用	由设计确定
QA-C16/1P					L2	备用		N2		
QA-D16/1P					L3	备用		N3		
QA-D16/3P					L1L2L3	备用		N4		
SPD后备保护装置 SPD2(根据项目设计选型)										

图 6.5-38　系统图 10

11. 动力系统图 11

选择使用方法：电力配电箱出线，风机配电出线带变频器（图 6.5-39）。

控制方案选择：EF-V，根据设计需求确定。

建筑类型	办公建筑	商业建筑	酒店建筑	金融建筑	体育建筑	学校建筑	宿舍建筑	住宅建筑
是否适用	√	√	√	√	√	√	√	√

支路开关型号及规格	线缆类型	线缆规格	线缆敷设	容量(kW)	相序	设备名称	设备标号	回路编号	备注	控制要求
QA–C10/1P	B1(d1,t1,a2)–WDZC–BYJ–	3×2.5+E2.5			L1	柜内散热风扇		N0		
QA–TMD20/3P　TA (变频器由设计定)	B1(d1,t1,a2)–WDZA–YJY–	3×4+E4	CT/SC25–WC,CE	5.5	L1L2L3	变频空调箱	AHU	N1		由设计确定
QA–C16/1P	B1(d1,t1,a2)–WDZC–BYJ–	2×2.5+E2.5	CT/SC25–WC,CE	0.1	L2	散热风扇		N2		
QA–D16/1P					L3	备用		N3		
QA–D16/3P					L1L2L3	备用		N4		
SPD后备保护装置　SPD2(根据项目设计选型)										

图 6.5-39　系统图 11

6.5.7 配电箱（柜）SPD 配置表

配电箱（柜）SPD 配置表 **表 6.5.7**

电源情况：电压等级 380/220V（由地下室 10kV 用户站供电）			接地形式：TN-S					
SPD 级别	波形	I_n/I_{imp}	U_p	U_c	安装位置	连接线（相线/接地线）	SPD 参考型号	SCB 参考型号
SPD-Ⅰ（电源引入处）第一级浪涌保护器	10/350μs	$I_{imp} \leqslant 20kA$	≤2.5kV	385V	进线处	≥16/≥25	由设计确定	由设计确定
SPD-Ⅰ′ 第一级浪涌保护器	8/20μs	$I_n \leqslant 80kA$	≤2.0kV	385V	室外非进线	≥15/≥25	由设计确定	由设计确定
SPD-Ⅱ 第二级浪涌保护器	8/20μs	$I_n \leqslant 40kA$	≤2.0kV	385V	楼层箱	≥10/≥16	由设计确定	由设计确定
SPD-Ⅱ′ 第二级浪涌保护器	8/20μs	$I_n \leqslant 40kA$	≤1.5kV	275V	弱电、控制室、电梯配电箱等	≥10/≥16	由设计确定	由设计确定
SPD-Ⅲ 第三级液浪保护器	8/20μs	$I_n \leqslant 20kA$	≤1.8kV	385V	入室配电箱，终端配电箱	≥6/≥10	由设计确定	由设计确定
SPD-Ⅲ′ 第三级浪涌保护器	8/20μs	$I_n \leqslant 15kA$	≤1.5kV	385V	弱电、控制室终端配电箱等	≥6/≥10	由设计确定	由设计确定
U_c：持续工作电压 U_p：电压保护水平；n 标称放电电流		L-PE $U_c \geqslant 275V$ L-V $U_c \geqslant 275V$ N-PE $U_c \geqslant 220V$ N-PE $U_c \geqslant 220V$						

注：1. 电源情况根据设计项目的进线方式进行描述；

2. I_n（标称放电电流）、I_{imp}（冲击电流）、U_p（电压保护水平）、U_c（最大持续工作电压）由设计人员根据《建筑物电子信息系统防雷技术规范》GB 50343—2012 中的建筑物电子信息系统雷电防护等级和电源线路浪涌保护器冲击电流和标称放电电流参数推荐值进行设计；

3. SPD（浪涌保护器）和 SCB（浪涌保护器后备保护）由设计根据设备选型确定。

6.5.8 配电箱（柜）内设备、装置和元件名称及代码

电气设备常用参照代号的字母代码　　表 6.5.8

设备、装置和元件名称	代码	设备、装置和元件名称	代码
电能计量箱（柜、屏）	AM	接触器	QAC
信号箱（柜、屏）	AS	热过载继电器	BB
电源、自动切换箱（柜、屏）	AT	隔离器、隔离开关	QB
动力配电箱（柜、屏）	AP	熔断器式隔离器	QB
应急动力配电箱（柜、屏）	APE	熔断器式隔离开关	QB
控制、操作箱（柜、屏）	AC	电源转换开关	QCS
照明配电箱（柜、屏）	AL	剩余电流保护断路器	QR
应急照明配电箱（柜、屏）	ALE	变频器	TA
电度表箱（柜、屏）	AW	软启动器	QAS
断路器	QA		

注：1. 本表设备、装置和元件名称引自《建筑电气制图标准》GB/T 50786—2012；
2. 本表仅列举配电箱（柜）相关的部分电气设备常用参照代号的字母代码。

6.5.9 配电箱（柜）命名规则

本书编制的配电箱命名规则包含建筑单体编号、楼层编号、设备类型编号、防火分区编号、总箱编号、分箱编号。设计人员根据实际项目进行选用（图 6.5.9）。

配电箱（柜）命名规则

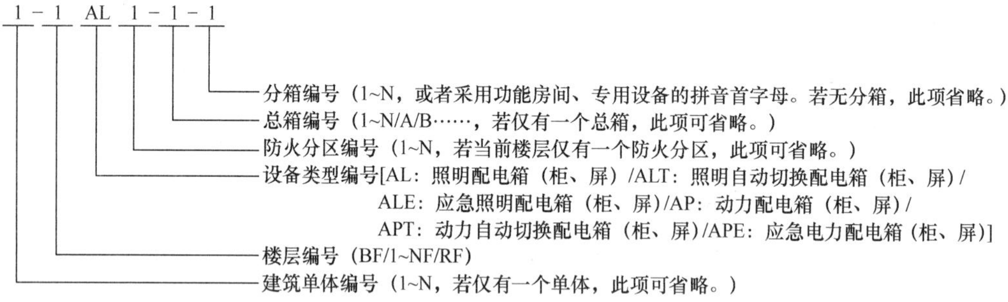

图 6.5.9 配电箱（柜）命名规则

6.5.10 配电箱（柜）控制要求

本书编制的配电箱（柜）控制要求主要内容包括：序号、设备名称、控制要求编码、控制箱方案号、控制要求、参考标准图集，以及备注。本次仅列举常规设备的配电箱（柜）控制方案，主回路采用分立元件，CPS 元件本书不作表达。控制方案和控制要求由设计人员根据实际项目情况进行选用、调整。分立元件和 CPS 元件有差异，需根据实际需求调整。

配电箱（柜）控制要求（主要二次外接线）主要内容包括：序号、设备名称、控制要求编码、控制箱方案号、主要二次外接线、参考标准图集，以及备注。主要二次外接线和控制线规格由设计人员根据实际项目情况进行选用、调整。

配电箱（柜）控制要求 **表 6.5.10-1**

序号	设备名称	控制要求编码	控制箱方案号	控制要求	参考标准图	备注
1	集水泵 （一用一备）	CWP	XKP-10-2	1. 两台水泵互为备用，自动轮换工作，工作泵故障时备用泵延时投入，水泵由水位控制，高水位启泵，低水位停泵，溢流水位及双泵故障报警，设有工作状态(手动、自动、备用)转换开关； 2. 并向 DDC 系统； 3. 就地控制； 4. 液位显示进 DDC 系统	《常用水泵控制电路图》 16D303-3 246～248 页	主回路采用分立元件
2	集水泵 （两用）	CWP	XKP-13-2	1. 两台水泵互为备用，自动轮换工作，工作泵故障时备用泵延时投入，水泵由水位控制，高水位启泵，低水位停泵，达溢流水位时两泵同时工作，溢流水位及双泵故障报警，设有工作状态(手动、自动、备用)转换开关； 2. 并向 DDC 系统； 3. 就地控制； 4. 液位显示进 DDC 系统	《常用水泵控制电路图》 16D303-3 252～254 页	主回路采用分立元件
3	消防集水泵 （一用一备）	FCWP-1	XKP-10-2	1. 两台水泵互为备用，自动轮换工作，工作泵故障时备用泵延时投入，水泵由水位控制，高水位启泵，低水位停泵，溢流水位及双泵故障报警，设有工作状态(手动、自动、备用)转换开关； 2. 并向 DDC 系统和 FA 系统报警； 3. 就地控制； 4. 液位显示进 DDC 和 FA 系统	《常用水泵控制电路图》 16D303-3 246～248 页	主回路采用分立元件
4	消防集水泵 （两用）	FCWP-2	XKP-13-2	1. 两台水泵互为备用，自动轮换工作，工作泵故障时备用泵延时投入，水泵由水位控制，高水位启泵，低水位停泵，达溢流水位时两泵同时工作，溢流水位及双泵故障报警，设有工作状态(手动、自动、备用)转换开关； 2. 并向 DDC 系统和 FA 系统报警； 3. 就地控制； 4. 液位显示进 DDC 和 FA 系统	《常用水泵控制电路图》 16D303-3 252～254 页	主回路采用分立元件

续表

序号	设备名称	控制要求编码	控制箱方案号	控制要求	参考标准图	备注
5	直接启动给水泵	GSB-D	XKG-1-2	两台水泵互为备用，工作泵故障时备用泵延时自动投入，受屋顶水箱水位控制，水源水池水位过低自动停泵，并设有工作状态（手动、自动、备用）选择开关，受 BA 系统控制	《常用水泵控制电路图》16D303-3 136～138 页	主回路采用分立元件
6	热水循环泵（一用一备）	HP-1	XKR-4-2	两台水泵互为备用，自动轮换工作，工作泵故障时备用泵延时自动投入，水泵由水温控制，水温低于要求值启泵，高于要求值停泵，受 BA 系统控制	《常用水泵控制电路图》16D303-3 203、204 页	主回路采用分立元件
7	冷冻水泵（二用一备）	CP-1	XKL-3-3	三台水泵互为备用，自动轮换工作，工作泵故障时备用泵延时自动投入，水泵由电机控制器控制或由 BA 系统集中监控	《常用水泵控制电路图》16D303-3 215～218 页	主回路采用分立元件
8	冷却水泵（二用一备）	CTP-1	XKL-3-3	三台水泵互为备用，自动轮换工作，工作泵故障时备用泵延时自动投入，水泵由电机控制器控制或由 BA 系统集中监控	《常用水泵控制电路图》16D303-3 215～218 页	主回路采用分立元件
9	消火栓泵（一用一备）	FHP	XKF-5-2	1. 两台水泵互为备用，工作泵故障时备用泵延时自动投入，水泵由压力开关或消防系统控制，水源水池水位过低报警，并设有工作状态（手动、自动、备用）选择开关，星三角降压启动。 2. 双电源供电。消防泵的备用泵回路过载、漏电仅作用于报警，消控室的手动控制盘能直接控制其启停。控制柜在平时使消防水泵处于自动启泵状态。 3. 消防水泵不应设置自动停泵的控制功能，停泵应由具有管理权限的工作人员根据火灾扑救情况确定。 4. 设置专用线路连接的手动直接启泵按钮。控制柜设置在专用的消防水泵控制室时，其防护等级不低于 IP30；与消防泵设置在同一空间时，其防护等级不低于 IP55。 5. 控制柜设置机械应急启泵功能，并保证在控制柜内的控制线缆发生故障时由有管理权限的人员在紧急时启动消防水泵。机械应急启动时，应确保消防水泵在报警后 5min 内正常工作	《常用水泵控制电路图》16D303-3 37～40 页；《火灾自动报警系统设计规范》图示 14X505-1 29 页	主回路采用分立元件

续表

序号	设备名称	控制要求编码	控制箱方案号	控制要求	参考标准图	备注
10	喷淋泵（一用一备）	FSB	XKF-5-2	1. 两台水泵互为备用，工作泵故障时备用泵延时自动投入，水泵由压力开关或消防系统控制，水源水池水位过低报警，并设有工作状态(手动、自动、备用)选择开关，星三角降压启动。 2. 双电源供电。消防泵的备用泵回路过载、漏电仅作用于报警，消控室的手动控制盘能直接控制其启停。控制柜在平时使消防水泵处于自动启泵状态。 3. 消防水泵不应设置自动停泵的控制功能，停泵应由具有管理权限的工作人员根据火灾扑救情况确定。 4. 设置专用线路连接的手动直接启泵按钮。控制柜设置在专用的消防水泵控制室时，其防护等级不低于 IP30；与消防泵设置在同一空间时，其防护等级不低于 IP55。 5. 控制柜设置机械应急启泵功能，并保证在控制柜内的控制线缆发生故障时由有管理权限的人员在紧急时启动消防水泵。机械应急启动时，应确保消防水泵在报警后 5min 内正常工作	《常用水泵控制电路图》 16D303-3 37～40 页 《火灾自动报警系统设计规范》图示 14X505-1 29 页	主回路采用分立元件
11	消防稳压泵	FRB	XKF-17-2	两台水泵互为备用，工作泵故障时备用泵延时自动投入，水泵由压力控制器及消防系统控制，并设有工作状态(手动、自动、备用)选择开关。双电源供电	《常用水泵控制电路图》 16D303-3 100～102 页	主回路采用分立元件
12	排烟风机	SEF-1	XKY(J)F-1	1. 双电源互投。 2. 过负荷保护仅作声光报警，不跳闸。 3. 转换开关手动/自动位置信号送至消防控制室；现场手动控制，消防联动提供有源触点实现自动控制，消防控制室强行控制。 4. 排烟防火阀 280℃时自动关闭和联锁关闭相应的排烟风机	《常用风机控制电路图》 16D303-2 13～14 页	主回路采用分立元件
13	排烟风机	SEF-2	XKY(J)F-2	1. 双电源互投。 2. 过负荷保护仅作声光报警，不跳闸。 3. 转换开关手动/自动位置信号送至消防控制室；两地手动控制，消防联动提供有源触点实现自动控制，消防控制室强行控制。 4. 排烟防火阀 280℃时自动关闭和联锁关闭相应的排烟风机	《常用风机控制电路图》 16D303-2 15～16 页	主回路采用分立元件；两地控制

续表

序号	设备名称	控制要求编码	控制箱方案号	控制要求	参考标准图	备注
14	消防补风机	SSF-1	XKY(J)F-1	1. 双电源互投。 2. 过负荷保护仅作声光报警，不跳闸。 3. 转换开关手动/自动位置信号送至消防控制室；现场手动控制，消防联动提供有源触点实现自动控制，消防控制室强行控制。 4. 排烟防火阀 280℃时自动关闭和联锁关闭相应的补风机	《常用风机控制电路图》16D303-2 13～14 页	主回路采用分立元件
15	消防补风机	SSF-2	XKY(J)F-2	1. 双电源互投。 2. 过负荷保护仅作声光报警，不跳闸。 3. 转换开关手动/自动位置信号送至消防控制室；两地手动控制，消防联动提供有源触点实现自动控制，消防控制室强行控制。 4. 排烟防火阀 280℃时自动关闭和联锁关闭相应的补风机	《常用风机控制电路图》16D303-2 15～16 页	主回路采用分立元件；两地控制
16	楼梯间加压送风机	SPF-1	XKY(J)F-1	1. 双电源互投。 2. 过负荷保护仅作声光报警，不跳闸。 3. 转换开关手动/自动位置信号送至消防控制室；现场手动控制，消防联动提供有源触点实现自动控制，消防控制室强行控制，防火阀与风机联动	《常用风机控制电路图》16D303-2 13～14 页	主回路采用分立元件
17	楼梯间加压送风机	SPF-2	XKY(J)F-2	1. 双电源互投。 2. 过负荷保护仅作声光报警，不跳闸。 3. 转换开关手动/自动位置信号送至消防控制室；两地手动控制，消防联动提供有源触点实现自动控制，消防控制室强行控制，防火阀与风机联动	《常用风机控制电路图》16D303-2 15～16 页	主回路采用分立元件；两地控制
18	前室加压送风机	VPF-1	XKY(J)F-1	1. 双电源互投。 2. 过负荷保护仅作声光报警，不跳闸。 3. 转换开关手动/自动位置信号送至消防控制室；现场手动控制，消防联动提供有源触点实现自动控制，消防控制室强行控制，防火阀与风机联动	《常用风机控制电路图》16D303-2 13～14 页	主回路采用分立元件

续表

序号	设备名称	控制要求编码	控制箱方案号	控制要求	参考标准图	备注
19	前室加压送风机	VPF-2	XKY(J)F-2	1. 双电源互投。 2. 过负荷保护仅作声光报警，不跳闸。 3. 转换开关手动/自动位置信号送至消防控制室；两地手动控制，消防联动提供有源触点实现自动控制，消防控制室强行控制，防火阀与风机联动	《常用风机控制电路图》16D303-2 15～16页	主回路采用分立元件；两地控制
20	消防兼平时两用单速风机	(S)EF-1	XKDF-1	1. 双电源互投； 2. 现场手动控制； 3. 平时，由DDC系统无源触点动合(自保持)控制电机启/停，过载切断主回路； 4. 火灾时消防联动模块有(无)源触点实现自动控制，消防控制室强行控制，防火阀与风机联动，过负荷保护反作声光报警，不跳闸	《常用水泵控制电路图》16D303-2 21～22页	主回路采用分立元件
21	消防兼平时两用单速风机	(S)EF-2	XKDF-2	1. 双电源互投； 2. 两地手动控制； 3. 平时，由DDC系统无源触点动合(自保持)控制电机启/停，过载切断主回路； 4. 火灾时消防联动模块有(无)源触点实现自动控制，消防控制室强行控制，防火阀与风机联动，过负荷保护反作声光报警，不跳闸	《常用水泵控制电路图》16D303-2 23～24页	主回路采用分立元件；两地控制
22	消防兼平时两用双速风机	(S)EF-1D	XKXF-1	1. 双电源互投； 2. 现场手动控制； 3. 平时，由DDC系统无源触点动合(自保持)控制低速电机启/停，过载切断主回路； 4. 火灾时消防联动模块有(无)源触点实现自动控制，消防控制室强行控制，防火阀与风机联动，过负荷保护反作声光报警，不跳闸； 5. 电机接线形式据风机选型确定	《常用水泵控制电路图》16D303-2 29～30页	主回路采用分立元件

续表

序号	设备名称	控制要求编码	控制箱方案号	控制要求	参考标准图	备注
23	消防兼平时两用双速风机	(S)EF-2D	XKXF-2	1. 双电源互投； 2. 两地手动控制； 3. 平时，由DDC系统无源触点动合(自保持)控制低速电机启/停，过载切断主回路； 4. 火灾时消防联动模块有(无)源触点实现自动控制，消防控制室强行控制，防火阀与风机联动，过负荷保护反作声光报警，不跳闸； 5. 电机接线形式据风机选型确定	《常用水泵控制电路图》16D303-2 31～32页	主回路采用分立元件；两地控制
24	送风兼消防两用进风机	(S)SF-1	XKXF-1	1. 双电源互投； 2. 现场手动控制； 3. 平时，由DDC系统无源触点动合(自保持)控制低速电机启/停，过载切断主回路； 4. 火灾时消防联动模块有(无)源触点实现自动控制，消防控制室强行控制，防火阀与风机联动，过负荷保护反作声光报警，不跳闸。消防优先	《常用水泵控制电路图》16D303-2 21～22页	主回路采用分立元件
25	送风兼消防两用进风机	(S)SF-2	XKXF-2	1. 双电源互投； 2. 两地手动控制； 3. 平时，由DDC系统无源触点动合(自保持)控制低速电机启/停，过载切断主回路； 4. 火灾时消防联动模块有(无)源触点实现自动控制，消防控制室强行控制，防火阀与风机联动，过负荷保护反作声光报警，不跳闸。消防优先	《常用水泵控制电路图》16D303-2 23～24页	主回路采用分立元件；两地控制
26	送风兼消防两用进风机	(S)SF-1D	XKXF-1	1. 双电源互投。 2. 现场手动控制。 3. 平时，由DDC系统无源触点动合(自保持)控制低速电机启/停，过载切断主回路。 4. 火灾时消防联动模块有(无)源触点实现自动控制，消防控制室强行控制，防火阀与风机联动，过负荷保护反作声光报警，不跳闸。消防优先。 5. 电机接线形式根据风机选型确定	《常用水泵控制电路图》16D303-2 29～30页	主回路采用分立元件

续表

序号	设备名称	控制要求编码	控制箱方案号	控制要求	参考标准图	备注
27	送风兼消防两用进风机	(S)SF-2D	XKXF-2	1. 双电源互投。 2. 两地手动控制。 3. 平时，由DDC系统无源触点动合(自保持)控制低速电机启/停，过载切断主回路。 4. 火灾时消防联动模块有(无)源触点实现自动控制，消防控制室强行控制，防火阀与风机联动，过负荷保护反作声光报警，不跳闸。消防优先。 5. 电机接线形式根据风机选型确定	《常用水泵控制电路图》 16D303-2 31～32页	主回路采用分立元件；两地控制
28	排风机	EF-1	XKTF-1	1. 现场手动或两地控制，主回路和控制回路采用分立元件。 2. DDC自动控制	《常用水泵控制电路图》 16D303-2 77页	分立元件
29	送风机	SF-2	XKTF-1	1. 现场手动或两地控制，主回路和控制回路采用分立元件。 2. DDC自动控制	《常用水泵控制电路图》 16D303-2 77页	分立元件
30	回风机	RF-3	XKTF-1	1. 现场手动或两地控制，主回路和控制回路采用分立元件。 2. DDC自动控制	《常用水泵控制电路图》 16D303-2 77页	分立元件
31	空调箱	AHU-1	XKTF-1	1. 现场手动或两地控制，主回路和控制回路采用分立元件。 2. DDC自动控制	《常用水泵控制电路图》 16D303-2 77页	分立元件
32	新风空调箱	FAU-1	XKTF-1	1. 现场手动或两地控制，主回路和控制回路采用分立元件。 2. DDC自动控制	《常用水泵控制电路图》 16D303-2 77页	分立元件
33	事故排风	ACEF-1	XKTF-1	1. 双电源互投。 2. 机房内外两地手动控制	《常用水泵控制电路图》 16D303-2 77页	控制部分可参考排风机
34	事故排风	ACEF-2	XKTF-1	1. 双电源互投。 2. 机房内外两地手动控制。 3. 由机房内或外的事故风机的探测器监控器联动控制	《常用水泵控制电路图》 16D303-2 77页	控制部分可参考排风机

续表

序号	设备名称	控制要求编码	控制箱方案号	控制要求	参考标准图	备注
35	事故排风	ACEF-3	XKTF-1	1. 双电源互投。 2. 机房内外两地手动控制。 3. 平时，由 DDC 系统无源触点动合(自保持)控制电机启/停，过载切断主回路	《常用水泵控制电路图》16D303-2 77 页	控制部分可参考排风机
36	事故排风	ACEF-4	XKTF-1	1. 双电源互投。 2. 机房内外两地手动控制。 3. 平时，由 DDC 系统无源触点动合(自保持)控制电机启/停，过载切断主回路； 4. 由机房内或外的事故风机的探测器监控器联动控制	《常用水泵控制电路图》16D303-2 77 页	控制部分可参考排风机
37	防火卷帘（通道）	JLM(T)		1. 双电源互投。 2. 分两步落下，由消防模块无源触点动合自动控制(自保持)。 3. 就地在门两侧设手动控制按钮。 4. 卷帘门加熔片装置。 5. 卷帘门加停电后机械手动操作装置。 6. 过负荷保护仅作声光报警，不跳闸		一般由厂家完成
38	防火卷帘（防火分区）	JLM(F)		1. 双电源互投。 2. 分一步落下，由消防模块无源触点动合自动控制(自保持)。 3. 就地在门两侧设手动控制按钮。 4. 卷帘门加熔片装置。 5. 卷帘门加停电后机械手动操作装置。 6. 过负荷保护仅作声光报警，不跳闸		一般由厂家完成
39	防火卷帘（普通）	JLM		1. 就地在门两侧设手动控制按钮。 2. 卷帘门加停电后机械手动操作装置		一般由厂家完成
40	排烟窗	SEC		1. 双电源互投。 2. 两地手动控制。 3. 平时，由 DDC 系统无源触点动合(自保持)控制电机启/停，过载切断主回路； 4. 火灾时消防联动模块有(无)源触点实现自动控制，消防控制室强行控制，过载报警		一般由厂家完成
41	照明	L-BA		BA 集中控制		

注：1. 本表控制方案引自国家建筑标准设计图集《常用风机控制电路图》16D303-2、《常用水泵控制电路图》16D303-3。

2. 本表设备控制箱方案的配电主回路均采用分立元件方案。与 CPS 元件有差异，设计需根据实际需求选择设备控制箱方案。

3. 本表中的水泵、消防风机、事故风机的控制仅列举常规要求，其他还需由设计人员根据实际项目情况和给水排水、暖通专业的提资要求进行设计。

配电箱(柜)控制要求(主要二次外接线) **表 6.5.10-2**

序号	设备名称	控制要求编码	控制箱方案号	主要二次外接线		参考标准图	备注
				名称	控制线规格		
1	集水泵 (一用一备)	CWP	XKP-10-2	引至 污水池液位器; 引至 BAS 控制系统	B1(d1,t1,a2)-WDZAN-KYJY-4×1.5-SC20-FC B1(d1,t1,a2)-WDZAN-KYJY-8×1.5-SC32-FC	《常用水泵控制电路图》 16D303-3 246～248 页	主回路采用分立元件
2	集水泵 (两用)	CWP	XKP-13-2	引至 污水池液位器; 引至 BAS 控制系统	B1(d1,t1,a2)-WDZAN-KYJY-4×1.5-SC20-FC B1(d1,t1,a2)-WDZAN-KYJY-8×1.5-SC32-FC	《常用水泵控制电路图》 16D303-3 252～254 页	主回路采用分立元件
3	消防集水泵 (一用一备)	FCWP-1	XKP-10-2	引至 污水池液位器; 引至 BAS 控制系统	B1(d1,t1,a2)-WDZAN-KYJY-4×1.5-SC20-FC B1(d1,t1,a2)-WDZAN-KYJY-8×1.5-SC32-FC	《常用水泵控制电路图》 16D303-3 246～248 页	主回路采用分立元件
4	消防集水泵 (两用)	FCWP-2	XKP-13-2	引至 污水池液位器; 引至 BAS 控制系统	B1(d1,t1,a2)-WDZAN-KYJY-4×1.5-SC20-FC B1(d1,t1,a2)-WDZAN-KYJY-8×1.5-SC32-FC	《常用水泵控制电路图》 16D303-3 252～254 页	主回路采用分立元件
5	直接启动给水泵	GSB-D	XKG-1-2	引至 水源水池液位器; 引至 屋顶水箱液位器; 引至 BAS 控制系统	B1(d1,t1,a2)-WDZAN-KYJY-2×1.5-SC20-CE B1(d1,t1,a2)-WDZAN-KYJY-3×1.5-SC20-CE B1(d1,t1,a2)-WDZAN-KYJY-8×1.5-SC32-CE	《常用水泵控制电路图》 16D303-3 136～138 页	主回路采用分立元件
6	热水循环泵 (一用一备)	HP-1	XKR-4-2	引至 电接点温度计; 引至 BAS 控制系统	B1(d1,t1,a2)-WDZAN-KYJY-3×1.5-SC20-CE B1(d1,t1,a2)-WDZAN-KYJY-8×1.5-SC32-CE	《常用水泵控制电路图》 16D303-3 203、204 页	主回路采用分立元件
7	冷冻水泵 (二用一备)	CP-1	XKL-3-3	引至 BAS 控制系统	B1(d1,t1,a2)-WDZAN-KYJY-12×1.5-SC32-CE	《常用水泵控制电路图》 16D303-3 215～218 页	主回路采用分立元件

续表

序号	设备名称	控制要求编码	控制箱方案号	主要二次外接线		参考标准图	备注
				名称	控制线规格		
8	冷却水泵（二用一备）	CTP-1	XKL-3-3	引至 BAS 控制系统	B1(d1,t1,a2)-WDZAN-KYJY-12×1.5-SC32-CE	《常用水泵控制电路图》16D303-3 215～218 页	主回路采用分立元件
9	消火栓泵（一用一备）	FHP	XKF-5-2	引至 消防联动控制器手动控制盘； 引至 消防模块(箱)； 引至 高位水箱出水管上的流量开关； 引至 报警阀压力开关； 引至 出水干管上压力开关； 引至 水源水池液位器	B1(d1,t1,a2)-WDZAN-KYJY-4×2.5-MR/SC25-CE B1(d1,t1,a2)-WDZAN-KYJY-16×1.5-MR/SC32-CE B1(d1,t1,a2)-WDZAN-KYJY-3×2.5-MR/SC25-CE B1(d1,t1,a2)-WDZAN-KYJY-3×1.5-MR/SC20-CE B1(d1,t1,a2)-WDZAN-KYJY-3×1.5-MR/SC20-CE B1(d1,t1,a2)-WDZAN-KYJY-3×1.5-MR/SC20-CE	《常用水泵控制电路图》16D303-3 37～40 页 《火灾自动报警系统设计规范》图示 14X505-1 2 页	主回路采用分立元件
10	喷淋泵（一用一备）	FSB	XKF-5-2	引至 消防联动控制器手动控制盘； 引至 消防模块(箱)； 引至 高位水箱出水管上的流量开关； 引至 报警阀压力开关(仅干式消火栓系统有)； 引至 出水干管上压力开关； 引至 水源水池液位器	B1(d1,t1,a2)-WDZAN-KYJY-4×2.5-MR/SC25-CE B1(d1,t1,a2)-WDZAN-KYJY-16×1.5-MR/SC32-CE B1(d1,t1,a2)-WDZAN-KYJY-3×2.5-MR/SC25-CE B1(d1,t1,a2)-WDZAN-KYJY-3×1.5-MR/SC20-CE B1(d1,t1,a2)-WDZAN-KYJY-3×1.5-MR/SC20-CE B1(d1,t1,a2)-WDZAN-KYJY-3×1.5-MR/SC20-CE	《常用水泵控制电路图》16D303-3 37～40 页 《火灾自动报警系统设计规范》图示 14XX505-1 29 页	主回路采用分立元件
11	消防稳压泵	FRB	K-F17-2	引至 消防模块(箱)； 引至 压力控制器	B1(d1,t1,a2)-WDZAN-KYJY-12×1.5-MR/SC32-CE B1(d1,t1,a2)-WDZAN-KYJY-4×1.5-MR/SC20-CE	《常用水泵控制电路图》16D303-3 100～102 页	主回路采用分立元件
12	排烟风机	SEF-1	XKY(J)F-1	引至 消防联动控制器手动控制盘； 引至 消防模块(箱)； 引至 排烟防火阀 280℃	B1(d1,t1,a2)-WDZAN-KYJY-4×2.5-MR/SC25-CE B1(d1,t1,a2)-WDZAN-KYJY-12×1.5-MR/SC32-CE B1(d0,t0,a1)-WDZCN-RYJS-3×1.5-MR/SC20-CE	《常用风机控制电路图》16D303-2 13～14 页	主回路采用分立元件
13	排烟风机	SEF-2	XKY(J)F-2	引至 消防联动控制器手动控制盘； 引至 消防模块(箱)； 引至 排烟防火阀 280℃； 引至 现场	B1(d1,t1,a2)-WDZAN-KYJY-4×2.5-MR/SC25-CE B1(d1,t1,a2)-WDZAN-KYJY-12×1.5-MR/SC32-CE B1(d0,t0,a1)-WDZCN-RYJS-3×1.5-MR/SC20-CE B1(d1,t1,a2)-WDZAN-KYJY-6×1.5-MR/SC25-CE	《常用风机控制电路图》16D303-2 15～16 页	主回路采用分立元件；两地控制

续表

序号	设备名称	控制要求编码	控制箱方案号	主要二次外接线		参考标准图	备注
				名称	控制线规格		
14	消防补风机	SSF-1	XKY(J)F-1	引至 消防联动控制器手动控制盘； 引至 消防模块(箱)； 引至 排烟防火阀 280℃（连锁对应的排烟风机）	B1(d1,t1,a2)-WDZAN-KYJY-4×2.5-MR/SC25-CE B1(d1,t1,a2)-WDZAN-KYJY-12×1.5-MR/SC32-CE B1(d1,t1,a2)-WDZAN-KYJY-4×2.5-MR/SC20-CE	《常用风机控制电路图》 16D303-2 13～14 页	主回路采用分立元件
15	消防补风机	SSF-2	XKY(J)F-2	引至 消防联动控制器手动控制盘； 引至 消防模块(箱)； 引至 现场； 引至 排烟防火阀 280℃（连锁对应的排烟风机）	B1(d1,t1,a2)-WDZAN-KYJY-4×2.5-MR/SC25-CE B1(d1,t1,a2)-WDZAN-KYJY-12×1.5-MR/SC32-CE B1(d1,t1,a2)-WDZAN-KYJY-6×1.5-MR/SC25-CE B1(d1,t1,a2)-WDZAN-KYJY-4×2.5-MR/SC20-CE	《常用风机控制电路图》 16D303-2 15～16 页	主回路采用分立元件；两地控制
16	楼梯间加压送风机	SPF-1	XKY(J)F-1	引至 消防联动控制器手动控制盘； 引至 消防模块(箱)； 引至 余压控制器	B1(d1,t1,a2)-WDZAN-KYJY-4×2.5-MR/SC25-CE B1(d1,t1,a2)-WDZAN-KYJY-12×1.5-MR/SC32-CE B1(d0,t0,a1)-WDZCN-RYJS-4×1.5-MR/SC20-CE. WC	《常用风机控制电路图》 16D303-2 13～14 页	主回路采用分立元件
17	楼梯间加压送风机	SPF-2	XKY(J)F-2	引至 消防联动控制器手动控制盘； 引至 消防模块(箱)； 引至 现场； 引至 余压控制器	B1(d1,t1,a2)-WDZAN-KYJY-4×2.5-MR/SC25-CE B1(d1,t1,a2)-WDZAN-KYJY-12×1.5-MR/SC32-CE B1(d1,t1,a2)-WDZAN-KYJY-6×1.5-MR/SC25-CE B1(d0,t0,a1)-WDZCN-RYJS-4×1.5-MR/SC20-CE. WC	《常用风机控制电路图》 16D303-2 15～16 页	主回路采用分立元件；两地控制
18	前室加压送风机	VPF-1	XKY(J)F-1	引至 消防联动控制器手动控制盘； 引至 消防模块(箱)； 引至 余压控制器	B1(d1,t1,a2)-WDZAN-KYJY-4×2.5-MR/SC25-CE B1(d1,t1,a2)-WDZAN-KYJY-12×1.5-MR/SC32-CE B1(d0,t0,a1)-WDZCN-RYJS-4×1.5-MR/SC20-CE	《常用风机控制电路图》 16D303-2 13～14 页	主回路采用分立元件
19	前室加压送风机	VPF-2	XKY(J)F-2	引至 消防联动控制器手动控制盘； 引至 消防模块(箱)； 引至 余压控制器	B1(d1,t1,a2)-WDZAN-KYJY-4×2.5-MR/SC25-CE B1(d1,t1,a2)-WDZAN-KYJY-12×1.5-MR/SC32-CE B1(d0,t0,a1)-WDZCN-RYJS-4×1.5-MR/SC20-CE	《常用风机控制电路图》 16D303-2 15～16 页	主回路采用分立元件；两地控制

续表

序号	设备名称	控制要求编码	控制箱方案号	主要二次外接线		参考标准图	备注
				名称	控制线规格		
20	消防兼平时两用单速风机	(S)EF-1	XKDF-1	引至 消防联动控制器手动控制盘； 引至 消防模块(箱)； 引至 排烟防火阀 280℃	B1(d1,t1,a2)-WDZAN-KYJY-4×2.5-MR/SC25-CE B1(d1,t1,a1)-WDZAN-KYJY-12×1.5-MR/SC32-CE B1(d1,t1,a2)-WDZAN-KYJY-12×1.5-MR/SC32-CE	《常用风机控制电路图》16D303-2 21～22 页	主回路采用分立元件
21	消防兼平时两用单速风机	(S)EF-2	XKDF-2	引至 消防联动控制器手动控制盘； 引至 消防模块(箱)； 引至 排烟防火阀 280℃； 引至 现场	B1(d1,t1,a2)-WDZAN-KYJY-4×2.5-MR/SC25-CE B1(d1,t1,a2)-WDZAN-KYJY-12×1.5-MR/SC32-CE B1(d1,t1,a1)-WDZCN-RYJS-3×1.5-MR/SC20-CE B1(d1,t1,a2)-WDZAN-KYJY-6×1.5-MR/SC25-CE	《常用风机控制电路图》16D303-2 23～24 页	主回路采用分立元件；两地控制
22	消防兼平时两用双速风机	(S)EF-1D	XKXF-1	引至 消防联动控制器手动控制盘； 引至 消防模块(箱)； 引至 排烟防火阀 280℃； 引至 BAS 系统	B1(d1,t1,a2)-WDZAN-KYJY-4×2.5-MR/SC25-CE B1(d1,t1,a2)-WDZAN-KYJY-12×1.5-MR/SC32-CE B1(d1,t1,a1)-WDZCN-RYJS-3×1.5-MR/SC20-CE B1(d1,t1,a2)-WDZAN-KYJY-4×1.5-MR/SC25-CE	《常用风机控制电路图》16D303-2 29～30 页	主回路采用分立元件
23	消防兼平时两用双速风机	(S)EF-2D	XKXF-2	引至 消防联动控制器手动控制盘； 引至 消防模块(箱)； 引至 排烟防火阀 280℃； 引至 BAS 系统； 引至 现场	B1(d1,t1,a2)-WDZAN-KYJY-4×2.5-MR/SC25-CE B1(d1,t1,a2)-WDZAN-KYJY-12×1.5-MR/SC32-CE B1(d1,t1,a1)-WDZCN-RYJS-3×1.5-MR/SC20-CE B1(d1,t1,a2)-WDZAN-KYJY-4×1.5-MR/SC25-CE B1(d1,t1,a2)-WDZAN-KYJY-6×1.5-MR/SC25-CE	《常用风机控制电路图》16D303-2 31～32 页	主回路采用分立元件；两地控制
24	送风兼消防两用进风机	(S)SF-1	XKXF-1	引至 消防联动控制器手动控制盘； 引至 消防模块(箱)	B1(d1,t1,a2)-WDZAN-KYJY-4×2.5-MR/SC25-CE B1(d1,t1,a2)-WDZAN-KYJY-12×1.5-MR/SC32-CE	《常用风机控制电路图》16D303-2 21～22 页	主回路采用分立元件
25	送风兼消防两用进风机	(S)SF-2	XKXF-2	引至 消防联动控制器手动控制盘； 引至 消防模块(箱)； 引至 现场	B1(d1,t1,a2)-WDZAN-KYJY-4×2.5-MR/SC25-CE B1(d1,t1,a2)-WDZAN-KYJY-12×1.5-MR/SC32-CE B1(d1,t1,a2)-WDZAN-KYJY-6×1.5-MR/SC25-CE	《常用风机控制电路图》16D303-2 23～24 页	主回路采用分立元件；两地控制

续表

序号	设备名称	控制要求编码	控制箱方案号	主要二次外接线		参考标准图	备注
				名称	控制线规格		
26	送风兼消防两用进风机	(S)SF-1D	XKXF-1	引至 消防联动控制器手动控制盘； 引至 消防模块(箱)； 引至 BAS 系统	B1(d1,t1,a2)-WDZAN-KYJY-4×2.5-MR/SC25-CE B1(d1,t1,a2)-WDZAN-KYJY-12×1.5-MR/SC32-CE B1(d1,t1,a2)-WDZAN-KYJY-4×1.5-MR/SC25-CE	《常用风机控制电路图》 16D303-2 29～30 页	主回路采用分立元件
27	送风兼消防两用进风机	(S)SF-2D	XKXF-2	引至 消防联动控制器手动控制盘； 引至 消防模块(箱)； 引至 BAS 系统； 引至 现场	B1(d1,t1,a2)-WDZAN-KYJY-4×2.5-MR/SC25-CE B1(d1,t1,a2)-WDZAN-KYJY-12×1.5-MR/SC32-CE B1(d1,t1,a2)-WDZAN-KYJY-4×1.5-MR/SC25-CE B1(d1,t1,a2)-WDZAN-KYJY-6×1.5-MR/SC25-CE	《常用风机控制电路图》 16D303-2 31～32 页	主回路采用分立元件；两地控制
28	排风机	EF-1	XKTF-1	引至 BAS 系统； 引至 现场(两地控制)；	B1(d1,t1,a2)-WDZAN-KYJY-10×1.5-MR/SC32-CE B1(d1,t1,a2)-WDZAN-KYJY-6×1.5-MR/SC25-CE	《常用风机控制电路图》 16D303-2 77 页	分立元件
29	送风机	SF-2	XKTF-1	引至 BAS 系统； 引至 现场	B1(d1,t1,a2)-WDZAN-KYJY-10×1.5-MR/SC32-CE B1(d1,t1,a2)-WDZAN-KYJY-6×1.5-MR/SC25-CE	《常用风机控制电路图》 16D303-2 77 页	分立元件
30	回风机	RF-3	XKTF-1	引至 BAS 系统； 引至 现场	B1(d1,t1,a2)-WDZAN-KYJY-10×1.5-MR/SC32-CE B1(d1,t1,a2)-WDZAN-KYJY-6×1.5-MR/SC25-CE	《常用风机控制电路图》 16D303-2 77 页	分立元件
31	空调箱	AHU-1	XKTF-1	引至 BAS 系统； 引至 现场	B1(d1,t1,a2)-WDZAN-KYJY-10×1.5-MR/SC32-CE B1(d1,t1,a2)-WDZAN-KYJY-6×1.5-MR/SC25-CE	《常用风机控制电路图》 16D303-2 77 页	分立元件
32	新风空调箱	FAU-1	XKTF-1	引至 BAS 系统； 引至 现场	B1(d1,t1,a2)-WDZAN-KYJY-10×1.5-MR/SC32-CE B1(d1,t1,a2)-WDZAN-KYJY-6×1.5-MR/SC25-CE	《常用风机控制电路图》 16D303-2 77 页	分立元件

续表

序号	设备名称	控制要求编码	控制箱方案号	主要二次外接线		参考标准图	备注
				名称	控制线规格		
33	事故排风	ACEF-1	XKTF-1	引至 现场	B1(d1,t1,a2)-WDZAN-KYJY-6×1.5-MR/SC25-CE	《常用风机控制电路图》16D303-2 77页	控制部分可参考排风机
34	事故排风	ACEF-2	XKTF-1	引至 现场(两地控制)； 引至 探测器监控器	B1(d1,t1,a2)-WDZAN-KYJY-6×1.5-MR/SC25-CE B1(d1,t1,a2)-WDZAN-KYJY-6×1.5-MR/SC25-CE	《常用风机控制电路图》16D303-2 77页	控制部分可参考排风机
35	事故排风	ACEF-3	XKTF-1	引至 BAS系统； 引至 现场	B1(d1,t1,a2)-WDZAN-KYJY-10×1.5-MR/SC32-CE B1(d1,t1,a2)-WDZAN-KYJY-6×1.5-MR/SC25-CE	《常用风机控制电路图》16D303-2 77页	控制部分可参考排风机
36	事故排风	ACEF-4	XKTF-1	引至 BAS系统； 引至 现场； 引至 探测器监控器	B1(d1,t1,a2)-WDZAN-KYJY-10×1.5-MR/SC32-CE B1(d1,t1,a2)-WDZAN-KYJY-6×1.5-MR/SC25-CE B1(d1,t1,a2)-WDZAN-KYJY-6×1.5-MR/SC25-CE	《常用风机控制电路图》16D303-2 77页	控制部分可参考排风机
37	防火卷帘（通道）	JLM(T)					一般由厂家完成
38	防火卷帘（防火分区）	JLM(F)					一般由厂家完成
39	防火卷帘（普通）	JLM					一般由厂家完成
40	排烟窗	SEC		引至 BAS系统	B1(d1,t1,a1)-WDZCN-RYJS-4×1.5-MR/SC20-CE. WC		一般由厂家完成

注：1. 本表控制方案引自国家建筑标准设计图集《常用风机控制电路图》16D303-2、《常用水泵控制电路图》16D303-3。
2. 本表设备控制箱方案的配电主回路均采用分立元件方案。与CPS元件有差异，设计需根据实际需求选择设备控制箱方案。
3. 本表中的水泵、消防风机、事故风机的控制主要二次外接线仅列举常规要求的控制线，其他还需由设计人员根据实际项目情况和给水排水、暖通专业的提资要求进行设计。

配电箱（柜）控制要求（变频控制） **表 6.5.10-3**

序号	设备名称	控制要求编码	控制箱方案号	控制要求	参考标准图	备注
1	变频启动给水泵	GSB-V	XKG-1-2	两台水泵互为备用，工作泵故障时备用泵延时自动投入，受出水口压力仪表变频控制，水源水池水位过低自动停泵，并设有工作状态(手动、自动、备用)选择开关，受 BA 系统控制	《常用水泵控制电路图》16D303-3 136～138 页	变频启动，参考直接启动接线
2	排风机	EF-V	XKTF-2	现场手动或两地控制，变频控制，DDC 自动控制	《常用水泵控制电路图》16D303-2 79 页	变频控制，参考直接启动接线
3	送风机	SF-V	XKTF-2	现场手动或两地控制，变频控制，DDC 自动控制	《常用水泵控制电路图》16D303-2 79 页	变频控制，参考直接启动接线
4	回风机	RF-V	XKTF-2	现场手动或两地控制，变频控制，DDC 自动控制	《常用水泵控制电路图》16D303-2 79 页	变频控制，参考直接启动接线
5	空调箱	AHU-V	XKTF-2	现场手动或两地控制，变频控制，DDC 自动控制	《常用水泵控制电路图》16D303-2 79 页	变频控制，参考直接启动接线
6	新风空调箱	FAU-V	XKTF-2	现场手动或两地控制，变频控制，DDC 自动控制	《常用水泵控制电路图》16D303-2 79 页	变频控制，参考直接启动接线

注：1. 本表控制方案参考国家建筑标准设计图集《常用风机控制电路图》16D303-2、《常用水泵控制电路图》16D303-3。
2. 本表设备控制箱方案的配电主回路均采用分立元件方案。与 CPS 元件有差异，设计需根据实际需求选择设备控制箱方案。
3. 本表中的水泵、风机的控制仅列举常规控制要求，其他还需由设计人员根据实际项目情况和给水排水、暖通专业的提资要求进行设计。

配电箱(柜)控制(变频控制，主要二次外接线) **表 6.5.10-4**

序号	设备名称	控制要求编码	控制箱方案号	主要二次外接线		参考标准图	备注
				名称	控制线规格		
1	变频启动给水泵	GSB-V	XKG-1-2	引至 污水池液位器； 引至 BAS 控制系统	B1(d1,t1,a2)-WDZAN-KYJY-4×1.5-SC20-FC B1(d1,t1,a2)-WDZAN-KYJY-8×1.5-SC32-FC	《常用水泵控制电路图》16D303-3 246～248 页	主回路采用分立元件
2	排风机	EF-V	XKTF-2	引至 污水池液位器； 引至 BAS 控制系统	B1(d1,t1,a2)-WDZAN-KYJY-4×1.5-SC20-FC B1(d1,t1,a2)-WDZAN-KYJY-8×1.5-SC32-FC	《常用水泵控制电路图》16D303-3 252～254 页	主回路采用分立元件
3	送风机	SF-V	XKTF-2	引至 污水池液位器； 引至 BAS 控制系统	B1(d1,t1,a2)-WDZAN-KYJY-4×1.5-SC20-FC B1(d1,t1,a2)-WDZAN-KYJY-8×1.5-SC32-FC	《常用水泵控制电路图》16D303-3 246～248 页	主回路采用分立元件
4	回风机	RF-V	XKTF-2	引至 污水池液位器； 引至 BAS 控制系统	B1(d1,t1,a2)-WDZAN-KYJY-4×1.5-SC20-FC B1(d1,t1,a2)-WDZAN-KYJY-8×1.5-SC32-FC	《常用水泵控制电路图》16D303-3 252～254 页	主回路采用分立元件
5	空调箱	AHU-V	XKTF-2	引至 水源水池液位器； 引至 屋顶水箱液位器； 引至 BAS 控制系统	B1(d1,t1,a2)-WDZAN-KYJY-2×1.5-SC20-CE B1(d1,t1,a2)-WDZAN-KYJY-3×1.5-SC20-CE B1(d1,t1,a2)-WDZAN-KYJY-8×1.5-SC32-CE	《常用水泵控制电路图》16D303-3 136～138 页	主回路采用分立元件
6	新风空调箱	FAU-V	XKTF-2	引至 电接点温度计； 引至 BAS 控制系统	B1(d1,t1,a2)-WDZAN-KYJY-3×1.5-SC20-CE B1(d1,t1,a2)-WDZAN-KYJY-8×1.5-SC32-CE	《常用水泵控制电路图》16D303-3 203、204 页	主回路采用分立元件

注：1. 本表控制方案参考国家建筑标准设计图集《常用水泵控制电路图》16D303-3。
2. 本表设备控制箱方案的配电主回路均采用分立元件方案。与 CPS 元件有差异，设计需根据实际需求选择设备控制箱方案。
3. 本表中的水泵、风机的控制主要二次外接线仅列举常规要求的控制线，其他还需由设计人员根据实际项目情况和给水排水、暖通专业的提资要求进行设计。

6.6 主要系统架构图

本书编制的主要系统架构图主要包括：集中电源集中控制型消防应急照明和疏散指示系统、消防电源监控系统图、电气火灾监控系统图、能耗监测系统图。6.6 节主要系统架构图为施工图阶段常见的设计内容，供设计人员参考绘制。具体由设计人员根据实际项目情况进行选用、调整。

1 系统特点及组成

本项目采用集中电源集中控制型消防应急照明和疏散指示系统。系统由应急照明控制器、集中电源、消防应急灯具组成。应急照明控制器安放在消防控制室内系统内设备和灯具均为同一厂家生产制造，系统符合《消防应急照明和疏散指示系统》GB 17945—2018 和《消防应急照明和疏散指示系统技术标准》GB 51309—2018 并具备公安部消防产品合格评定中心出具 3C 强制性认证证书及检验报告。

2 系统功能

2.1 非火灾状态下的系统控制设计

1）非火灾状态下，系统应保持主电源为灯具供电，所有非持续型照明灯应保持熄灭状态，持续型照明灯的光源应保持节电点亮模式。

2）非火灾状态下，系统主电源断电后，集中电源控制其配接的非持续型照明灯的光源应急点亮、持续型灯具的光源由节电点亮模式转入应急点亮模式；灯具持续应急点亮时间应符合设计文件的规定；当主电源恢复供电后，集中电源控制其配接的应急灯具的光源恢复原工作状态。

2.2 火灾状态下的系统控制设计

1）火灾确认后，应急照明控制器应能按预设逻辑手动、自动控制系统的应急启动，具有两种及以上疏散指示方案的区域应作为独立的控制单元，且需要同时改变指示状态的灯具应作为一个灯具组，由应急照明控制器的一个信号统一控制。

2）应急照明控制器接收到火灾报警控制器的火灾报警输出信号后，控制系统所有非持续型照明灯的光源应急点亮，持续型灯具的光源由节电点亮模式转入应急点亮模式；集中电源应保持主电源输出，待接收到其主电源断电信号后，自动转入蓄电池电源输出。

3）需要借用相邻防火分区疏散的防火分区，应由应急照明控制器接收到被借用防火分区的火灾报警区域信号后，按对应的疏散指示方案，控制该区域内需要变换指示方向的方向标志灯改变箭头指示方向；控制被借用防火分区入口处设置的出口标志灯的“出口 指示标志”的光源熄灭，“禁止入内”指示标志的光源应急点亮；该区域内其他标志灯的工作状态不应被改变。

3 应急照明控制器技术要求

1）控制器采用工控机，散热良好，便于长时间工作，安装在消防控制中心。

2）控制器采用大尺寸人机界面，方便客户有效管理，软件自主研发安全可靠，方便调试和维护，通信接口丰富，方便用户与监控设备及 FAS 系统进行接口连接。

3）控制器 24h 不间断对系统设备及灯具进行巡检。当系统内任一设备发生故障时，控制器发出声光报警信号，排障后报警自动消除。

4）系统持续主电工作 48h 后，每隔 30 天应能自动由主电工作状态转入应急工作状态，然后自动恢复到主电工作状态。

集中电源集中控制型消防应急照明和疏散指示系统-说明	图纸编号6.6-1

5）应急照明控制器由消防电源 AC220V 供给集中电源的蓄电池组达到使用寿命周期标称的剩余容量应保证放电时间满足以下要求：火灾状态下，系统应急启动后，蓄电池电源供电时的持续工作时间不小于1.0h；非火灾状态下，灯具持续应急点亮时间0.5h，总计应急时间不小于1.5h。要求系统全部投入应急状态的启动时间不应大于 5s。当正常照明断电时，要求应急照明配电箱在主电源供电状态下，连锁控制其配接的灯具的光源应急点亮；当系统主电源断电时，要求应急照明配电箱连锁控制其配接的灯具的光源应急点亮。此外应急照明应选用能快速点亮的光源。

6）联动控制功能：由火灾报警控制器（FAS）通过 RS-232 或 RS-485 通信接口向应急照明控制器提供防火分区火灾探测器信息，控制器计算机根据所提供“通信协议”进行分析，自动点亮全楼应急照明。

7）一台控制器直接控制灯具的总数量不应大于 3200 个灯具。

4 应急照明集中电源技术要求

1）取自消防电源 AC 220V/50Hz，输出为 36V 安全电压，防护等级为：IP43。

2）具有可靠的输出过载保护、短路保护、电池过充电保护、电池过放电保护等保护功能。

3）火灾模式，接收控制器应急启动指令，可实现灯具应急点亮。

4）非火灾模式，在正常照明电源断电后，可实现灯具应急点亮。

5）集中电源额定输出功率不应大于 5kW，设置在电缆井中的集中电源额定输出功率不应大于 1kW。

6）A 型应急照明集中电源的应急照明输出回路工作状态时供电电压为 DC 36V，回路不超过 8 路，每回路额定电流不大于 6A，配接灯具的额定功率综合不大于配电回路额定功率的 80%。

7）A 型应急照明集中电源的输入输出回路中不应装设剩余电流动作保护器，输出回路严禁接入系统以外的开关装置、插座及其他负载。

5 A 型消防应急标志灯

1）消防应急标志灯均带独立地址、不自带电池。

2）消防应急标志灯采用高亮度 LED 光源，其表面亮度应大于 50cd 小于 300cd。

3）工作电压为安全电压 DC 36V，采用宽电压范围设计，能实现巡检、常亮、频闪、灭灯等功能。

4）地面标志灯内部构件均做防腐处理，防护等级 IP67。

5）当安装在疏散走道、通道的地面上时，应符合下列规定：

（1）标志灯应安装在走道、通道的中心位置。

（2）标志灯的所有金属构件应采用耐腐蚀构件或做防腐处理，标志灯配电、通信线路的连接应采用密封胶密封。

（3）标志灯表面应与地面平行，高于地面距离不应大于 3mm，标志灯边缘与地面垂直距离高度不应大于 1mm。

6 A 型消防应急照明灯

1）消防应急照明灯采用 LED 光源，带独立地址、不自带电池。

2）工作电压为安全电压，采用宽电压范围设计。

3）非持续型工作模式，用于疏散照明，平时不点亮，不做平时照明，不允许接入开关，应急时由控制器主机通过总线控制点亮。

4）A 型消防应急照明的照度值需满足规范 3.2.5 要求。

集中电源集中控制型消防应急照明和疏散指示系统-说明	图纸编号6.6-1（续）

7 导线选型及敷设要求

1）应急照明控制器至 A 型应急照明集中电源：通信线 B1(d1，t1，a2)-WDZAN-RYJSP-2×1.5mm^2（屏蔽双绞线）。

2）A 型应急照明集中电源至应急灯具线制：B1(d1，t1，a2)-WDZCN-RYJS-2×2.5^2 穿 SC20 敷设。钢管管口连接处需做防刮线处理，在多尘或潮湿场所线管需作密封处理。

3）A 型应急照明集中电源至地埋灯具线制（防水型耐腐蚀橡胶电缆）：JHS-2×2.5mm^2-SC20，并采用厂家配套专用防水接线盒进行连接并灌防水密封胶进行密封处理。

4）B 型应急照明集中电源至 B 型应急灯具：通信线 B1(d1，t1，a2)-WDZCN-RYJS-2×1.5mm^2，供电线 B1(d1，t1，a2)-WDZCN-BYJ-2×2.5+E2.5mm^2 分管敷设。

5）集中控制型系统中，除地面上设置的灯具外，系统的配电线路应选择耐火线缆，系统的通信线路应选择耐火线缆或耐火光纤；额定工作电压等级为 50V 以下时，应选择电压等级不低于交流 300/500V 的线缆；额定工作电压等级为 220/380V 时，应选择电压等级不低于交流 450/750V 的线缆。

6）地面上设置的疏散指示标志灯的配电线路和通信线路应选择耐腐蚀橡胶线缆。

7）具体线型可由应急照明中标单位深化后确认，且需满足规范要求。

8）应急照明配电箱、应急照明灯具的防护等级应符合《消防应急照明和疏散指示系统技术标准》GB 51309—2018 的要求。

图例	设备名称	规格	类型	功能参数	安装方式
S	安全出口标志灯	1.0W	A 型	巡检、常亮、频闪	门框上方 0.15m 壁装
E	疏散出口标志灯	1.0W	A 型	巡检、常亮、频闪	门框上方 0.15m 壁装
F	楼层标志灯	1.0W	A 型	巡检、常亮	底边距地 0.15m 壁装
消控室	消防控制室标志灯	1.0W	A 型	巡检、常亮	门框上方 0.15m 壁装
火灾勿入	火灾勿入标志灯	1.0W	A 型	巡检、常亮	门框上方 0.15m 壁装
←F　F→	多信息复合标志灯	1.0W	A 型	巡检、常亮、频闪	距地 2.5m 吊装
←　→	方向标志灯（疏散单向不可调）	1.0W	A 型	巡检、常亮、频闪	底边距地 0.5m 壁装(或距地 2.5m 吊装)
FW↑　FW↑	单面方向标志灯（向前）	1.0W	A 型	巡检、常亮、频闪	底边距地 2.3m 壁装
↔	方向标志灯（双面双向可调）	1.0W	A 型	巡检、常亮、频闪	底边距地 0.5m 壁装
E3	消防应急照明灯具（吸顶）	3.0W	A 型	应急照明、巡检、开灯、灭灯	吸顶/嵌顶 安装
E6	消防应急照明灯具（吸顶）	6.0W	A 型	应急照明、巡检、开灯、灭灯	吸顶/嵌顶 安装
E10	消防应急照明灯具（吸顶）	10.0W	A 型	应急照明、巡检、开灯、灭灯	吸顶/嵌顶 安装
E3	消防应急照明灯具（壁装）	3.0W	A 型	应急照明、巡检、开灯、灭灯	底边距地 2.5m 壁装
E6	消防应急照明灯具（壁装）	6.0W	A 型	应急照明、巡检、开灯、灭灯	底边距地 2.5m 壁装
E10	消防应急照明灯具（壁装）	10.0W	A 型	应急照明、巡检、开灯、灭灯	底边距地 2.5m 壁装
E30	消防应急照明灯具（吸顶）	30.0W	B 型	应急照明、巡检、开灯、灭灯	吸顶/嵌顶 安装
⇆	消防应急照明灯具（地面）	1.0W	A 型	应急照明、巡检、开灯、灭灯	埋地安装
←	消防应急照明灯具（地面）	1.0W	A 型	应急照明、巡检、开灯、灭灯	埋地安装
▭	台阶疏散照明灯具	6.0W	A 型	应急照明、巡检、开灯、灭灯	台阶侧面安装
— — —	通信总线	B1(d1,t1,a2)-WDZAN-RYJSP-2×1.5-SC20		应急照明控制器至应急照明集中电源之间的通信总线	
———	回路总线	B1(d1,t1,a2)-WDZCN-RYJS-2×2.5-SC20		A 型应急照明集中电源至 A 型灯具之间的回路总线	

注：本表中仅列举常用应急灯具图例。设计人员根据需求进行选用。

集中电源集中控制型消防应急照明和疏散指示系统-说明	图纸编号6.6-1（续）

集中电源集中控制型应急标志灯（A型灯具）DC 36V接线示意图

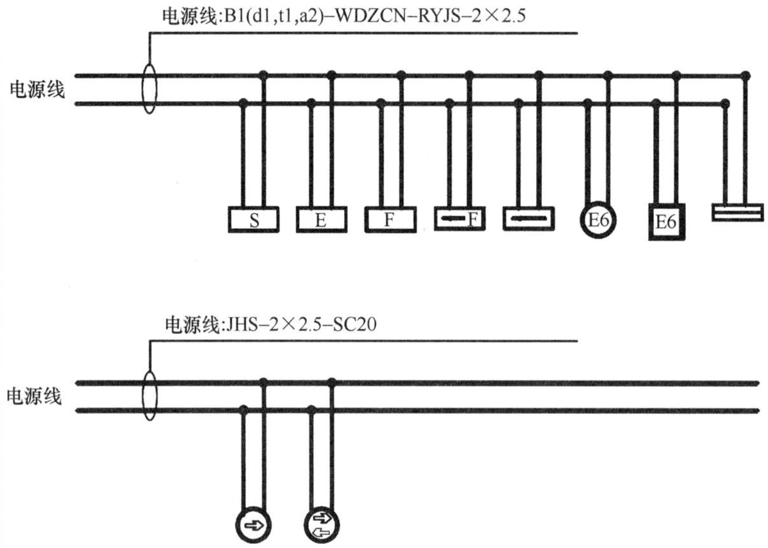

集中电源集中控制型应急标志灯（B型灯具）DC 216V接线示意图

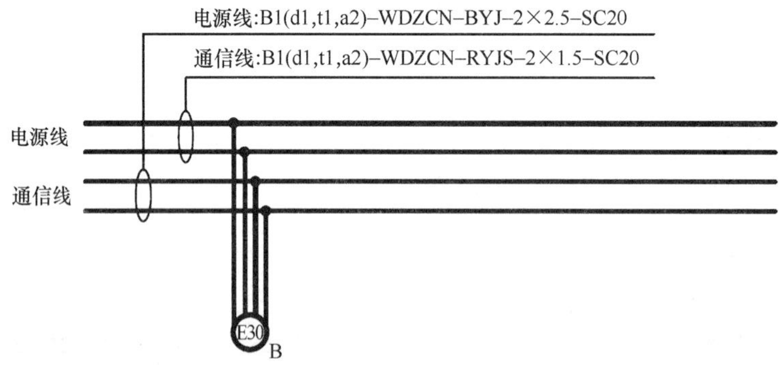

集中电源集中控制型消防应急照明和疏散指示系统-说明	图纸编号6.6-1（续）

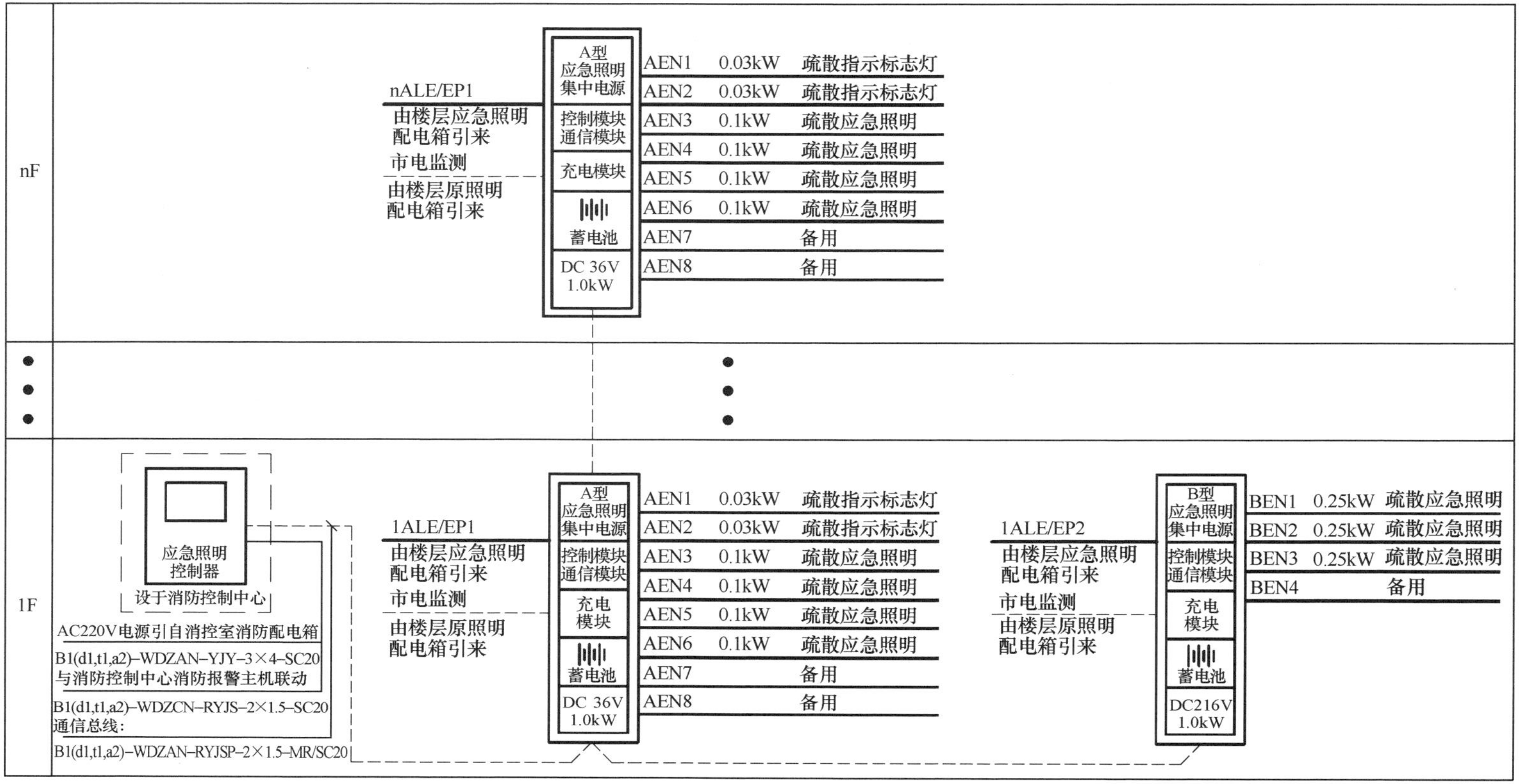

注：应急照明集中电源的上级配电回路号，电压等级，功率，应急照明灯具回路名称及功率等由设计确认。

集中电源集中控制型消防应急照明和疏散指示系统-说明	图纸编号6.6-1（续）

A型应急照明集中电源箱体示意图（8回路） F (W×D×H:由厂家成套提供) 挂墙安装

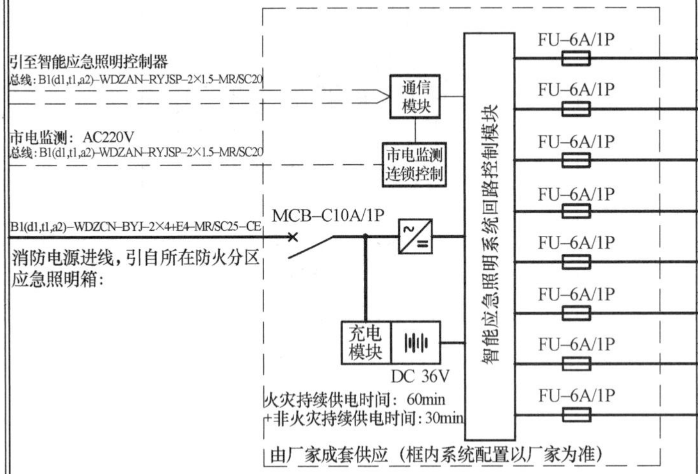

电缆，导线型号规格	敷设方式	回路编号
B1(d1,t1,a2)–WDZCN–RYJS–2×2.5	SC20–CE	AEN1
B1(d1,t1,a2)–WDZCN–RYJS–2×2.5	SC20–CE	AEN2
B1(d1,t1,a2)–WDZCN–RYJS–2×2.5	SC20–CE	AEN3
B1(d1,t1,a2)–WDZCN–RYJS–2×2.5	SC20–CE	AEN4
B1(d1,t1,a2)–WDZCN–RYJS–2×2.5	SC20–CE	AEN5
B1(d1,t1,a2)–WDZCN–RYJS–2×2.5	SC20–CE	AEN6
B1(d1,t1,a2)–WDZCN–RYJS–2×2.5	SC20–CE	AEN7
B1(d1,t1,a2)–WDZCN–RYJS–2×2.5	SC20–CE	AEN8

B型应急照明集中电源箱体示意图（4回路） F (W×D×H:由厂家成套提供) 挂墙安装

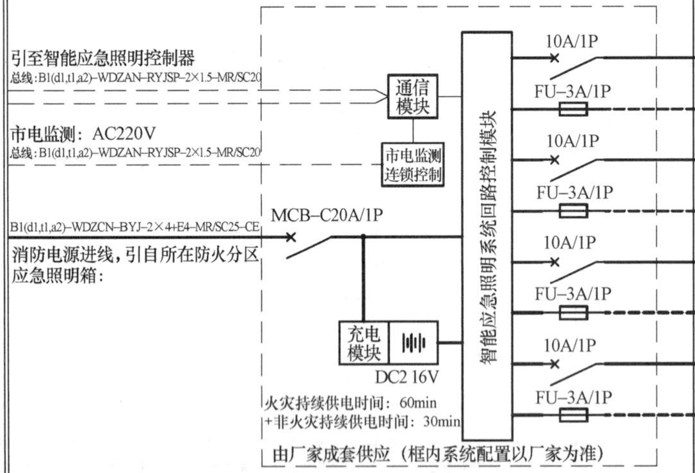

电缆，导线型号规格	敷设方式	回路编号
电源线：B1(d1,t1,a2)–WDZCN–BYJ–2×2.5+E2.5	–SC20–CE	BEN1
通信线：B1(d1,t1,a2)–WDZCN–RYJS–2×1.5	–SC20–CE	
电源线：B1(d1,t1,a2)–WDZCN–BYJ–2×2.5+E2.5	–SC20–CE	BEN2
通信线：B1(d1,t1,a2)–WDZCN–RYJS–2×1.5	–SC20–CE	
电源线：B1(d1,t1,a2)–WDZCN–BYJ–2×2.5+E2.5	–SC20–CE	BEN3
通信线：B1(d1,t1,a2)–WDZCN–RYJS–2×1.5	–SC20–CE	
电源线：B1(d1,t1,a2)–WDZCN–BYJ–2×2.5+E2.5	–SC20–CE	BEN4
通信线：B1(d1,t1,a2)–WDZCN–RYJS–2×1.5	–SC20–CE	

集中电源集中控制型消防应急照明和疏散指示系统-说明	图纸编号6.6-1（续）

1 系统功能要求
1）实时监测
系统应能实时监测配电回路中的剩余电流、温度等参数。
2）故障报警
当检测到剩余电流或温度超过设定阈值时，系统应能及时发出声光报警，并显示故障位置和类型。
3）数据存储
系统应能记录和存储监测数据、报警信息及操作日志，存储时间不少于 12 个月。
4）远程控制
支持远程操作，如报警复位、参数设置等。
5）自检功能
系统应具备自检功能，定期检查设备运行状态。
2 设备性能要求
1）监控主机
应具备高可靠性，支持 24h 不间断运行。应具备多路信号输入能力，支持扩展。
2）探测器
剩余电流探测器：测量精度应达到±1%以内，测量范围一般为 20mA～1000mA。
温度探测器：测量精度应达到±1℃以内，测量范围一般为 45℃～140℃。
应具备抗干扰能力，适应复杂电磁环境。
3）通信模块
支持有线（如 RS-485、CAN 总线）或无线通信方式。
通信距离应满足现场需求，通信稳定性高，抗干扰能力强。
3 通信要求
1）通信协议：系统应采用标准通信协议（如 Modbus、TCP/IP 等），确保与其他消防系统的兼容性。
2）实时性：数据传输延迟应小于 1s，确保实时监控和快速响应。
4 安装要求
1）布线规范
电源线和信号线应分开敷设，避免干扰；线缆应选用阻燃、耐火材料，符合消防要求。
2）接地要求
设备应可靠接地，采用专用接地装置时电阻不大于 4Ω，采用共用接地装置时候电阻不大于 1Ω；信号线应屏蔽接地，防止电磁干扰。
3）安装位置
探测器应安装在配电箱或配电柜内，靠近被监测线路。
监控主机应安装在消防控制室或值班室，便于监控和操作。
5 安全性与可靠性
1）抗干扰能力
系统应具备抗电磁干扰能力，符合《电磁兼容 试验和测量技术》GB/T 17626—2024 系列标准。
2）防雷保护
设备应具备防雷击措施，确保在雷雨天气下正常运行。
3）故障容错
系统应具备故障自诊断和容错能力，确保部分设备故障时不影响整体运行。
6. 电源要求
1）主电源
AC 220V±10%，50Hz；
2）备用电源
系统应配备备用电源（如蓄电池），在主电源断电时能持续工作不少于 3h。

集中电源集中控制型消防应急照明和疏散指示系统-说明	图纸编号6.6-1（续）

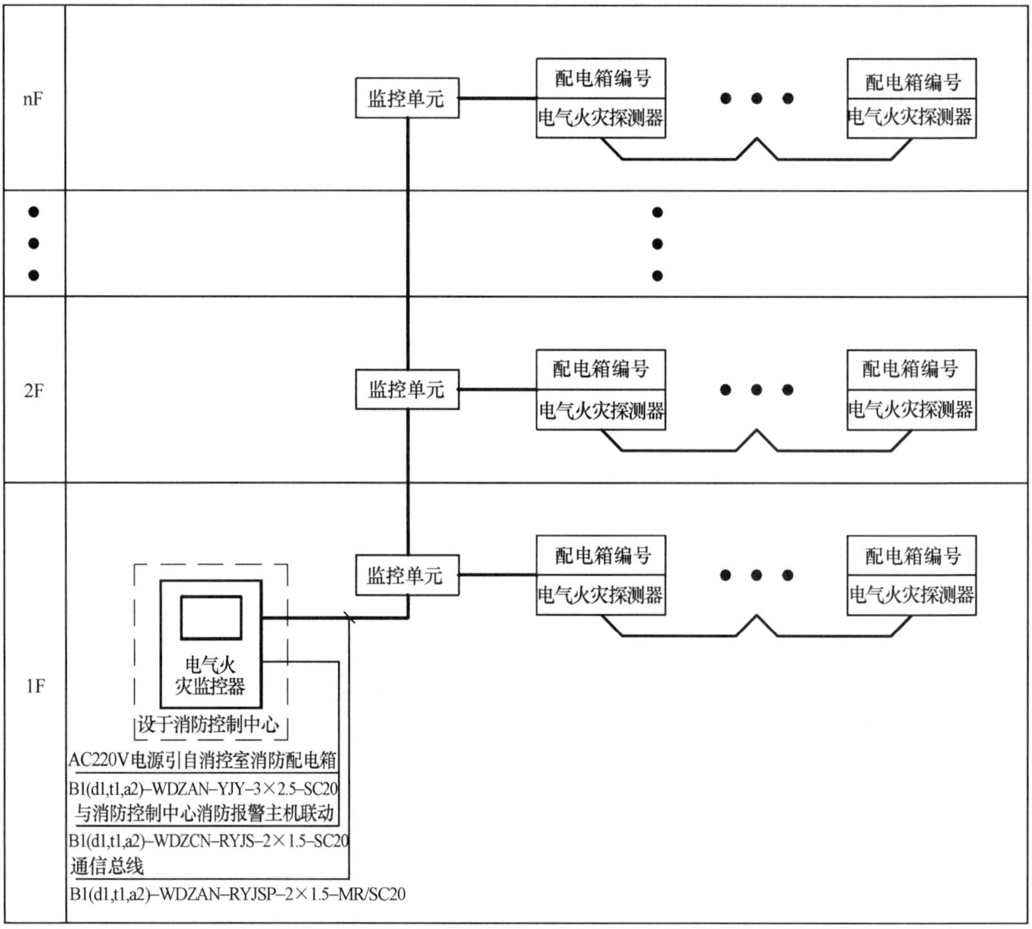

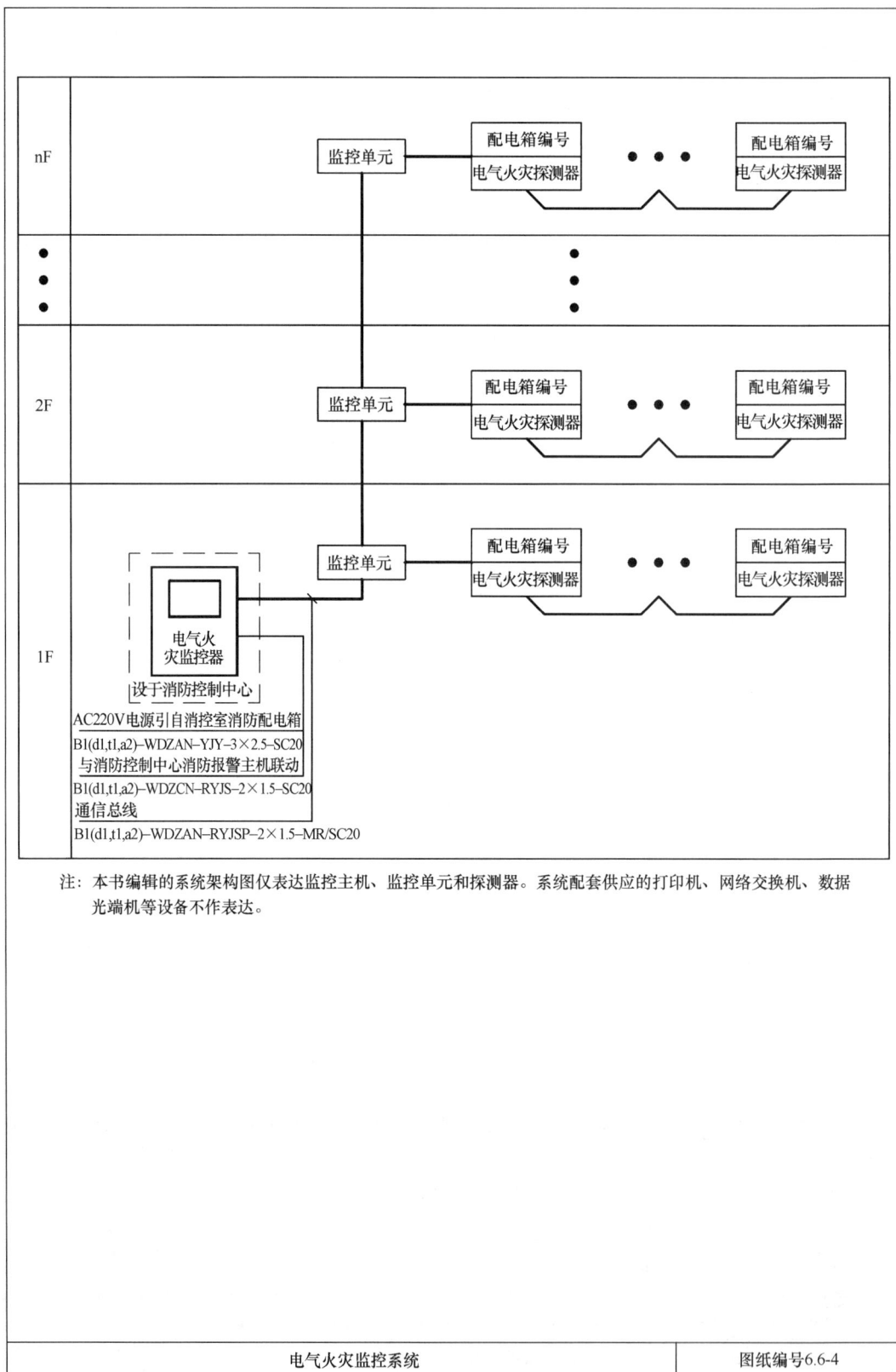

注：本书编辑的系统架构图仅表达监控主机、监控单元和探测器。系统配套供应的打印机、网络交换机、数据光端机等设备不作表达。

电气火灾监控系统	图纸编号6.6-4

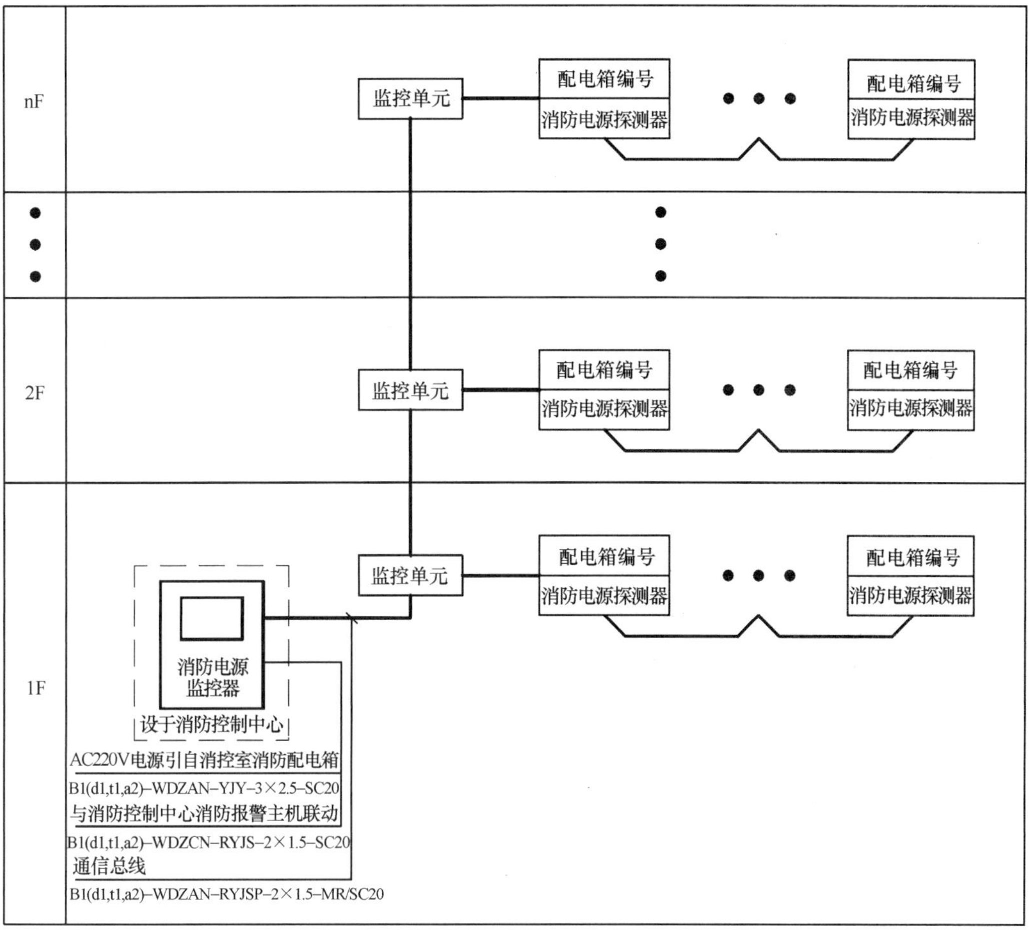

注：本书编辑的系统架构图仅表达监控主机、监控单元和探测器。系统配套供应的打印机、网络交换机、数据光端机等设备不作表达。

消防电源监控系统	图纸编号6.6-5

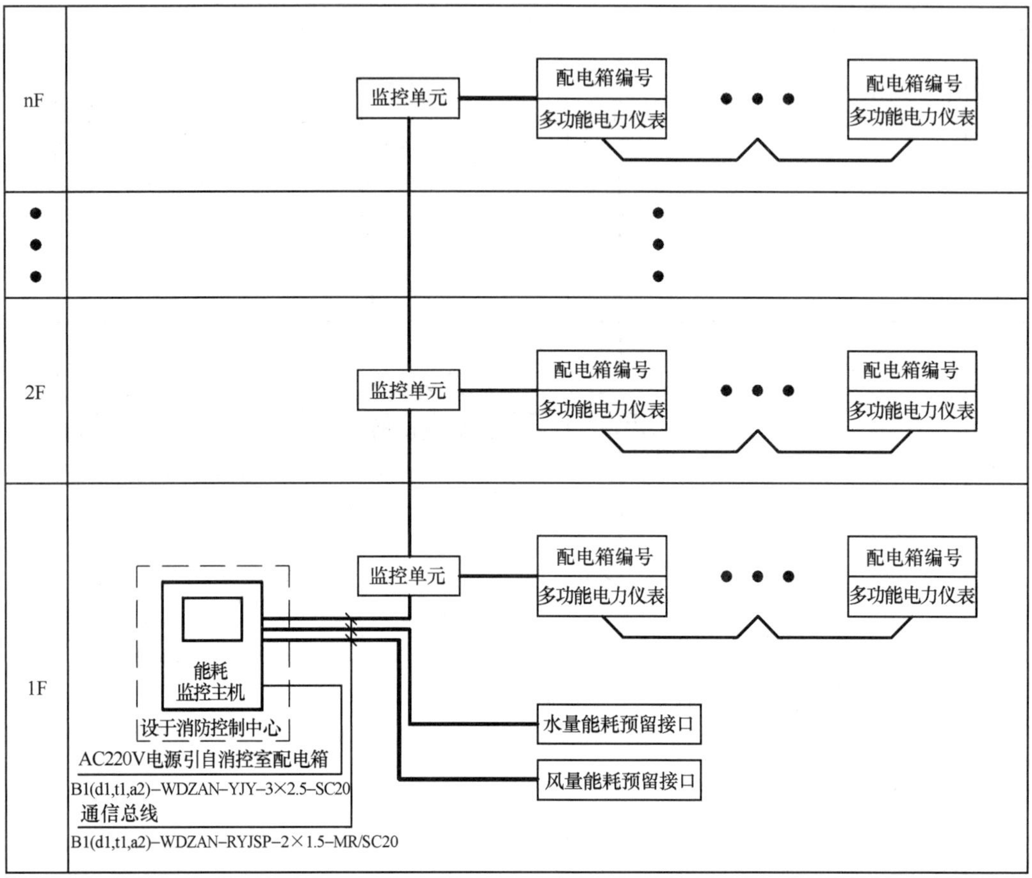

注：本书编辑的系统架构图仅表达监控主机、监控单元和探测器。系统配套供应的打印机、网络交换机、数据光端机等设备不作表达。

能耗检测系统	图纸编号6.6-6

6.7 通用详图

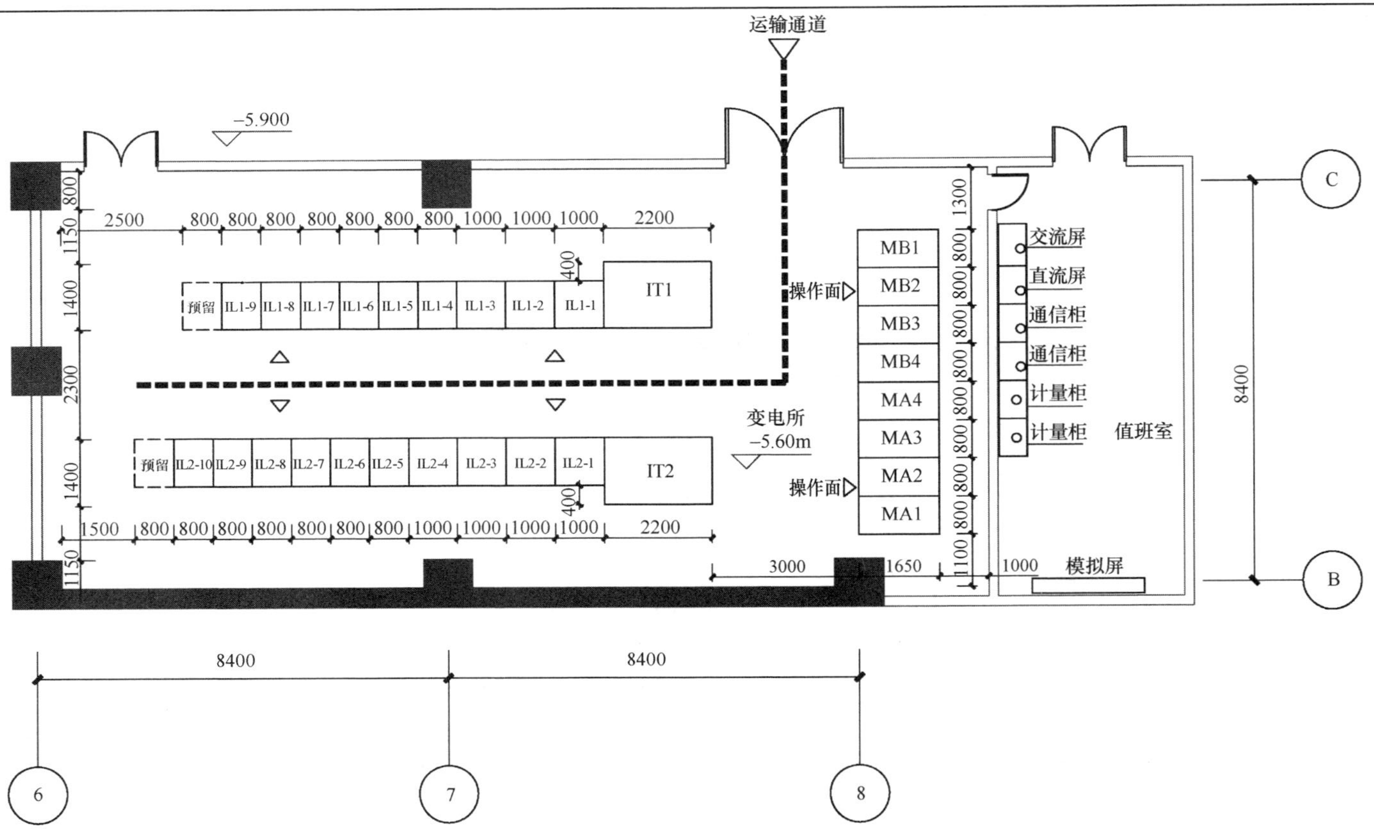

单位：mm

10kV变电所平面布置图	图纸编号	6.7-1

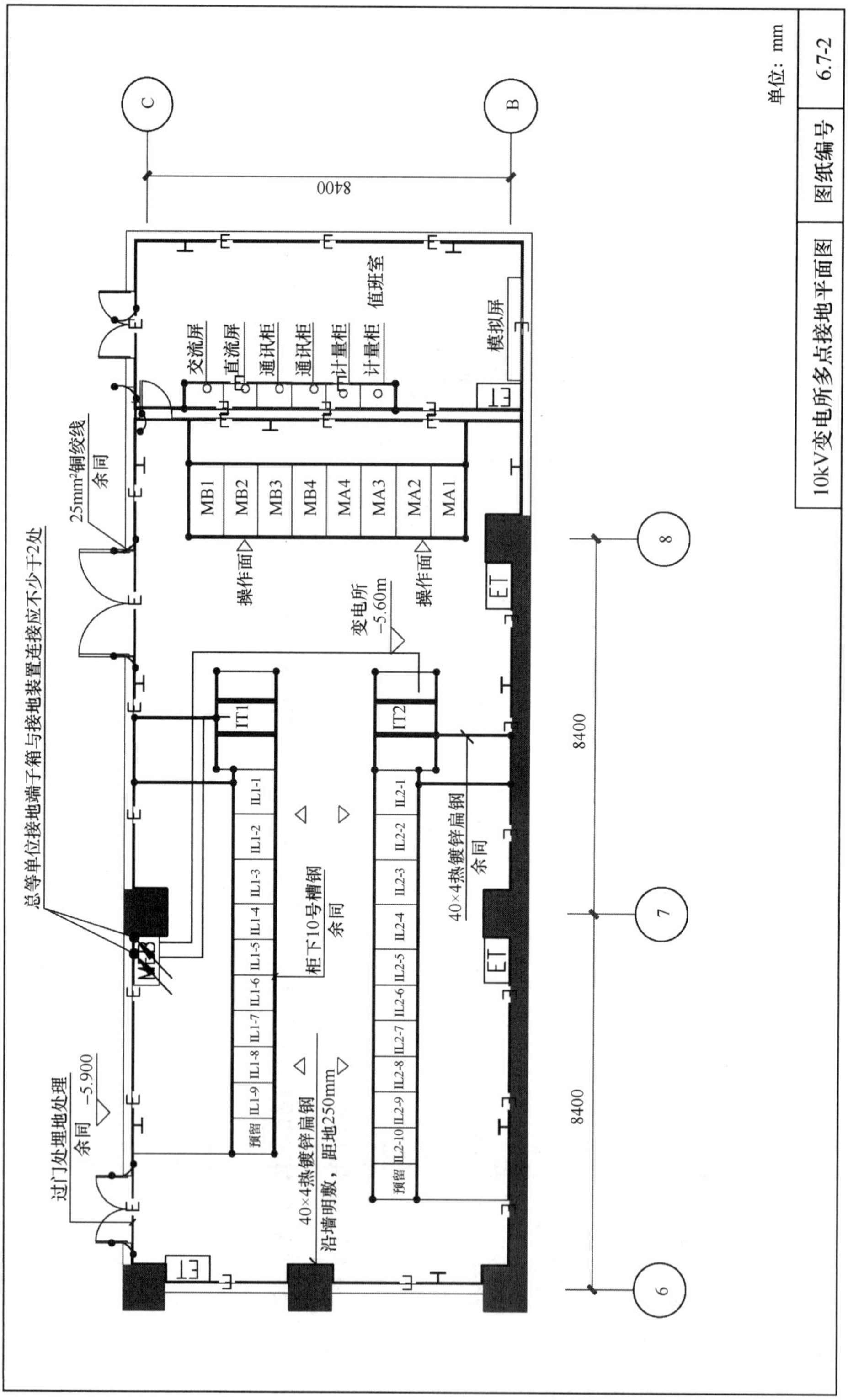
单位：mm
10kV变电所多点接地平面图
图纸编号
6.7-2
值班室
交流屏
直流屏
通讯柜
通讯柜
计量柜
计量柜
模拟屏
MB1
MB2
MB3
MB4
MA4
MA3
MA2
MA1
操作面
操作面
25mm²铜绞线
余同
总等单位接地端子箱与接地装置连接应不少于2处
变电所
-5.60m
1T1
1T2
1L1-1
1L1-2
1L1-3
1L1-4
1L1-5
1L1-6
1L1-7
1L1-8
1L1-9
预留
1L2-1
1L2-2
1L2-3
1L2-4
1L2-5
1L2-6
1L2-7
1L2-8
1L2-9
1L2-10
预留
柜下10号槽钢
余同
40×4热镀锌扁钢
余同
40×4热镀锌扁钢
沿墙明敷，距地250mm
过门处埋地处理
余同
-5.900
MEB
ET
ET
ET
8400
8400
8400
C
B
6
7
8

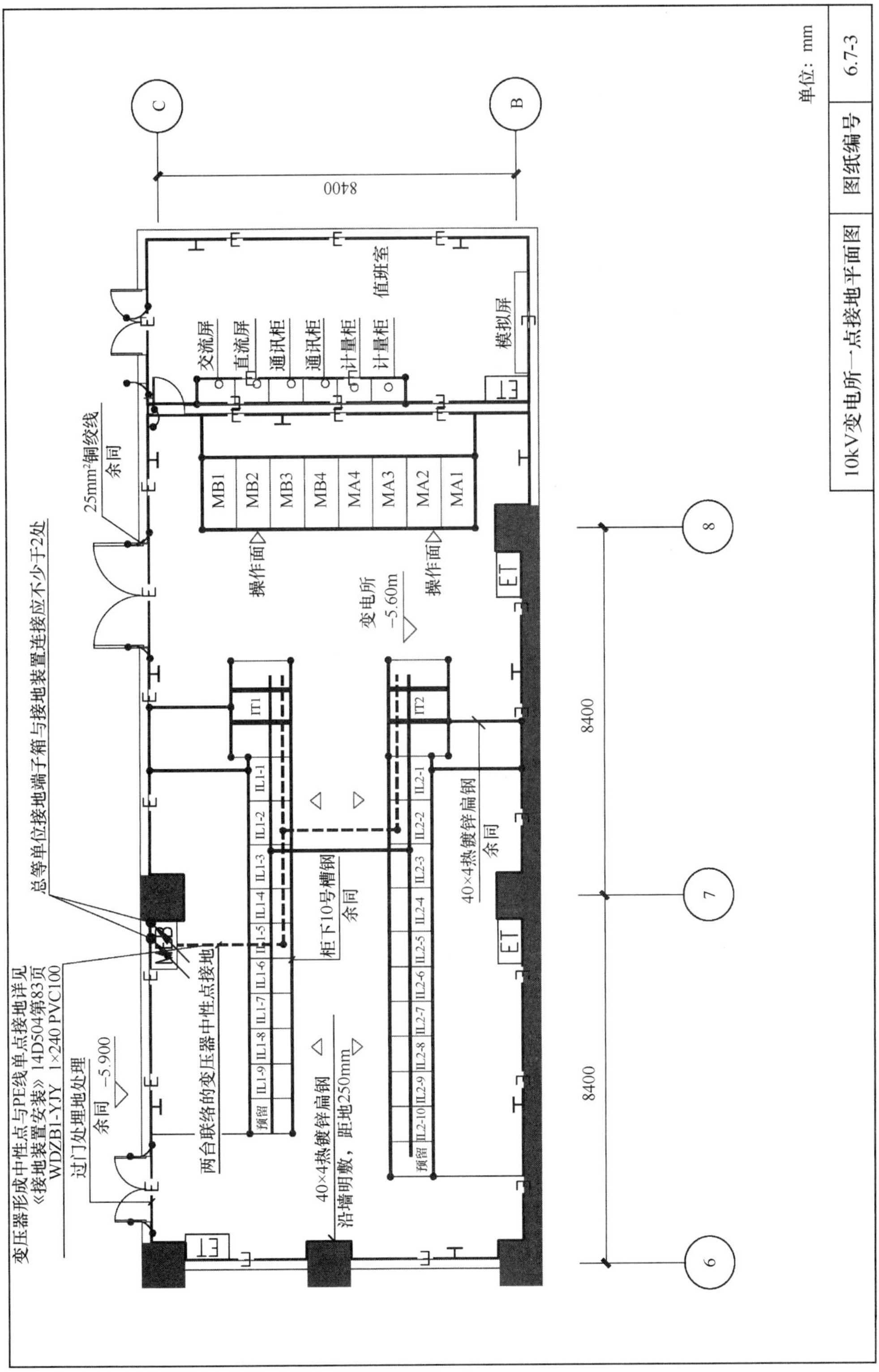
单位：mm
图纸编号 6.7-3
10kV变电所一点接地平面图
值班室
交流屏
直流屏
通讯柜
通讯柜
计量柜
计量柜
模拟屏
MB1
MB2
MB3
MB4
MA4
MA3
MA2
MA1
操作面
操作面
变电所
-5.60m
25mm²铜绞线
余同
总等电位接地端子箱与接地装置连接应不少于2处
变压器形成中性点与PE线单点接地详见
《接地装置安装》14D504第83页
WDZB1-YJY 1×240 PVC100
过门处埋地处理
余同 -5.900
两台联络的变压器中性点接地
MEB
IT1
IT2
IL1-1
IL1-2
IL1-3
IL1-4
IL1-5
IL1-6
IL1-7
IL1-8
IL1-9
预留
IL2-1
IL2-2
IL2-3
IL2-4
IL2-5
IL2-6
IL2-7
IL2-8
IL2-9
IL2-10
预留
柜下10号槽钢
余同
40×4热镀锌扁钢
余同
40×4热镀锌扁钢
沿墙明敷，距地250mm
ET
ET
ET
ET
8400
8400
8400
C
B
8
7
6

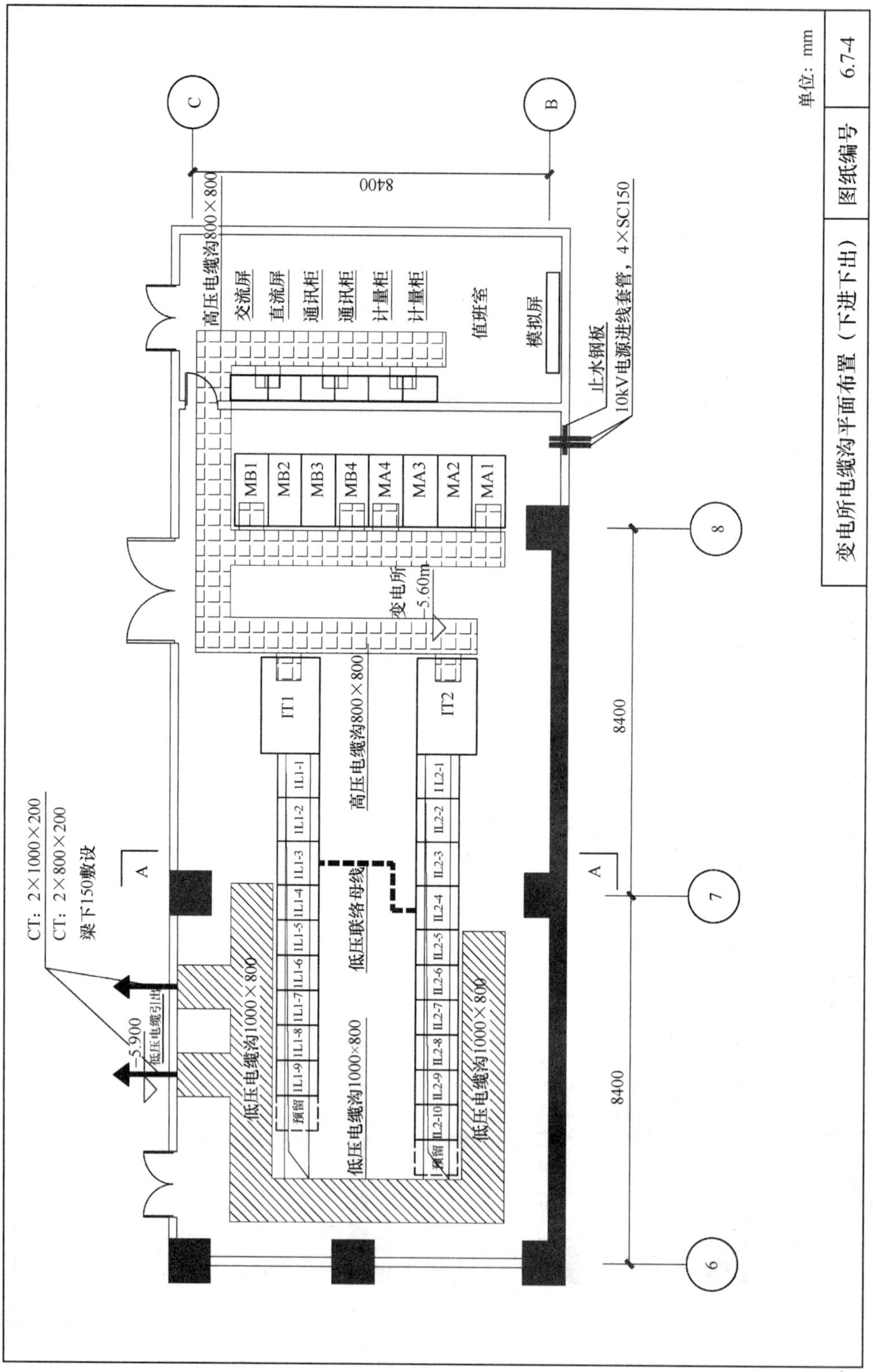
单位：mm
图纸编号
6.7-4
变电所电缆沟平面布置（下进下出）
高压电缆沟800×800
交流屏
直流屏
通讯柜
通讯柜
计量柜
计量柜
值班室
模拟屏
止水钢板
10kV电源进线套管，4×SC150
8400
MB1
MB2
MB3
MB4
MA4
MA3
MA2
MA1
变电所
-5.60m
IT1
IT2
高压电缆沟800×800
IL1-1
IL1-2
IL1-3
IL1-4
IL1-5
IL1-6
IL1-7
IL1-8
IL1-9
预留
IL2-1
IL2-2
IL2-3
IL2-4
IL2-5
IL2-6
IL2-7
IL2-8
IL2-9
IL2-10
预留
低压联络母线
低压电缆沟1000×800
低压电缆沟1000×800
低压电缆沟1000×800
CT：2×1000×200
CT：2×800×200
梁下150敷设
-5.900
低压电缆引出
A
A
8400
8400
C
B
8
7
6

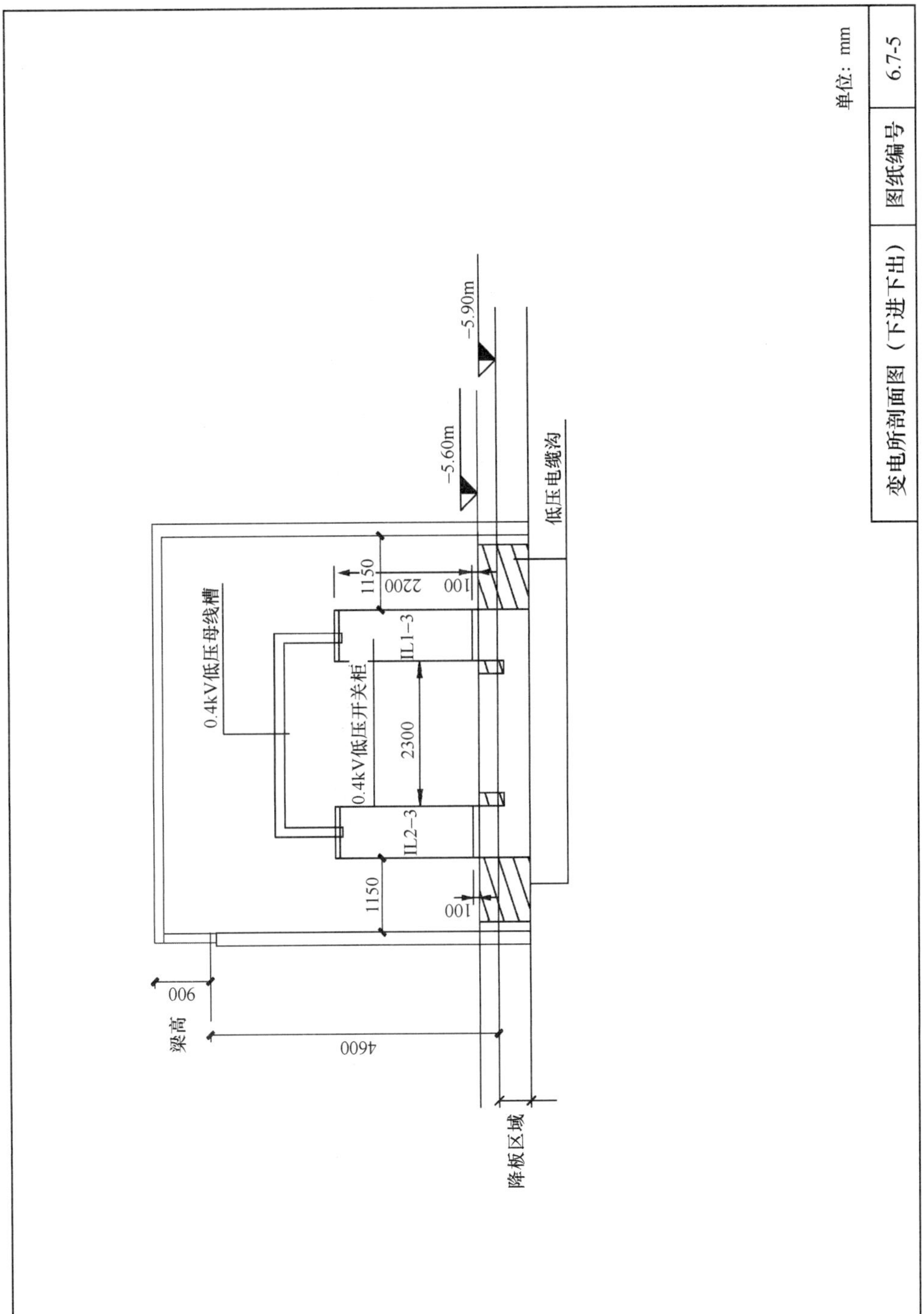

单位：mm
变电所剖面图（下进下出）
图纸编号
6.7-5
-5.90m
-5.60m
低压电缆沟
0.4kV低压母线槽
0.4kV低压开关柜
IL1-3
IL2-3
1150
2200
100
2300
1150
100
900
梁高
4600
降板区域

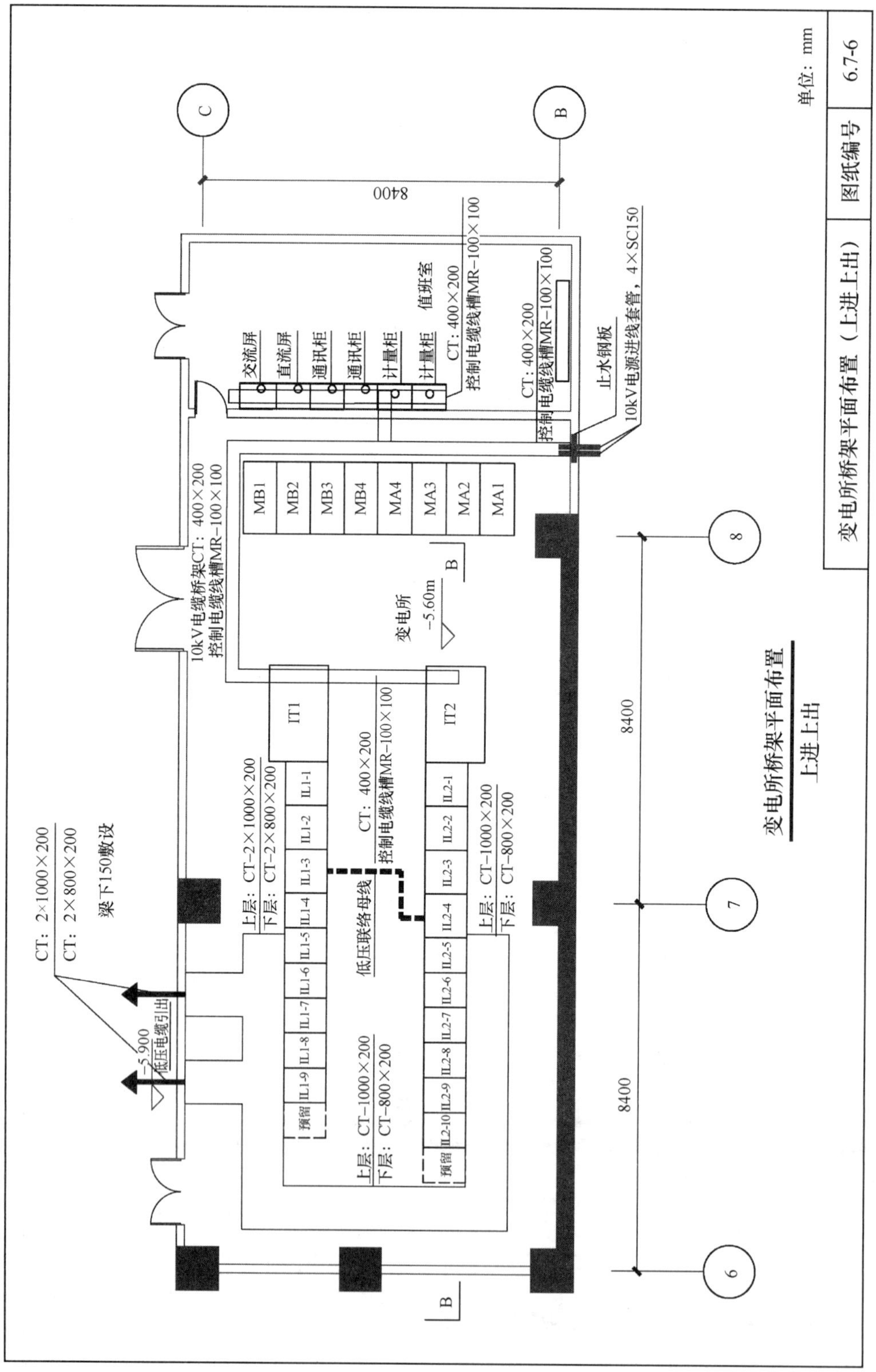
变电所桥架平面布置（上进上出）
图纸编号
6.7-6
单位：mm
变电所桥架平面布置
上进上出
10kV电缆桥架CT：400×200
控制电缆线槽MR-100×100
CT：400×200
控制电缆线槽MR-100×100
止水钢板
10kV电源进线套管，4×SC150
值班室
交流屏
直流屏
通讯柜
通讯柜
计量柜
计量柜
MB1
MB2
MB3
MB4
MA4
MA3
MA2
MA1
变电所
-5.60m
IT1
IT2
CT：400×200
控制电缆线槽MR-100×100
低压联络母线
上层：CT-2×1000×200
下层：CT-2×800×200
上层：CT-1000×200
下层：CT-800×200
上层：CT-1000×200
下层：CT-800×200
CT：2×1000×200
CT：2×800×200
梁下150敷设
-5.900
低压电缆引出
预留
8400
C
B
8
7
6

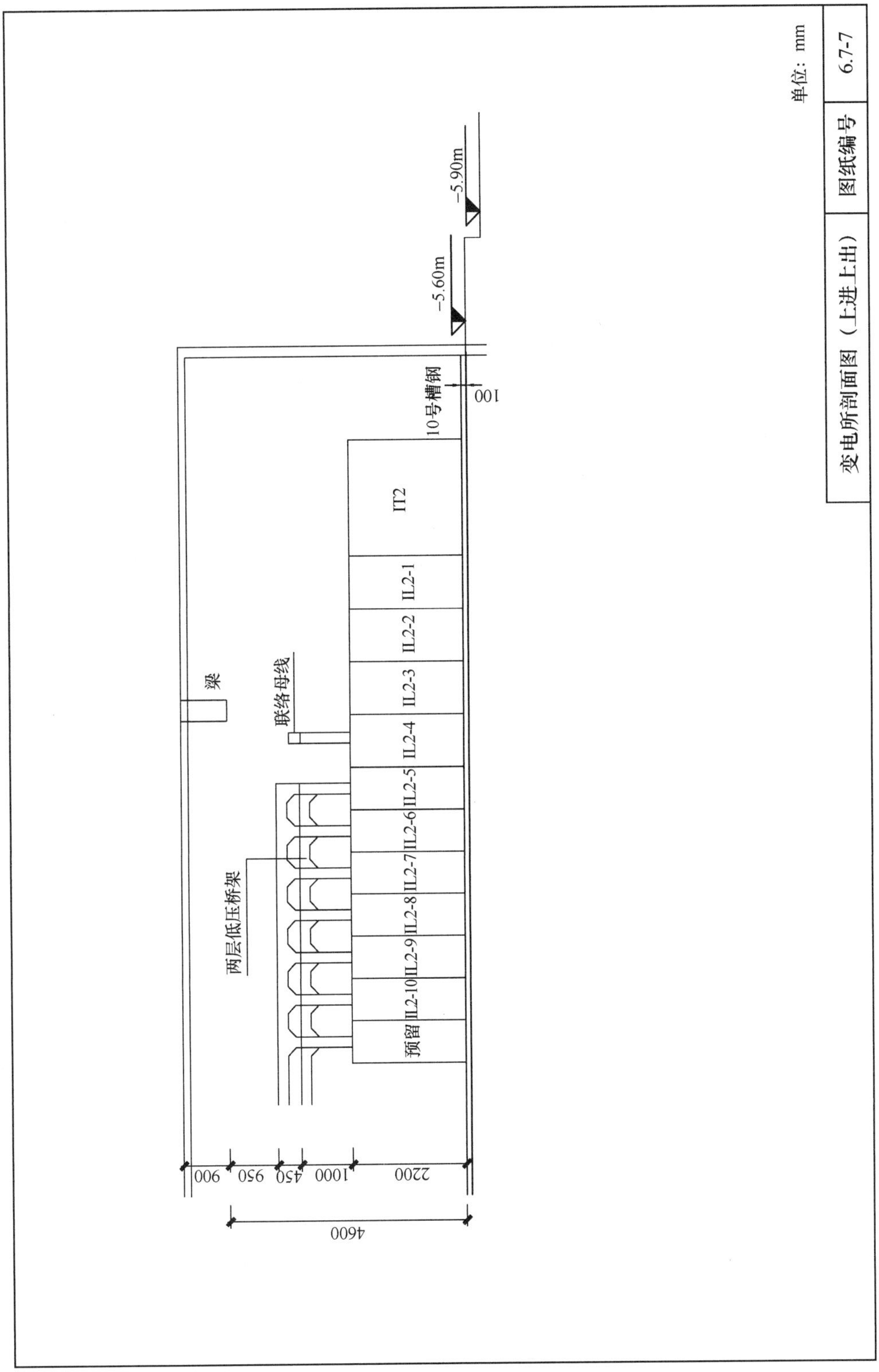
单位：mm
图纸编号
6.7-7
变电所剖面图（上进上出）
-5.90m
-5.60m
100
10号槽钢
IT2
IL2-1
IL2-2
IL2-3
IL2-4
IL2-5
IL2-6
IL2-7
IL2-8
IL2-9
IL2-10
预留
梁
联络母线
两层低压桥架
900
950
450
1000
2200
4600

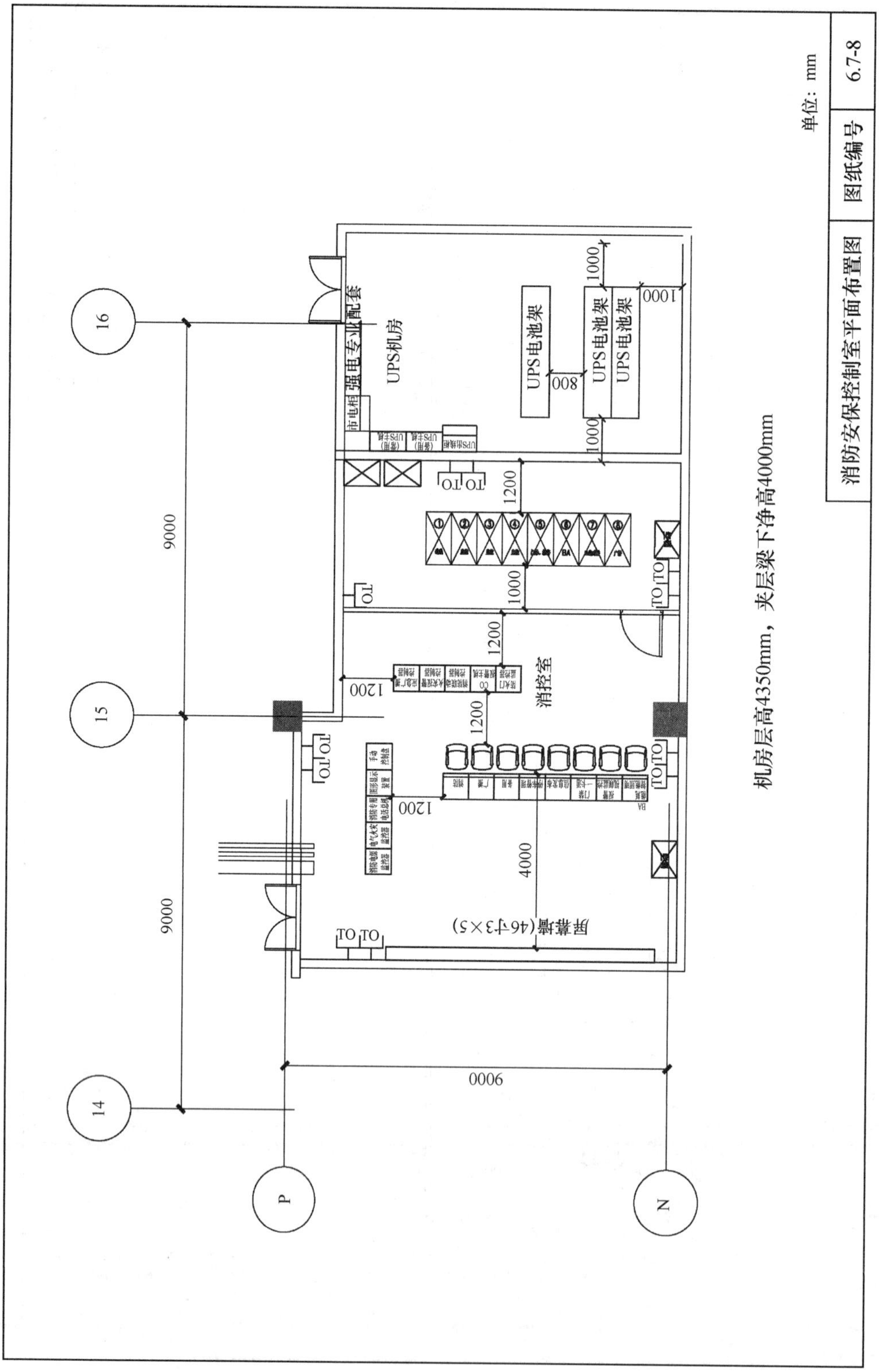
单位：mm
图纸编号
6.7-8
消防安保控制室平面布置图
机房层高4350mm，夹层梁下净高4000mm
UPS机房
强电专业配套
市电柜
UPS电池架
UPS电池架
UPS电池架
消控室
屏幕墙(46寸3×5)
TO
9000
9000
9000
1200
1000
800
4000
16
15
14
P
N

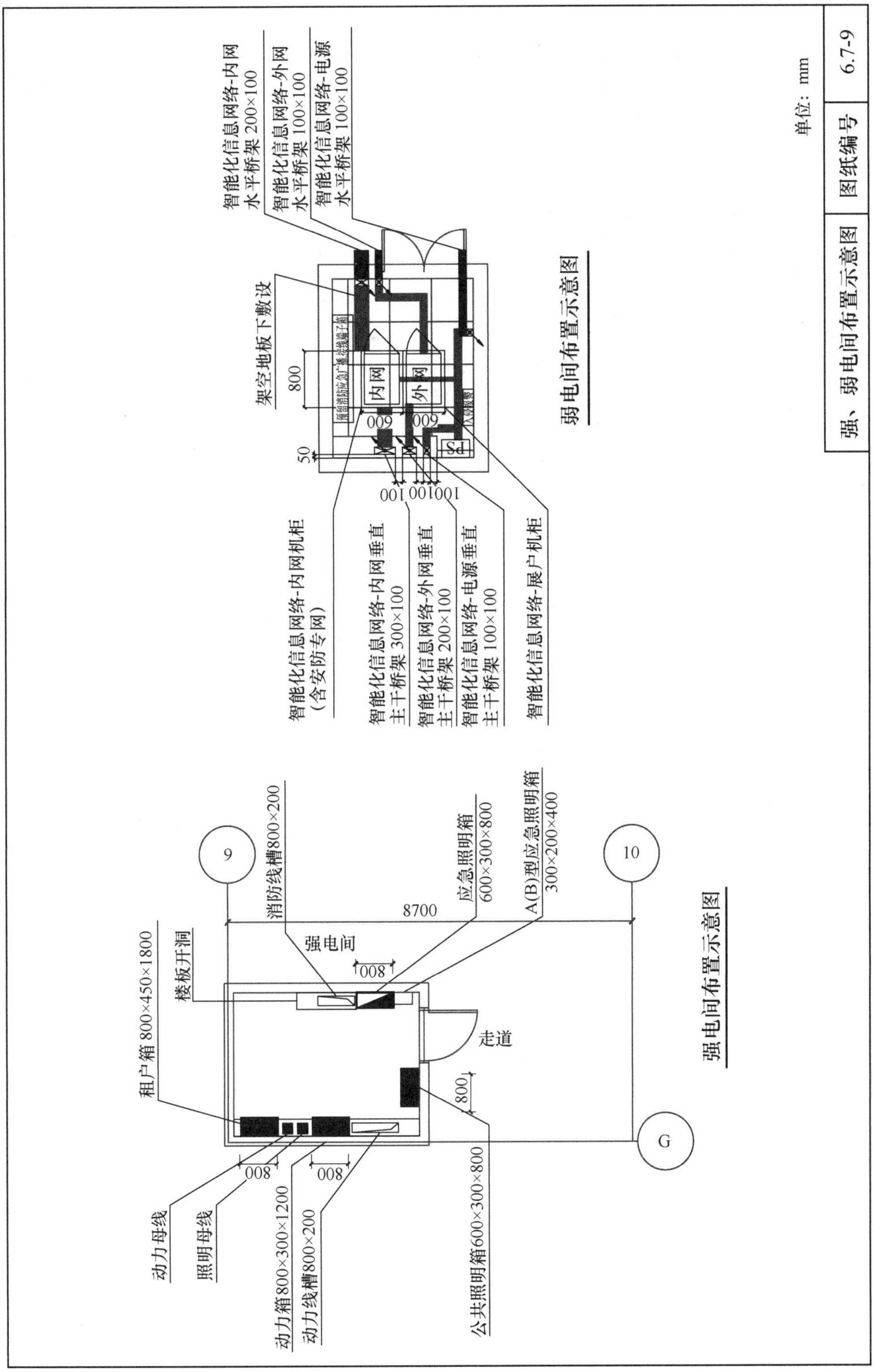
单位：mm
强、弱电间布置示意图
图纸编号
6.7-9
弱电间布置示意图
智能化信息网络-内网水平桥架 200×100
智能化信息网络-外网水平桥架 100×100
智能化信息网络-电源水平桥架 100×100
架空地板下敷设
800
50
600
600
100
100
100
100
内网
外网
PS
智能化信息网络-内网机柜（含安防专网）
智能化信息网络-内网垂直主干桥架 300×100
智能化信息网络-外网垂直主干桥架 200×100
智能化信息网络-电源垂直主干桥架 100×100
智能化信息网络-展户机柜
强电间布置示意图
9
10
G
8700
强电间
走道
消防线槽800×200
应急照明箱 600×300×800
A(B)型应急照明箱 300×200×400
楼板开洞
租户箱 800×450×1800
800
800
800
800
动力母线
照明母线
动力箱800×300×1200
动力线槽800×200
公共照明箱600×300×800

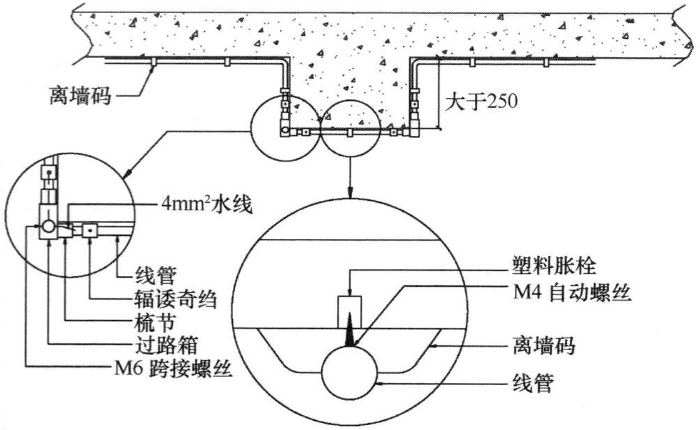

明装或吊顶内电线管包梁安装图（一）

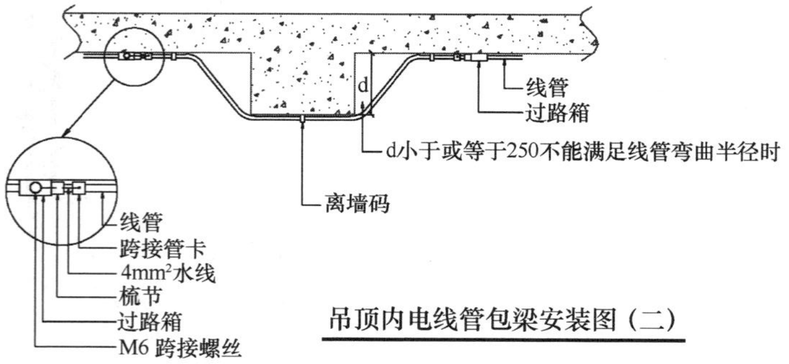

吊顶内电线管包梁安装图（二）

配管工艺要求

1. 管卡及螺丝头向内，螺母朝外，要加弹簧垫圈。
2. 管卡及过路盒之跨接螺丝为5mm直径，并须附有线鼻子压接过路盒加平垫片，弹簧垫圈及螺母，缺其一者，则当缺项不能投验。
3. 跨接电线必须为4mm²黄绿色电线，线头刷锡后压在接地槽口处（跨接线过程中所有接点不得断头）。
4. 跨接电线连接必须牢固及美观，并尽可能向下安装，以便容易检视。
5. 所有线管表面镀锌层避免破坏，如有损破，则必须用银粉漆料作补救。
6. 露牙及露铜是绝不容许，所以在工作时必须注意。
7. 所有过路盒，离墙与及有关固定配件等，必须牢固在支架或墙壁上，不可有高墙或脱落情况；则必须用银粉漆料作补救。

单位：mm

电线管安装详图一	图纸编号	6.7-10

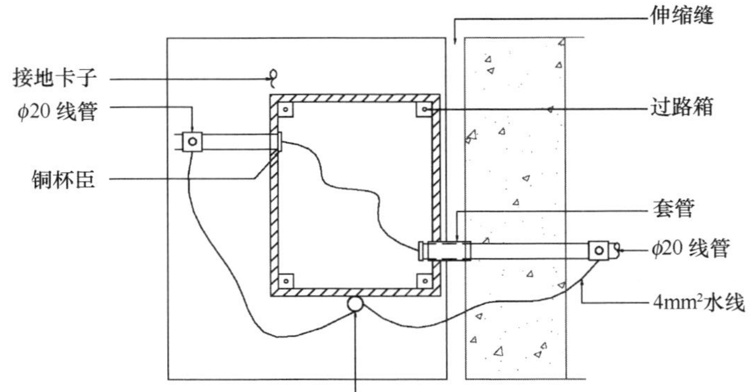

钢管沿过伸缩缝铺设

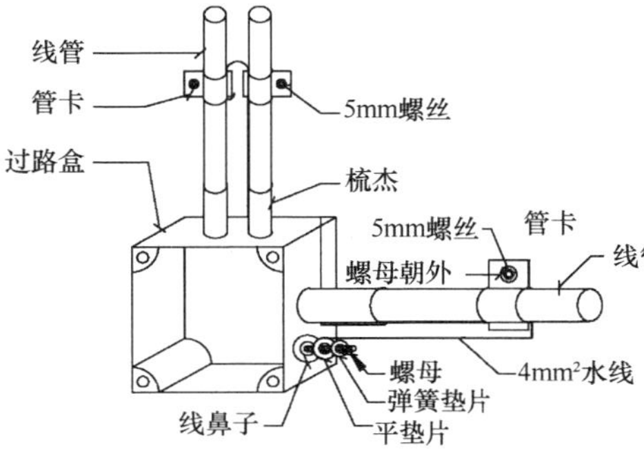

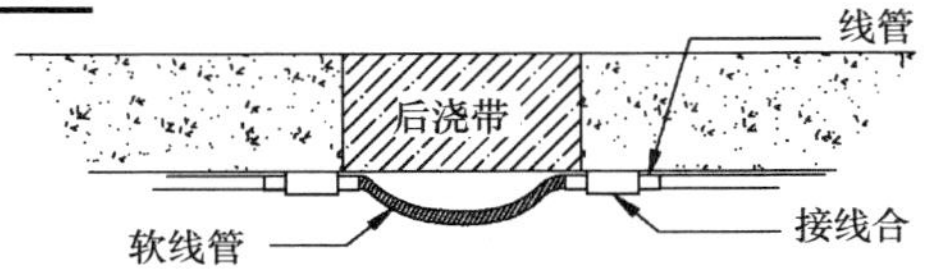

明敷线管经后浇带及结构伸缩缝安装剖面图

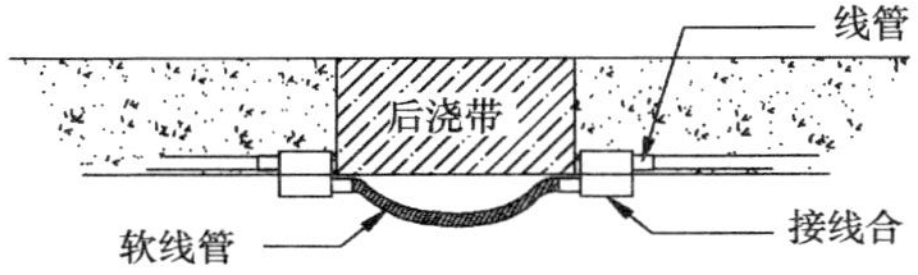

暗敷线管经后浇带及结构伸缩缝安装剖面图

单位：mm

电线管安装详图二	图纸编号	6.7-11

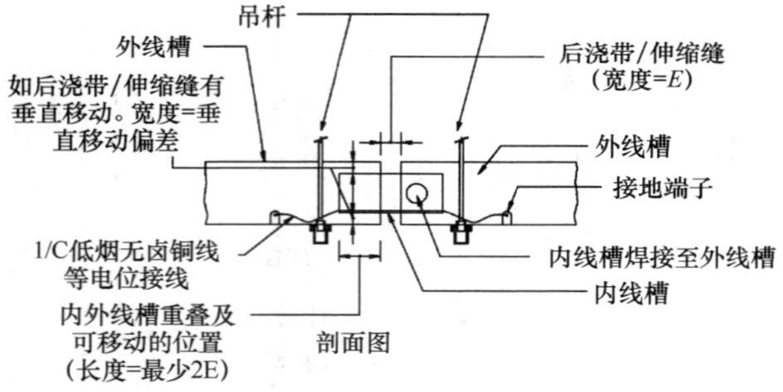

剖面图

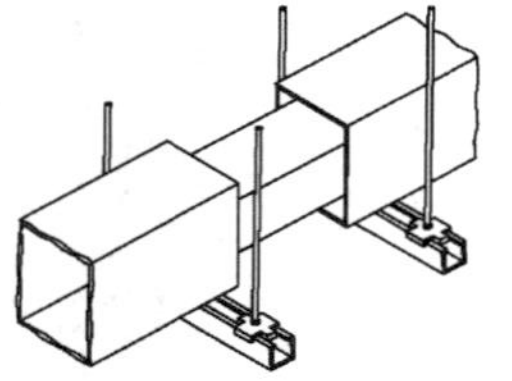

立体图

说明：

承托线槽的吊杆与后浇带/结构伸缩缝的距离不可超过600mm。

线槽经后浇带及结构伸缩缝安装剖面

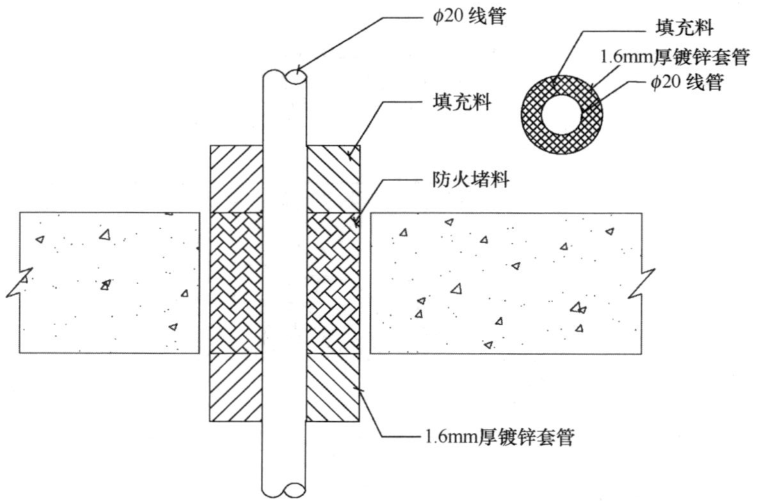

金属线管穿过防火区大样图

线槽安装详图一	图纸编号	6.7-12

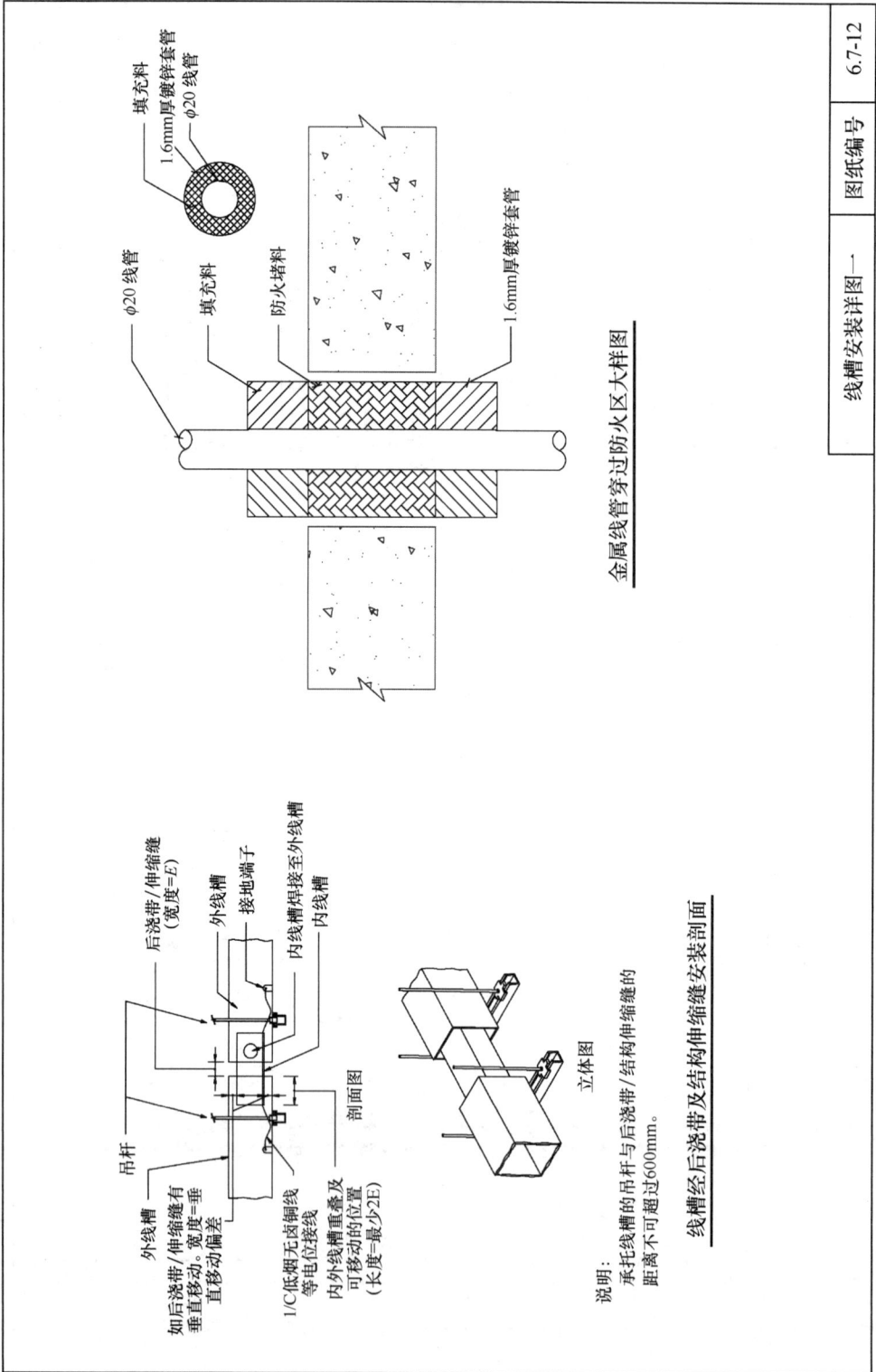

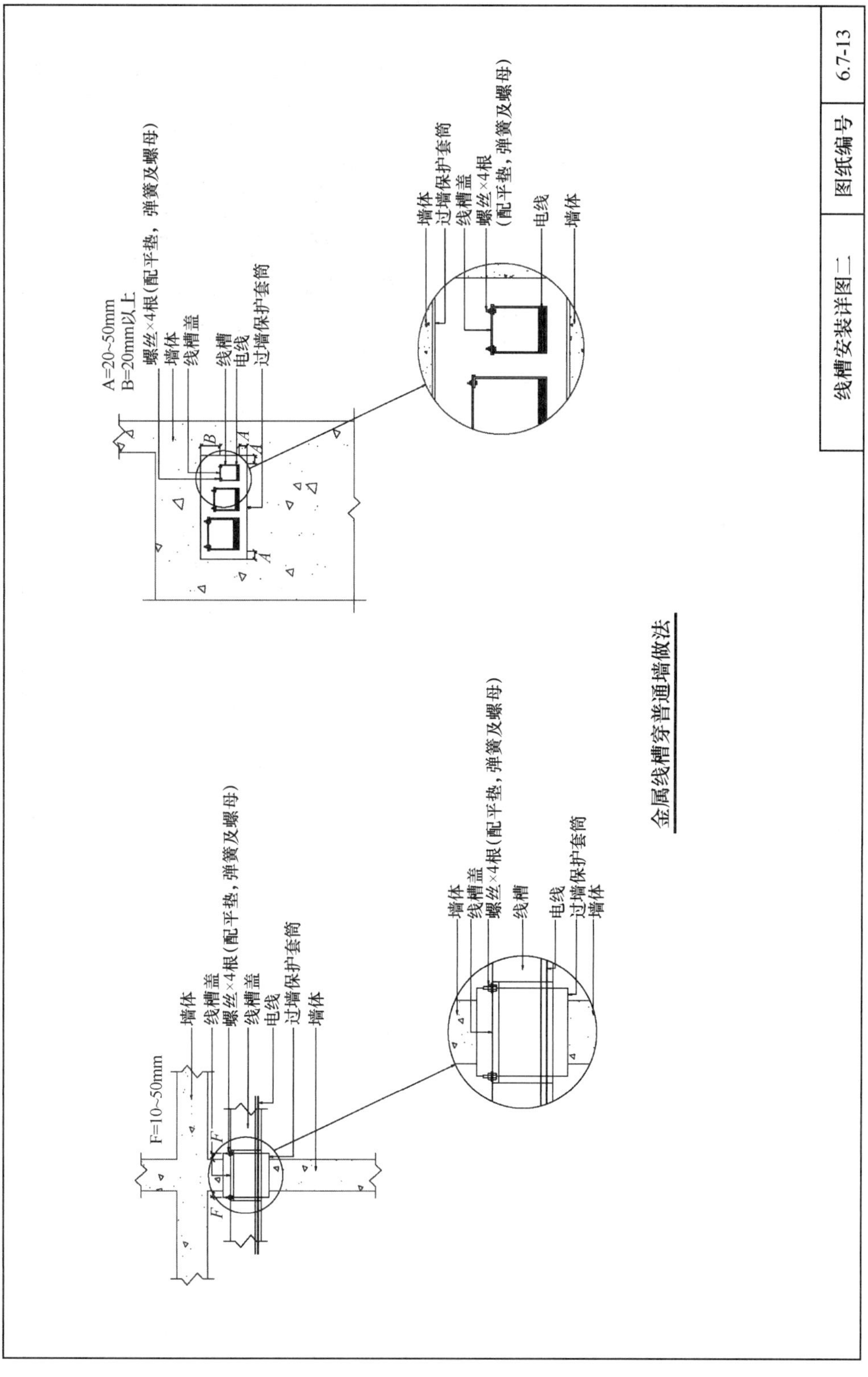
A=20~50mm
B=20mm以上
螺丝×4根(配平垫，弹簧及螺母)
墙体
线槽盖
线槽
电线
过墙保护套筒
A
B
墙体
过墙保护套筒
线槽盖
螺丝×4根
(配平垫，弹簧及螺母)
电线
墙体
F=10~50mm
墙体
线槽盖
螺丝×4根(配平垫，弹簧及螺母)
线槽盖
电线
过墙保护套筒
墙体
F
墙体
线槽盖
螺丝×4根(配平垫，弹簧及螺母)
线槽
电线
过墙保护套筒
墙体
金属线槽穿普通墙做法
线槽安装详图二
图纸编号
6.7-13

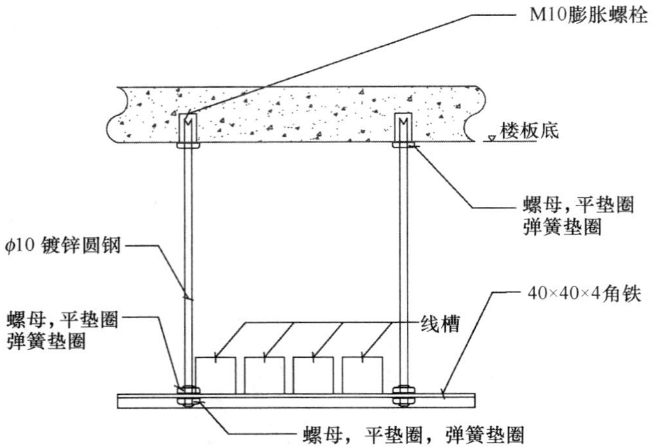

线槽安装方法

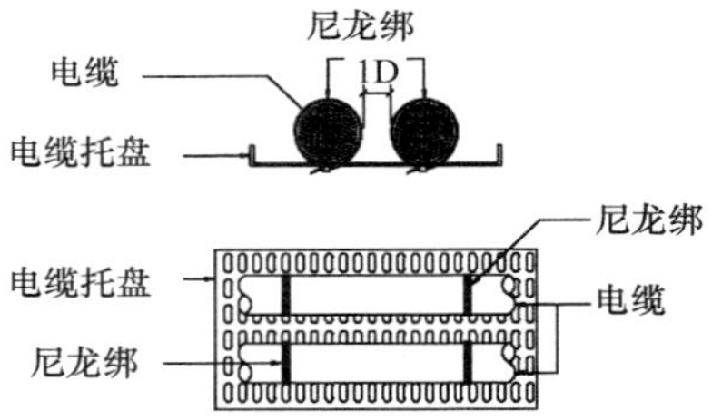

水平电缆/托盘固定方案

跨度	支架及构件			说明：
	镀锌角钢	镀锌圆钢	膨胀螺栓	1. 安装方法见图 2. 吊架走向间距为1.2~1.5m
1.5m以下	40×40×4	ϕ10×2	M10×2	3. 遇与托盘共架时，按托盘安装方法处理
1.5m以上至4m	8号槽钢	ϕ10×3	M10×3	4. 150mm及以下线槽与吊架用一个螺栓固定，以上用两个螺栓
4m以上至6m	8号槽钢	ϕ10×4	M10×4	

纯线槽吊架选择表

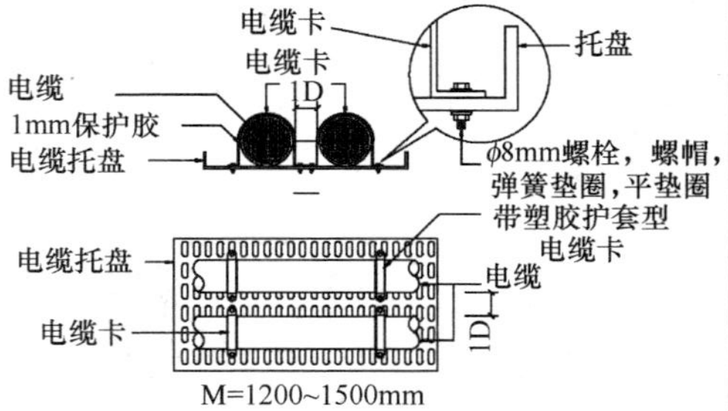

垂直电缆/托盘固定方案

单位：mm

线槽安装详图三	图纸编号	6.7-14

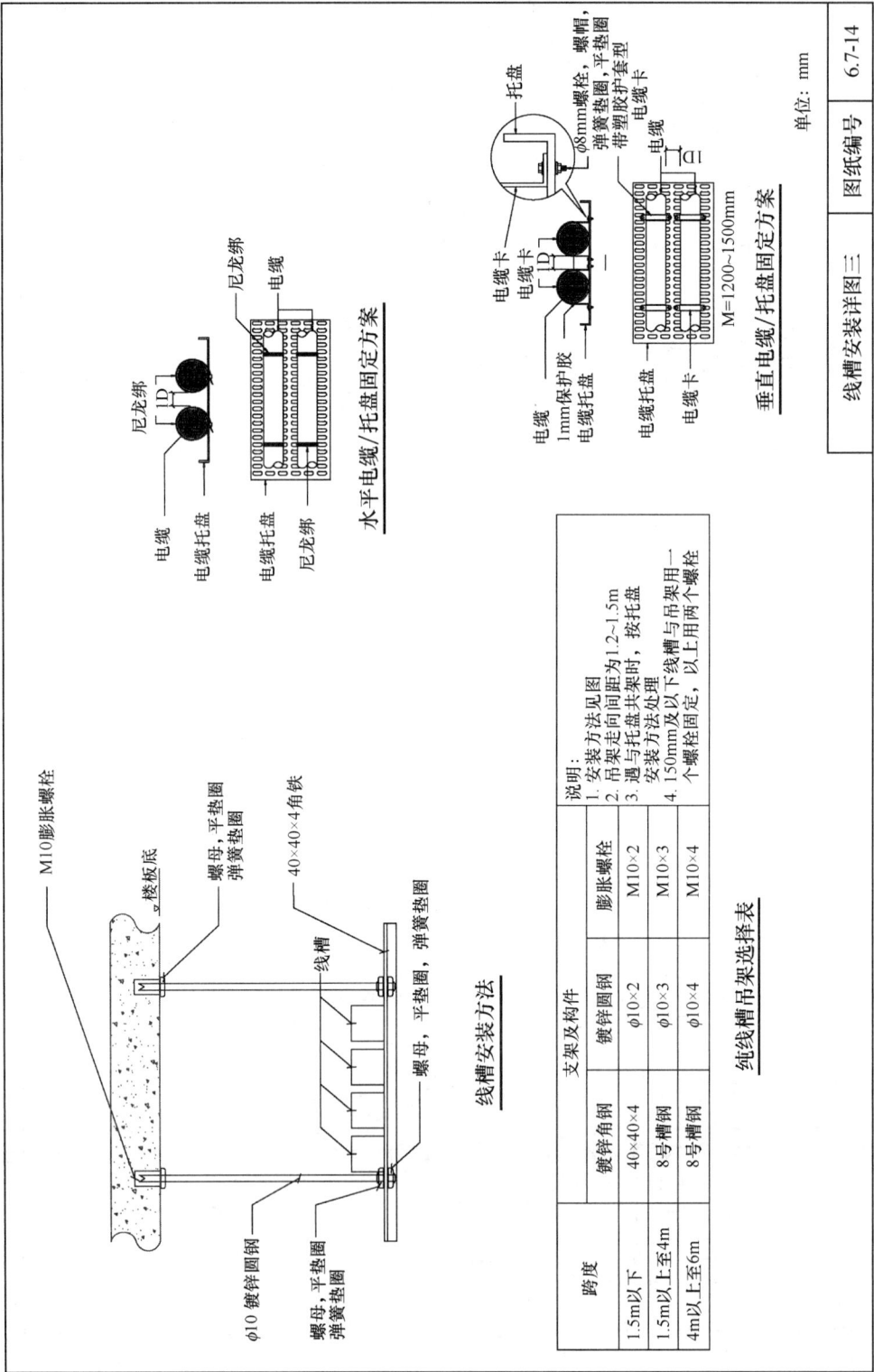

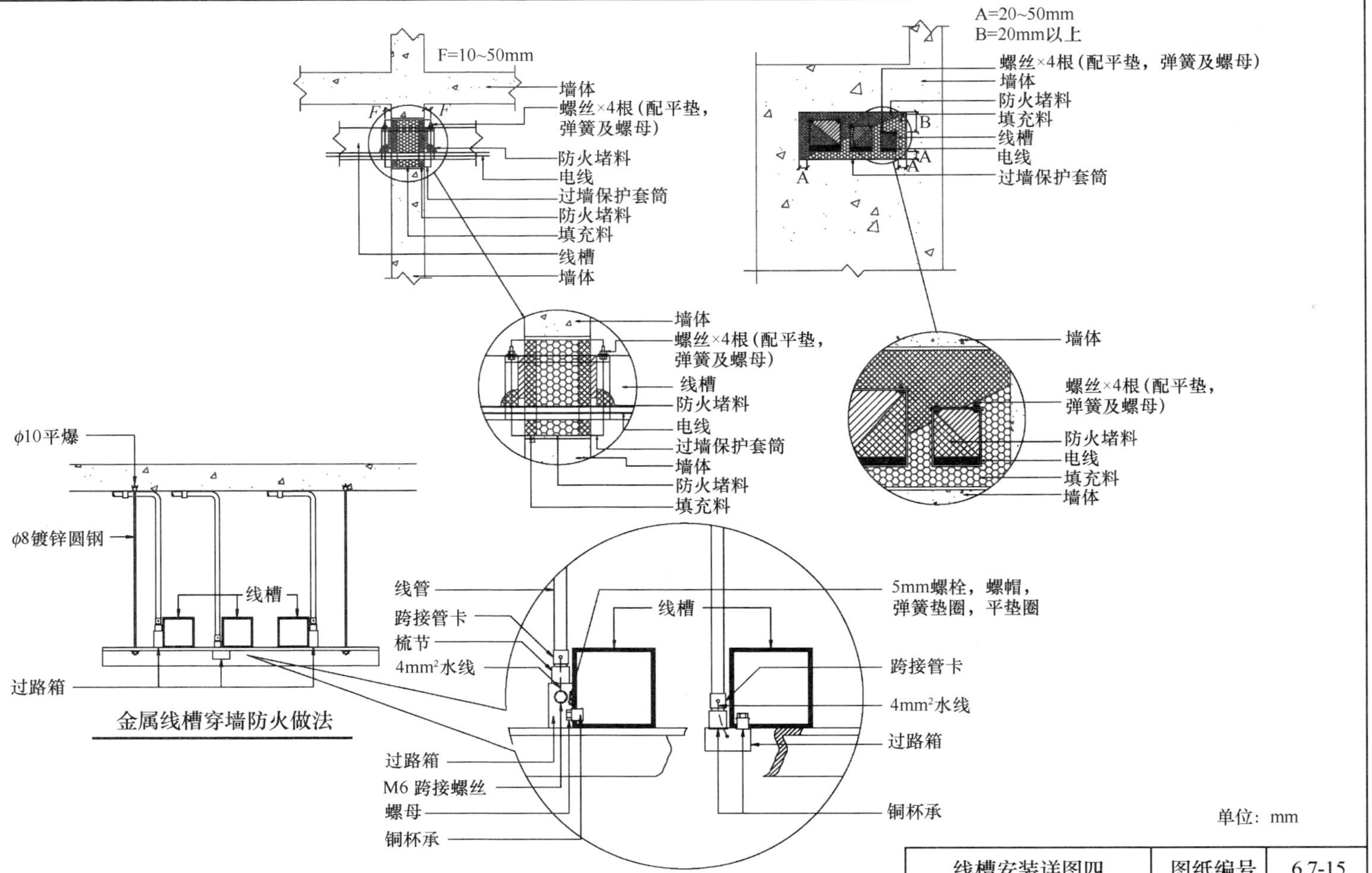

线槽安装详图四	图纸编号	6.7-15

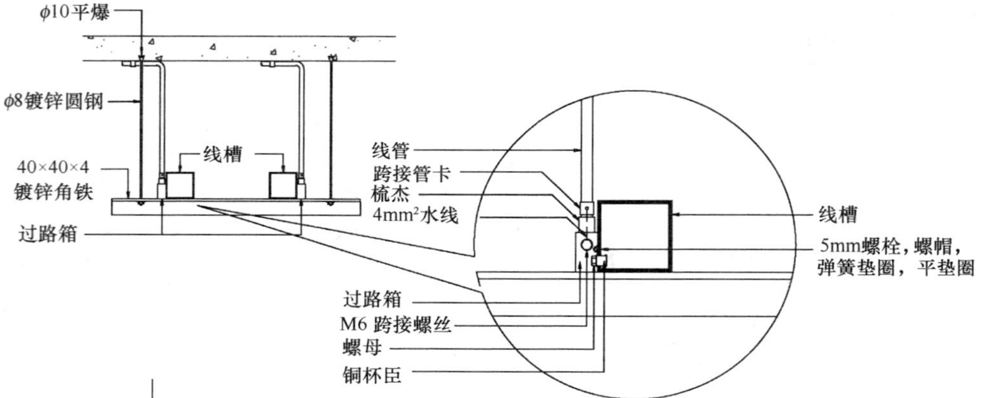

线槽及线管安装方法

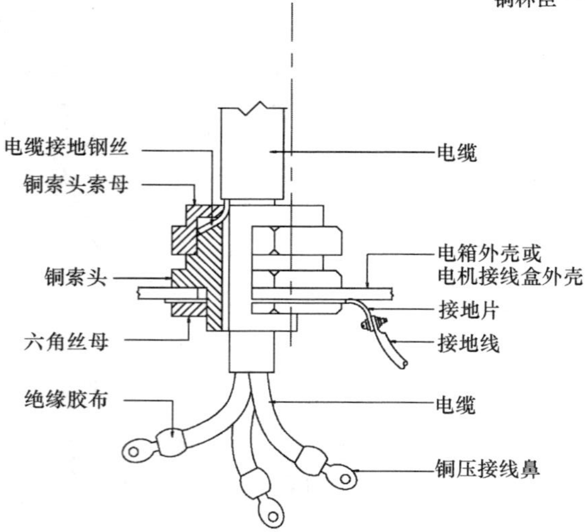

电缆索头终端大样图

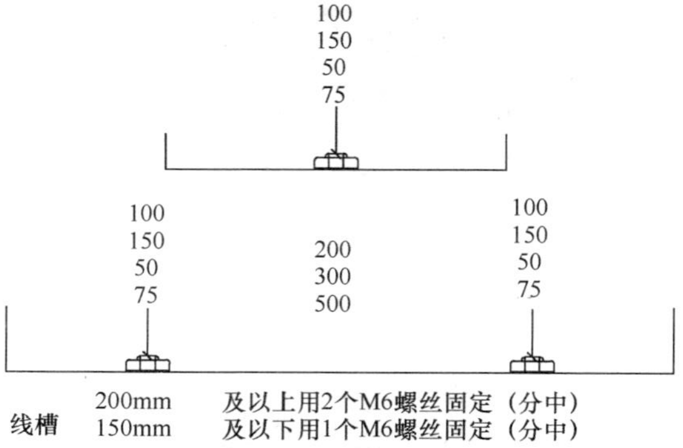

纯线槽固定螺丝间距选择表

单位：mm

线槽安装详图五	图纸编号	6.7-16

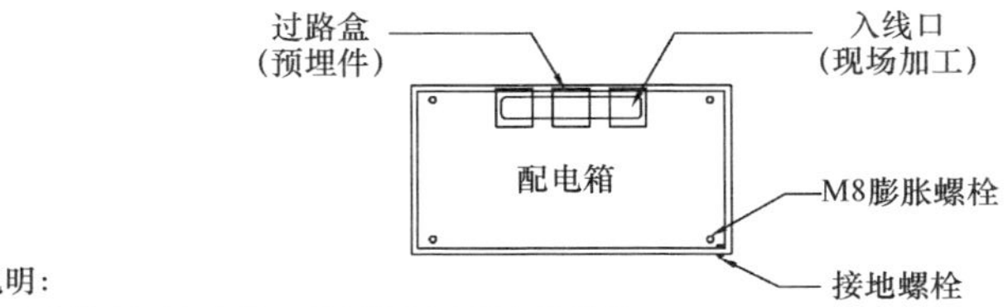

说明:

1. 配电箱所开之出线口必须使用胶封条作保护。
2. 配电箱之出线口必须配合现场已预埋之过路盒位置作即场开洞，但必须大小配合。
3. 预埋管线明装管时如同一位置有多个出线口，可能需用板做箱与楼板之固定。
   在一般情况不会使用，底板材料为1.2mm厚之镀锌截板。

预埋管路上位进配电箱

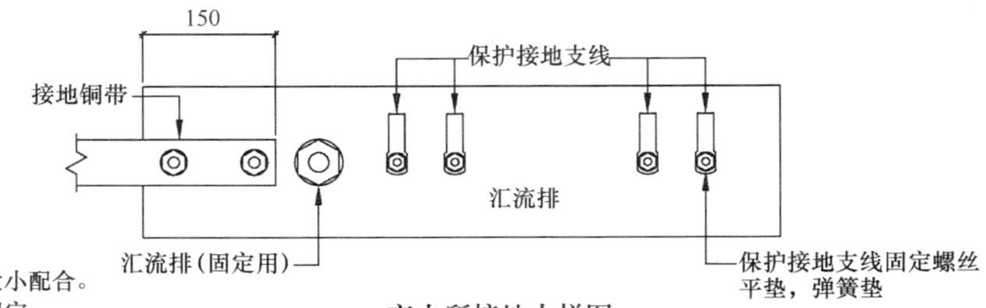

变电所接地大样图

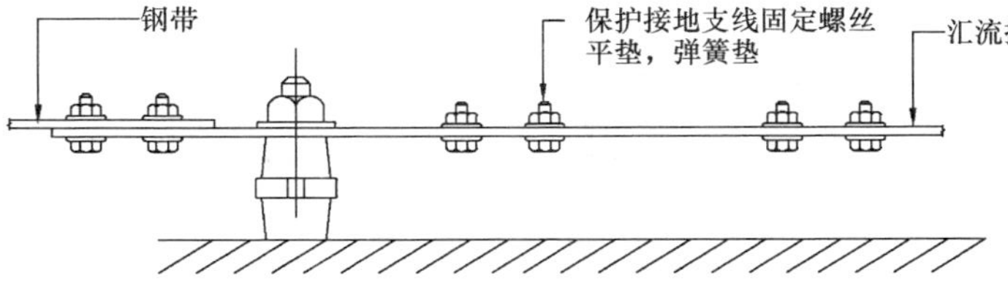

变电所接地大样图

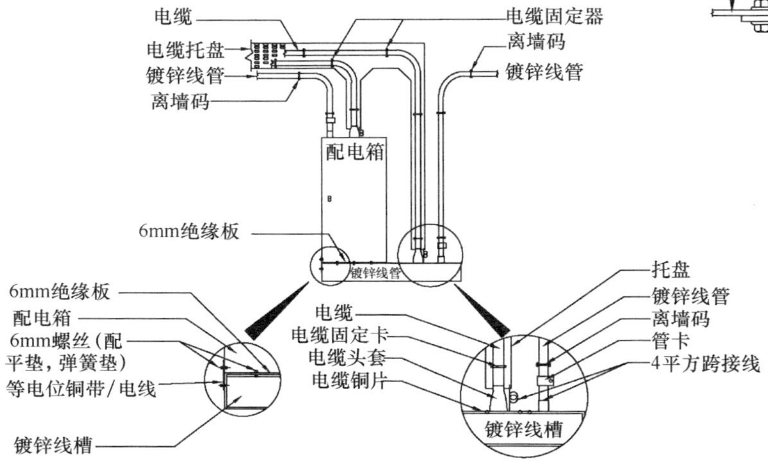

配电箱(盘)与线槽，托盘及线管连接做法

单位：mm

配电箱安装示意图一	图纸编号	6.7-17

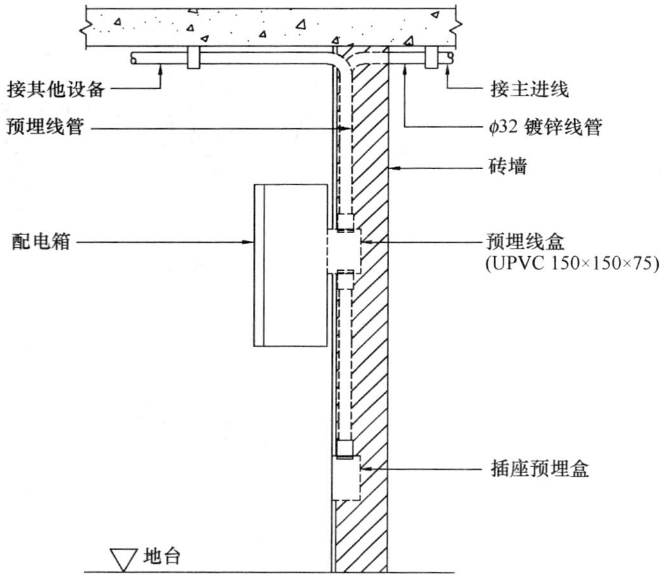

预埋管路进配电箱

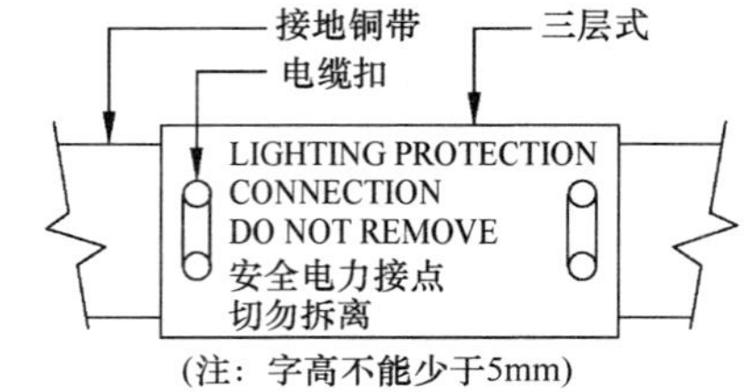

电力接地标签接地标签详图

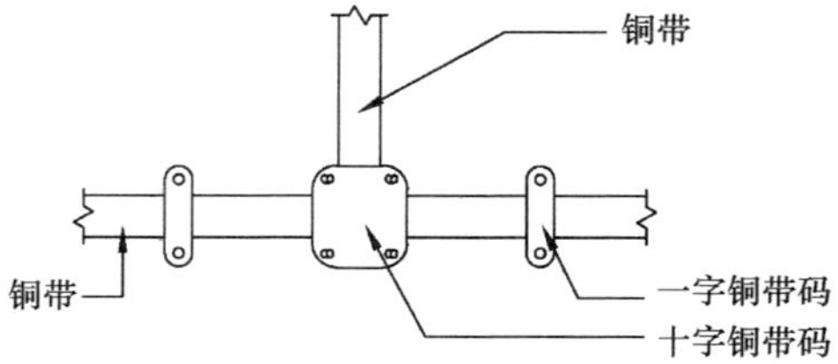

接地铜带固定及接驳方法

说明：铜带的连接，分支及转角，需使用十铜带码并作固定之用直身铜带则使用一字码作固定。

单位：mm

配电箱安装示意图二	图纸编号	6.7-18

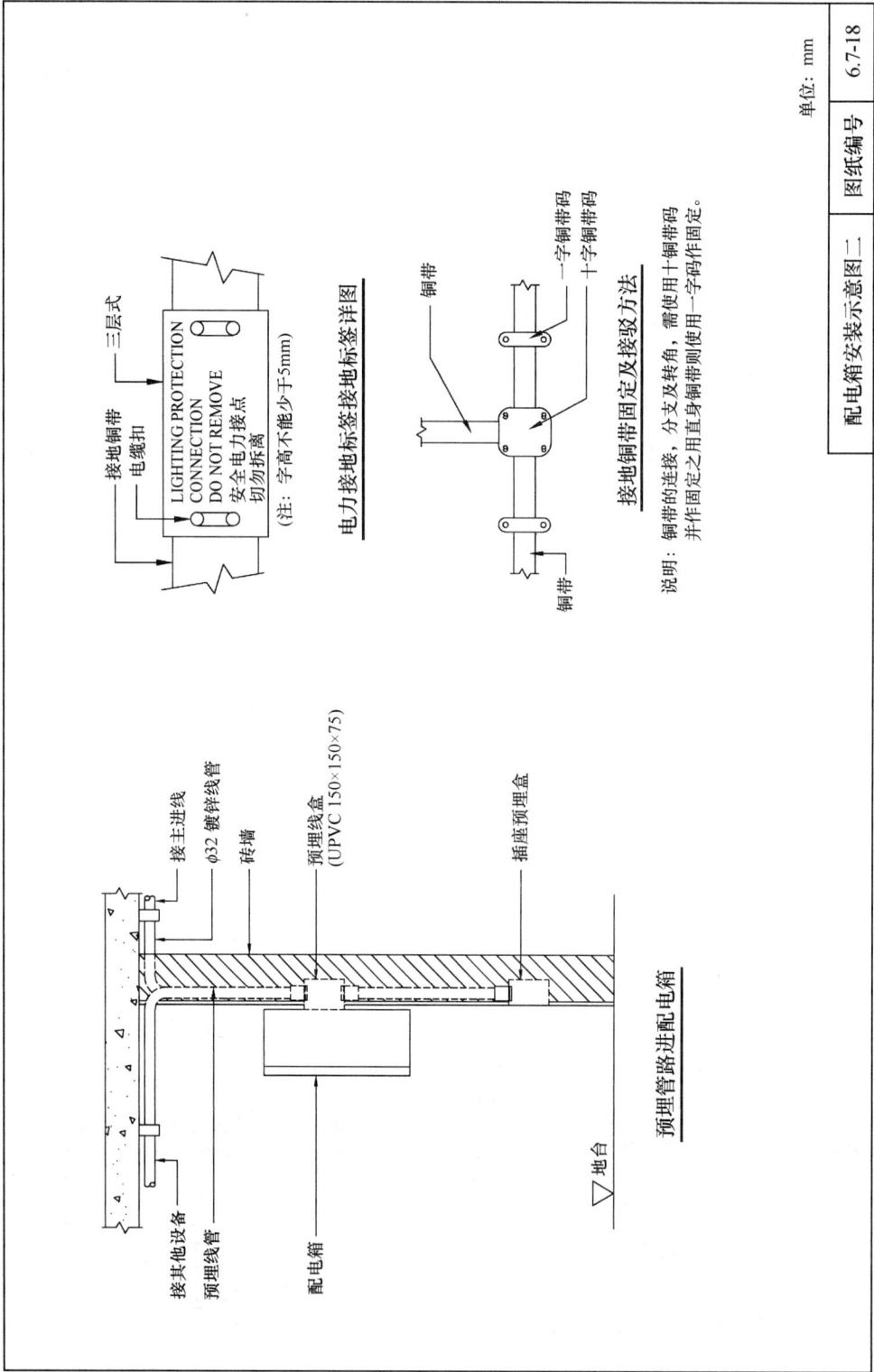

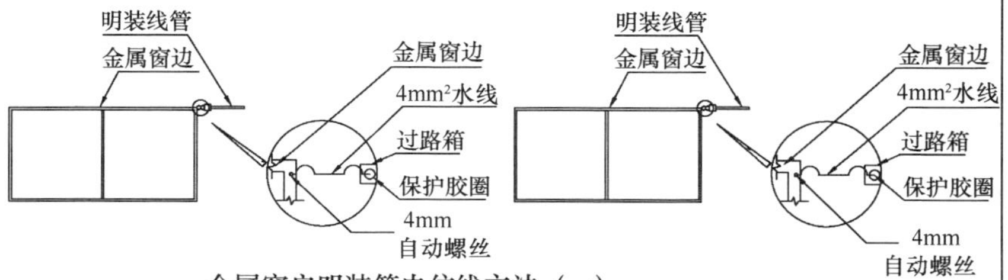

金属窗户明装等电位线方法（一）

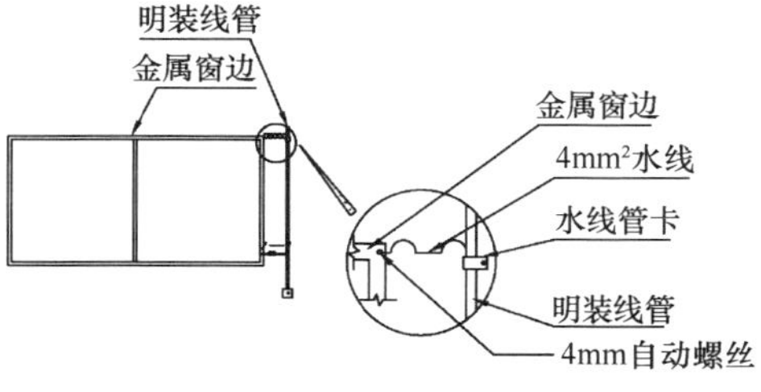

金属窗户明装等电位线方法（二）

注：
1. 如旁边有强电金属线管在200mm范围内，则使用明装等电位方法（二）。
2. 如该地区或房间是明管安装，则使用明装等电位方法进行安装。
3. 如该地区或房间是暗装，则使用暗装等电位方法进行安装。
4. 如有个别情况者，则作单独处理。

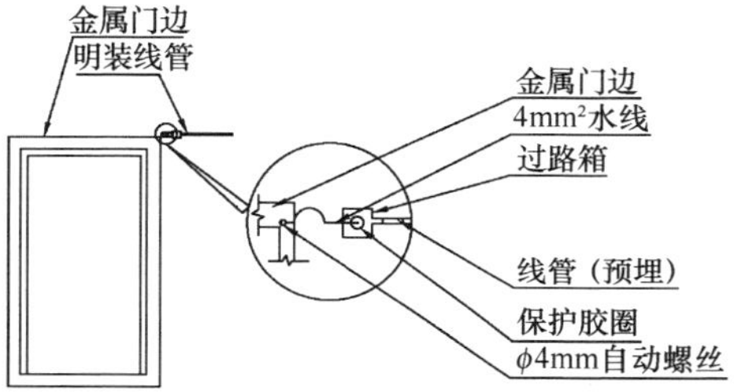

金属门暗装等电位方法

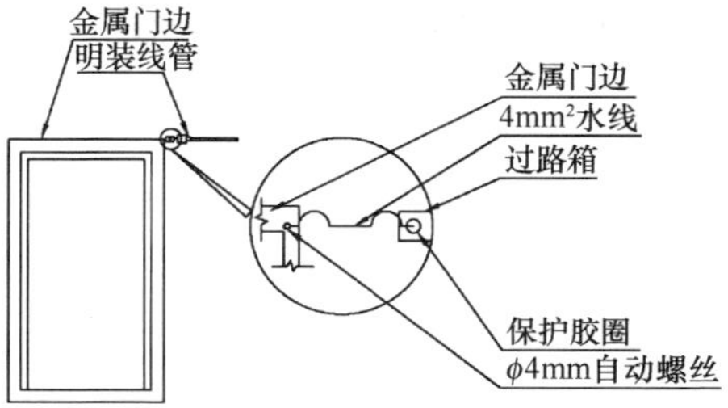

金属门明装等电位方法（一）

注：
1. 如旁边有强电金属线管在200mm范围内，则使用明装等电位方法（二）。
2. 如该地区或房间是明管安装，则使用明装等电位方法进行安装。
3. 如该地区或房间是暗装，则使用暗装等电位方法进行安装。
4. 如有个别情况者，则作单独处理。

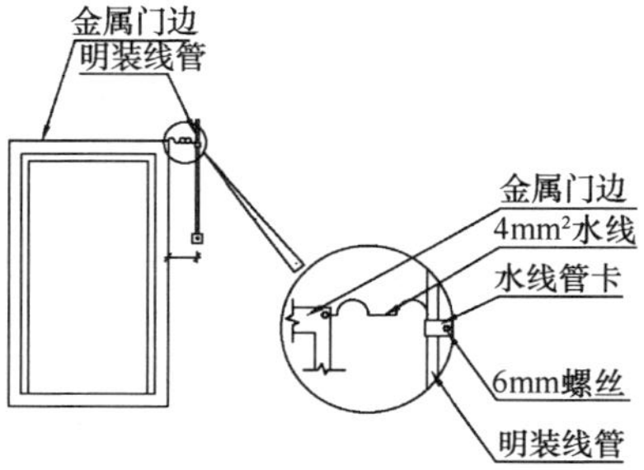

金属门明装等电位方法（二）

金属门窗等电位方法	图纸编号	6.7-19

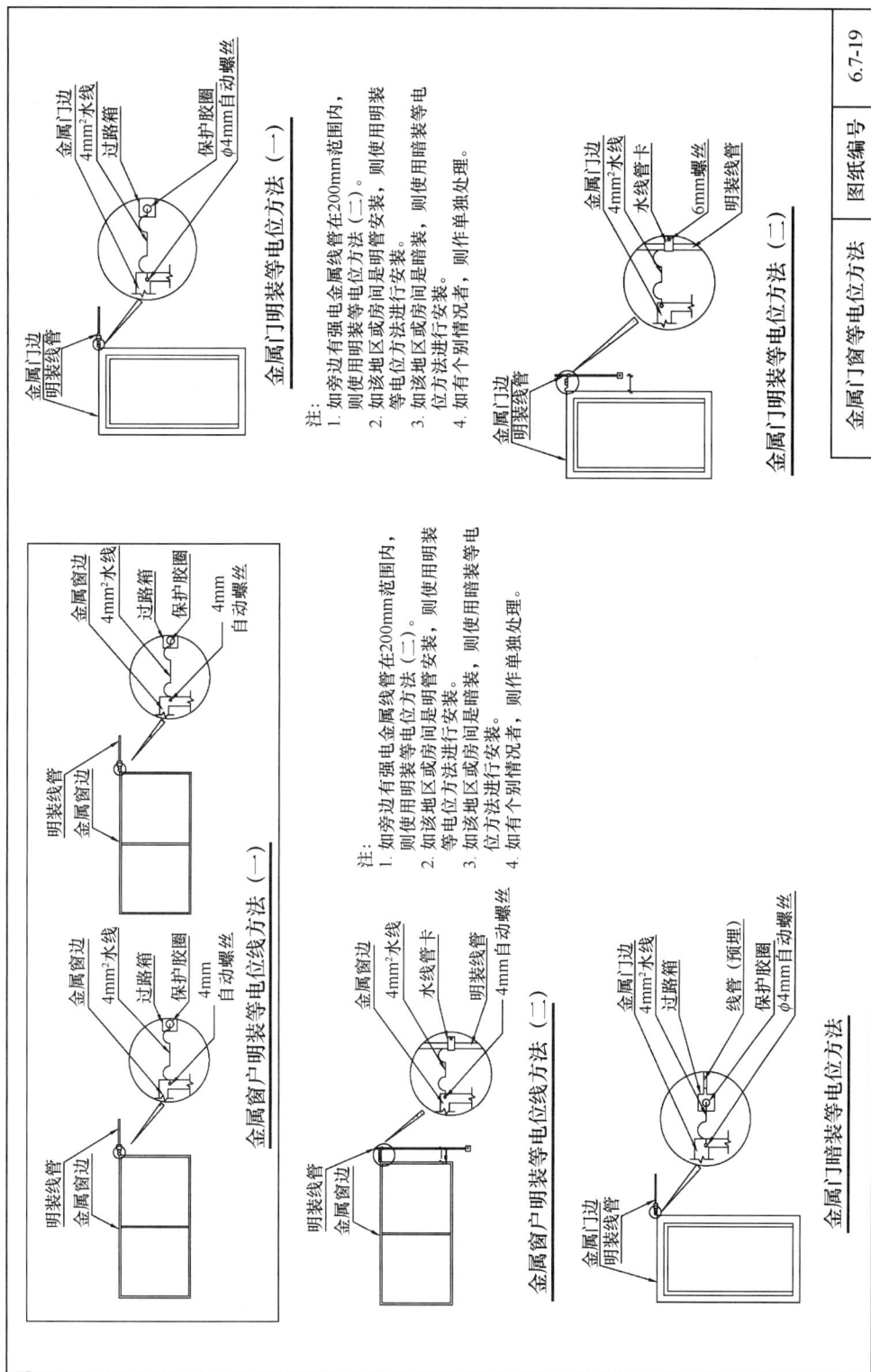

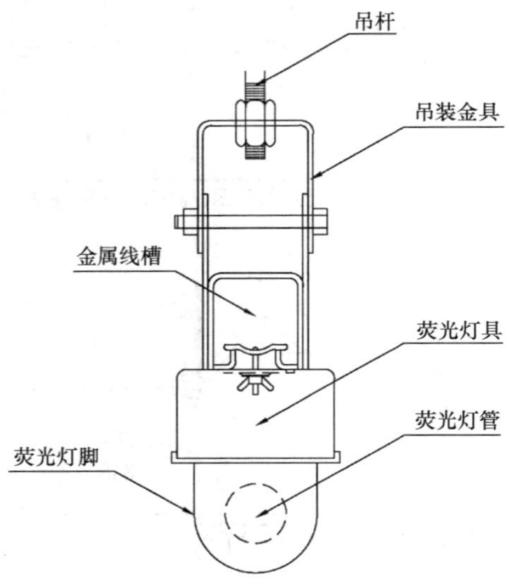

I－I

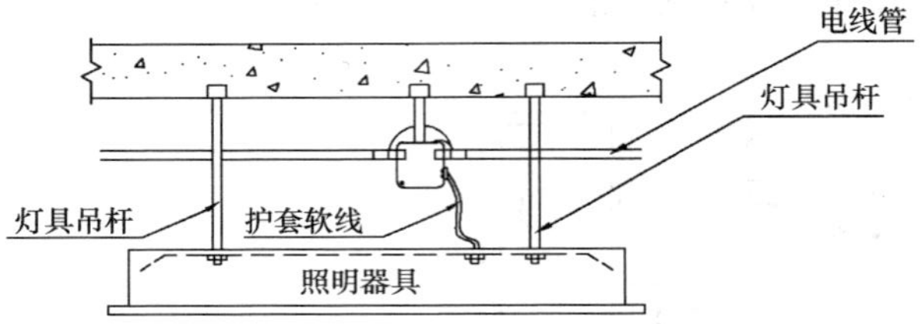

荧光灯照明灯具吊顶内安装做法图示

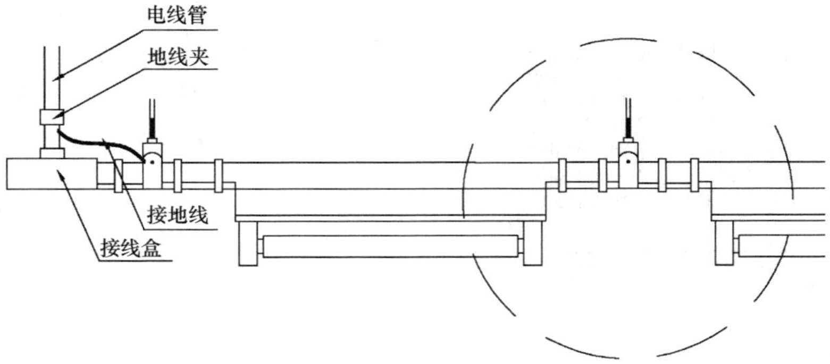

照明器安装作法	图纸编号	6.7-20

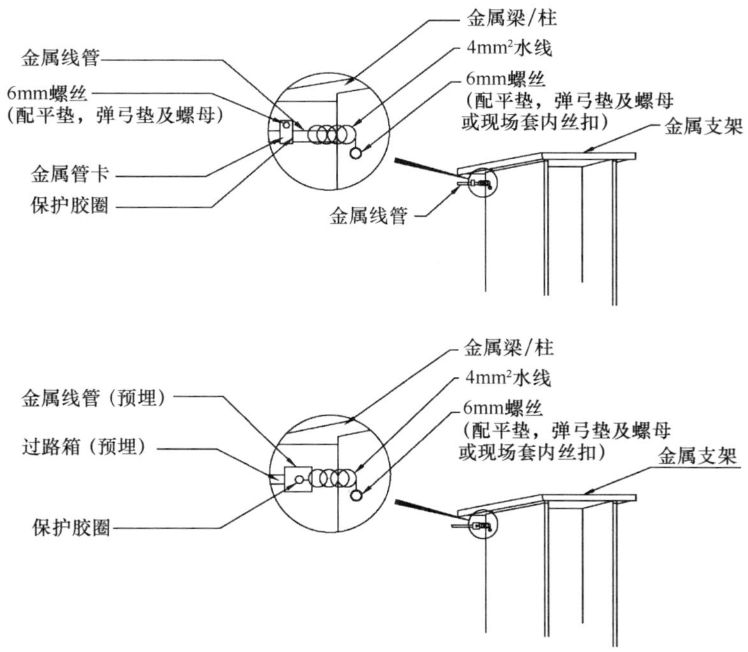

金属支架之等电位安装方法

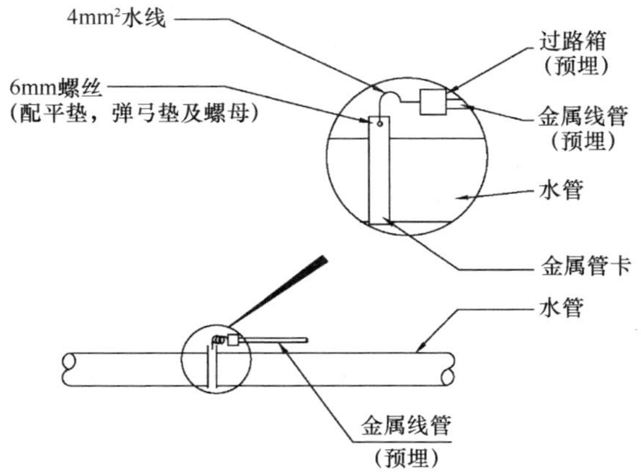

金属水管之等电位安装方法

等电位安装方法一	图纸编号	6.7-21

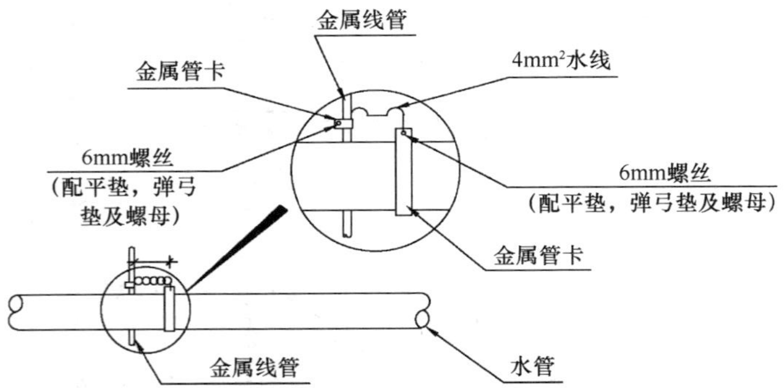

金属水管之等电位明线安装方法

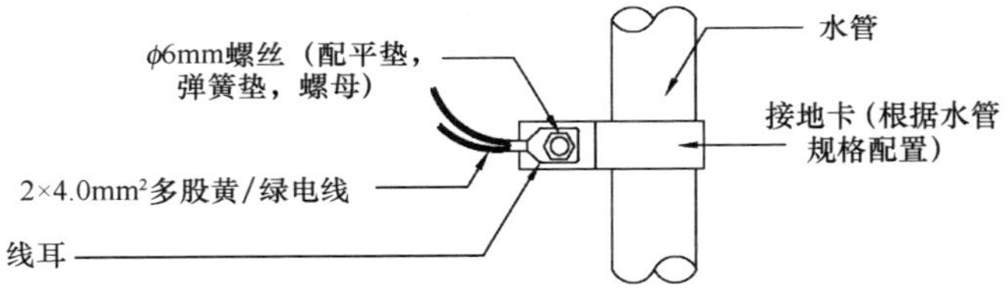

水管等电位安装大图详“F”

为防止地震时电力系统失效、短路及起火造成人员伤亡及财产损失，根据《建筑抗震设计规范》GB 50011—2010第1.0.2条、第3.7.1条及《建筑机电工程抗震设计规范》GB 50981—2014 1.0.4条及7.4.6条为强制性条文，应对机电管线系统进行抗震加固。本项目重力超过1.8kN的设备；内径大于等于DN60mm的电气配管，15kg/m或以上的电缆桥架、电缆梯架、电缆线盒、母线槽都应设置抗震支吊架，且此项目抗震支吊架产品通过FM认证，与混凝土、钢结构、木结构等须采取可靠的结固形式，抗震支吊架的设置原则为：刚性电力线管侧向支撑最大间距为12m，非刚性电力管线侧向支撑间距为6m，刚性电力线管纵向支排最大间距为24m，非刚性电力线上管纵向支撑最大间距为12m，具体深化设计由专业公司完成，最终间距根据现场实际情况在深化设计阶段确定，所有产品需满足《建筑机电设备抗震支吊架通用技术条件》GJ/T 476—2015。

等电位安装方法二	图纸编号	6.7-22

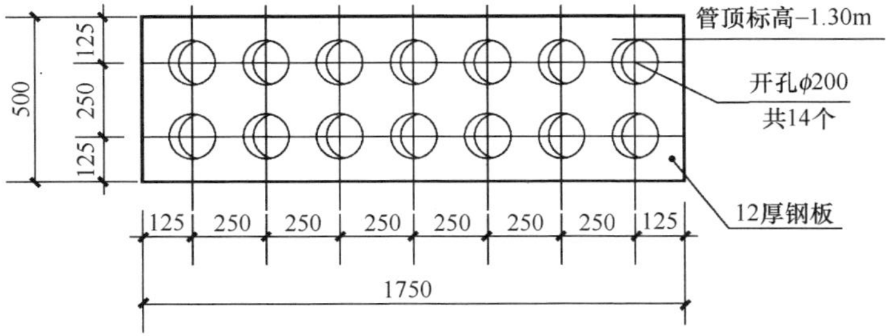

电气进出户管示意图1

预埋管管口室内墙面50mm，
室外延伸出墙壁1.5m，预埋两端喇叭口。
所有的管口均要求柔性封堵。
止水钢板需接地。
管径及数量以实际需求为准。

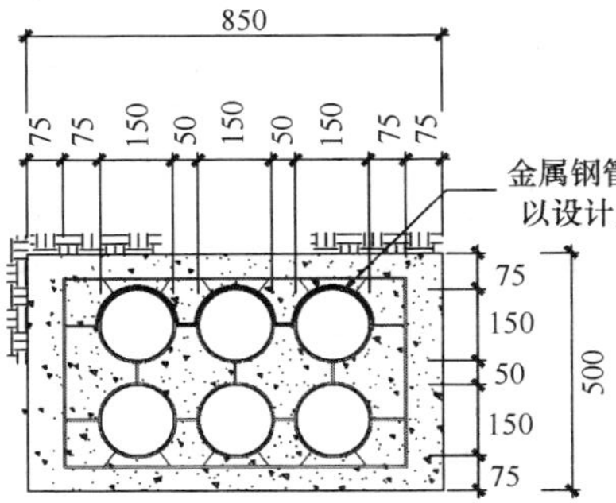

电气进出户管示意图2

单位：mm

电气进出户管示意图	图纸编号	6.7-23

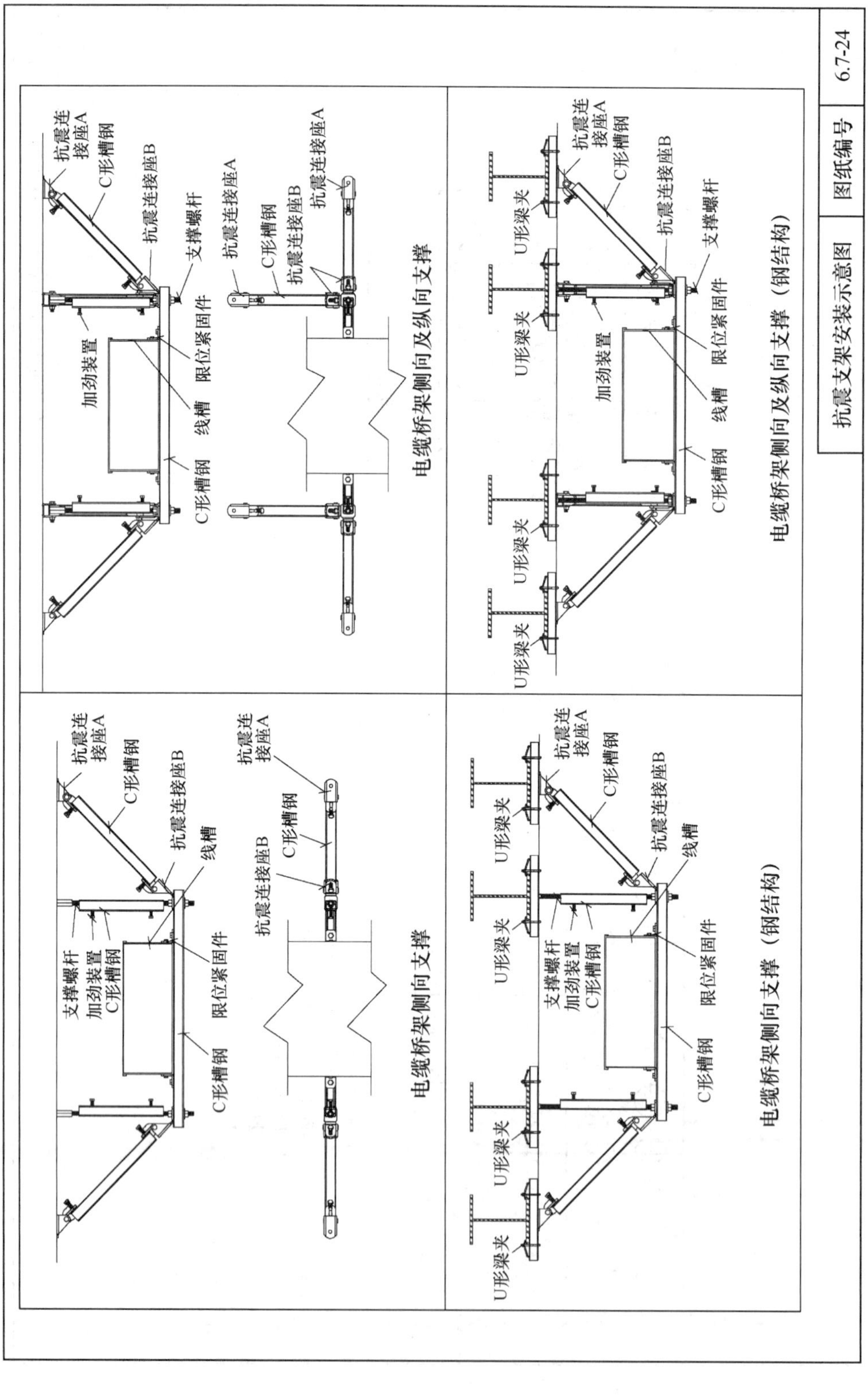
抗震支架安装示意图
图纸编号
6.7-24
电缆桥架侧向及纵向支撑
电缆桥架侧向支撑
电缆桥架侧向及纵向支撑（钢结构）
电缆桥架侧向支撑（钢结构）
抗震连接座A
抗震连接座B
C形槽钢
支撑螺杆
加劲装置
限位紧固件
线槽
U形梁夹

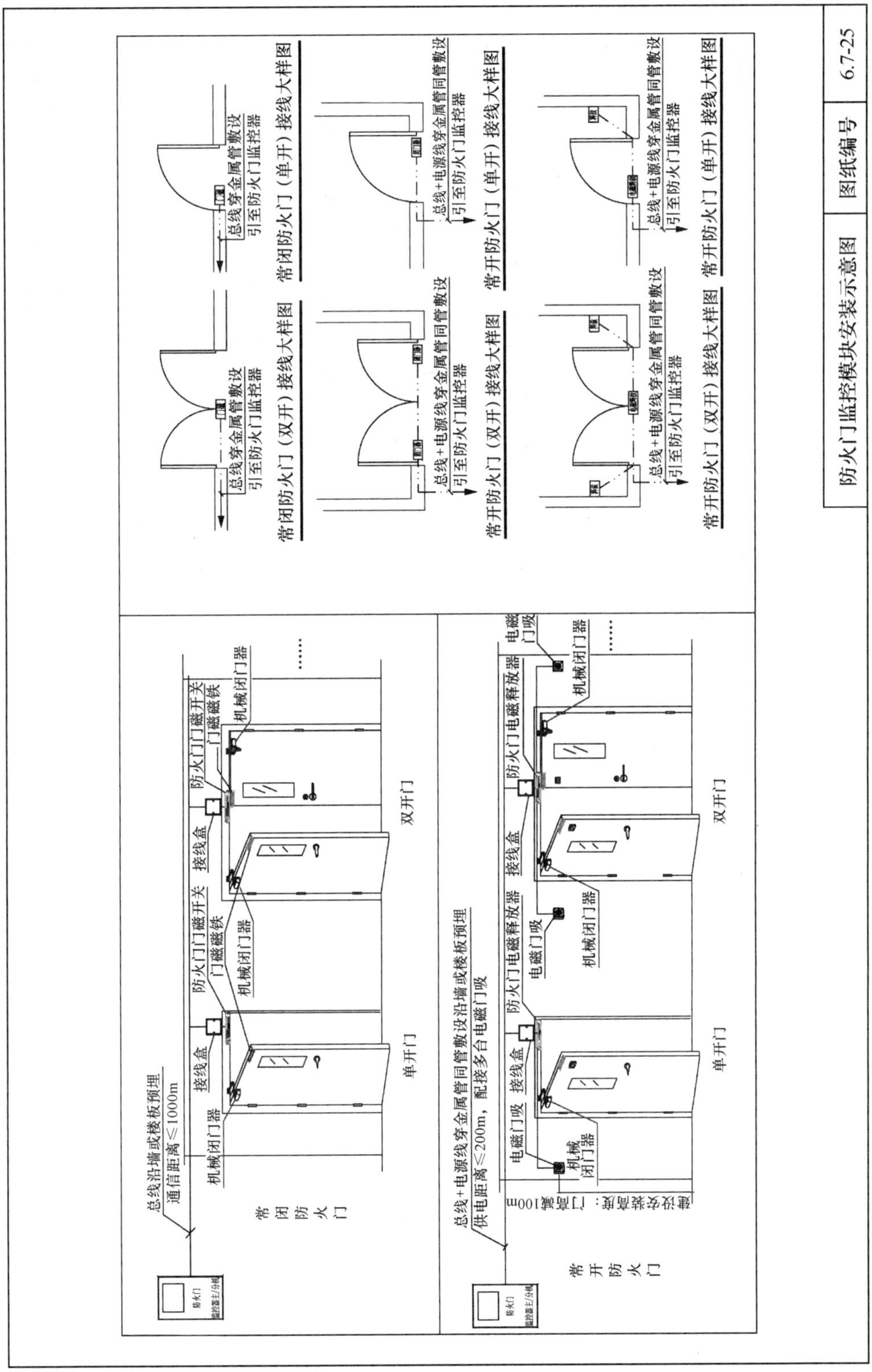
防火门监控模块安装示意图
图纸编号
6.7-25
常闭防火门
总线沿墙或楼板预埋
通信距离≤1000m
机械闭门器
接线盒
防火门门磁开关
门磁磁铁
单开门
双开门
常开防火门
总线+电源线穿金属管同管敷设沿墙或楼板预埋
供电距离≤200m，配接多台电磁门吸
建议安装高度：门高+100mm
电磁门吸
防火门电磁释放器
常闭防火门（双开）接线大样图
常闭防火门（单开）接线大样图
常开防火门（双开）接线大样图
常开防火门（单开）接线大样图
总线穿金属管敷设
引至防火门监控器
总线+电源线穿金属管同管敷设

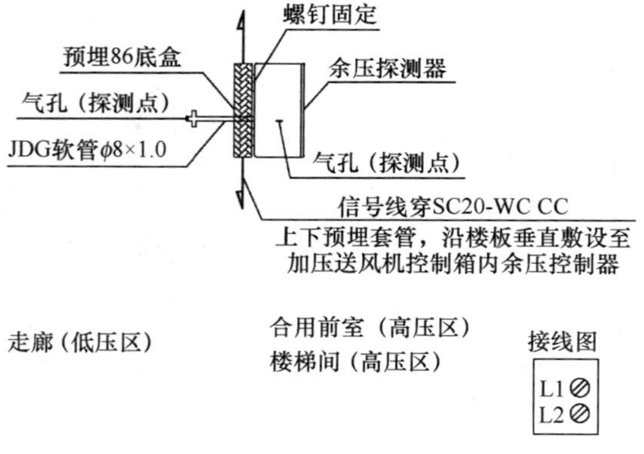

余压探测器安装示意图

说明：

1. 余压探测器安装高度距地1.8~2.2m，固定在预埋的86盒上
2. 安装时先在墙体上螺钉通过固定墙体或者柱子上

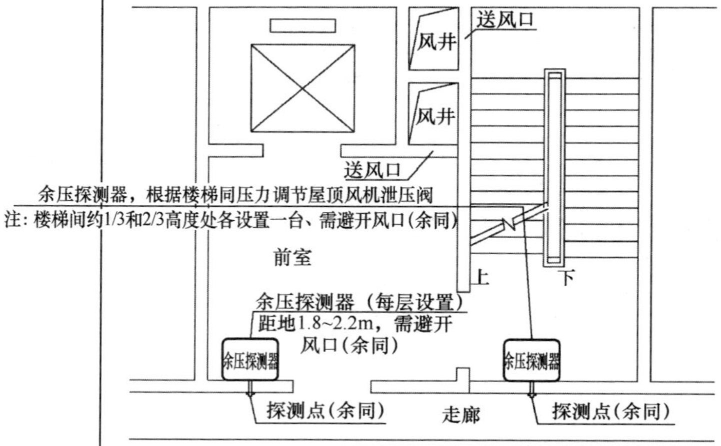

余压探测器安装平面示意图

余压探测器安装示意图	图纸编号	6.7-26

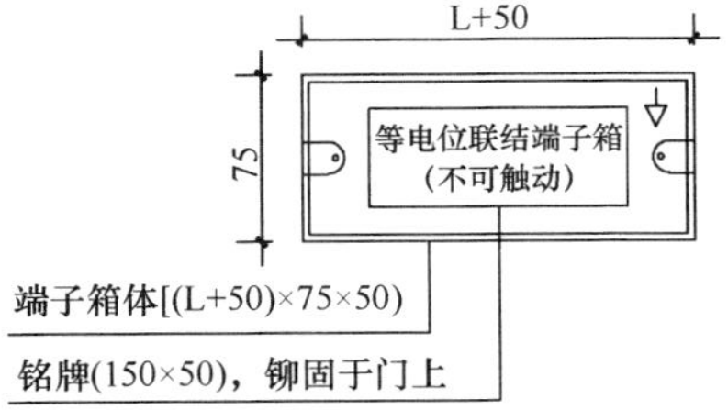

正视图

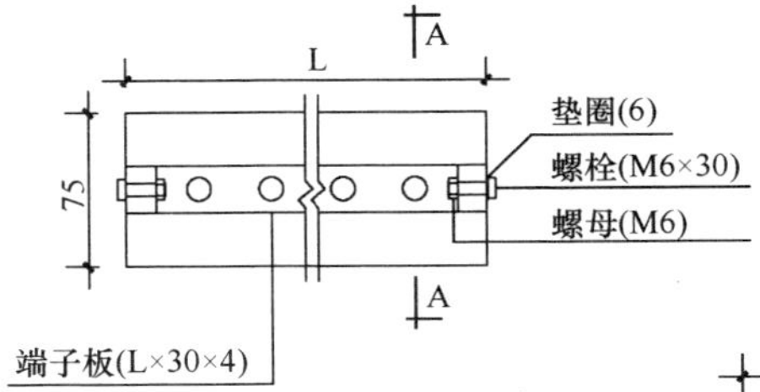

无门正视图

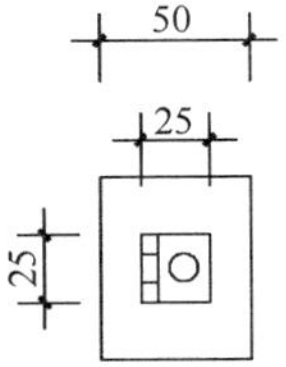

A–A剖面

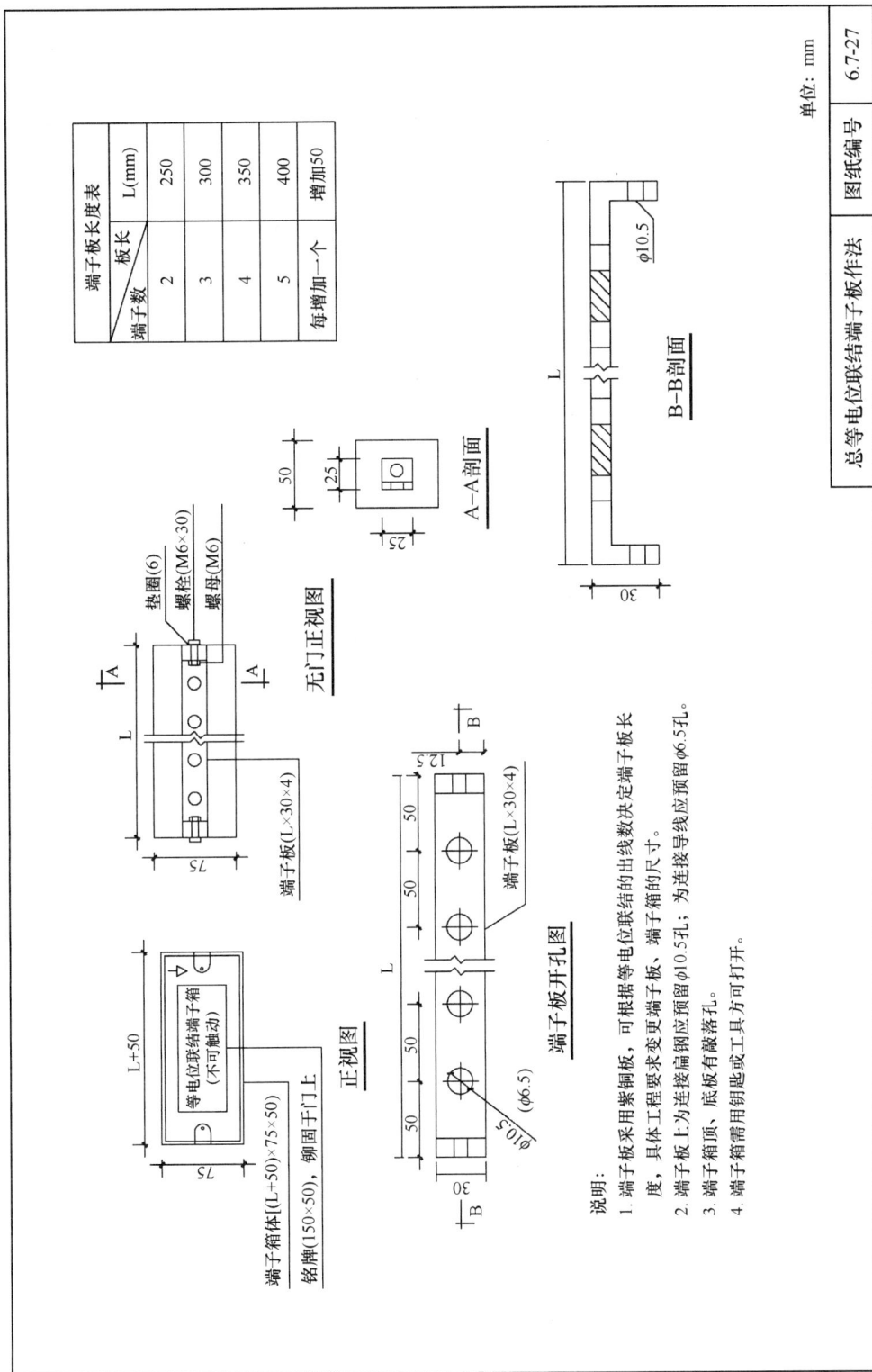

端子板长度表	
板长 / 端子数	L(mm)
2	250
3	300
4	350
5	400
每增加一个	增加50

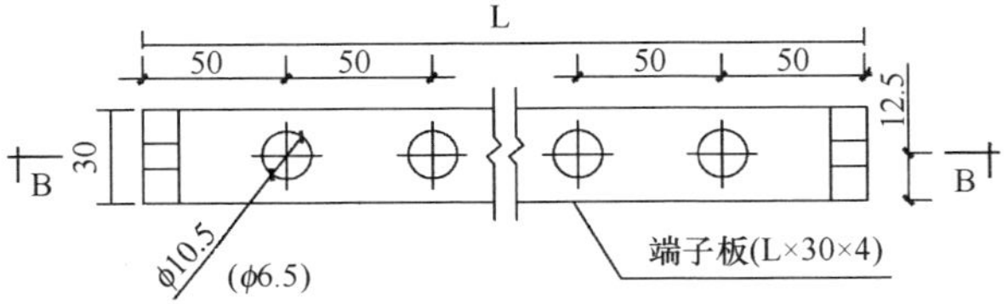

端子板开孔图

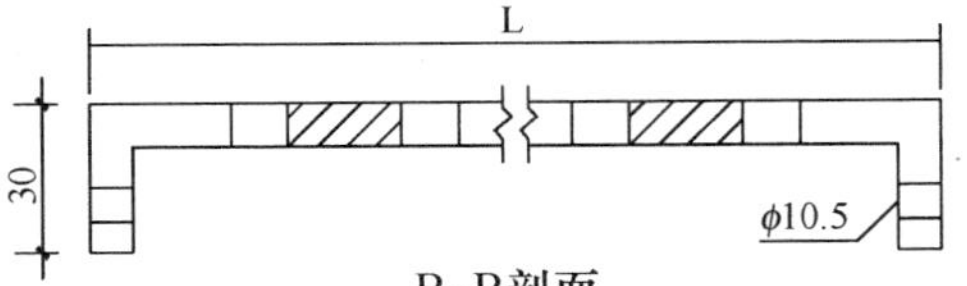

B–B剖面

说明:

1. 端子板采用紫铜板，可根据等电位联结的出线数决定端子板长度，具体工程要求变更端子板、端子箱的尺寸。
2. 端子板上为连接扁钢应预留ϕ10.5孔；为连接导线应预留ϕ6.5孔。
3. 端子箱顶、底板有敲落孔。
4. 端子箱需用钥匙或工具方可打开。

单位：mm

总等电位联结端子板作法	图纸编号	6.7-27

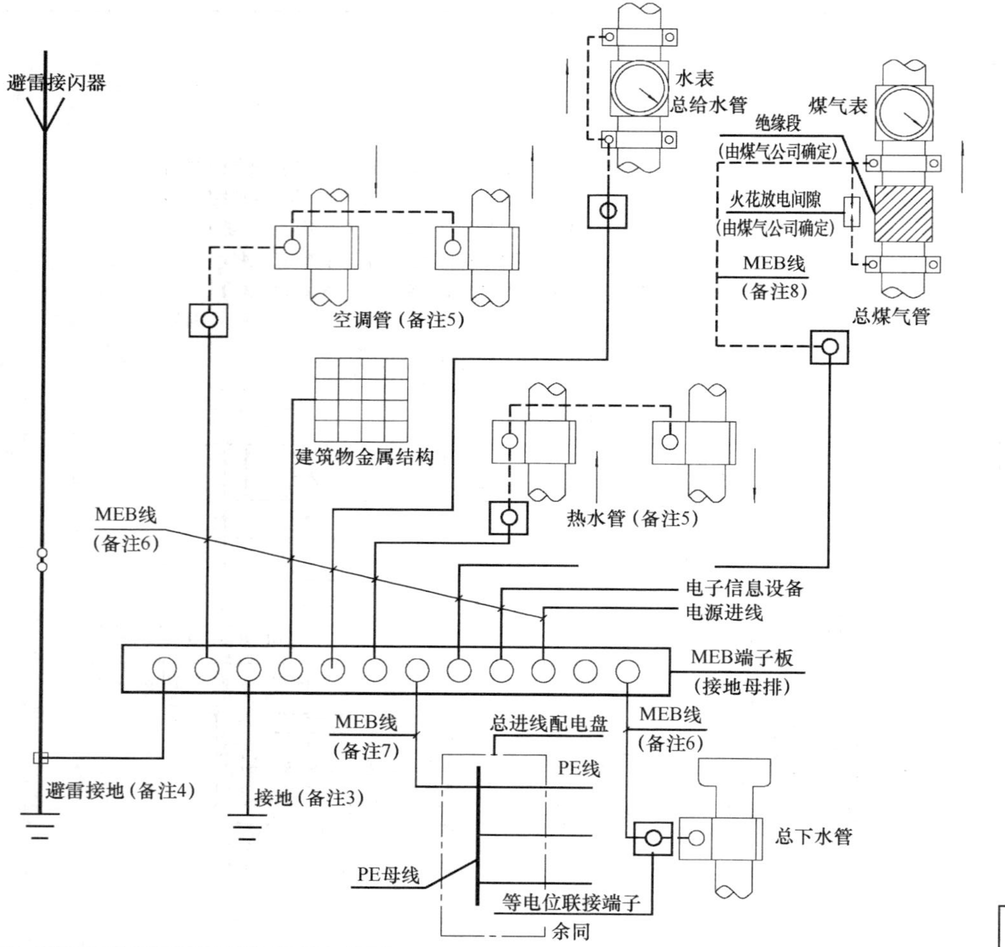

备注：
1. MEB端子板宜设置在电源进线或进线配电盘处，并应加罩，防止无关人员触动。
2. 相邻近金属管道及金属结构允许用一根MEB线连接。
3. 经实测总等电位联结内的金属水管、基础钢筋等自然接地体的接地电阻值已满足电气装置的接地要求时，不需另加人工接地极。保护接地与避雷接地宜直接短接地连通。
4. 当利用建筑物金属体作防雷及接地时，MEB端子板宜直接短接地与该建筑物用作防雷及接地的金属体连通。
5. 图中箭头方向表示水、气流动的方向。当金属进、回水管相距较远时，也可由MEB端子板分别用一根MEB线连接。
6. 图中实线段MEB线均采用40×4镀锌扁钢在地面或墙内暗敷。
7. 图中实线段MEB线采用不小于0.5×进线PE(PEN)截面穿PVC管在地面或墙内暗敷。或详见《等电位联结安装》15D502。
8. 图中虚线段MEB线待设备安装时再与等电位联接端子连通。
9. 凡塑料设备及管道无须作等电位联结。

单位：mm

总等电位联结系统图	图纸编号	6.7-28

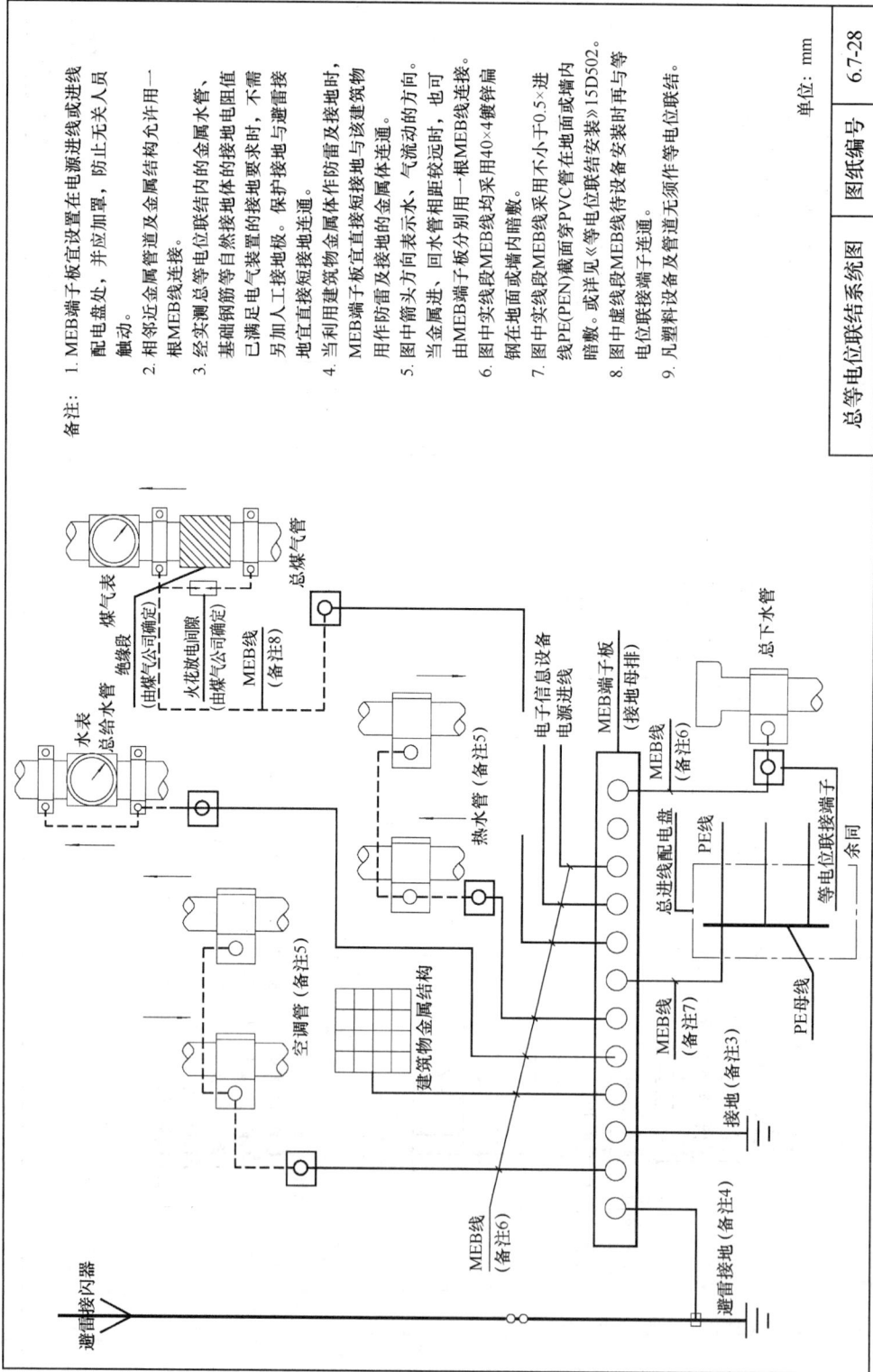

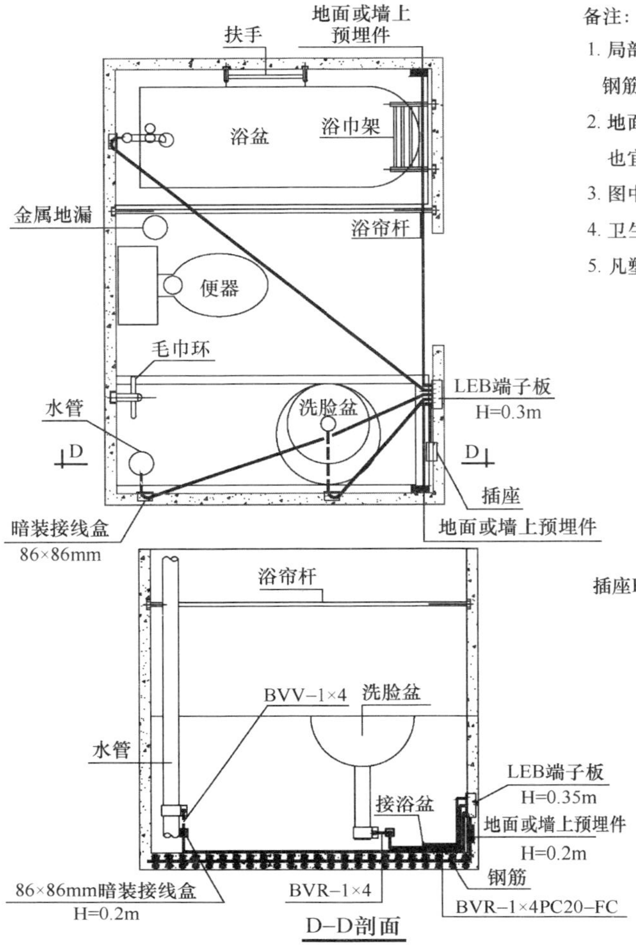

D-D剖面

备注：

1. 局部等电位联结应包括卫生间内金属给、排水管、金属浴盆以及建筑物钢筋网，可不包括金属地漏、扶手、浴巾架、肥皂盒等孤立之物。
2. 地面内钢筋网宜与等电位联结线连通。当墙为混凝土墙时，墙内钢筋网也宜与等电位联结线连通。
3. 图中LEB线均采用BVR-1×4mm²铜线在地面或墙内穿塑料管暗敷。
4. 卫生间LEB端子板上为连接扁钢应预留ϕ10.5孔；为连接导线应预留ϕ6.5孔。
5. 凡塑料卫生器具及管道无须作等电位联结。

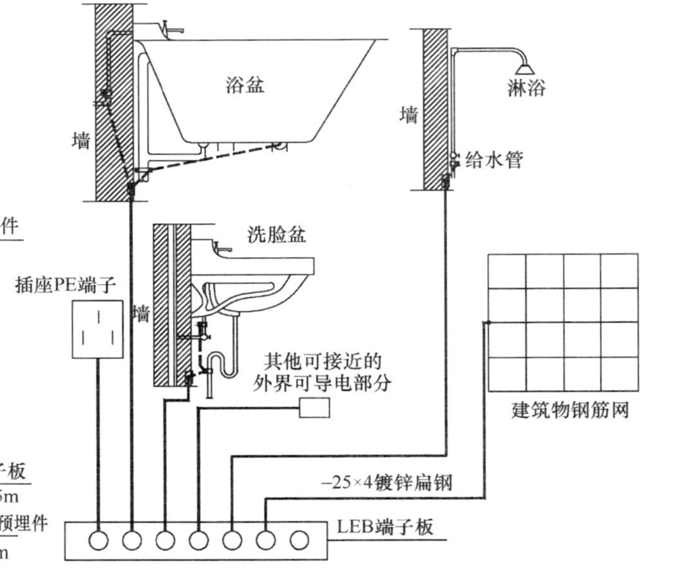

卫生间局部等电位联结作法	图纸编号	6.7-29

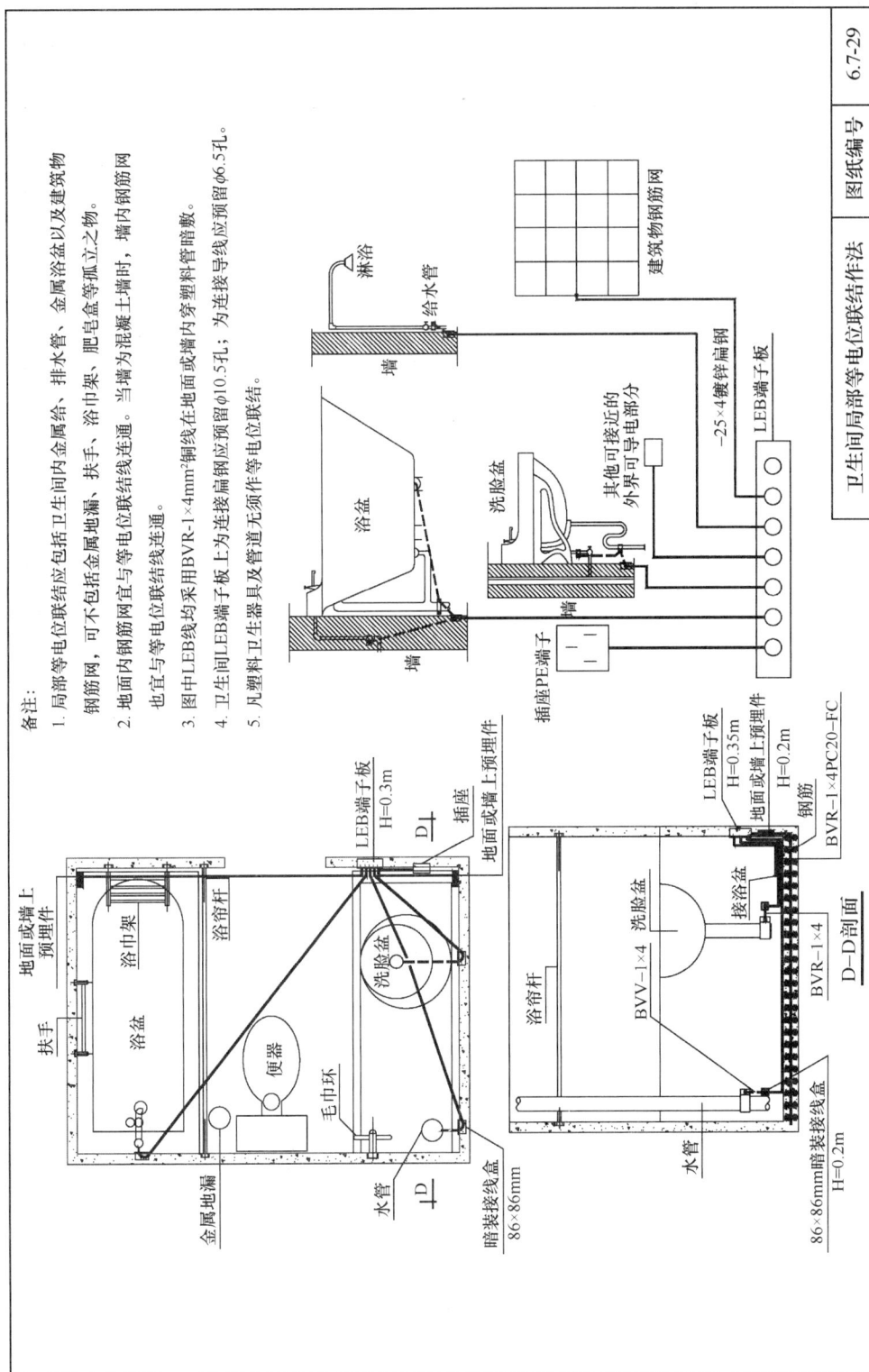

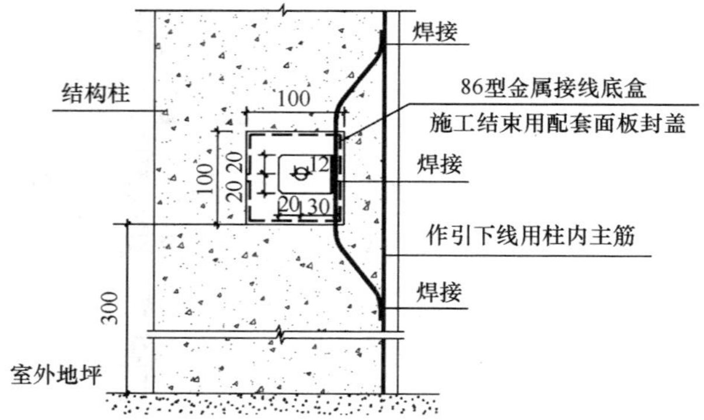

等电位联结端子作法　　镀锌扁钢厚　5mm

说明：

1. 等电位联接端子用厚5mm镀锌扁钢制作。
2. 用红色 ⏚ 做接地标记。
3. MEB线均采用40×4镀锌扁钢在地面或墙内暗敷。

等电位联结端子作法	图纸编号	6.7-30

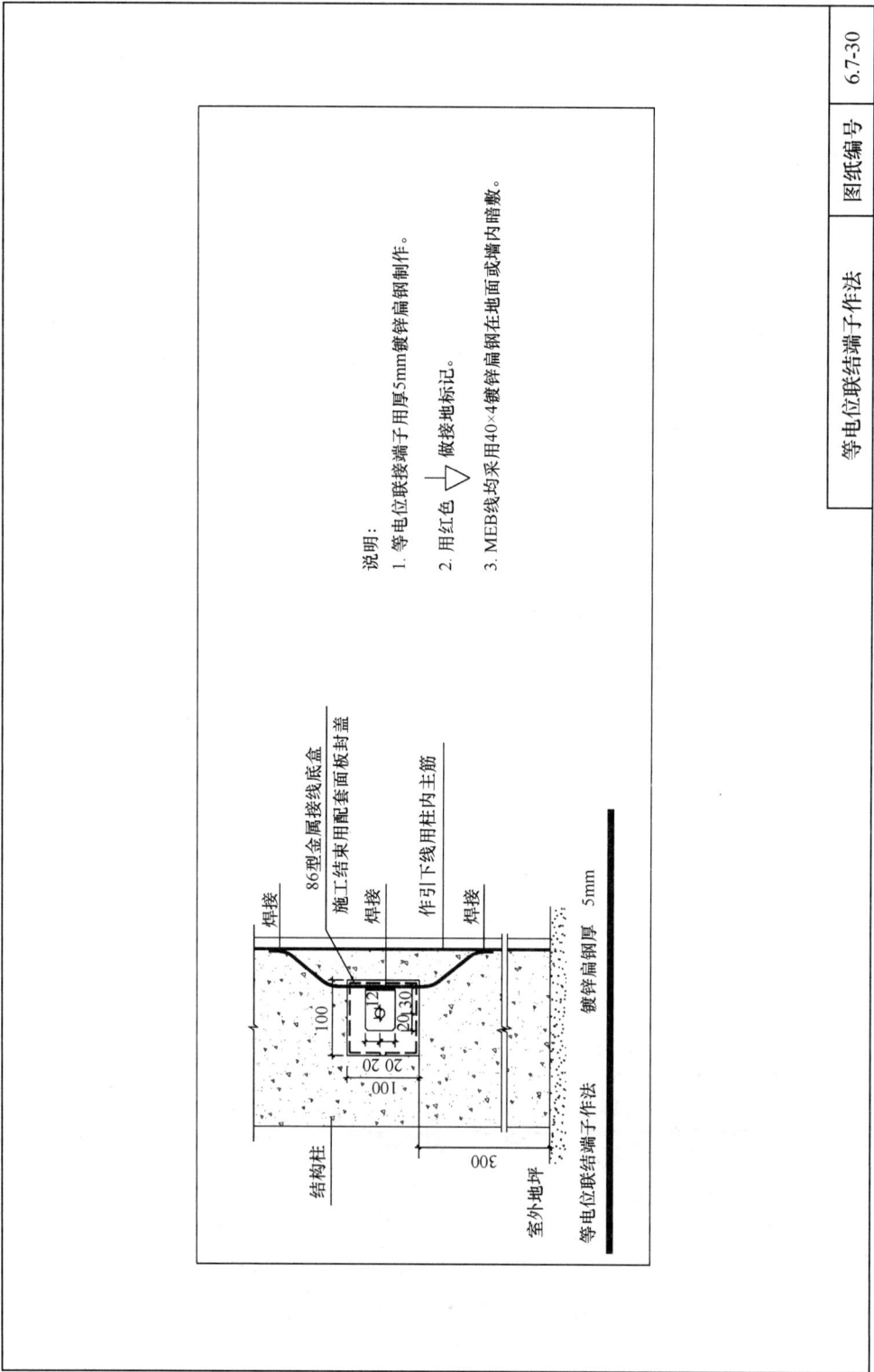